頭食品；而拿破崙三世爲了解決油脂缺乏問題，鼓勵大衆發明能取代牛油的產品，以供應海軍之需要，當時要求的條件是：「成本低廉、耐長期保存、不致發出惡臭，味道也不會腐敗」；結果在1859年，由梅吉．穆利，利用將脫脂牛奶與牛脂進行混合，再攪進少許的母牛乳腺，而製造出人造奶油瑪格琳（Margarine）。

美國焦糖業大亨賀喜（Hershey），其工廠所生產的巧克力棒，在第二次世界大戰時，由於改良後的巧克力，可以對抗熱帶高溫的氣候，因而被當作軍糧，也幫助美軍在叢林中衝鋒陷陣，打敗敵人，也在之後的電影電視經常出現，令人印象深刻。

在中國北宋時期的飲食，除了固定的店肆以外，還有半固定的食攤，和用車推、肩挑、手提的流動攤販，經營著各種熟食小吃、果品與涼飲，主要的特點，是利用廉價的原料來降低成本，例如：使用畜禽類的頭部、爪、皮、尾與內臟等，還有螃蟹及蛤蜊等水產品；販賣時則注重宣傳，廣告方式包括有吆喝叫賣、利用各種器具吹打或插旗幟招牌等招徠顧客方式，並且重視食品衛生，販賣時之賣者，講究衣著穿著整潔及器具，要求清潔衛生。

臺灣近年來由於生活水準的提高，養生風氣日益盛行，除了講求要吃的好、吃的精緻外，在標榜「吃的健康」意識下，愈來愈多人知道飲食少油、少鹽及少糖對於健康的重要性，因此菜單中開始減少動物性食品，並增加五穀雜糧、堅果及豆類等植物性食品。

而臺灣因爲地處熱帶與亞熱帶，屬海島型的氣候，常年高溫又多溼，非常適合黴菌的繁衍，因此當農作物的貯存環境不良時，常會有發霉的現象；其中又以花生、玉米、米、高粱、豆類及麥類等農作物，最容易遭受到黃麴黴菌污染；而當環境溫度在攝氏25～30度時，被黃麴黴菌污染後會大量孳生，並產生黃麴毒素；值得注意的是，黃麴毒素耐高溫，產生後即使再以高溫烹煮，仍然無法去除。

黃麴毒素不但具有肝毒性，也是致癌物質，人體大劑量攝入，會引起肝毒性發炎、肝出血及肝細胞壞死；長期低劑量食用，也易導致肝細胞突變，造成肝癌的發生，尤其會使B型、C型肝炎患者及帶原者，增高罹患癌症的風險。此外，長久飲酒的人，也都是黃麴毒素誘發肝癌的高危險群。

消費者要避免黃麴毒素，除了應該要注意均衡飲食，勿偏食特定食品外，

團體膳食規劃與實務

The Plan and Mangement of Group Meal

李義川 著

五南圖書出版公司 印行

技士；民國82年轉至高雄榮民總醫院擔任營養師（組長）工作，民國94年奉派支援台東榮民醫院祕書室主任工作，民國95年7月擔任高雄榮民總醫院營養室主任。專業證照方面，筆者於民國78年通過考試院營養師檢覈考試，取得衛生署營養師證書，及高雄市政府衛生局衛營師執字第0001號營養師執業執照，民國82年營養師專門職業及技術人員高等考試及格，民國84年參加全國營養師薦任升等考試，獲得全國第一名。

過去國人傳統見面的問候語「吃飽了沒？」這句話，代表國人生活的大事，因為過去的人，由於物質貧乏，沒有足夠的食物，因此是否能夠吃飽是件大事，所以見面以詢問：「吃飽了沒？」來互相關心基本需求獲得滿足沒有。當時，有些愛面子的人，明明飯都吃不飽，可是為了充面子，表示吃的很好，於是每天出門之前，會用豬皮將嘴唇塗亮，目的是讓人以為，不但有東西吃，而且吃的很好，有肥肉，數量不少，所以嘴巴能呈現亮亮的油光。後來隨著社會經濟改善，吃飽不再是個問題，人們則改變要求為吃的好、吃的精緻、吃的有文化內涵。然而，假設一餐滿漢全席，食用時需要付出上吐下瀉的代價，那恐怕也是沒有人願意嘗試的；所以吃的安全，也成了餐飲之基本要求。因此團體膳食管理與實務，是希望能使讀者吃的好、吃的精緻、吃的安全、吃的衛生、吃的營養及吃的有文化。

著書主要原因，是由於筆者過去已經從事食品衛生稽查工作長達十年，是最先開始在高雄市政府辦理便當等餐飲業者評鑑制度者，透過利用評鑑制度，鼓勵業者主動願意投資改善，取代過去一味稽查罰款之被動方式。並於民國79年從零開始，一手建立起高雄市營養師之管理與執業執照認證制度；之後在醫院管理膳食、採購工作與祕書室（總務）業務之時間，也長達十多年，期間醫院之營養室在筆者手中，由過去一年虧損近3,000萬元，在民國95年已經減少虧損一半，民國96年再透過增加收入每年400萬（增加商場面積）、與減少人事費用600萬（部分委外）等方法，預期將再減少虧損三分之二，將使營養室日漸趨於損益平衡，將來期盼能永續經營。過去由於曾多次擔任國內各學校機構之評選委員與講座，加上在各大專院校教書的經驗，總希望能將以上經驗紀錄與傳承，提供有興趣從事團體膳食者，在基礎理論之外，也能有實務方面之參考。以前在大專院校擔任講師時，每當要選擇參考書籍時，總是需要大費周章，花費許多時間進行參考比較，為的是希望能找到理論與實際兼顧者。為此，本書除理論基礎外，特別著重筆者本身所參與或了解之案例，進行基礎理論內容之衍生說明，以期課程能兼顧所謂理論與實際，並增加許多管理觀念，期盼讀者能自其中獲得一些與純理論不同的東西。

然而實際撰寫時，因為102年衛生署升格衛生福利部，103年2月5日食品衛生管理法修訂成食品安全衛生管理法；另外其中牽涉到增加管理案例理論及近期研究諸多理論基礎及相關法令規章條文與管理方面之理論，當自己以前述標準檢視時，才發現要達到這樣的標準，還真是不容易；至於能否達到目標，恐怕理想與實際總是有所差距，上述效果之達成，還需要諸多先進不吝指正，以為改善。

李義川

謹誌於高雄榮民總醫院營養室

2014年6月

CONTENTS

第一章

概　論

學習目標

1. 認識團膳定義
2. 了解與小量食物製備之異同
3. 了解相關的學科
4. 了解團膳基本工作內容

本章大綱

第一節　團體膳食的定義
第二節　團體膳食製備與小量食物製備的異同
第三節　團體膳食製備的種類
第四節　團體膳食製備與其相關的學科
第五節　臺灣團體膳食經營方式與特徵
第六節　團體膳食基層人員之工作概述

前　言

團膳是透過有系統的管理，使得餐飲之供應工作，得以協調順利進行，製作出獲得顧客最大滿意，並使團膳能夠獲取合理利潤。因此何謂好的團膳？首先是顧客喜歡的團膳，顧客喜歡，當然品質、服務及衛生都需要不錯，既然能讓顧客喜歡，生意自然會好；其次是員工喜歡，要獲得顧客喜歡的團膳，需要靠員工來表現，如果員工不喜歡，就不可能長久存在，因爲員工的心情，本身就是服務品質之一；再者是要有利潤，團膳要長久存在，一定要靠利潤支撐，如果爲了吸引顧客，壓低價格，降低供膳品質而無法創造利潤時，也不能稱爲好的團膳。

法國大革命時，由於軍隊駐紮多半遠離城市，因此需要大量食物補給，爲解決後勤食物補給問題，法國海軍烘焙製造廠，率先開發製造出口糧餅乾及罐

自序

相見時難別亦難，東風無力百花殘。
春蠶到死絲方盡，蠟炬成灰淚始乾。
曉鏡但愁雲鬢改，夜吟應覺月光寒。
蓬萊此去無多路，青鳥殷勤爲探看。——李商隱〈無題〉

「春蠶到死絲方盡，蠟炬成灰淚始乾」這首著名詩〈無題〉的作者是李商隱，又名李義山；李義山是我的大哥，我二哥是李義春，我是李義川；當我出生時，家父期許我能在有水的地方擴張境界，因此取名「義川」（顯然義山是在陸地擴張境界，而義春則是隨季節變遷均能擴展）。

所以，當我與妻子蕭惠汝有自己的孩子時，也比照辦理將女孩取名「竺逸」，英文名「Esther」；男孩「芊嶧」，英文名「Samuel」。竺是「天竺」，是姓也是地名，逸是「安逸、逸樂」，代表我期盼她，無論在李家或夫家（另一個姓或地方）均能安逸、逸樂；只是做人不能只是想著「安逸、逸樂」，《舊約聖經》〈以斯帖記〉4章14節的記載：「此時你若閉口不言，猶大人必從別處得解脫，蒙拯救；你和你父家必致滅亡。焉知你得了王后的位分不是為現今的機會嗎？」而英文名字「Esther」以斯帖的意義就是提醒她，要為奉獻給上帝使用而預備。芊是「茂盛、繁榮」狀，嶧則是「一大片土地」，當一族（李姓一族）在一大片土地茂盛繁榮時，日後必成大國；只是如同對於女兒的要求般，「Samuel」撒母耳是以色列舊約中最偉大的先知與祭司；「Samuel」名字是提醒兒子，他的國應該在天上而非在地上。

筆者於民國68年，自輔仁大學食品營養系食品科學組畢業，卻遲至民國89年，長達近21年時間，才自屏東科技大學碩士研究所畢業，指導教授為黃卓治教授，論文研究題目為：「中鏈三酸甘油酯之抗痙攣作用」（針對癲癇患者）。民國70年，預官29期第一梯次——少尉醫官退伍，民國73年進入高雄市政府衛生局第七科（食品衛生科）擔任技佐、技士；民國82年轉至高雄榮民總醫院擔任營養師（組長）工作，民國94年奉派支援台東榮民醫院祕書室主任工作，民國95年7月擔任高雄榮民總醫院營養室主任。專業證照方面，筆者於民國78年通過考試院營養師檢覈考試，取得衛生署營養師證書，及高雄市政府衛生局衛營師執字第0001號營養師執業執照，民國82年營養師專門職業及技術人員高等考試及格，民國84年參加全國營養師薦任升等考試，獲得全國第一名。

過去國人傳統見面的問候語「吃飽了沒？」這句話，代表國人生活的大事，因為過去的人，由於物質貧乏，沒有足夠的食物，因此是否能夠吃飽是件大事，所以見面以詢問：「吃飽了沒？」來互相關心基本需求獲得滿足沒有。當時，有些愛面子的人，明明飯都吃不飽，可是為了充面子，表示吃的很好，於是每天出門之前，會用豬皮將嘴唇塗亮，目的是讓人以為，不但有東西吃，而且吃的很好，有肥肉，數量不少，所以嘴巴能呈現亮亮的油光。後來隨著社會經濟改善，吃飽不再是個問題，人們則改變要求為吃的好、吃的精緻、吃的有文化內涵。然而，假設一餐滿漢全席，食用時需要付出上吐下瀉的代價，那恐怕也是沒有人願意嘗試的；所以吃的安全，也成了餐飲之基本要求。因此團體膳食管理與實務，是希望能使讀者吃的好、吃的精緻、吃的安全、吃的衛生、吃的營養及吃的有文化。

著書主要原因，是由於筆者過去已經從事食品衛生稽查工作長達十年，是最先開始在高雄市政府辦理便當等餐飲業者評鑑制度者，透過利用評鑑制度，鼓勵業者主動願意投資改善，取代過去一味稽查罰款之被動方式。並於民國79年從零開始，一手建立起高雄市營養師之管理與執業執照認證制度；之後在醫院管理膳食、採購工作與祕書室（總務）業務之時間，也長達十多年，期間醫院之營養室在筆者手中，由過去一年虧損近3,000萬元，在民國95年已經減少虧損一半，民國96年再透過增加收入每年400萬（增加商場面積）、與減少人事費用600萬（部分委外）等方法，預期將再減少虧損三分之二，將使營養室日漸趨於損益平衡，將來期盼能永續經營。過去由於曾多次擔任國內各學校機構之評選委員與講座，加上在各大專院校教書的經驗，總希望能將以上經驗紀錄與傳承，提供有興趣從事團體膳食者，在基礎理論之外，也能有實務方面之參考。以前在大專院校擔任講師時，每當要選擇參考書籍時，總是需要大費周章，花費許多時間進行參考比較，為的是希望能找到理論與實際兼顧者。為此，本書除理論基礎外，特別著重筆者本身所參與或了解之案例，進行基礎理論內容之衍生說明，以期課程能兼顧所謂理論與實際，並增加許多管理觀念，期盼讀者能自其中獲得一些與純理論不同的東西。

然而實際撰寫時，因為102年衛生署升格衛生福利部，103年2月5日食品衛生管理法修訂成食品安全衛生管理法；另外其中牽涉到增加管理案例理論及近期研究諸多理論基礎及相關法令規章條文與管理方面之理論，當自己以前述標準檢視時，才發現要達到這樣的標準，還真是不容易；至於能否達到目標，恐怕理想與實際總是有所差距，上述效果之達成，還需要諸多先進不吝指正，以為改善。

李義川

謹誌於高雄榮民總醫院營養室

2014年6月

CONTENTS

第一章
概　論

學習目標

1.認識團膳定義
2.了解與小量食物製備之異同
3.了解相關的學科
4.了解團膳基本工作內容

本章大綱

第一節　團體膳食的定義
第二節　團體膳食製備與小量食物製備的異同
第三節　團體膳食製備的種類
第四節　團體膳食製備與其相關的學科
第五節　臺灣團體膳食經營方式與特徵
第六節　團體膳食基層人員之工作概述

前　言

團膳是透過有系統的管理，使得餐飲之供應工作，得以協調順利進行，製作出獲得顧客最大滿意，並使團膳能夠獲取合理利潤。因此何謂好的團膳？首先是顧客喜歡的團膳，顧客喜歡，當然品質、服務及衛生都需要不錯，既然能讓顧客喜歡，生意自然會好；其次是員工喜歡，要獲得顧客喜歡的團膳，需要靠員工來表現，如果員工不喜歡，就不可能長久存在，因爲員工的心情，本身就是服務品質之一；再者是要有利潤，團膳要長久存在，一定要靠利潤支撐，如果爲了吸引顧客，壓低價格，降低供膳品質而無法創造利潤時，也不能稱爲好的團膳。

法國大革命時，由於軍隊駐紮多半遠離城市，因此需要大量食物補給，爲解決後勤食物補給問題，法國海軍烘焙製造廠，率先開發製造出口糧餅乾及罐頭食品；而拿破崙三世爲了解決油脂缺乏問題，鼓勵大衆發明能取代牛油的產品，以供應海軍之需要，當時要求的條件是：「成本低廉、耐長期保存、不致發出惡臭，味道也不會腐敗」；結果在1859年，由梅吉．穆利，利用將脫脂牛奶與牛脂進行混合，再攪進少許的母牛乳腺，而製造出人造奶油瑪格琳（Margarine）。

美國焦糖業大亨賀喜（Hershey），其工廠所生產的巧克力棒，在第二次世界大戰時，由於改良後的巧克力，可以對抗熱帶高溫的氣候，因而被當作軍糧，也幫助美軍在叢林中衝鋒陷陣，打敗敵人，也在之後的電影電視經常出現，令人印象深刻。

在中國北宋時期的飲食，除了固定的店肆以外，還有半固定的食攤，和用車推、肩挑、手提的流動攤販，經營著各種熟食小吃、果品與涼飲，主要的特點，是利用廉價的原料來降低成本，例如：使用畜禽類的頭部、爪、皮、尾與內臟等，還有螃蟹及蛤蜊等水產品；販賣時則注重宣傳，廣告方式包括有吆喝叫賣、利用各種器具吹打或插旗幟招牌等招徠顧客方式，並且重視食品衛生，販賣時之賣者，講究衣著穿著整潔及器具，要求清潔衛生。

臺灣近年來由於生活水準的提高，養生風氣日益盛行，除了講求要吃的好、吃的精緻外，在標榜「吃的健康」意識下，愈來愈多人知道飲食少油、少鹽及少糖對於健康的重要性，因此菜單中開始減少動物性食品，並增加五穀雜糧、堅果及豆類等植物性食品。

而臺灣因爲地處熱帶與亞熱帶，屬海島型的氣候，常年高溫又多溼，非常適合黴菌的繁衍，因此當農作物的貯存環境不良時，常會有發霉的現象；其中又以花生、玉米、米、高粱、豆類及麥類等農作物，最容易遭受到黃麴黴菌污染；而當環境溫度在攝氏25～30度時，被黃麴黴菌污染後會大量孳生，並產生黃麴毒素；值得注意的是，黃麴毒素耐高溫，產生後即使再以高溫烹煮，仍然無法去除。

黃麴毒素不但具有肝毒性，也是致癌物質，人體大劑量攝入，會引起肝毒性發炎、肝出血及肝細胞壞死；長期低劑量食用，也易導致肝細胞突變，造成肝癌的發生，尤其會使B型、C型肝炎患者及帶原者，增高罹患癌症的風險。此外，長久飲酒的人，也都是黃麴毒素誘發肝癌的高危險群。

消費者要避免黃麴毒素，除了應該要注意均衡飲食，勿偏食特定食品外，選購食材時，也應多審愼挑選，觀察其外觀是否長黴；要選擇新鮮、包裝完整及標示清楚的產品，同時也應將食材存放於乾燥及陰涼通風場所，並在有效期限內食用完畢。另外家禽食用的飼料，若未能保存於良好環境下時，也極易遭受黃麴毒素的污染，因此動物之內臟不宜多吃，尤其是肝臟的部分。更重要的是，當發現貯存食品已發霉時，應該立即丟棄切勿食用，以免遭受黃麴毒素的毒害。

之前臺灣媒體曾報導，消費者疑似食用罐頭等食品，而發生肉毒桿菌中毒致死的案例，另外也經常聽說許多愛美人士或頻尿患者，利用施打肉毒桿菌來美容與醫療；2013年8月紐西蘭乳品公司Fonterra宣布，檢驗結果顯示該公司嬰兒配方奶粉與運動飲料，發現可能導至肉毒桿菌中毒的細菌，但是後來發現奶粉汙染恐慌事件其實是一場虛驚，因爲後來再檢驗恆天然濃縮乳清蛋白，發現微生物其實是梭狀芽孢桿菌，並未發現肉毒桿菌；但是此事件已經讓該公司總經理辭職。肉毒桿菌是一種極厭氧的細菌，普遍存在於土壤、海及湖川之泥沙中，在惡劣環境下會產生耐受性高的孢子。此菌喜歡無氧的狀態，且在pH值4.6以上之低酸性環境下，生長狀況最好並會產生毒素；而只要1公克的肉毒桿菌毒素，就可以殺死100萬人，因此毒性非常強烈。

而爲什麼會造成肉毒桿菌食品中毒呢？主要是因爲吃到含有肉毒桿菌毒素的食物所引起的。肉毒桿菌毒素，本身由於不耐熱，以100°C持續煮沸10分鐘即可將它破壞。大部分發生肉毒桿菌食品中毒案件，多半發生在家庭式之醃製蔬菜、水果、魚、肉類、香腸及海產品上面，主要是因爲食品處理、裝罐或保存期間殺菌不完全，肉毒桿菌的孢子，在無氧且低酸性的環境中，發芽增殖並產生毒素而造成。然而食品工廠製罐過程中，若有瑕疵導致遭受污染或殺菌不完全，也有可能會發生肉毒桿菌中毒。由於肉毒桿菌孢子，會存在食品及灰塵之中，所以蜂蜜也可能含肉毒桿菌孢子；當嬰幼兒攝食含此菌孢子的蜂蜜時，會在腸道內繁殖並釋放出毒素，而因爲嬰幼兒耐受此菌毒素之能力低，所以會引起中毒，父母需要注意。

根據臺灣觀光局，對來華觀光客消費及動向調查報告指出，最能吸引觀光客來華的活動項目是——「品嚐中國菜」，可見得美食是臺灣極具優勢競爭能力的觀光資源，而創造佳餚美食的靈魂人物——廚師，可說是餐飲業中極爲重要的人力資源。隨著二十一世紀的到來，在日漸國際化、多元化競爭的臺灣餐飲市場，團膳的經營與管理，要講求創新的營運策略及優質穩定合作的工作團隊，才能永續經營。

2013年臺灣爆發一連串的食品衛生安全事件，包括毒澱粉與食用油攙假風暴，當大統劣質油事件爆發之後，許多民衆於是轉購買「純天然」麻油；而柴米油鹽醬醋茶「開門七件事」，經台北市衛生局抽驗市售食用醋，發現其中標示不清或不實的不合格率高達八成，包括知名工研紅酢、辣香酢及台酒純米醋。許多民衆因此開始懷念早期農業社會食用豬油的日子；於是部分民衆開始自製豬油或購買榨油機自行製油。但是卻沒有想到豬油的高「飽和脂肪酸」，雖然可以避開食用油攙假，但是卻讓日後罹患心血管疾病的風險大增；而自行購買榨油機製油，因爲沒有經過脫臭、脫色與脫膠等加工程序，將使得油品不能久存，很快就會氧化產生油耗味而難以食用。但是「原味烹調」方式，開始大行其道，顯然，毒澱粉與食用油攙假風暴，已經澈底崩解臺灣民衆對於食品安全的信心。

而團體膳食供應，在吃的好、吃的精緻及吃出文化要求下，最重要的前提還是衛生安全，由於團膳即大量食物製備，當作業人員一個疏忽不小心，導致發生食品中毒時，代表將有許許多多的人因此中毒受害，有時甚至多達數千人，特別是供應便當的大型團膳公司；因此團膳雖然要求口味多變化、營養均衡、低熱量及成本低廉，但是安全衛生，還是團膳供應之基石，也是團膳規劃之不可忽視的重要方向。

第一節　團體膳食的定義

一、團膳又叫做大量膳食製備，團膳係團體膳食之簡稱，學者Morgan定義團膳爲：「有系統的膳食管理，使得餐飲工作得以協調進行，以製作能使顧客得到最大滿足，並使餐飲機構享有合理之利潤」。因此，團膳應有計畫（Plan）、協調（Coordinate）及控制（Control）等方式管理，才能應用有效的方法，使得食物成本得以降低，並將經營成果作良好的記錄，以達到短程及長程目標。

二、團膳是以供應團體飲食爲主的餐飲服務，是針對以團體供膳爲主的營利與非營利供膳機構，提供餐飲供應之服務。又可區分爲營利性與非營利性兩種，非營利性包括有學校團膳（大學、高中、國中、國小與幼稚園）、醫院團膳（普通飲食、治療飲食、嬰兒飲食與管灌飲食）、員工餐廳（工廠、公司、醫院及機關）、軍隊及社會福利機構團膳（老人院、育幼院及身心障礙機構）等。

三、團膳是爲了特定人士，供應100人以上或一日250人以上餐食之服務，因此需要計畫、策略、制度與組織，以爲配合。

四、團膳是一群受過專業訓練及有組織的膳食專業供應人員，從事大量食物製備的菜單設計、食物採購、烹調製備與供應之作業。

醫院、學校、軍隊、公私立機關機構、工廠、公司、社會福利機構及宗教團體等單位，爲了提供員工、患者或其他特定人士之飲食需求，都需要團體膳食供應；而團體膳食作業內容包括有採購、驗收、貯存、撥發、前處理、製備、分配、供應、清洗及設備維護等作業。

第二節　團體膳食製備與小量食物製備的異同

一、相同點

(一)對於食物衛生安全與員工作業安全之要求相同。

(二)要求盡量保存食物中之營養素。

(三)力求成品之色、香、味盡善盡美。

(四)希望促進人體健康。

二、相異點

(一)數量

所謂的團膳，就是「團體」的膳食，團膳又叫大量食物製備，因此供應數量比較大，所以對於數量之控制，特別要求嚴謹，否則差之毫釐，將失之千里（例如：團膳菜餚添加食鹽量時，就不能單單僅依基本數量放大，否則最後之成品，可能會鹹的無法下嚥）；各個團膳會發展自己的標準化食譜來控制（以速食產業爲例，要求一貫的品質、服務與衛生），藉著標準化的生產品管流程、規格化的工作服務守則及完整的員工訓練課程，確保消費者感受到良好的餐飲服務品質。由於數量需求大，因此對食材之季節性與產期，必須注意，否則在冬天想要使用夏天食材，能否採購食材是一個問題；即使能採購到，數量是否足以應付團膳大量需求也是一個問題；即使量夠，非季節性食材之價格，往往也是團膳預算所無法負擔的。

㈡預算控制

由於團膳金額大，採購作業必須控制預算、有計畫性（長期使用的材料需要訂定契約，契約即俗稱的合約，契約是標準法律用語）、有組織性（設有採購訪價人員、驗收人員與庫房管理人員）與制度化（採購、驗收與付款作業制度化），採購人員並且需要了解市場，還要設計防弊措施。

㈢機械器具

團膳因為作業量大，需要機械設備輔助，例如：切菜需要使用切菜機、切丁機與切片機；切肉需要切片機、切絲機或攪碎機；餐具清洗需要自動化洗碗機等，以節省作業人力與時間。烹調過程中，團膳宜採用高熱效率之爐具，才能確保快速製備出符合品質之成品。例如：平常家庭，習慣使用電鍋煮飯，但是在製作團膳飯食時，則需使用瓦斯炊飯鍋煮飯，才能省事、方便又快速供應大量米飯；如果大量製作時沒有搭配適當的器械，那麼工作時間將延長，時間一延長，人力成本增加是問題，但是最重要的問題是，時間延長將提供細菌滋長與產生毒素之機會，將很容易發生食品中毒。過去就曾有便當業者，因為一下子接下大量午餐便當又人力不足，於是將便當所需的滷蛋，提前從清晨就滷好，受到污染放到中午，結果滷蛋就變成「毒」蛋，因而發生食品中毒。

㈣人員管理

團膳工作人員，需要制度化及組織化的管理方式，以大型餐廳為例，依法令規定需在合宜使用區分土地上，營建大規模之餐飲營業面積；在消防安全環保衛生設施，要求依規定設置，並需事先考量作業流程、餐飲服務動線、用餐空間、景觀和環境布置、燈光、通風與音響規劃，及餐飲型態設計等等，以滿足各類型消費者的需求；為爭取會議市場及產品發表會，也著重行銷企劃、客戶關係、文宣活動、內部控制及作業標準化，再加上團膳因為營業額較高，所以工作人員管理，必須採取制度化及組織化。

第三節　團體膳食製備的種類

壹、營利性（商業型餐飲業，狹義餐飲業）

一、一般餐飲業

㈠一般型

1.中式餐飲：因中國幅員廣闊、各地口味頗有不同，簡略可以分爲川菜、台閩菜、淮揚菜（蘇北）、江浙菜（滬杭菜）（蘇南）、湖南菜、粵菜及京津菜等。

2.西式餐飲：臺灣由於國際化，外勞與外籍新娘衆多，大量引進各國飲食，因此形成許多西式異國風味餐飲。

3.日本料理：臺灣因爲曾經受日本統治長達五十年，日本料理有其基本的愛好者，且中年客層對於日本料理之清淡口味，特別有所偏好，而年輕哈日族似乎也有增加之趨勢。

4.吃到飽之自助式餐飲：整個進食採自由開放取食方式，由消費者自己取用食材，饒富趣味；並採取吃到飽方式，增加餐食豐富感，並著重供應多種菜餚。

5.多元化火鍋類餐飲：傳統的火鍋店也趨向多元化，有高價位、也有低價位吃到飽；種類則有涮涮鍋、麻辣鍋及鴛鴦鍋等。

6.精緻化專業餐飲業：如針對某一料理提供專精餐飲服務，如專營魚翅料理的魚翅餐廳、專營小籠包及水餃之餐廳、藥膳餐廳及野味山產餐廳等套餐餐廳等。

7.美食餐廳（Fine Dining Restaurant ）：又稱爲白桌巾餐廳，係提供高級餐桌服務性質者。

8.旅館（Hotel）或摩鐵（Motel ）餐廳：經營之房間價格佔75-80% ，提供餐食費用超過20%者。

㈡經濟型

1.簡餐咖啡：針對上班族或社區家庭，提供中式、美式、歐洲式簡便早餐、午餐、晚餐，並搭配各式類別飲料及咖啡；有一些特色的餐廳，則提供如拉麵、燒肉及咖哩等簡餐。

2.小吃飯館食堂：傳統之早餐店、飲食店、麵攤、魯肉、爌肉、海鮮啤酒屋及小館子等，提供顧客方便餐食及小酌。

3.便當、餐盒、自助餐。

4.飲食攤販（夜市）：固定攤販或流動攤販。

5.自動販賣機。

(三)其他

1.休閒餐廳（Casual Dining Restaurant）：餐廳之設計係以吸引中等收入，想享受但是卻不想付高價晚餐之消費者。

2.鄉村俱樂部餐廳（Country Club Restaurant）：如臺灣統一健康世界，民眾在俱樂部內部可以食用點心或晚餐者。

3.機場餐廳（Airport Restaurant）：飛機上提供點心、飲料或熱咖啡；機場餐廳則依各機場之不同，提供甚至於有酒吧的餐廳服務。

4.遊輪餐廳（Cruise Ship Dining）：除供應二十四小時餐飲外，並提供表演節目、精品大街、海上天文館、水療俱樂部及健身房等設施。

5.動物園（Zoos）或遊樂場：如臺灣八仙樂園。

6.博物館（Meseums）：如臺灣玻璃工藝博物館有提供餐點。

7.體育館（Sport Events）：如美國奧蘭多迪斯尼世界（Orlando-based Disney World）及環球影城（Universal Studios）。

8.便利超商（Convenience Stores）：臺灣連鎖便利超商7-11與全家，已由過去單純販賣便當，逐漸轉型增加賣場面積，提供座椅供民眾取食用餐，並漸漸趨向複合式餐飲經營方式。

9.外燴。

10.KTV。

11.茶室。

二、速食餐飲：臺灣於民國73年，開始陸續引進麥當勞及肯得基等跨國速食連鎖企業；特色是標準化作業、營業面積比較具有規模，設施齊全，著重空間分配，裝璜設計，經營則重視菜單設計研發、文宣促銷廣告和店內的在位服務。

三、公辦民營（委外）或民辦民營學校團膳及便當公司。

貳、非營利性（非商業型餐飲業）

一、學校團膳（公辦公營）。

二、大專院校餐食。

三、員工餐廳：機關、企業及電子公司內部之員工餐廳。

四、社會福利機構：老人安養機構、育幼院或殘障團體。

五、護理照護機構（Senior Care）：又分成：

㈠可獨立生活者（Independent living）：受照護者屬於可在自己的家、房間、社區或自己可獨立生活之空間者。

㈡集體護理（Congregate care）：屬於提供社區式環境，並供應一日多餐；社區則提供游泳池、會議中心、銀行、理髮美容院、洗衣店及管家等服務。

㈢生活需輔助者（Assisted living）：機構提供房間住宿型式，介於可獨立生活與需護理照護間。

㈣中期照護（Intermediate care）：一般屬於需要人員照護，但是並不需要使用到照護設備者。

㈤持續照護（Skilled nursing）：受照護者屬於24 小時需要人員與設備照護者。

六、軍隊伙食（Military）：軍隊一般會提供三餐、野戰餐、醫院患者及員工俱樂部休閒渡假餐。

七、戒護機構（Correctional Facilities）：如監獄、更生機構（如晨曦會）或拘留所等均有提供團體膳食。

八、醫院膳食。

第四節　團體膳食製備與其相關的學科

一、營養學

㈠醣類

1.所提供一般人一天60%的熱量，是熱能的主要來源。

2.1公克的醣類，可提供4大卡的熱量。

(二)脂肪

由甘油及脂肪酸組成。

1. 三酸甘油酯由一分子甘油和三分子脂肪酸結合而成，又稱爲中性脂肪。
2. 脂肪酸又分爲飽和脂肪酸（SFA）、單元不飽和脂肪酸（MUFA）及多元不飽和脂肪酸（PUFA）。
3. 攝取1公克的脂肪，可產生9大卡的熱量。

(三)蛋白質

1. 蛋白質是構成細胞的主要成分，是由二十多種胺基酸，藉著胜肽鍵結合而成的巨大分子。
2. 1公克的蛋白質，可提供4大卡的熱量（與醣類相同）。

(四)維生素

維生素可分爲脂溶性維生素與水溶性維生素兩大類。

1. 水溶性維生素：維生素C與維生素B群（B_1、B_2、B_6及B_{12}等）。
2. 脂溶性維生素：維生素A、D、E、K。
3. 不含熱量。

(五)礦物質

食物經加熱燃燒後，所殘餘的灰分稱爲礦物質，又稱爲無機物質。主要爲鈣、磷、鈉、鉀、鎂、鐵、硫及銅等。

1. 鹼性元素：鈣、鐵、鉀、鈉、銅、鎂、鈷及錳等。
2. 酸性元素：氯、氟、碘、硫及磷等。
3. 酸性食品：含氯、磷、硫等酸性元素較多的食品，在體內代謝結果，使人體酸鹼值偏向酸性反應者，稱爲酸性食品。如肉類及蛋等。
4. 鹼性食品：含鈣、鈉、鉀、鎂等鹼性元素較多的食品，在體內代謝結果，使人體酸鹼值偏向鹼性反應者，稱爲鹼性食品。如蔬菜、茶水及水果等。
5. 不含熱量。

(六)纖維

食物中的纖維本身並沒有任何的營養價值，也無法被身體消化吸收。但是具有幫助消化，促進腸胃的蠕動，使排泄順暢，及吸附膽固醇，使人體減少膽固醇之攝取等功能。又分爲：

1.可溶性纖維。

2.不可溶性纖維。

均不含熱量（可溶性纖維在腸道可被細菌分解產生脂肪酸，惟數量難以估算）。

(七)水

1.自由水

(1)游離在食品組織間隙中，具有流動性。

(2)可作爲溶媒。

(3)會因加熱而蒸發流失。

(4)微生物生長繁殖可以利用之水。

(5)會結冰。

2.結合水

(1)藉著氫鍵和食品中的蛋白質及碳水化合物的游離基團，如羥基、羧基、羰基、胺基等緊密結合在一起。

(2)不會結冰，也不能作爲溶媒。

(3)微生物無法利用之水。

(4)在冷凍及冷藏保存上，又稱爲不凍水（因爲不會結冰）。

二、微生物學

微生物包括眞菌、藻類和細菌。

(一)藻類（Algae）

爲眞核細胞，含有葉綠素，可行光合作用，且含有堅硬的細胞壁。有些藻類爲單細胞，形體微小，必須以顯微鏡才能觀察，有些爲多細胞，體型可長達數公尺。

(二)真菌（Fungi）

包含絲狀眞菌與酵母菌，像藻類具有堅硬之細胞壁，單細胞或多細胞，有些形體微小，有些則大如10元錢幣。不含葉綠素，不能行光合作用，不能攝入食物，係以吸收環境可溶性養分維生。

(三)細菌（Bacteria）

爲原核生物，具有多種形態，以球形、桿狀及螺旋狀最爲常見。依據革蘭氏染色之結果，可分爲革蘭氏陽性菌與革蘭氏陰性菌。

三、化學

(一)食物顏色

1.植物性天然食用色素

(1)葉綠素。

(2)類胡蘿蔔素。

(3)花青素。

(4)類黃酮。

2.動物性天然食用色素：動物體內的色素可分爲兩大類：

(1)水溶性色素：如核黃素、胞色素、肌紅蛋白、血紅素、血藍素。

(2)脂溶性色素：如蝦黃素、蛋黃色素、玉米黃素、胡蘿蔔素。

3.肌紅蛋白（Myoglobin, Mb）：肉類利用添加硝酸鹽或亞硝酸鹽類，獲得抑制肉毒桿菌的生長與繁殖。使肉類產生特殊的風味（例如：「香」腸），及供應一氧化氮來源，並與肌紅蛋白作用，而產生加工肉品之特殊紅肉色，有關其發色機轉爲：

(1)硝酸鹽經硝酸還原菌作用後變成亞硝煙鹽；而亞硝煙鹽在肉中，因乳酸等有機酸的存在下，迅速生成亞硝酸；亞硝酸在還原劑存在下，很快因還原作用被還原形成一氧化氮；而肉品之肌紅蛋白與一氧化氮結合時，會形成亞硝基肌紅蛋白（暗紅色），再經乾燥或加熱形成亞硝基血色質（淡粉紅色）。

(2)火腿、香腸、臘肉等美麗的紅色或粉紅色，就是硝酸鹽類及亞硝鹽類作用的結果（否則一般肉品加熱是變成白色）。由於亞硝酸根離子可以和肉中的二級胺結合形成亞硝胺，而亞硝胺是一種致癌物。故我國目前對於亞硝根的殘留限量爲70ppm，但在肉製品中實際檢出量一般都在20ppm以下。

4.血紅素（Hemoglobin）。

5.核黃素：一般動物組織主要的黃色色素來源。

6.黑色素：是由酪胺酸經酵素的氧化作用，經醌類聚合而成。

㈡芳香物質

物質具有香氣的條件有二：一要有揮發性，二要具有發香團。惡臭基以-SH及-S-爲主；芳香基則以-OH及-O-等爲主；水果的香氣，則以酯類、碳氫化合物、醇類、酸類、醛類及酮類等爲主。其中以酯類含量最高，是最主要的香氣化合物。牛乳的香氣則主要是硫醚、丙酮及低級脂肪酸；海水魚的魚腥味，主要是三甲基胺；而氧化臭味，是因不飽和脂肪酸氧化成醛類所致，可藉由添加維生素E來防止。

㈢舌面各部位與呈味關係

1.苦味：舌根。

2.甜味：舌先端。

3.鹹味：舌尖。

4.酸味：舌兩側。

5.在舌的先端及兩端對味的感覺較敏銳，舌根及中央部位則較遲鈍。

㈣酸鹼值

1.pH值7爲中性。

2.pH值7以上爲鹼性。

3.pH值7以下爲酸性。

四、管理學

㈠顧客抱怨、申訴與處理

當有顧客抱怨時，在管理上團膳企業必須當成是來送禮物的。因爲根據統計，一般企業只能聽到4%消費者的抱怨，代表著消費者不滿意時，其中有96%選擇默默離去，而離去之族群中，高達91%將不再光臨，所以當有一件申訴抱怨時，代表著已經有25個消費者不滿意，並且其中約有22人將不再光臨（如果處理不好的話）。而當公司發生抱怨增多時，代表著公司的生產與管理發生問題，必須徹底檢討；而另外還有一種說法是，發生一件重大的顧客申訴抱怨處理時，代表背後隱藏著29件中程度的管理問題，且又代表著有300件小問題隱藏被忽略，而且這就是管理上1對29對300法則。

2000年6月底，日本大阪市的急救站及保健所接到消費者反應，「由於飲用雪印牛奶出現嘔吐及腹瀉等食品中毒症狀」；由於隔天是雪印乳業公司定期召開股東會的日子，因此公司掉以輕心，認為沒有什麼關係，結果後來導致中毒患者超過一萬多人，最後造成雪印公司從日本食品界除名。

1982年9月9日，美國發生孩童因為身體不舒服，服用強生公司的止痛劑「泰諾」，最後死亡；同一天一對夫妻因頭痛吃下速效泰諾膠囊，也因後來臉色發青送醫不治，之後經過報案檢驗發現，泰諾膠囊內含有致人於死的氰化物，最後總共7人死亡。強生公司於事發之時，立即組成以董事長為首的7人危機小組，初期每天開會兩次，檢討最新訊息，討論並做出對應決策，並且公開表明公司「以公眾和顧客的利益為第一」，並且依照此信念採取一系列的措施，五天內回收3,500萬粒產品，價值約1.25億美元；回收產品立即檢驗；同時開設熱線，讓民眾隨時可以查詢事件進展狀況；花費50萬美元在各大媒體廣告，不是廣告產品而是通知醫師、醫院、經銷商與零售商停止使用和銷售泰諾；並懸賞1,000萬美元尋找破案線索；上述做法，獲得媒體與民眾肯定，認為強生公司為了不使任何人再遭遇危險，寧可自己承受巨大損失，結果事發不到兩個月，泰諾又贏回98%市場占有率。因此，對於客訴處理之不同方式，可能會影響到公司之存廢。

㈡人事安排與管理

主要原則要以員工為本，符合法令規定，並且平等公正。工作方面原則為聘僱員工重平等，雇用條件要合理，勞資溝通要全面，在職訓練務長遠，企業社會責任共承擔。

五、心理學及行銷學

1942年可口可樂推出：「惟有可口可樂，才是真正口味」的廣告。此舉讓顧客立即有反應，直覺可口可樂才是真正口味，其他玩意都是仿冒品。而儘管「真正口味」已經是屬幾十年前廣告行銷口號，但後來卻成為該品牌產品保證。

因此製造市場領導地位，是屬於建立品牌產品保證最直接方法，柯達與可口可樂，過去都是因為被認定為領導品牌而取得產品保證。而如果自己不是領導品牌，那建議最好的市場策略，就是：自己創立一個能宣稱擁有領導地位的新類別。

一般公關工作是，對外溝通與發言、進行媒體之宣傳與文案製作，而行銷工作就是賣東西，然而行銷公關則是必須善於宣傳與溝通，懂得市場分析與趨勢，了解消費者要什麼，善用行銷通路，以提升業績。舉個簡單的例子說明，元宵節吃湯圓是傳統習俗，如何賣出湯圓？由於湯圓一般分成是甜與鹹兩種口味；如果由公關來銷售，則大概會進行媒體曝光，或抄抄資料照本宣科；然而成功的行銷，則是動腦思考今年應該「要賣什麼不一樣的湯圓」、「有哪些管道可以利用來銷售」及「行銷策略如何才能與衆不同」等，因此就有一家團膳的行銷公關，就先與主廚溝通行銷策略，然後與製作團隊開會研商，如何製作出讓人有興趣的不同湯圓，結果腦力激盪結果，竟然製作出龍蝦鹹湯圓、鮑魚鹹湯圓、魚翅鹹湯圓，及巴頌巧克力甜湯圓。之後利用昂貴的食材，宣傳製作出與衆不同的湯圓，並且採用1顆賣100元，與傳統湯圓完全區隔，於是成功的造成媒體爭相報導，讓青少年喜歡嚐鮮消費，也打動觀光客打包回家，結果銷售長紅，後來進一步檢討結果，如果當時能再搭配超市、百貨公司，或是信用卡公司活動，將可以使產品銷售通路更寬廣；而這就是行銷。

一般的巧克力不外乎是苦澀甜膩，如何製作讓人驚豔的不同口味？做出辣味如何？或者來個酸辣口味？結果有家企業後來使用匈牙利胡椒粉，加上臺灣辣椒，混合了巧克力醬當餡，並在外表撒上紅椒粉末，製作出獨特之新口味，放在情人節推銷，獲得不錯的成果。其他值得參考的行銷，例如：母親節辦個由媽媽製作出蛋糕，然後由爸爸餵食媽媽；或藉由媽媽半價優惠，以吸引全家光臨。如果能夠設計與旅遊業結盟促銷，說不定會有令人異想不到的效果呢！

六、物理學

㈠設計與規劃動線

「動線」是餐飲業設計時之主要考量，所謂的動線，指由驗貨區（一般作業區）→調理區（準清潔作業區）→配膳區（清潔作業區） →倉庫、外包裝室或出貨區（一般作業區）之路線，動線設計之最基本原則，就是不能發生交叉，如果動線交叉，代表區隔不完全，就有發生交互污染之可能。動線規劃又區分爲作業動線、物流動線、人員動線、廢棄物動線，與水、氣（空氣與空調）及能源等動線。

㈡機械設備安排。

㈢工作簡化與標準化。

㈣人體力學。

七、數學、統計學及電腦資訊處理

㈠統計用途

如Excel、Acess、SPSS、SAS等電腦套裝軟體，可用於：

1.計算團膳作業之用量與金額。

2.進行統計問卷調查，並分析作爲改善及依據。

3.成本控制與計算。

4.損益平衡分析。

㈡一般文件打印

如Word軟體，可：

1.列印採購單或撥發文件等資料。

2.記錄作業狀況與結果。

㈢進行簡報

如Powerpoint軟體，可：

1.爭取訂單（參加各機構招標評選時使用）。

2.平時工作簡報。

第五節　臺灣團體膳食經營方式與特徵

一、採取快速擴張策略

團膳爲求永續經營，一般均會採取快速擴張策略，以增加連鎖經營（加盟店）家數，取得降低成本等優勢。有的強調卓越的強勢品牌，在管理上嚴格要求品質、服務、清潔與價值等原則，及要求100%顧客滿意的經營理念；在產品方面，則採用嚴格的自動化機器測試，建立物流中心，或以提供半製品的方式，提供更簡便及快速的服務。近年來西式速食業，因爲面臨臺灣經濟不景氣的影響，使得競爭比過去更激烈，一般而言，展店速度已不似過去。而出現緩和甚至於縮減的趨勢；而爲刺激消費者的買氣，西式速食業有許多改採低價促銷經營方式，如廣發特價優惠券及買一送一等方式，希望讓消費者有物超所值的感覺，進而達到刺激買氣及增加營業額的目的。

二、發展出自己的主力品牌商品

如麥當勞的兒童餐與贈品，及摩斯漢堡的米漢堡；漢堡王則強調其產品的分量與品質。由於企業連鎖全球化，所以成功的速食企業，經營策略上必須使對手不易競爭或超越，或讓潛在競爭者的競爭門檻或障礙變高（不易產生新的競爭者），注意潛在替代品的威脅（如便利超商系統的熟食商品：飯糰、壽司、三明治、涼麵；微波加熱商品：炒麵、玉米湯及漢堡等）。臺灣近期連鎖超商強占餐飲趨勢發展，對於西式速食業形成很大的威脅，已經明顯搶走速食店部分客源。

三、中央廚房化與品質標準化

需同時兼顧市場機制與差異。如肯德基在日本，有推出甜不辣脆捲；在中國大陸，愈內陸的餐廳，其產品口味則愈辣。品質要求標準化方面：以炸雞為例，從飼養雞肉品種、飼養天數與方式、成雞重量、雞肉屠體分割形狀、重量、前處理、裹粉、油炸溫度、壓力、成品外觀、質地及顏色、內部溫度、保存期限等均有嚴格之規定，並配合文字描述及圖片進行比對，以求成品品質之標準化。

四、主題式用餐環境設計

日系速食店走溫馨設計的格調，美系速食店則要求一致化，內部以明亮活潑的感覺為主，但桌椅給人的印象則硬梆梆。近年來受到臺灣咖啡店風行之影響，西式速食連鎖業者也開始考慮用餐環境的整體搭配，強調以更具特色、更迎合顧客需求的裝潢與氣氛，希望讓速食店也能像咖啡廳一樣。如室外增加裝設夜燈，室內裝設特殊氣氛的掛式燈具，讓顧客不只是用餐，而是可以坐下來休息片刻。對這種打破既有印象的裝潢設計，以期提高顧客上門意願，而其中強調別具特色的裝潢設計與用餐氣氛，已成為速食業者新的開拓重點。

五、注意衛生與保健食品風潮

除了用餐環境衛生以外，速食店對於廁所、個人及用具等均有嚴格的要求與規定。而前幾年臺灣開始重視基因改造食品之問題，包括速食店中麥香雞及漢堡的肉塊等食品都受到質疑，也曾造成消費者一陣恐慌，及曾有媒體報導小男生愛吃高熱量的速食，結果胸部長出乳房，推測是因爲與雞肉的品質及來源有關，因爲有施打荷爾蒙等的傳言，後來雖在衛生單位澄清逐漸落幕，但卻影響速食店形象；之後速食業也開始推出健康概念的新商品，以期扭轉速食食品就是不健康食品的形象；業者以新鮮、健康爲主要訴求，推出具有健康概念的商品，例如：使用有機的蔬菜等。此外也會針對流行風潮的商品，進行開發，以抓住年輕消費者的心。

第六節　團體膳食基層人員之工作概述

依據行政院主計總處資料顯示，民國101年臺灣住宿及餐飲業之工作人數爲750,000人（男性334,000人、女性416,000人）。

一、連鎖餐飲業門市服務人員

㈠工作內容

蔬菜清洗；顧客點餐服務；顧客收、送餐服務；門市清潔；整理餐飲服務器具。

㈡工作時間

1.一般內、外場從業人員採輪班工作制。
2.各式餐食準備工作者採二班（早班與晚班）輪班制或二頭班制（工作時間長，但中間休息時間也較長）。
3.每班8小時，進行餐廳各式菜色準備工作，以因應公司作業的需要。

㈢工作場所環境

一般外場工作環境舒適，但內場較擁擠。較具規模的餐廳，使用現代化的設備，廚房之整潔與安全亦能符合規定標準。唯煙霧較多、噪音大、溫度高。危險性方面：速度要求快，切菜機等自動化機械易產生職業傷害，及高溫高熱易發生燙傷、燒傷等。

㈣薪資待遇

餐飲基礎從業人員的工資：一般速食店薪給每小時以基本工資起薪。固定薪資者新進員工，月薪爲基本工資，有經驗者在25,000元／月。

㈤要求條件

1.體力：內、外場人員均需久站，廚房工作屬高溫環境，除需專業技術，亦需有相當體力。

2.人際互動、溝通能力要好，個性外向，必須和內、外場人員維持良好互動。

㈥職前訓練課程內容

連鎖企業職場簡介、服務理念、情緒管理、危機處理及職場適應之實習。

二、複合式餐飲服務人員

㈠工作內容

西餐製作（沙拉、湯、各類主菜製作）；西點製作（餐後甜點製作）；飲料製作（有酒精及無酒精飲料製作）及餐飲服務（餐廳布置及服務）。

㈡工作時間

1.一般內、外場從業人員採輪班工作制。

2.各式餐食準備工作者採二班（早班與晚班）輪班制或二頭班制（工作時間長，但中間休息時間也較長）。

3.每班8小時，進行餐廳各式菜色準備工作，以因應公司作業的需求。

㈢工作場所環境

一般外場工作環境舒適，但內場較擁擠。較具規模的餐廳，使用現代化的設備，廚房之整潔與安全亦能符合規定標準。唯煙霧較多、噪音大、溫度高。危險性方面：速度要求快，切菜機等自動化機械易產生職業傷害，及高溫高熱易發生燙傷、燒傷等。

㈣薪資待遇

餐飲基礎從業人員的工資，大致分爲：

1.五星級飯店及一般餐廳之正職員工：依照政府規定勞工標準敘薪，參照學歷及工作年資核定底薪，並發給工作補助費及工作獎金等，有些還配有宿舍及其他福利。

2.五星級飯店及一般餐廳之計時員工：依個人資歷，每小時以基本工資～150元。

3.一般速食店：依個人資歷每小時以基本工資起薪。

4.固定薪資者新進員工，月薪以基本工資起薪；有經驗者在25,000元／月。

㈤要求條件

1.體力：內、外場人員均需久站，廚房工作屬高溫環境，除需專業技術，亦需有相當體力。

2.人際互動、溝通能力要好，必須和內、外場人員維持良好互動。

3.進修：複合式餐飲業由於菜色需要不斷推陳出新，不論內、外場人員，均需要隨時參加進修訓練，並經常閱讀各種新的資訊，以提升服務及供膳品質。

㈥職前訓練課程內容

1.食品衛生規範、餐飲實務概論、餐飲店管理實務、西式套餐製作、日式簡餐製作、西點蛋糕製作、歐式麵包製作、水果切雕、調酒製作、咖啡花茶飲料製作、餐飲服務。

2.西餐製作、西點製作、水果切雕、調酒實習、飲料製作及餐飲服務。

三、麵包西點製備人員

㈠工作內容

1.麵包製作：吐司、甜麵包、調理麵包及歐式麵包製作。

2.蛋糕製作：海綿、戚風、奶油、乳酪等蛋糕製作及蛋糕裝飾。

3.西點製作：手工餅乾、派、塔及慕斯製作。

㈡工作時間

1.一般從業人員採輪班或固定工作制。

2.工作時間約8～12小時，遇特殊假日得延長工時或停止輪休。

㈢工作場所環境

都市之普通麵包店由於較小，通常會利用地下室，需藉由空調來改善溫度與溼度之控制，烤爐旁邊需注意小心，以防燙傷及刀傷。位於飯店及咖啡廳者管理較完善，設備優良，環境舒適，具有良好之空調，但人員服務品質相對要求較高。

(四)薪資待遇

餐飲基礎從業人員的工資，大致分爲：

1.普通麵包店：三手薪資以基本工資起薪，退伍者可至25,000元，加班則另計。

2.飯店及咖啡廳：三手薪資約以基本工資起薪，退伍者可至22,000元，加班則另計。

(五)要求條件

1.體力：由於需要久站與相當之腕力，男性較多。

2.人際互動、溝通能力要好，並需具備勤勞之美德與良好的衛生習慣。

3.因工作偶爾需要加班2小時左右的情形，工作人員需要能配合公司政策加班。

4.作業時需著工作服、帽子與鞋子。

(六)職前訓練課程內容

麵包製作、西點製作、蛋糕製作、蛋糕裝飾、烘焙材料、烘焙計算、食品衛生規範、麵包店經營管理、職業倫理、生產流程控制及慕斯製作。

四、中餐烹飪人員

(一)工作內容

前置作業、配菜、砧板、炒爐、蒸籠、點心、冷盤、油炸爐、復原清潔作業及備品準備。

(二)工作時間

1.一般中廚廚師（兩頭班）上午9：00～下午2：00及下午5：00～9：00或全職輪班、早班與晚班。

2.點心廚師依團膳之經營項目不同而不同，例如：大型餐飲店，多採早班、晚班。港式飲茶則爲兩頭班上午10：00～下午2：00及下午5：00～9：00。

3.賣場熟食廚師爲兩班或三班制。

4.幼稚園及安親班廚房人員，工作時間爲週一至週五，唯視各家工作內容不定，一般爲上午7：00至下午4：30。

5.特定年節、喜慶或是宴席，則以鐘點計算，額外招聘廚房工作人員。

㈢工作場所環境

飯店因為有冷氣空調，工作場所環境較佳，空間較大。大型中餐餐廳視業主的廚房設備而定。連鎖餐廳一般有空調。小型餐飲業（如燒臘店）工作場所較少有空調設備，且空間較小，工作場所之溫度及溼度高，危險性較高，同時，抽油煙設備及爐灶之噪音分貝較高。

㈣薪資待遇

1. 一般飯店中廚廚師：學徒薪水約24,000元左右，以男生役畢為優先。
2. 點心廚師：學徒薪水約22,000元左右，男女不拘，以男生役畢為優先。
3. 港式茶樓：廚師薪水以包帳為主，學徒則視其餐廳營業額給付薪水，一般都市行情約為基本工資～22,000元左右，還是以男生役畢為優先。
4. 以鐘點計算額外招聘廚房工作人員：如飯店大型餐廳鐘點費約比基本工資稍高，或以天計算，約800～1,000元。而中小型餐廳則鐘點費以基本工資起算（與同仁相處融洽者，有時可以獲得提升其薪資所得）。
5. 賣場熟食廚師行情，正職人員大約為22,000～25,000元左右起薪。幼稚園及安親班廚房人員行情，約為20,000～25,000元左右起薪。

㈤要求條件

1. 體力：需久站，工作粗重，除需專業技術，亦需有相當體力。
2. 人際互動、溝通能力要好，需與廚房之工作同仁相處融洽。
3. 進修：需了解食品衛生、熟練烹調技巧，並了解該公司之菜色。
4. 屬於非常耗體力的工作，需檢附體檢合格報告；同時具危險性，屬於高溫、高噪音之工作，另也需要具備消防知識。

㈥職前訓練課程內容

營養學、食品衛生法規、材料原理、餐飲行銷服務、餐飲經營管理、刀工及盤飾、烹調法、各菜系製作品鑑、麵點小吃製作品鑑、燒臘製作與品鑑等。其他還有廚師之基本知識、技能與工作安全習慣，同時培養良好的職業道德及敬業態度。

重點摘要

曾有一位老員外，特別喜歡牡丹花，庭內、庭外都種滿了牡丹。老員外採了幾朵牡丹花，送給一位老翁，老翁很開心的插在花瓶裡。隔天，鄰居激動的和老翁說：「你的牡丹花，每一朵都缺了幾片花瓣，這不是富貴不全嗎（牡丹花又名富貴花）？」老翁總覺得不妥，就把牡丹花全部還給老員外。老翁一五一十的告訴老員外，關於「富貴不全」的事情。老員外忍不住笑說：「牡丹花缺了幾片花瓣，這不是富貴無邊嗎？」老翁聽了頗有同感，選了更多的牡丹花，開心的走了。

「非洲人不穿鞋子——悲觀論調」、「非洲人沒有鞋子穿——樂觀看法」，也是兩個推銷員，至非洲考查鞋子市場之潛力時，同樣看到非洲人都赤腳走路，所做不同的結論。

同理，朋友要到日本東京居住，詢問當地人看法，回答說：「絕對不要來，因為東京不是人住的地方，連喝水都要花錢買！」當詢問另一位朋友時，卻告知：「趕快來，東京是一個商機無窮的城市，連水都可以賣錢！」經營團膳，需要正面思考的態度，才能將企業與員工導向正面，也才能有利於社會。管理學有一墨非定律（Murphy's Law）；是說事情只要有可能性，總是會向你所想到不好的方向進行發展。例如當你的口袋有兩把鑰匙，一把是房間的，一把是汽車的;但是如果此時想拿出車鑰匙，結果會發生什麼狀況？是的！往往拿出的是房間鑰匙。因此團膳管理者不能心存僥倖，以為攙假永遠不會被發現，所謂邪不勝正，建議管理者還是必須努力一步一腳印，開創自己的道路以後，才能確實永續經營。

團體膳食規劃與實務課程之目的，即在提供正面的價值，讓讀者習得團體膳食的供應與管理工作，從菜單計畫開始到食物的製作，與供應管理之理論基礎。課程內容包括：團膳供應分類、菜單設計、採購、驗收、庫房管理、大量食物製備之品質控制、衛生與安全管理等，並透過一切必要的措施，以期供應衛生安全、美味可口及有益人體健康之膳食。

團膳供應最危險的溫度範圍，是7～60°C，在這個溫度範圍中，由於細菌容易滋生成長繁殖，及產生有毒物質，也因此在衛生法規中，對於餐食成品之保存溫度，均以7°C以下或60°C以上；需要特別注意的是，上述所指的溫度是食品之「中心溫度」，而冷藏庫（冰箱）或冷凍庫之溫度與食品中心溫度存在著2～3°C之差異。在管理上為要避免危險溫度，除了要制定貯存規定溫度外，也需要裝置溫度計以利於隨時檢查，更重要的是檢查之後需要做成紀錄，以利於日後追查與改善之參考。冷凍、冷藏庫之貯存食品，應該分類存放，避免交叉污染，例如：生食或海產就絕不可以放在熟食之上方，每週應定期清洗與整理，隨時注意溫度顯示計之溫度是否維持在規定溫度範圍中。

餐具盡量選用不銹鋼，過去衛生署經常鼓勵使用免洗餐具，以避免A型肝炎等疾病，但是環保署基於環境保護，對於餐具使用要求可以重複使用之餐具，因此餐具之預洗、清洗、沖洗及有效殺菌等執行步驟就很重要。金屬器皿及各式食物調理器械，均應使用後（有些食品加工廠，則需要使用一段時間，即停機清洗，一天可能要清洗2～3次）立即清洗乾淨，並保持乾燥。

對於處理生、熟食之砧板，要求分開使用，以避免交叉污染。一般將生食分為三塊（蔬菜、海產魚貝類與畜產類），加上熟食共四塊，並且以顏色或其他方式顯著區別用途。材質宜選用合成塑膠，因為容易清洗、乾燥消毒，建議依據不同用途選購不同厚度砧板；如果使用木質砧板時，一有裂縫產生時，就應該丟棄，以避免藏污納垢。使用之後應立即沖洗乾淨，並消毒（紫外線、熱水、日光或氯水）。消毒後應側立，不可以與牆壁平行放置，以免再度遭到污染（與餐具清洗後，不應該再使用抹布擦拭之原理是一樣的）。

抹布最好使用紙巾為佳，因為使用後即可丟棄。如果使用抹布，應以淺色為宜，並分類使用（如砧板，同樣是為了避免交叉污染），使用後應清洗及消毒。工作檯最好使用不銹鋼，表面光滑無凹痕，易清洗，四周及檯面接合處應為圓弧角（比較不會撞傷及藏污納垢）。抽油煙機內部應裝置自動清洗設備，並定期巡視補充清潔劑，平時外表需要定期清洗，不可積存油垢，更需特別注意要定期一至二年（如果能夠是三個月更理想）請人清洗油煙罩內部管路，廚房最常發生因為油煙罩積油垢導致火災發生，團膳務必特別注意與小心應付。垃圾桶應該隨時以桶蓋覆蓋，並每日清除，食物殘渣不可以掉落於桶邊，以免招致病媒（老鼠與蟑螂）。

問題與討論

一、團體膳食的定義？

二、團體膳食製備與小量食物製備的相異點？

三、團體膳食製備與物理學有何相關？

四、舉出四種團體膳食類別。

五、連鎖餐飲業門市服務人員工作內容。

學習評量

是非題

1.（　）為了降低採購成本，所以廚師們應建議冷凍（藏）櫃愈大愈好，以便大量採購食品，利於貯藏。

2.（　）食材採購屬採購人員的權責，廚師有任何最新採購訊息，無需轉知採購單位，以避免被誤會有抽佣金之嫌。

3.（　）身為廚師除烹飪技術外，不必在意食物生長季節問題，因為那是採購人員的工作。

4.（　）工作場所的安全維護是安全人員的事，與廚房工作人員無關。

5.（　）餐飲從業人員，應保持調理加工場所的清潔，蒼蠅、老鼠、蟑螂等病媒是消毒公司的事。

6.（　）為了顧客的健康以及自己餐廳的信譽，餐廳廚房務必時常保持清潔，但不必指派衛生負責人，督導檢查工作。

7.（　）在臺灣，空心菜是春季盛產的蔬菜。

8.（　）黃麴毒素其實並不可怕，只要加熱過即安全無虞。

9.（　）廚師的工作實在是太忙了，所以為了他的身心健康，每年的衛生講習可以視他的工作狀況，再決定是否參加。

10.（　）廚師炒菜講究「嫩」、「口感好」，為求菜餚質地軟嫩往往導致半生不熟，容易產生化學性食品中毒。

11.（　）餐飲危害可分為生物性、化學性及病毒性三種危害。

解答

1.×　2.×　3.×　4.×　5.×　6.×　7.×　8.×　9.×　10.×　11.×

第二章

認識食物材料

學習目標

1. 認識各種肉品屠體規格
2. 了解醣類（五穀根莖類）的種類與特性
3. 了解油脂特性與避免油脂氧化方式
4. 了解團膳適合使用哪些食品添加物

本章大綱

第一節　肉類與蛋白質（含魚豆蛋奶類）

第二節　醣類（五穀根莖類）

第三節　蔬菜、水果類

第四節　油脂類

第五節　飲料類

第六節　食品添加物

前　言

義大利麵的起源，有古希臘說及中國說兩種說法，其一說法是，義大利麵起源於古羅馬時代。當時的義大利南部，仍是希臘的殖民地，人們開始食用拉卡濃（將油炸或燒烤的麵條放進湯裡）和阿卡利亞（將小麥粉加入湯裡熬製）。至於中國說，則是因為中國是麵食的發源地，中國人食用的寬麵條，很像義大利的雞蛋麵。傳說中義大利麵，是由《東方見聞錄》的作者馬可波羅，帶回祖國義大利。但在當時，由於旅程漫長想把麵帶回義大利，要很長的時間，如果不將麵條乾燥，麵條無法長久保存，因此，《東方見聞錄》中，也同時記載了讓麵乾燥的方法。不過這些說法，在考古文獻紛紛出土後，已被打破，因為早在義大利先民埃楚斯坎（Estruscan）人的時代（約西元前700至400年），就已出現了類似麵的穀類製品。在埃楚斯坎古墓裡，即曾掘出用來塑造麵食形狀的模具。提到義大利麵，很多人會直接聯想到如肉醬麵、蛤蜊麵、墨魚麵或辣味麵等，長麵做成的義大利麵。實際上義大利麵，是以短麵為主流，像捲筒麵、螺旋麵及蝴蝶麵等，都是非常受歡迎的樣式，因此琳瑯滿目的形狀，及各地常用的食材和特產，與各式奶油和番茄醬汁，變化出來的料理，可說是五花八門。Pasta是義大利最普遍的主食，原文意指「生麵糰」，用來泛稱用麵糰做成的麵食，及小麥粉製成的義大利麵，原來的意思，是指熬製的半固體物，研磨過的粉、小麥粉加水，再用水攪和揉搓而成的食品，即稱為Pasta，乾燥的義大利麵或手工麵，就是其中之一；包餡的麵餃、麵糰、披薩，以及使用小麥粉做成的製餅麵糰，也就是Pasta。但是現在的乾燥麵，是阿拉伯人的商隊，在沙漠中交易時所發明的；此法不久後，便傳到歐洲各地，尤其是義大利南部，對義大利人而言，Pasta是每餐必備的食物，餐餐必吃，在飲食生活中，占了相當重的分量。義大利製的Pasta，講究用Durum（杜蘭）平原所生長的硬質麥（高筋粗粒的小麥粉），磨成的麵粉（Semolina）來製作成麵條，因其在沸水中，煮的時候不會吸收太多的水分，可使口感較具韌性且有彈性，符合義大利人要求食麵必得Al Dente（咬勁或彈牙）的要求，亦即不可過熟，需保留少許韌度的不二法則。

黑輪與天婦羅，是著名的臺灣小吃，黑輪的發音源自日文的おでん，是でんがく（團樂）的簡稱，原意是將食材串成一串用以烹調之意，後來指的是用豆腐類製品、白蘿蔔、蒟蒻、芋頭及蛋等食材，一齊烹調煮出的料理。在日本江戶時代，有使用味噌塗在豆腐上烹調，後來由此演變出現在所謂的黑輪，當時烹煮的料理，會拿味噌作為沾醬，後來也使用醬油。黑輪在日本全盛時期，大概是在明治時代，當時關西地區，不將此料理稱為黑輪，而叫關東煮或關東炊。臺灣的黑輪，則是因為日據時代，由於高雄海域有漁場，又有日本人臨時居住，因此原屬日本平民的簡單飲食——黑輪，很自然的就被帶入高雄，原本黑輪應該是用昆布熬煮湯頭後，再加上魚漿製品、豆腐製品及白蘿蔔等食材，但是由於臺灣沿海不生產昆布，為求食物的甜美，於是自行研發出特殊的沾醬，是用番茄醬、砂糖與辣椒醬一同混合而成，由於又甜又辣，所以將黑輪沾醬這種食物稱為甜不辣，恰巧也與天婦羅的日語發音相同。

天婦羅的發音，則源自日文的天ぷら，指的是將魚介類、野菜類及山菜類食材，加上小麥粉及蛋液所調成的麵衣，進行油炸而成的食物。天婦羅一詞的源起，共有三種說法，一說是西班牙語tempora，指的是每年的祭祀節日；一說是葡萄牙語tempero，指的是調理的意思；最後一說法也是葡萄牙語temporras，指的也是祭祀料理。爲什麼日本的天婦羅卻與西班牙、葡萄牙有關呢？由於日本在1568～1582年安土時代，織田信長爲了促進日本與外國的貿易往來，因此政策上，歡迎天主教的傳教士到日本，也因此西班牙與葡萄牙的傳教士，就將天婦羅這類食物傳入日本。

臺灣的天婦羅，其實與日本所謂的天婦羅不同，因爲臺灣的天婦羅，純粹是以魚漿製品所炸出來的食物，所以臺灣的天婦羅，應該是源自日本九州的蒲鉾（かまほこ），又叫魚糕，是將魚肉磨成漿糊攤在木板上面，塑成半圓錐體蒸熟的一種食物，在日本的當地人稱其爲ぶら，由於與臺灣天婦羅烹調方式，除了蒸與炸之方式不同外，其他製作方式相同。

臺灣的天婦羅，以基隆廟口小吃最有名氣，而經營基隆廟口的業者提到：當年是在日據時代，跟隨一位日本料理店師傅學習到製作天婦羅作法，目前仍保存古早的作法，用新鮮的鯊魚與海鰻攪成魚漿來製作，在日本九州稱其爲天婦羅，在東京稱爲薩摩揚，屬於揚物（炸物）的一種。炸類料理在日本料理之菜單中寫作「揚物」或是「炸物」。大致分爲：素炸——食物不沾裹任何粉類或麵糊，直接下鍋油炸，如炸豆腐、炸茄子等。乾炸——將食物略醃後拍上藕粉或麵粉，投入油鍋的作法稱之，如整條魚或是豆腐。麵衣炸——將食物完全沾裹在以雞蛋、水、麵粉調合成的麵糊中再下鍋油炸；此料理又稱爲天婦羅（Tempore），如炸蝦、魚肉以及各式蔬菜等。

臺灣水產品外銷美國時，過去曾發生被查驗出組織胺、沙門氏桿菌、殺蟲劑、有毒物質與污染物，外銷歐洲的吳郭魚和調理鰻被檢驗出含有氯黴素等，輸往日本的活鰻曾含有磺胺劑，國內則檢驗出金線魚含有甲醛、鰻魚和石斑含有孔雀綠及新鮮魚肉用一氧化碳處理等違規事件，都曾導致魚價重挫，無人問津，相關的製品也一併受到影響。衛生福利部建議預防食品中毒四原則，包括「清潔」、「迅速」、「加熱或冷藏」及「避免疏忽」，其中的「清潔」包括食材清潔與安全；著名餐飲業王品公司，2013年曾因採購到含有「瘦肉精」的美國牛肉而受傷；臺灣一般常吃的海產「西施舌」，過去曾因爲食用有毒藻類並積蓄，而導致發生多人食用後中毒死亡；臺灣「三角仔」、「鸚哥魚」及「油魚」等常見食用魚類其實也有毒性，也在臺灣導致發生食物中毒；食材的品質，是屬於團膳唯一選擇以後就無法改變者；而想要求好的食材品質，當然必須認識各種食物材料，否則如果將「曼陀羅」當「百合花」，將「姑婆芋」當「芋頭」，將「毒菇」當「食用菇」，日後不發生中毒也是很難的。因此團膳對於食材之類別、規格與製品，除了要求新鮮以外，要購自有信譽與品牌之廠商，也要定期抽驗與檢驗，以確保食材之衛生安全；另外對於食物材料也應有基本概念，才能確保品質與衛生安全。

第一節　肉類與蛋白質（含魚豆蛋奶類）

肉類在過去物資缺乏的世代，是屬於昂貴的食材，是人體蛋白質的主要來源；而蛋白質的功用，除了提供生長、組織修補及製作酵素、激素、紅血球與抗體等功用外，也有所謂的滋補功效者，以雪蛤（林蛙）爲例，其爲中國長白山林區之珍貴蛙種，由於在冬天雪地下，能冬眠的時間長達100天，故稱雪蛤。市售常見的雪蛤膏，其實是雌雪蛤的輸卵管，秋季是雪蛤準備貯存能量應付冬眠之季節，因此生命力最強，也因此雌雪蛤的輸卵管，因爲聚集了來年繁殖後代所需的所有營養，所以傳言滋補無與倫比。

認識肉類食材，首先是認識各種肉類屠體之規格，以牛肉而言，經常看電視廣告，業者標榜所賣的食材，是頂級Prime牛肉、松阪豬肉，或是黑鮪魚（Toro）。而到底什麼等級，什麼規格才是團膳之理想肉類材料，則首先需要了解規格，才能在實務上實際應用與搭配。

一、牛肉等級

2013年臺灣牛肉市場回溫，其中以肋眼與菲力最受寵，之前則是因爲受到瘦肉精事件影響，影響到消費者之食用意願。而2013年則進口牛肉價格開始漲不停，其中主要原因，是受到美國穀物價格飆高與紐西蘭幣值上揚之影響，許多業者不漲價，因爲擔心消費者不接受而流失客群，於是上漲之成本只能自行吸收。大陸過去曾發生將豬肉浸硼砂，假裝牛肉賣出16噸，2012年臺灣大牛牛肉麵，也因爲被爆料回收剩菜，導致「做不下去」而關店；但是市場上也有標榜選用台南現宰牛肉，而讓消費者願意持續掏錢買單，因此食材的品質是非常重要的。

㈠美國牛肉

美國牛肉之等級，係依肉的成熟度（Maturity），及肋肌眼的大理石紋脂肪含量（Marbling）來認定。1級（頂級）稱爲Prime（數量少，多半供應高級西餐廳使用）；2級（上等）稱爲Choice（好市多大賣場）；3級（二等）稱爲Good；4級（三等）稱爲Standard；5級（商用）稱爲Commercial；6級（綜合）稱爲Utility；7級（切割）稱爲Cutter；8級（製罐）稱爲Canner。過去常常爲了強調口感，對於頂級的高級牛肉，常常建議三分熟，還有建議生吃「如日本料理刺身——沙西米」。不過近期因爲病原性大腸桿菌的緣故，爲了確保飲食衛生安全，現在已經多半建議三分熟，而不敢建議生食了。臺灣看到的美國穀飼牛肉，普遍是吃穀物90～120天左右的牛，澳洲的牛，則採用草飼方式較多。一般每個牧場穀物飼養方式，會有些差異，飼料的成分，例如：五穀雜糧及玉米等，也是有比例上的不同，不過有些牧場飼養方式，可以依照客戶的要求，以外銷到日本的最常見。

㈡加拿大牛肉

分爲12等級，分別是A級、AA級、AAA級、Prime級、B1級、B2級、B3級、B4級、D1級、D2級、D3級、D4級等12級（另外還有極少量的E級）。加拿大分級牛肉屠體之最高的四個等級（A級、AA級、AAA級與Prime級），除了油花度有所不同外，這四個等級的評量標準一樣——都必須是年齡較輕的屠體。四個B級爲較年輕的屠體（年齡小於三十個月）而設置的，牠們不符合A、AA與AAA級的最低品質要求。加拿大B1級的屠體與加拿大A級、AA級與AAA級屠體評量標準是一樣的；加拿大B2級爲具黃色外覆脂肪的年輕屠體；加拿大B3級是肌肉不結實的年輕屠體；加拿大B4級爲肉質呈暗色的年輕屠體；四個D級基本上是屬母牛級（年齡超過三十個月的成熟牛隻）；E級是爲成熟的公牛或年輕的公牛屠體而設的。另外還有三種瘦肉等級——屠體屬高品質且經評估有58%以上的瘦肉者，爲「加拿大1級」，屠體屬高品質且53～58%瘦肉者，爲「加拿大2級」；屠體屬高品質且瘦肉量低於53%者，爲「加拿大3級」。

㈢澳洲牛肉（和牛）

是依油花標準區分等級，分為1～12級，最高級為第5級特優級（Excellent）——油花8～12級、第4級良好級（Good）——油花5～7級、第3級均勻級（Average）——油花3～4級、第2級次級（Below Average）——油花2級、第1級最差（Poor）——油花1級。臺灣目前市場大概看到的油花約在6～9級左右，等級愈高，當然愈貴，脂肪多與飼養穀物有關，油花愈多，通常脂肪也會愈厚。

㈣日本和牛

分法從1A、1B、1C、2A、2B、2C……一直到5A、5B、5C。A、B、C表示可食用比例等級，數字表示肉的等級A：72以上；B：69以上、未滿72；C：未滿69，所以最好的日本牛的等級是5A。

二、美國牛肉屠體部位規格（圖2-1牛肉屠體部位）

牛肉應該選用呈鮮紅色有光澤，肉質堅韌，肉紋細緻，含定量脂肪，且脂肪堅韌，色澤鮮明者。各類肉品是蛋白質的主要來源，也多半是菜單中之主菜及半葷菜之主角。肉類會因為團膳性質不同，而各有不同需求規格，各有其不同的用途。例如：以榮民總醫院而言，台北、台中與高雄之規格，也均不相同；醫院患者飲食往往基於健康要求，對於肉品多半有低脂，甚至於無脂之要求，另外也經常會有其他特殊的要求與規格（如豬肉里肌肉條，要求覆脂低於1公釐之大里肌，直徑7～9公分，成整條狀每條約2.5公斤，粗脂肪8%以下），需要特別注意。

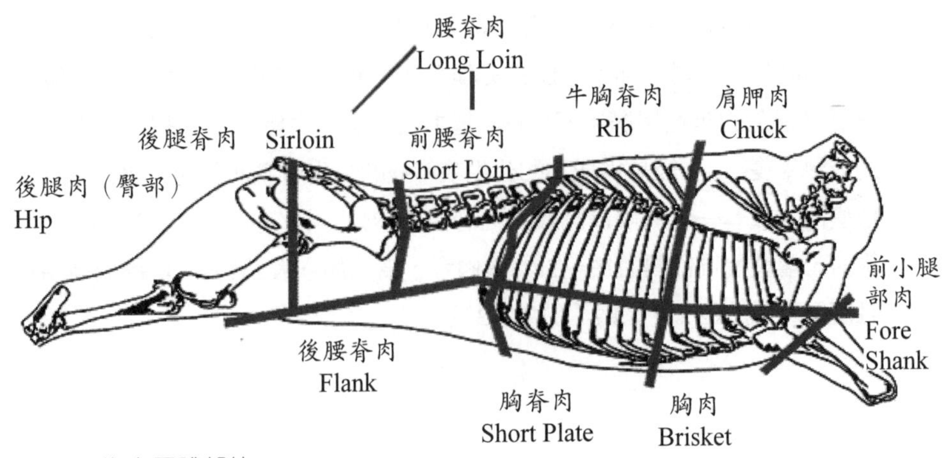

圖2-1 牛肉屠體部位

㈠前腰脊肉（紐約客，Sirloin, Beef Loin, Strip Loin, New York Cut, Top Loin Steak）

根據背脂肪及背板筋的程度又分級為：

1.標準規格：背脂肪及背脊去除7公分。

2.上等牛腰肉：背脂肪及背脊去除中間寬幅的二分之一。

3.特等牛腰肉：背脂肪及背脊全部去除。

4.英磅牛排（厚切牛排）：高單價牛排。

㈡修清肋眼肉捲（沙朗，Beef Rib, Rib Eye, Cube Roll）

用於壽喜燒、涮涮鍋及牛排等。

㈢去脂腰里肌肉（腓力，Beef Loin, Tenderloin）

去除7公分背膜部的脂肪，可防止變色。

㈣帶骨牛小排

其表皮易見，所以應去除。帶骨之商品需以電鋸分割，牛排為2.0～2.5公分寬，烤肉為0.7～1.0公分寬。

㈤去骨牛小排

裡面若有筋膜及多餘脂肪存在需去除。作為烤肉或切薄片時，可將霜降部分及無霜降部分組合，而得均一化商品。

㈥牛肋條（腩條）

去除骨表皮及表面脂肪，作為串燒及烤肉等用。烤肉為蝶形切片。成形連結之後，可做用途廣泛之材料，如牛排、燒肉及涮涮鍋等專用。去骨皮連結而成之肉捲適合燒肉及涮涮鍋（食品結著劑是一種食品添加物，一般多為磷酸鹽類，用來增進肉蛋白質水和性的效果，改善肉之保水性與結著性，增強肉組織之結合性，又稱為品質改良劑）。

㈦肩胛里肌（黃瓜條，Beef Chuck, Chuck Tender）

因肉質稍硬，中心部分的粗筋需去除，肉色較淺之肉可用於小塊肉，適合咖哩或燉的料理。

㈧前胸肉（牛腩）

以肉纖維垂直方向切薄片，作為涮涮鍋、燒（烤）肉及咖哩紅燒肉用。

(九)下肩夾胛眼肉捲（前腿心）

由於肋骨附近柔嫩，可切為10～15 公釐厚的牛排。

(十)下肩胛肋眼心

肋骨附近可作為10公釐厚的牛排 ，頸側用於烤肉或切片，薄片由於較多柔嫩精肉，適用於壽喜燒及涮涮鍋。冷凍商品一般先經嫩化處理後，再經IQF凍結，有圓形切片、骰子、牛排及4～5 公釐厚的烤肉等。

(土)下肩胛翼板肉

下肩胛翼板肉可全切為牛排，柔嫩度相當均一，當骰子牛排或烤肉用，薄片特別適合涮涮鍋。

(主)下肩胛襯底板肉

有許多的脂肪紋路，精肉部分需注意防止劣化。

(壹)肩胛小排

1～2肋骨部位做烤肉用，脂肪紋路多、肉質佳的3～5肋骨部位則適合上等烤肉用。切片要注意肉纖維走向，一般切成圓形。

(夁)修清前胸腹肌

由於形狀及纖維方向整齊且柔嫩，可作為骰子牛排及烤肉等用。

(去)修整上肩胛肉

上肩胛肉的中心周圍，由於埋藏著很多大小的筋，需要修整，若能去除筋肉組合的部分，則可作為圓形切片。中心部分可供涮涮鍋使用。

(夫)板腱

前端部分脂肪紋路多者，可做「生肉片」烤肉用；中心部分，需完全去除粗筋的部分，切片做去除10 公分內粗筋、柔嫩的部分。

(屯)肋眼肉捲帶側唇

由於肉之橫切面大而且肉質佳，適用肋骨里肌壽喜燒，牛排、烤肉等皆可。由於修清肋眼肉捲（沙朗）市場價格比較高，相較之下，本品價格較低可用來取代沙朗。

(大)肋脊皮蓋肉

用做一口大小之燒肉切片。

㈨胸腹肉

精肉的內皮非常硬，必須去除，適合修整爲脂肪不多的商品，兩端切薄之肉可作爲牛肉飯用，均質後可以作爲價值高的燒肉及壽喜燒肉。

㈩修整胸腹肉

可作燒肉，瘦肉率低適合調味商品。

(廿一)胸腹眼肉

需去除附著表面的血管、脂肪及筋等物質，烤肉以斜切方式較佳；斜切筋肉，可得較鮮明的霜降斷面。

(廿二)日式胸腹肉

存於胸腹肉中心部分，左右的形狀不同，切片後適合鐵板燒及涮涮鍋。

(廿三)腹脅肉排

由於肉薄可捲做直筒捲牛排，兩端肉可做剁碎肉。

(廿四)肉腹橫肌

多以附表皮（Skin-off）方式進口，由於表面覆蓋的膜堅硬，需完全去除，普遍全部分做燒肉用；考量肉厚度及肉質，中間部分及肉厚部分可作骰子及烤肉，薄的部分做捲筒狀牛排；注意斜切法可讓脂肪紋路看起來很活，兩端的肉可做碎肉。

(廿五)上（內側）後腿肉去皮蓋肉

由於易變色且味道清爽，適合調味商品。

(廿六)後腿股肉

分割成後腿股肉心、外股肉、側肉塊等，可分割成涮涮鍋專用薄片。

(廿七)後腿股肉心

用於牛排、燻烤牛肉，但最適合涮涮鍋薄片；針對中心存在的筋分割成細長的兩半，可做品質良好的精肉塊，部分可做烤肉用。

(廿八)下後腰脊翼板肉

肉厚的部分可切做後腿迷你牛排或骰子牛排，瘦肉多、霜降多，可做烤肉用。

(廿九)下後腰脊角尖肉

在分割成小塊時，要注意肉的纖維非一定方向。

㈩下後腰脊球尖肉

最適合骰子牛排。

㈢外側後腿肉

適合涮涮鍋，瘦肉含量高，適合切片。

㈢外側後腿肉眼（鯉魚管）

適合切片，用於涮涮鍋特別美味，若用於燒肉必須先嫩化，可做高級咖哩牛肉及咖哩燉肉。

㈢外側後腿板肉

做牛排肉稍硬，適合手切烤肉，切成圓形薄片用於涮涮鍋。

㈣上後腰脊（臀）肉

用於大塊薄片或牛排，臀心可做上等臀肉牛排，將表面脂肪修整到四分之一英寸以下，可做燻牛肉。

㈤上後腰脊蓋肉

肉之紋路均一，以纖維垂直方向切下，可得脂肪紋路良好之肉片，可做迷你牛排、烤肉及切片。

㈥外腹橫肌

需注意冷凍品解凍時有汁液的流失，由於去皮的外膜橫肌退色很快，需注意商品管理，冷藏品可保有鮮紅色，但退色也快。

㈦橫膈膜

去筋後，做良好的骰子牛排，可做佐料醃漬；通常所稱柔軟燒肉指的是橫膈膜部位。

㈧舌

涮涮鍋大概2 公釐，鹽漬烤肉用約3 公釐。

㈨肝

冷凍的肝解凍時，會有很多滲水（Drip）的現象，所以商品大都爲半解凍型態。肝的血管較硬，煮的時候需完全去除。因爲牛血臭味很強，所以不敢吃的人很多，適合佐料醃漬，烤肉用的厚度爲3～5 公釐。

㈩牛肚（第一胃山鏈狀）

烤肉用長2～3公分、寬4 公分，因難吸收佐料汁，需在食用前浸漬較長時間：大多烤肉食用，也可利用煙燻和油炸等加工方式。

㈣大腸

烤肉時切成2～3英寸，用刀切花較易食用，佐料難吸入，浸漬時間愈長愈美味，串成燒肉也行。

㈣尾

可做成紅燒肉及燉煮商品，可食的部分大多在第3到第6尾椎骨的部分，可作為牛尾湯及紅燒牛尾。

三、豬肉屠體與部位規格（圖2-2豬肉屠體部位）

豬肉應選用瘦肉呈粉紅色或玫瑰紅、肉質堅韌有光澤、肉層分明、彈性佳、無黏液流汁、肥肉則色白且堅韌者。

㈠屠體

帶頭、尾、皮、前後腳及板油。

㈡半片屠體

1. 去頭、尾，帶皮、前、後腳、板油及頸肉。
2. 去頭、尾及前、後腳，帶皮、板油及頸肉。
3. 去頭、尾及前、後腳及皮，帶板油及頸肉。

㈢肩胛

胛心肉、梅花肉、前腿外腱肉、台式豬腳、德國豬腳、前腳、肩胛排。

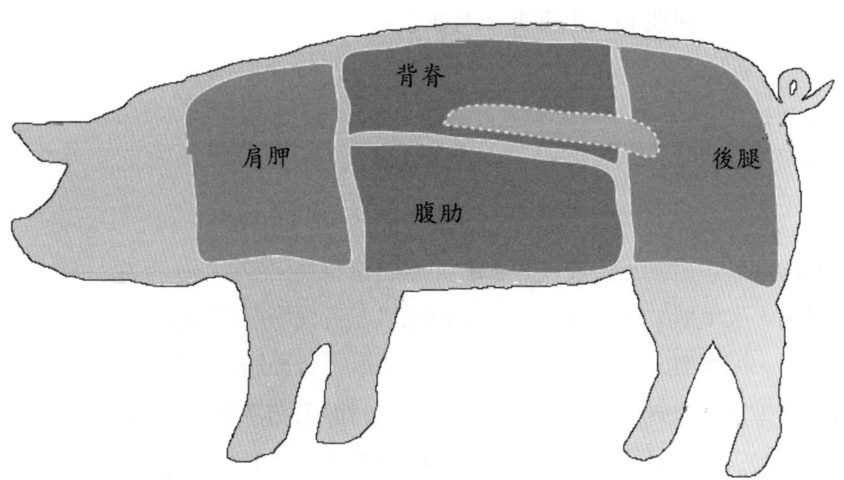

圖2-2　豬肉屠體部位

(四)上肩肉

梅花肉。

(五)下肩肉

1.去頸肉及前腿外腱肉（含前腿內腱肉），去皮及骨，背面脂肪修整爲5公釐。

2.去頸肉及前腿外腱肉（含前腿內腱肉），去皮及骨，背面脂肪修整爲3公釐。

3.去頸肉及前腿外腱肉（含前腿內腱肉），去皮及骨，背面脂肪修整爲0公釐。

(六)台式豬腳

含前腳、皮、骨及前腿內、外腱肉。

(七)德式豬腳

去前腳、帶皮、骨及前腿內、外腱肉。

(八)前腿外腱肉（腱子肉）

去皮、骨及脂肪。

(九)肩胛排

1.中排：含胸骨及肋間肌肉。

2.中排：去胸骨、含肋間肌肉。

(十)被脊

大里脊、小排、里肌心、小里肌、里脊心。

(十一)背脊

1.帶皮及骨。

2.大排：去皮、帶骨，背面脂肪修整爲0公釐。

(十二)背脊肉

1.里肌肉、大里肌(一)：去皮及骨，背面脂肪修整爲5公釐。

2.里肌肉、大里肌(二)：去皮及骨，含僧帽肌，背面脂肪修整爲3公釐。

3.里肌肉、大里肌(三)：去皮及骨，不含僧帽肌，背面脂肪修整爲3公釐。

4.里肌肉、大里肌(四)：去皮、骨及僧帽肌，背面脂肪修整爲0公釐。

5.里肌心：去皮、骨及僧帽肌，背面脂肪修整爲0公釐。

㈢小排

含肋骨、肋間肌肉及部分背脊肉。

㈣僧帽肌

不含脂肪。

㈤腹肋

五花肉、肋骨、肋軟骨。

㈥腹肋

1.帶皮、骨及肋軟骨，去板油。

2.去皮、帶骨及肋軟骨，去板油，背面脂肪修整爲0公釐。

㈦腹脅肉

1.五花肉、三層肉㈠：帶皮、去骨、肋軟骨及板油。

2.五花肉、三層肉㈡：去皮、骨、肋軟骨及板油，背面脂肪修整爲5公釐。

3.五花肉、三層肉㈢：去皮、骨、肋軟骨及板油，背面脂肪修整爲3公釐。

4.五花肉、三層肉㈣：去皮、骨、肋軟骨及板油，背面脂肪修整爲0公釐。

5.帶皮、去腹脅排、肋軟骨及板油。

㈧腹脅排

1.腩排、肉排㈠：含胸骨、肋骨、肋軟骨、肋間肌肉及部分腹脅瘦肉。

2.腩排、肉排㈡：去胸骨、含肋骨、肋軟骨、肋間肌肉及部分腹脅瘦肉。

3.腩排、肉排㈢：含胸骨、肋骨、肋軟骨及肋間肌肉（不含腹脅瘦肉）。

4.腩排、肉排㈣：去胸骨、含肋骨、肋軟骨及肋間肌肉（不含腹脅瘦肉）。

㈨肋軟骨

不含凌亂脂肪。

㈩小里肌（腰內肉）

1.含二條小腰肌。

2.不含二條小腰肌。

㈢後腿

1.內腱、外腱、蹄膀、後腳、腿心。

2.帶皮、骨及後腳。

3.帶皮、骨、去後腳。

4.去皮及後腳，帶骨及脂肪。

(二)後腿肉

1.帶皮、去骨，含後腿內、外腱肉。

2.帶皮、去骨，不含後腿外腱肉（含後腿內腱肉）。

3.帶皮、去骨，不含後腿內、外腱肉。

4.去皮、骨及後腿外腱肉（含後腿內腱肉），背面脂肪修整爲5公釐。

5.去皮、骨及後腿外腱肉（含後腿內腱肉），背面脂肪修整爲3公釐。

6.去皮、骨及後腿外腱肉（含後腿內腱肉），背面脂肪修整爲0公釐。

(三)內股肉

去皮及骨，脂肪修整爲0公釐。

(四)腿心（和尚頭、後腿尖）

去皮及骨，脂肪修整爲0公釐。

(五)外腿肉

1.去皮及骨，含後腿內腱肉，背面脂肪修整爲5公釐。

2.去皮及骨，含後腿內腱肉，背面脂肪修整爲3公釐。

3.去皮及骨，含後腿內腱肉，背面脂肪修整爲0公釐。

4.去皮及骨，不含後腿內腱肉，背面脂肪修整爲5公釐。

5.去皮及骨，不含後腿內腱肉，背面脂肪修整爲3公釐。

6.去皮及骨，不含後腿內腱肉，背面脂肪修整爲0公釐。

(六)蹄膀

1.帶皮去骨，含後腿內、外腱肉。

2.帶皮去骨，含後腿外腱肉（不含後腿內腱肉）。

(七)後腿內腱肉

不含脂肪。

(八)後腿外腱肉（腱子肉）

不含脂肪。

(九)豬尾

含薦椎。

㈩頸肉

去皮、脂肪及淋巴結。

㈢脊椎（粗排、龍骨）

含骨間肉。

㈢直腸（大腸頭）

長約40～50公分。

㈢背脊

又叫大排、帶骨里肌。

㈣背脊肉

又叫里肌肉，大里肌。

㈤腎臟（腰子）。

㈥胃（豬肚）。

㈦脾藏（腰尺）。

㈧胰臟（白胰）。

㈨橫膈肌（肝連、膈胸肉、條仔肉）。

㈩食道（紅管）。

㈪胸大動脈（白管）。

㈫空腸（粉腸）。

㈬子宮（生腸）。

㈭膀胱（小肚）。

四、雞肉規格

新鮮的雞鴨肉皮呈黃色，有血跡未乾，而又沒浸水洗溼的感覺，無臭味、有光澤、肉色紅嫩、有彈性。如果皮呈慘白色、青色或發紅、肛門成暗褐色有黏液、眼球污濁不清、身體浮腫、有異味的，表示可能是生病雞鴨宰殺的，不可以購買。

㈠全雞

帶頭去腳和去除內臟之部位。

㈡光雞

全雞去頸部及頭部位。

㈢八塊雞

光雞去尾椎，分切成棒棒腿、雞排、三節翅、胸排各兩塊。

㈣九塊雞

光雞去尾椎，分切成棒棒腿、雞排、三節翅各兩塊、胸排三塊。

㈤腿部

1. 棒棒腿1：在大腿關節部位分切超過骨輪後，將脛關節部位切斷，然後再將膝關節分切後之部位。
   ⑴特大：160 公克以上（含）。
   ⑵大：159～130公克。
   ⑶中：129～110公克。
   ⑷特小：109～90公克。
2. 棒棒腿2：在大腿關節部位分切至骨輪後，將脛關節部位切斷，然後再將膝關節分切後之部位。
   ⑴特大：150 公克以上（含）。
   ⑵大：149～130公克。
   ⑶中：129～110 公克。
   ⑷特小：109～90 公克。
3. 骨腿：在雞背的中央以縱的方式分切，將胸椎和腸骨的接合部位切斷，在下部腳蹠爪部位上方切斷的部位。
   ⑴特大：280～320 公克。
   ⑵大：245～279 公克。
   ⑶中：205～244 公克。
   ⑷特小：170～204 公克。
4. 清腿：骨腿去除椎骨後之部位。
   ⑴特大：280～320 公克。
   ⑵大：245～279 公克。
   ⑶中：205～244 公克。
   ⑷小：170～204 公克。

(5)特小：140～169 公克。

5.去骨腿肉（清腿去骨）

(1)含皮。

①帶腳踝：將清腿去骨（帶腳踝）。

②去腳踝：將清腿去骨（去腳踝）。

(2)不含皮。

6.蝴蝶棒：棒腿自脛骨兩邊各劃一刀。

7.翅膀

(1)三節翅：從翅膀上腕至翅膀尖端全部。

①特大：130（含）公克以上。

②大：110～129 公克。

③中：90～109 公克。

④小：70～89 公克。

⑤特小：50～69 公克。

(2)二節翅：將翅膀切掉部位後，剩餘的部位。

①大：50（含）公克以上。

②小：50 公克以下。

(3)翅腿：翅膀上腕部位。

①大：60（含）公克以上。

②小：60 公克以下。

(4)翅中：二節翅去除翅尖後之部位。

(5)翅尖：二節翅去除翅中後之部位。

8.雞排：將骨腿切掉棒棒腿後之部位。

(1)大：150（含）公克以上。

(2)中：120～149 公克。

(3)小：120 公克以下。

9.清肉：將雞胸肉部位經過去骨後的部位。

(1)帶皮。

(2)不帶皮。

10.里肌肉：在胸肉取出後之內層胸肌部位。

11.雞胸：光雞去除頸椎、三節翅、骨腿之胸部位。

12.帶骨帶皮對切胸：雞胸對切。

13.帶骨帶皮對切胸（劈開）：雞胸對切後展開。

五、鴨肉規格

(一)全鴨

成熟毛鴨經去毛及內臟，帶頭、腳及翅膀。

(二)全肉

以全鴨為原料，去除左右兩邊骨頭，取得鴨胸肉及鴨腿部分，一隻鴨可以取得兩片全肉。

(三)光鴨

全鴨去腳及翅膀。

(四)太空鴨

全鴨去腳、頸及翅膀。

(五)二節半翅

在鴨翅膀上腕骨中間處截斷，保留半節上腕骨和翅中、翅尖部分。

(六)二節翅

在上腕骨與橈尺骨關節處截斷，保留翅中和翅尖部分。

(七)骨腿

從背部在胸部和腸骨接合處切開，自爪部上位關節處切斷，再自脊椎對切而取得。

(八)清腿

從背部在胸部和腸骨接合處切開，自爪部上位關節處切斷，並由髖關節切下去除脊椎尾段。

(九)鴨腿

上端自脛關節處切下，下端自爪部上位關節處切斷。

(十)鴨腿肉

以清腿為原料，去除骨腿、脛排骨、骨輪，並經修整而得。

(十一)鴨排

以骨腿去除鴨腿部分。

實際雞肉或鴨肉規格，會依據上述基本規格，再加上自己的需求，如：

(一)棒棒腿

在大腿關節部位分切至骨輪後，將脛關節部位切斷，然後再將膝關節分切後之部位，每隻約120、150±10 公克二種規格。3公斤包裝。

(二)雞排

將骨腿切掉棒棒腿後之部位，每塊約150、170±10 公克二種規格。3公斤包裝。

(三)光雞

去除頸部、腳及內臟後之部位，每隻約1.5～2公斤。

(四)雞翅

從翅膀上至翅膀尖端全部，每隻約110±10 公克。3公斤包裝。

(五)去皮清肉

將雞胸肉部位經過去骨後之部位，去皮。3公斤包裝。

(六)骨腿

以縱的方式分切雞背的中央，並將胸椎和腸骨的接合部位切斷，且於下部腳蹠爪部位上方切斷，每隻約220±20 公克。

(七)骨腿切丁

以第(六)項之骨腿，每隻切成7～8塊。

(八)半土雞骨腿

以縱的方式分切雞背的中央，並將胸椎和腸骨的接合部位切斷，且於下部腳蹠爪部位上方切斷，每隻約220±20 公克。

(九)光鴨

脖子切至與肩膀平行，翅膀切至與關節平行，不帶腳、去內臟，品質新鮮，每隻約1.8公斤。

(十)翅腿

翅膀上腕部分，每公斤13～14支或24～25支。

六、蛋白質功能與性質

食用肉魚豆蛋奶類食物，主要是供應人體所需之蛋白質。肉魚豆蛋奶類，也是人體蛋白質之主要來源，根據1982年台大醫學院黃伯超與林嘉伯博士，針對臺灣成人的研究，當飲食蛋白質為雞蛋蛋白質時，每日需要量為每公斤體重0.9公克蛋白質；當改用動物與植物性食品混合利用時，需要量為每公斤體重1.2公克。代表蛋白質的需要量，會因為蛋白質品質而有所不同，品質優良時所需攝取的蛋白質數量較少，蛋白質品質愈差，需要量就愈高（一般植物蛋白的品質比較差，黃豆例外）。隨後的研究又指出，國人飲食蛋白質之品質，由於已經比二十年前大幅提升（動物性蛋白質量比植物性蛋白質量高），因此蛋白質之需要量，可以適度降低。另外使用蛋白質的互補原則，可以提升飲食蛋白質的利用效率，素食者尤需注意並善加利用互補原則。使用黃豆取代肉類，將有助於現代人之血脂控制（因為國人普遍因為吃太好，都有高血脂等問題），包括能夠使總膽固醇、低密度膽固醇及三酸甘油酯等降低，進而可以達到降低罹患心血管疾病之機率，因此美國心臟學會還特別建議，在飲食中增加黃豆的攝取，或是豆腐及豆漿等製品。黃豆具有大豆異黃酮（具有類似女性激素功能，可以減輕中年女性更年期之不適症狀）等保健成分。

蛋調理時，如果要避免蛋黃邊緣產生暗綠色之硫化鐵，除了要選用新鮮的蛋外，煮蛋時可以加些鹽與白醋，及利用煮好後立即放入冷水之方式獲得。而想要製作質地軟嫩的蒸蛋，除了使用新鮮蛋外，一個雞蛋最多可以添加四分之三杯溫水（約40°C），水滾後要改用小火蒸，大火蒸太久會造成孔洞且會變暗綠色。

根據國民營養調查結果，國人蛋白質平均攝取量，男性成人為每天83公克，占總熱量之14.7%；女性為62公克，占總熱量之15.4%。動物性與植物性蛋白質約各佔一半，有時動物性蛋白質比例略高。根據衛生福利部蛋白質建議攝取量10～14%來比較，國人蛋白質攝取量顯然均已經過量（女性更嚴重）。由於攝取高蛋白質飲食，代謝產生之廢棄物氨，會造成人體血液之酸鹼值偏向酸性，而衍生出高尿鈣等健康問題，因此從事團膳工作，除了注意低脂、低糖與低鹽之健康原則外，對於蛋白質之質與量的控制，也需要特別留意。

而有關現代人骨質疏鬆問題，過去的營養學家建議：「多喝牛奶、攝食乳製品及其他富含鈣質的食品……」。但是也有另外一派提醒「不要吃太多蛋白質的食物，以免鈣質流失……」的說法。在1960年代，曾有些營養學家堅信：爲了中和蛋白質代謝產生的硫酸，或偏食酸性食品所生成的酸性物質，人體骨骼會游離出鈣質來平衡體內的酸鹼度，因此攝食蛋白質愈多（尤其是如牛奶、肉類等優質的動物性蛋白質），骨骼鈣質的流失將愈嚴重，骨質就會愈疏鬆；其次根據他們針對全球不同地區人民，攝取鈣質與骨質疏鬆症相關性的多年調查與研究顯示：美、英、瑞典、芬蘭等是乳類食品消耗最多的國家，卻也正是骨質疏鬆症最常見的國家，而非洲的班圖族婦女極少攝食奶製品及肉食（有的連牛都沒看過，哪來的牛奶喝？），而且除了多產，加上每次生產必須餵食母奶十個月以上（鈣質損耗較多），但是卻未見她們有骨質疏鬆症？此外流行病學指出，愛斯基摩人的飲食，所含蛋白質與鈣質最多，可是他們的骨質疏鬆症罹患率，卻也是世界第一。基於以上理由，於是認定高蛋白飲食是骨質流失的元凶。

但是事實上，骨質疏鬆症牽涉到許多因素，例如：太少曬太陽、缺乏運動、停經及攝取其他不良食品（如汽水、可樂、太鹹加工精製食品、過多的咖啡……）等等，因此將骨質疏鬆，完全歸因於高蛋白食物並不合理。而「多吃酸性食品體液就會變酸」的說法，其實是有點太過於簡化人體新陳代謝的複雜程式，事實上，還需要更多的研究證據，但是在未證明過量蛋白質無害前，減少攝取量還是有其必要（生長發育中與疾病復原者除外），因爲高蛋白飲食，畢竟已證明會產生高尿鈣，代表對於人體確實有著負面之影響。

蛋白質的基本組成是胺基酸，其中有些屬於無法在人體內合成，必須完全由食物中獲取，若攝取不足時，將會導致發育不良，這些胺基酸稱爲必需胺基酸。必需胺基酸種類（Essential Amino Acid），小孩計有九種：組胺酸（Histidine）、異白胺酸（Isoleucine）、白胺酸（Leucine）、離胺酸（Lysine）、甲硫胺酸（methionine）、苯丙胺酸（Phenylalanine）、色胺酸（Tryptophan）、羥丁胺酸（Threonine）、纈胺酸（Valine）。大人則有八種：異白胺酸、白胺酸、離胺酸、甲硫胺酸、苯丙胺酸、色胺酸、羥丁胺酸、纈胺酸。

蛋白質又分爲完全與不完全蛋白質，所謂的完全蛋白質，又稱爲高生物價蛋白質，指食物中含有人體所需全部之必需胺基酸種類含量充足，比例適當，可以滿足生長與維持生命之需要，所以稱為完全蛋白質。大多數動物性蛋白質，均屬於完全蛋白質，但也有例外：如魚翅及蹄筋。不完全蛋白質，則指食品缺乏某一種或某些必需胺基酸，不完全蛋白質無法供應幼小動物成長，但是仍然可以供應熱量，或是透過互補原則，來成為完全蛋白質，以彌補身體消耗所需，植物性蛋白質多屬於此類。不完全蛋白質又被稱為低生物價蛋白質（生物價係指人體從食物中攝取蛋白質後，在體內所殘留的氮量，與從食品中所吸收全部氮量的比值，以百分比表示即為生物價）。

當食品中缺乏或某種胺基酸不足時，會因為降低其蛋白質利用率，該胺基酸將被稱為限制胺基酸。例如：穀類比較會缺乏離胺酸、色胺酸及苯丙胺酸；豆類缺乏甲硫胺酸；堅果類缺乏離胺酸及甲硫胺酸；五穀根莖類含量較低的必需胺基酸是離胺酸，而豆類含量較少的是甲硫胺酸與色胺酸。不過如果將食物蛋白質與高品質的蛋白質進行比較時，食物中含量最低的必需胺基酸，稱為第一限制胺基酸，該蛋白質的利用效率將受其限制而降低。而所謂的互補原則，是因為植物性蛋白質，大多屬於不完全蛋白質，有不同的限制胺基酸，單用一種食品時，其蛋白質的營養價值較差，但是如果搭配不同食物食用（或是同時搭配攝取動物性蛋白質）時，因為多種食物之限制胺基酸各不相同，就可以達到截長補短，增加限制胺基酸含量目的，進而變成完全蛋白質，而提升營養價值，此方式即稱為互補。搭配動物性蛋白質時，建議最好約占三分之一以上。素食者更必須注意並善加利用互補原則，例如：以五穀類與豆類配合食用，可提升植物性蛋白質的品質，或者利用奶、蛋等動物性食品，來補充植物性蛋白質營養，以免蛋白質因為不完全而無法供應作為組織修補之用，只能供應熱量（由於蛋白質價格較高，當作熱量來源，除了不經濟外，代謝後所產生的氨又將增加肝、腎臟負擔——氨由於毒性大，必須由肝臟轉成尿素，再由腎臟予以排除，當肝、腎功能不好時，氨積蓄人體時會產生肝昏迷之危險）。我們日常飲食互補之應用，有饅頭夾蛋、稀飯配肉鬆、燒餅加豆漿、牛肉麵與火腿蛋炒飯等。

另外對於攝取蛋白質的總量，是否夠用，可以使用氮平衡方式，進行評估人體對於必需胺基酸與蛋白質的需要量。

氮平衡＝食物攝食之氮－排泄之氮（糞便、尿、汗、皮膚、毛髮……）。

氮平衡（Nitrogen Balance）：所謂之氮平衡，是由於氮是蛋白質所特有元素，因此透過追蹤氮的攝取和排泄，可以反應出人體對攝取蛋白質的利用狀況。氮平衡可以分成三種狀態：正氮平衡、氮平衡與負氮平衡。健康的成年人，應該維持氮平衡；成長中的嬰幼兒、兒童、青少年、懷孕的婦女、病後調養復原時，多半處於正氮平衡（攝取大於排泄，以供應生長發育與調養所需）。任何情況下，負氮平衡（攝取小於排泄）均有損健康（因爲負氮代表攝取蛋白質量小於排泄量，不足部分需要由身體既有的組織分解以爲供應，長久的負氮平衡將造成身體耗弱，尤其是老年人或食慾不佳者，必須特別注意）。

七、蛋白質的構造與功能

蛋白質除了供給身體組織建構與修補外，人體之酵素、激素、紅血球與抗體等，也均由蛋白質組成，其中酵素可催化人體各種生化反應，例如：各種消化酵素。激素（荷爾蒙）如胰島素，可調解血糖穩定。紅血球血紅素則可擔任運送氧氣功能。抗體由免疫細胞合成，具有專一性的辨識作用，可辨識外來物質並加以破壞清除。細胞之組成，除了大部分是水分（約70%）外，其他成分中蛋白質就占了約15%，是含量最多的有機成分，主要是作爲構成細胞膜、胞器與細胞質之功用。細胞膜上的蛋白質，參與物質通透、荷爾蒙受器、連結與酵素等作用。身體水分平衡則是靠血漿中蛋白質（白蛋白等）來維持滲透壓，當蛋白質不足時，會使水分滲出血管，流入組織間隙，造成發生水腫的症狀（例如：肝、腎功能不好的人，當白蛋白不足時，會有腹部或下肢水腫之狀況發生）。而人體電解質平衡與酸鹼值平衡（緩衝血液酸鹼度的變化），均與蛋白質息息相關；另外蛋白質可以轉化爲葡萄糖供應能量——當飲食醣類供應不足，而且肝醣也用盡之時，身體可藉由將胺基酸代謝，轉變成葡萄糖來維持血糖濃度。在禁食或飢餓狀況時，也會發生相同的反應。當身體無法獲得充足的熱量營養素時，組織蛋白質會分解生成胺基酸，氧化以供應細胞所需的能量，每公克蛋白質可以產生4大卡熱量。

八、動物屠體屠宰後變化

㈠僵直前期

在嫌氣（缺氧）狀況下，肝醣進行糖解作用，而分解成葡萄糖、ATP及肌酸磷酸，細胞持續進行呼吸作用而減少，pH值會降低。

㈡僵直期

因進行無氧糖解作用而產生乳酸，使肌肉pH值下降，此時期肌肉因為乳化性與保水性降低，並不適合烹調或加工。

㈢僵直後期

此時肌肉因為酵素或自家消化之作用結果，鮮味增加，故最適合烹調或加工。

㈣屠體水樣肉

若豬種屬於較敏感會發生緊迫狀況者，屠宰後之肉品，會形成蒼白、柔軟、滲水之肉，這種肉稱為水樣肉，簡稱PSE，因為組織疏散、保水性差、品質低下、吸光性減低及顏色較淡。若豬屠宰前經綑綁，屠殺過程發生掙扎，而消耗肌肉中的肝醣，屠宰後將會因缺乏肝醣而無法形成乳酸，肌肉pH值降不下來，於是肉質變緊密，乾燥呈暗紅色，即所謂的暗乾肉，簡稱DFD，肉質因為組織緊縮，易於腐敗，品質低劣。

㈤水產品經常發生的缺點與改善

1.橙色肉：鮪魚與鰹魚罐頭，因魚體還原糖與游離胺基酸產生梅納反應而成，可以利用流水式解凍（取代空氣式解凍）來防止橙色肉的發生。

2.黑變：魚肉含硫胺基酸，在殺菌過程中產生硫化物，如硫化錫、硫化鐵所導致，可以利用添加金屬螯合劑（如植酸）來防止。蝦類之黑變原因，則主要為蝦體中酪胺酸，經酵素氧化形成黑色素所致；過去會使用違法添加物硼砂（台語俗稱冰西）來預防，後來因為衛生單位持續取締移送法辦而逐漸減少。

3.玻璃狀結晶：主要為磷酸銨鎂化合物，可以利用殺菌後急速冷卻來防止。

4.腐敗與過敏：不新鮮鮪魚、鰹魚、鯖魚等魚體中，因含有較多量組胺酸，易發生造成食品中毒或過敏現象；過去學校團膳多次因為食用魚類發生過敏性食品中毒，因此學校團膳選擇魚類時，必須避免上述容易產生組織胺之魚種。需注意魚類新鮮者，鱗片平整有光澤、魚肉用手觸摸有彈性、鰓呈鮮紅色、眼球清晰明亮；魚身挺硬、魚鰓鮮紅堅硬、眼球呈水晶狀透明光亮而飽滿、魚鱗緊貼而不易脫落；魚的腹部結實而有彈性，若是凹陷或脹大，代表不是新鮮魚。新鮮的魚身上有海藻的氣味，但沒有腥臭味。

第二節　醣類（五穀根莖類）

即日常食用之主食，如米飯、土司及麵條等，主要是供應人體醣（糖）類。

醣類分為單醣、雙醣、寡醣與多醣。單醣有葡萄糖、果糖、甘露糖與半乳糖。雙醣有蔗糖、乳糖與麥芽糖。寡醣有水蘇糖、棉籽糖、果寡糖與乳寡糖。多醣則有澱粉與纖維。

單醣中之葡萄糖，是人類之腦、神經系統以及紅血球細胞的能量來源；紅血球細胞因為沒有粒線體，所以無法使用脂肪作為熱量來源（脂肪酸氧化代謝產生熱量之作用——β氧化作用，是需要在粒線體內才能進行）。胎兒及胎盤細胞，也是以利用葡萄糖為主。每1公克的葡萄糖或醣類，可以供應4大卡熱量（與蛋白質相同）。為了使身體組織獲得充足的葡萄糖，因此人體必須維持一定的血糖濃度，正常值約在每100毫升血漿70～150毫克葡萄糖（70～150 毫克/100 毫升）的範圍。血糖降低時，若體內沒有醣類，就會分解組織的蛋白質（一般是老化即將被汰舊換新的細胞），代謝轉化成葡萄糖，以維持血糖和重要器官之需要。因此攝取充足的醣類，可以保護組織蛋白質免於分解消耗（此即為所謂的蛋白質節省作用）。當體內葡萄糖不足，同時也沒有多餘的蛋白質可以利用時，細胞將改用脂肪酸作為能量主要來源。可是脂肪酸的氧化代謝作用中，需要少量的葡萄糖，若葡萄糖不足時，脂肪酸之氧化，將會不完全，其結果就是產生大量的酮酸（Keto-acids）與酮體（Ketone Bodies），大量堆積對於身體將會產生酸症，嚴重的酸症就是酸中毒與酸昏迷；不過醫學上也有利用此機轉，即生酮飲食（高脂肪低醣類飲食），用來治療頑固性癲癇（使用藥物仍無法控制癲癇症狀者）。屬於醣類的纖維（不能被消化代謝的多醣）則有預防或治療便祕、憩室炎等功用，有益於消化道健康、調節脂肪與糖分吸收、幫助血糖控制及降低血膽固醇等功效。

一、單醣類

由最簡單的單一糖分子所組成。

㈠葡萄糖

是動物細胞唯一可直接利用的糖，也是蜂蜜的主要成分之一，也存在於各種水果之中。各種雙醣、寡醣與多醣分子中，都或多或少含有葡萄糖。

㈡果糖

存在於水果及蜂蜜之中，甜度約爲葡萄糖的二倍，天然的果糖，是蜂蜜的主要成分，也是蜂蜜甜味的主要來源。食品加工技術，可以利用玉米澱粉，製造出果糖糖漿，其中以果糖爲主，但也混合有一些葡萄糖及雙醣（所以請注意市售果糖糖漿，並不是百分之百的果糖）。

2013年11月衛生福利部，發函行政院人事行政總處，提及含糖飲料（主要是果糖與蔗糖），不僅造成肥胖、代謝異常與蛀牙，也會刺激胰島素快速分泌，造成血糖與情緒不穩，並會增加罹患心血管疾病之風險；因爲2012年Nature期刊指出，糖與酒精同具「成癮可能性」、「毒性」、「對社會之負面性」及「不可避免性」等4項特性，因此攝取量需受規範。同時指出，糖會誘導許多慢性疾病的發生，與代謝症狀群有關，包括高血壓、血脂異常及糖尿病等非傳染疾病，並加速身體老化。而果糖對於肝臟的毒性反應與酒精類似，如引起肝功能不良或胰臟炎等。另外糖與癌症、認知功能降低也有關；糖也會影響體內荷爾蒙，降低飽足感及進食後的歡愉感，使人因此攝取更多食物，因此建議辦理會議或活動時，應該避免以公帑供應有礙健康之含糖飲料。

㈢半乳糖

食物中幾乎沒有半乳糖單獨存在，主要是與葡萄糖結合形成乳糖，這是母乳及牛乳等各種乳汁中，最主要的醣類成分。

㈣甘露糖

雖然是單醣，但是因爲人體缺乏酵素不能分解利用，因此屬於膳食纖維，類似之膳食纖維還有木糖、核糖及阿拉伯膠糖等。自然界以甘露聚糖爲主。

二、雙醣類

如麥芽糖、蔗糖與乳糖。

㈠蔗糖

是團膳最主要的甜味劑，也是良好的稀釋劑，具有增加食物的體積，及增添顏色的功能。老一輩的人，喜歡在醃漬食物中加糖，因爲它是良好的抗氧化劑。蔗糖是由一分子葡萄糖與一分子果糖聚合而成（葡萄糖+果糖）。廣泛存在於甘蔗及甜菜中，屬於最常食用的甜味劑，也是人類使用歷史最悠久的天然甜味劑。一般是利用甘蔗或甜菜來製糖；而精製的砂糖，就是純蔗糖；砂糖有很多種，結晶大小、精製程度及型態等各有不同；紅糖則是裹有糖蜜的蔗糖。蔗糖可以幫助發酵、賦予黏性、良好保溫，使水的沸點上升及冰點下降（抗凝結作用）。多筋的肉類在烤、燒、煎與烹煮之前，如果加糖，將可以使肉質更柔軟；豆類烹煮前加糖浸泡，可以使豆類軟鬆；砂糖則可以幫助澱粉類食材，在料理中更易混合溶解；壽司加糖及醋，可以保持飯之黏性與保濕性；將燒烤食物加糖，可以提味、增加香味與光澤；發泡香菇等南北乾貨，加入適當的糖，可以，加速完成時間；另外適量的砂糖，可以延長食物腐敗之時間。

㈡麥芽糖

由兩個葡萄糖（葡萄糖＋葡萄糖）組成，是澱粉消化或分解的產物，因此米飯如果咀嚼很久，就會產生甜味，這是澱粉被唾液的酵素，分解成麥芽糖或葡萄糖所致。小麥的麥芽，也含有酵素可以分解澱粉，因此啤酒釀造的過程，添加麥芽可以產生麥芽糖。著名的拔絲地瓜即是使用麥芽糖製成，又稱爲芋仔番薯，特色是外皮冰脆、內部酥軟，一般用於飯後當甜點，是將芋仔和番薯黏在一塊熱熱上桌，食用時必須拉開，再沾一下冰水，才能吃到冰脆的芋仔番薯。市售番薯糖也是用麥芽糖加白糖精製而成。

㈢乳糖

由一分子葡萄糖和一分子半乳糖結合而成（葡萄糖+半乳糖），是乳汁中主要的醣類，存在各種乳汁與乳製品中。母乳的乳糖濃度比牛乳高，因此甜味比較強。乳酸菌利用乳糖後可以產生乳酸。過去一百五十年咖啡的包裝，多爲金屬罐裝包裝，但是後來使用高密度聚乙烯（HDPE）材質後，成功的顚覆傳統包裝，塑膠因爲具有質輕、透明及價格便宜等優點，因此被大量使用於食品包裝，但是後來因爲環境污染，所以一直爭議不斷；而近年來因爲生物分解性材料技術創新，使得聚乳酸（Poly Lactic Acid, PLA），開始成爲食品包裝新選擇。乳酸廣泛存在於自然界動物、植物及微生物體內。自1930年開始學者將乳酸藉由聚縮合反應

（Polycondensation）製成丙交酯（Lactide），及利用環聚合反應（Ring-opening Polymerization）製備出聚乳酸。目前工業上是利用聚縮合反應及環聚合反應，製備聚乳酸。具有生物可分解特性，以聚乳酸作爲食品包裝容器，將可以滿足消費者重視環保之訴求。

三、寡醣類

由3～10個單醣結合而成，存在植物或微生物中，如棉籽糖、水蘇糖、果寡糖及乳寡糖等。棉籽糖爲三醣，分別是葡萄糖、果糖及半乳糖。水蘇糖則爲四醣，由三分子半乳糖和一分子果糖組合而成。寡醣由於其化學鍵不能被人體的消化酵素所分解，所以不易消化，但是人體大腸中微生物卻可以分解利用，分解時會產生氣體和小分子代謝產物，因此大量攝食時容易造成脹氣、放屁與腸道不適等症狀。這也是大量食用豆類、花生及蠶豆等果寡糖含量高之食品，會容易放屁的原因。

四、多醣類

水解後可產生多分子單醣或雙醣者，例如：澱粉與纖維。

㈠纖維

食物中之膳食纖維攝取量，研究發現與癌症、中風、便祕、糖尿病、心血管疾病、憩室症與腸道疾病及肥胖等習習相關；纖維攝入量高時，罹患冠狀動脈疾病，高血壓，肥胖，糖尿病及結腸癌的風險較低。飲食纖維攝入量增加，可以降低血清膽固醇，提高糖尿病患者血液葡萄糖，降低體重，並降低血清C-反應蛋白。而增加纖維攝入量，將可提供身體更大的健康益處。2013年美國糖尿病協會（ADA）建議每日的飲食纖維攝取量，爲14克/1000卡，以臺灣女性理想體重50公斤、男性70公斤計算，每日總熱量分別爲1500與2100卡，因此每日纖維建議攝取量將爲21及29克。而依據衛生福利部「台灣地區食品營養成份資料庫」資料，以天天五蔬果爲例，假設每日攝取蔬菜竹筍、高麗菜及油菜各1份計3份，及水果香蕉、柳丁及水梨各1份計3份；3份蔬菜提供4.9克纖維，3份水果提供6.6克纖維，加上每天食用2碗白飯提供1.6克纖維，纖維攝取量合計13.09克；顯然假設天天6蔬果狀況下，纖維攝取僅及女性62.3%、男性45.1%建議量，仍與建議攝取量相差甚遠；改善之道，唯有增加主食五穀根莖類的纖維量，將原本每天食用之白飯，改爲糙米、燕麥片、芋頭、馬鈴薯及番薯等高纖維食物；當每天2碗白飯改爲2碗糙米飯時，纖維攝取量將由13.09克增加至24.69克；每天2碗白飯改爲2碗燕麥片時，纖維攝取量將由13.09克增加至30.3克，將可符合建議攝取量。

纖維素是葡萄糖以β-1.4方式鍵結，由於與碘液作用時也不會呈色，又稱爲「非澱粉性多醣」，是維持植物細胞結構所必需的成分，但是人體卻無法消化分解。膳食纖維雖然不能消化吸收，但是對於維持消化道的健康有著重要的影響，間接也會影響到人體的代謝和免疫。膳食纖維又分爲水溶性與不可溶性的膳食纖維，各有其不同的功能。

1.水溶性膳食纖維功能

(1)預防或治療憩室炎：當便祕或糞便太硬時，爲了排便，大腸內的壓力會增大，在腸壁較薄之處，特別是血管附近，會造成突出而形成泡囊狀，即所謂的憩室症。年齡愈大時憩室愈多，一般由於沒有任何明顯症狀，多半不會受到注意，但若是發生食物殘渣，或糞便滯留其中，則因爲不易排除，及微生物的滋生，產生酸與氣體，量多則導致發炎，即憩室炎；而重複的發炎，將使受傷的腸壁增厚，造成阻塞；若發炎處黏著腹腔其他器官，將造成　管和穿孔，會導致嚴重出血，有極大的生命危險。而水溶性膳食纖維可以預防或治療憩室炎。

(2)預防或治療便祕：水溶性膳食纖維可以增加糞便量，具有保水作用，增加糞便柔軟性，及促進腸道蠕動。

(3)降低血膽固醇：因爲膳食纖維可以吸附膽酸，因而增加膽鹽（膽酸）的排泄，而膽鹽（膽酸）的原料即是膽固醇。

2.不可溶性膳食纖維功能

(1)控制血糖與血脂：不可溶性膳食纖維，因爲可以包裹營養素，因此可以減緩葡萄糖與膽固醇等營養素之吸收。

(2)預防與治療便祕。

(3)增加飽足感：具有減緩消化作用，延長食物在胃部停留的時間。

㈡澱粉

是由多個葡萄糖結合而成，屬於植物組織中種子、根及莖等貯存用的多醣類，只存在於植物，是供種子發芽與植物成長繁殖之用，也作爲人類的食物，是飲食中最主要的醣類來源。烹調作業之勾芡，要使用到澱粉，有的餐飲店製作的肉羹勾芡湯汁濃稠，久置也能維持良好的勾芡狀況，但是有的外帶還未到家就變的稀稀落落，其中的差別與學問，就在於澱粉之選擇。

1. 澱粉又可分爲直鏈澱粉與支鏈澱粉，兩者之含量比率，會影響到食物的質地和口感，支鏈澱粉愈多，黏性愈強。以稻米爲例，在來米中約含直鏈澱粉25%，支鏈澱粉75%；蓬來米中約含直鏈澱粉20%，支鏈澱粉80%；糯米則幾乎爲支鏈澱粉。如果直鏈澱粉比例較高，則煮成的米飯較乾鬆。糯米由於其胚乳中澱粉大多由支鏈澱粉所組成，其直鏈澱粉含量一般少於3%，故所煮成的米飯較硬、較黏，多用於釀酒、製作粽子及糕點等使用。適合製作年糕的糯米（黏性最高），其直鏈澱粉含量接近0～5%；適合製作米粉的稻米（黏性最低），其直鏈澱粉含量則高於27%以上；一般適合國人米飯食用者，其直鏈澱粉含量約在15～20%之間。直鏈澱粉是葡萄糖以α-1.4鍵結合，可被β-澱粉酵素完全水解成麥芽糖，具有易老化、易溶解，及碘液作用時會呈現藍色之特性（利用此特點，用碘液可以檢測餐具是否殘留澱粉，詳參第六章第三節）。支鏈澱粉是葡萄糖以α-1.6鍵結合，黏性比較大，與碘液作用時會呈現紫紅色。
2. 直鏈澱粉在5%～15%時，具有米飯柔軟、外觀油潤光澤、冷不回生及膨化性好等特性，適合成爲煮食的特優稻米，也是加工調理米飯、膨化食品和米類點心的上等原料。不同來源之穀物澱粉，大致上可以分成糯性澱粉（直鏈澱粉含量<2%）與非糯性澱粉（直鏈澱粉含量介於13～25%），非糯性澱粉一般均具有較高的回凝黏度及較低的膨潤性質。中式傳統之澱粉製品，常使用不同澱粉進行混合，以改變單一澱粉的質地及降低成本。綜合以上，依據直鏈澱粉量可分爲：
   (1)糯性澱粉：直鏈澱粉含量<2%；糯米直鏈澱粉含量一般少於3%（0～5%）。
   (2)特優稻米，也是加工調理米飯、膨化食品和米類點心的上等原料：直鏈澱粉含量在5%～15%。
   (3)非糯性澱粉：直鏈澱粉含量介於13～25%。

(4)製作米粉的稻米（黏性最低）：其直鏈澱粉含量則高於27%以上。

3.綠豆澱粉比樹薯澱粉的直鏈澱粉多，因此膠度較強，凝膠後膠體較硬，且易回凝。因此用綠豆澱粉製做粉絲，堅實度、咀嚼度及透明度較佳；而由於綠豆澱粉的耐煮特性，因此成爲傳統製造粉絲之理想原料。

4.澱粉消化最終的產物是葡萄糖。含有澱粉的食物包括五穀類：米、小麥、大麥、燕麥、玉米、粟米等；豆類：豌豆、蔬菜豆類、各種乾豆等；根莖類：甘藷、芋頭、馬鈴薯、樹薯等。依照食物種類不同，每一份的含量也不同，依據衛生署食物代換表（附錄一）規定，一份五穀根莖類，可以提供蛋白質2公克，醣類15公克及熱量約70大卡。

5.澱粉糊化：澱粉吸收水分加熱時，澱粉之親水基，會因爲吸水，而造成分子之間隙擴大，這種膨潤現象就是澱粉糊化。經糊化後的澱粉，稱爲α-澱粉（冷的澱粉是β-澱粉，比較不容易消化）。α-澱粉經迅速脫水至含水量10%以下時，即可長期保存；而速食麵之產品，就是利用此種原理製成。當澱粉在水溶液加熱到某一臨界溫度時，澱粉顆粒之氫鍵開始破壞，產生糊化作用；支鏈澱粉由於比較容易與水分子結合膨潤，受熱後較能迅速使澱粉崩裂糊化。

6.澱粉老化：糊化後之澱粉，在常溫下靜置一段時間後，由於澱粉子重新排序，又形成與β-澱粉相同的膠粒現象時，稱爲澱粉老化。在小麥麵粉中，直鏈澱粉由於結構簡單，分子量較小，因此麵包的老化會先在直鏈澱粉上發生。因此要防止麵包老化，控制其直鏈澱粉的老化極爲重要，使用乳化劑，由於能與直鏈澱粉形成不溶性複合物，進而抑制直鏈澱粉的老化，而達到保持麵包新鮮之目的，一般會影響澱粉老化的因素有：

(1)共同物質：磷脂質及甘油脂肪酸等乳化劑與糖共存時，可以減緩麵包的老化速度，因乳化劑可與直鏈澱粉結合形成螺旋狀，阻止水分移出。另外磷酸、碳酸及鈣離子也可防止麵包老化。

(2)溫度：溫度在60°C以下時，會引起慢慢老化；在結冰點以上，溫度愈低時，老化速度愈快。

(3)水分：一般水分含量在30～60%，老化速度最快。

(4)pH值：在中性範圍的糊化澱粉最易老化。

(5)分子形態：直鏈澱粉比支鏈澱粉容易老化，故玉米、小麥澱粉較易老化，而糯米澱粉比較不會老化。

因此團膳製備過程中，要防止澱粉老化的方法計有：

⑴溫度維持在60°C以上。

⑵急速冷凍：讓澱粉分子沒有時間安排結晶位子，老化作用即不易進行。

⑶除去水分：一般經常將糊化澱粉在80°C以上或0°C以下時，急速脫水，就可以獲得防止老化之產品。

⑷使用直鏈澱粉含量較少的產品：加糖或油以增加保濕，或維持低pH值，或使用修飾澱粉。

㈢修飾澱粉

在1821年，英國有一家紡織工廠發生大火，廠房內所貯存的馬鈴薯澱粉，經過高溫後，被燒成棕色的粉狀物體，此物體後來發現加水後，可以形成黏稠性很高的膠體，起初叫「英國膠」，也就是現今所謂的修飾澱粉。修飾澱粉是為了改善澱粉的性質，並擴大其應用範圍，透過利用物理、化學及酵素處理等方法，來改變澱粉原有的官能基、澱粉分子大小或澱粉顆粒等性質，進而達到改變澱粉原有之性質（糊化溫度、黏度、凝膠能力、透明性及消化性等）。

修飾澱粉使用於團膳之功用有：增稠（Thickening）、膠凍（Gelling）、結著（Binding）、黏合（Adhesive）、增量（Bulking）以及形成保護膜（Film Forming）等作用。因此，對於天然澱粉之修飾目標，主要在於改變天然澱粉之下列特性，以利於使用：

1.糊化溫度。

2.黏度。

3.糊化特性及耐熱性。

4.抗酸、熱及機械剪切性。

5.老化速度（安定性）。

6.水合性。

常用的修飾澱粉之修飾方法計有：

1.物理修飾：利用物理方法，修飾澱粉所獲得的產品，例如：γ射線處理澱粉、預糊化澱粉及溼熱處理澱粉

2.化學修飾：利用化學方法，修飾澱粉，修飾時或者是將分子量降低，如酸解澱粉、氧化澱粉及糊精，或者將分子量增加，如架橋澱粉、酯化澱粉或醚化澱粉等。

3.酵素修飾：利用酵素進行反應，所獲得的產品，有環狀糊精、麥芽糊精與多孔澱粉等。

4.複合修飾：利用上述不同方法，合併使用來修飾澱粉所獲得的產品。

修飾澱粉應用：

1.γ射線處理澱粉：由於γ射線會將澱粉水解，使得原本巨大的澱粉，變成較小分子的糊精（糊精還是屬於多醣，因為雖然處理後分子量減少，但仍屬於超過十個單醣的多醣），因此溶解度增加，黏度變低，加水加熱後之膨潤能力也降低。

2.預糊化澱粉：澱粉經預先蒸煮、糊化再乾燥所製成之產品，又稱為即溶澱粉。

3.溼熱處理澱粉：一般利用乾熱將澱粉維持於一定溫度範圍（低於糊化溫度），以改變澱粉性質；溼熱則是將一定比例的水分與澱粉混勻後，室溫靜置24小時後，再移至恆溫箱進行溼熱處理、冷卻後乾燥，主要目的是改善食品之黏度穩定性（特別是pH小於4.5時）及提高糊化溫度。

4.酸解澱粉：利用在糊化溫度以下，加酸處理澱粉而得，一般加酸時，最終可以將澱粉水解，產生糖及糖漿，不過由於處理酸解澱粉時，並沒有達到完全水解之程度，主要是將α-1.4與α-1.6糖苷鍵水解，但是由於並不作用於澱粉顆粒的結晶區，因此澱粉顆粒，仍然可以維持其晶體結構；酸解澱粉具有很強的膠凝性質，因此適合用於製造口香糖、果凍或軟糖。

5.氧化澱粉：利用強氧化劑（如次氯酸鈉、次氯酸鈣、過氧化氫及過錳酸鉀等）將澱粉氧化，又稱為漂白澱粉（Bleaching starch），氧化澱粉比較白、糊化溫度降低、溶解度上升、黏度低且極為清澈、成品之保水性良好、在低溫狀況下穩定性高，因此適合於油炸裹粉漿、軟糖及口香糖等，用於油炸裹粉漿時，可增加產品結著力，使油炸後之產品更加酥脆。

6.架橋澱粉：作用澱粉使其形成共價鍵結，進而強化其澱粉顆粒結構。主要是作為食品增稠劑之用，一般的澱粉，當受到過度加熱或酸處理時，黏度會明顯崩解，然而架橋澱粉，因爲其共價鍵結，在烹煮時，澱粉膨潤會受到限制，而能維持穩定。

7. 酯化澱粉：如醋酸酯澱粉、磷酸酯澱粉及OSA澱粉。澱粉之官能被酯化，使得分子內部之氫鍵被破壞，而具有易膨潤及糊化溫度降低等特性。酯化（或醚化）程度愈高者，愈不易老化，而可耐冷凍、解凍循環，並改善製品保水性與安定性，所以又稱爲穩定化澱粉；食品用之酯化澱粉有醋酸酯澱粉，酯化程度愈高者，糊化溫度愈低，穩定性愈高，透明度愈好，成品柔軟而光亮，而作爲食品增稠劑；磷酸酯化澱粉，由於糊液具有高透明度、高黏度、強膠黏性及高穩定性，可以使食品提高乳化穩定性及改善稠度，而適合當乳化劑；另外還有一種OSA澱粉（以1-octenylsuccinic anhydride與澱粉反應成品），由於具有降低飯後血糖及胰島素之效果，以維持血糖穩定，現代人由於高血糖與高血脂愈來愈多，因此其市場性遠景普遍看好。

8. 醚化澱粉：如羧甲基澱粉與羥丙基澱粉，羧甲基澱粉可以直接溶解於冷水中，可作爲增稠劑；羥丙基澱粉則用來改善冷凍、解凍循環之穩定性及保水性，而可用於改善滷汁、醬、布丁及餡餅之品質。

9. 熱解糊精：澱粉經過熱解轉化後製成之產品稱爲熱解糊精，分爲白糊精、黃糊精與英國膠等。白糊精是在低pH值和低溫度下製成，有色產物較少，一般轉化程度愈高時，黏度反而降低；黃糊精是低pH值和高溫度下製成；英國膠是高pH值和高溫度下製成，色澤較深，用途爲脂肪酸替代品或當作食品之塗料。

10. 環狀糊精：在低pH值和低溫度下，利用酵素作用，將澱粉變成無毒、無法被腸道吸收之寡醣類製品，到達大腸時，可以被細菌分解代謝或直接排出體外，因此使用於降低膽固醇製品中，作爲膳食纖維，或者香料之載體。另外還具有包埋化合物的性質，能使被包埋化合物，產生穩定、緩慢釋出、抗氧化、抗分解、防潮及抗菌等效果。

11. 麥芽糊精：利用酵素α-amylase作用於澱粉製成，屬於水溶性糊精，一般水解程度愈高，產品之溶解度、甜度、吸溼性、褐變反應及冰點下降也愈高，而黏度、穩定性、抗結晶性則愈差。在醫院常使用於作爲替代醣類（取代主食）之主要來源。

2013年臺灣爆發毒澱粉事件時，毒物專家林杰樑，提醒民衆：一支黑輪就超標；毒澱粉事件後來一直延燒，導致許多小吃店即使門口貼著安全合格證明，但是生意仍然直直落；雖然衛生單位稽查並沒發現問題，但是消費者還是沒信心，再度說明食材安全的重要。

第三節　蔬菜、水果類

蔬菜及水果，能提供人體所需的纖維、維生素、礦物質與抗氧化等物質，其中維生素可促進生長，維護正常的生育機能；充足的維生素，可促進營養素和熱量的利用，維持正常的消化吸收功能與食慾，並且維持心智健康和抵抗疾病。

一、蔬菜水果與健康

蔬菜水果因爲富含維生素及植物性酚類化合物，具有抗氧化、抗發炎、調控細胞間通訊、抑制鳥胺酸去羧酶（此酶會將Arginine轉化成爲多元陽離子基，而催化多元胺，進而激發腫瘤發生）。多元酚可抑制胰臟癌細胞生長，引發其粒線體失去作用，而使其細胞凋亡。維生素C具有抑制基質金屬蛋白酶（會分解細胞外基質，也參與腫瘤之擴散與侵犯）等諸多好處，而普遍被營養學家建議多多攝取，以預防癌症。實驗證明，組合型的飲食比單一補充劑要好，因此團膳應該多加利用蔬菜水果等食材（如蘋果、大蒜、番茄、胡蘿蔔、柑橘、葡萄、洋蔥、橄欖、豆類等）開發製作食譜 。實際之建議食用方式有：將多種蔬菜沙拉（不添加油與糖）拌碎核桃、烤肉類食物滴檸檬汁、黑芝麻糊、木耳蓮子湯、高纖燕麥粥、糖炒栗子、羅宋蔬菜湯（洋芋、紅蘿蔔、白蘿蔔、芹菜與番茄）、豆漿等食材，及建議平時將蘋果當零食搭配食用。

㈠日本啤酒公司臨床動物實驗研究結果

蘋果的「蘋果多酚」具有降低血液中性脂肪之效果，預防肥胖及血脂。因爲蘋果多酚，可在小腸中抑制分解脂質的酵素脂肪酶活性，使脂肪在小腸無法被分解吸收。

㈡一般實驗後認爲具有預防癌症之成分

抗氧化維生素（維生素C、E與類胡蘿蔔素）、脂肪酸（魚油）、胺基酸與相關化合物（如Glutamine，實驗證明化療期間補充Glutamine可以增加腸道對於化療藥物5-Fu及Folinic Acid吸收，並改善化療期間腹瀉症狀）、類黃酮（蔬果水溶性色素）、白藜蘆醇、生物鹼（植物普遍含有，可以抑制細胞膜上之p-糖化蛋白活性，降低細胞內藥物堆積，回復因長期化療之抗藥性），與半合成抗癌藥物（如Paclitaxl及Docetaxl係參考紫杉醇Taxol所製成化合物），其中蔬菜水果占有很重要之比率。

(三)另外研究顯示，具有血管新生抑制能力之天然物

樟芝多醣體、葉下珠萃取物（別名珍珠草）、黃花蒿素衍生物（屬於中國傳統用來治療瘧疾植物黃蒿）、水飛薊素（乳薊之萃取物）、蘇木（豆科植物）、白藜蘆醇（葡萄之植物殺菌素）、大蒜、冬瓜子（在韓國用冬瓜治療糖尿病與頻尿）、異黃酮（大豆天然雌激素），及中草藥（長春花、黃連、紅豆杉、黃芩、虎仗、玄參、箭葉淫羊藿、降香檀等），其中蔬菜水果，還是具有很重要之角色，值得團膳利用與開發。

(四)另外速食麵雖然是很多專家學者，建議避免食用之食物，但是速食麵仍然是市場之長青樹，有其固定的愛好者與吸引力。既然不能避免食用，因此建議攝取時，也可以利用搭配川燙過的金針菇、綠色蔬菜或加生菜沙拉、水果等方式，最後達到成為健康飲食之目的。

(五)研究顯示，失智阿茲海默症患者飲用果汁，可能可以達到預防目的。總共1,800名受試者在日本廣島、夏威夷胡島及美國西雅圖等地，自1992年開始攝取蔬菜汁，每二年接受一次腦功能檢測，結果發現一週食用三次以上果汁者，得阿茲海默症機率比喝少於一次的人，降低了76%；因為果汁中，含有多酚的成分，屬於抗氧化劑，而在蔬果的表皮，含量特別豐富；所以現代消費者，流行葡萄連皮吃。

二、選購蔬果一般原則

新鮮無農藥殘留的蔬果，對於身體健康與好處，眾所周知，只是國人普遍對於農藥殘留存有疑慮，利多於弊，絕不可以因噎廢食。另外建議選購水果時，如果果實握起來稍軟的，表示已成熟，可立即食用，買回家後如果不馬上吃，應該放進冰箱冷藏，避免軟化腐敗。如果果實握起來仍硬實，表示比較青澀，不適合當天吃，不妨放在室溫下2～3天追熟，或是和蘋果（具催熟效果）

一起裝進塑膠袋內存放。而水果之乙烯是促進果實及蔬菜追熟作用的主因，例如：蘋果不可以與柿子放在一起，否則蘋果釋放之乙烯，將使柿子很快就被軟化。當果實追熟時，若其呼吸作用也同時會上升之水果，稱爲更性果實，如蘋果、梨、香蕉、酪梨、百香果、番茄；而柑桔、柚子、檸檬、洋香瓜等稱非更性果實。而避免農藥殘留方法計有：

㈠選購當令蔬果

一般民衆往往會擔心蔬果農藥殘留問題，農作物採收後，都要經過一連串的食前處理，才會吃到肚子裡。這些處理包括清洗、去皮、烹煮，或是食品加工等過程，對於減少農藥殘留有很大的幫助。只要按照下面的步驟處理蔬果，就能減低農藥殘留的危險，眞正達到吃得安全、吃得健康。 1.去皮：包括穀物去殼、果實剝皮、蔬菜撥除外葉等。因爲農藥大部份都殘留在表面上，去皮可以去除表面殘留的農藥，是去毒的第一步。 2.水洗：在水龍頭下利用水的衝力就能沖掉部份的農藥，對表面光滑、蠟質少的蔬果特別有效。番茄和小黃瓜等有皮的蔬果，還可以用軟毛刷清洗。千萬別以爲加入清潔劑能洗得更乾淨。清潔劑裡面通常含有漂白作用的螢光劑或其它化學品，如果沒有把清潔劑沖乾淨，不就又多一層擔心了嗎。 3.烹煮：一是加熱分解，農藥經過加熱烹煮大多數都會被分解而減少毒性。二是將殘留在蔬果內的農藥溶入水中，三是經過加熱，會隨著水蒸氣蒸發掉。所以炒青菜的秘訣：大火快炒、不加蓋，正是減少農藥殘留的最好方法呢！而採用加鹽清洗蔬菜以達去除農藥，並不是正確的方法，建議「選購當令果菜」，因爲每一種蔬果都有最適合的生長季節，稱爲「當令蔬果」。隨著蔬果品種的改良、農業技術的進步，栽培非當令蔬果，已經不是難事，也就是說，只要是你想吃的各種蔬果，幾乎一年四季都可以吃到。不過由於非當令蔬果在不適合生長的季節裡體質較弱，需要使用較多的農藥保護，而且價格比當令蔬果昂貴，所以選購蔬果還是以當令的最好。如果不是當令盛產的水果，例如：提早成熟的水果，除了使用農藥及價格昂貴之外，也可能使用大量的生長激素催熟，顯然對身體不好。另外農民爲了要使水果鮮嫩欲滴賣相較好，因此往往利用冷凍處理、泡防腐劑，或其他一些不必要而對人體有不良後果的化學物質。因此團膳在選購時，一定要額外的注意。一般說來，不是當令季節或提早上市的蔬果，所含殘留農藥的比例較高，因為在不適合生長環境下栽培的植物，需靠大量肥料及農藥來維持生長；另外農民為了賣得好價錢，不顧農藥安全期限，提早上市蔬果，而往往會造成農藥殘留。

(二)一般夏季、秋季蔬菜殘留農藥情形，較其他季節高；或天然災害、節慶日前後，蔬果價格上揚時，可能因為提早採收上市，因此農藥殘留的可能性相對較高，應避免搶購。這時候消費者可以選購信譽良好的冷凍蔬菜，或其他蔬菜加工品取代。

(三)選擇政府單位推廣、具公信力，有優良標誌（如吉園圃標章）的產品。政府辦理「吉園圃」安全蔬果標章的推廣，由於申請者必須接受農會輔導，及農業改良場技術指導，與農藥殘留檢驗合格等規定，雖然過去曾發生被消基會驗出農藥殘留，但是畢竟品質相對比較有保障。原則是選擇包裝上有一目了然之生產品牌、地址以及認證安全標誌的蔬果。

(四)不刻意挑選外觀肥美、毫無昆蟲咬傷的蔬果。原則上外表光滑的蔬果類，較不易殘留農藥，表面有細毛或凹凸不平者較易殘留農藥，但仍需視其施藥期，或是否有保護措施（如加保護套）等情形而定。選擇生長期間套袋處理者，有隔離農藥接觸的功用；選擇生長期長的作物，則農藥使用後離採收期時間長，農藥有時間分解消失；對於生長期短的小葉菜類，或必須連續採收之蔬果，若選擇農藥不正確農藥分解時間長者，則容易造成農藥殘留過量。

(五)選擇食用果實部分的蔬菜，比全株食用的蔬菜農藥殘留低。蔬菜的農藥含量一般以葉菜類最多（如韭菜、小白菜、菠菜等）；其次依序為結球葉菜類（如包心菜、甘藍菜、芥菜等）、豆菜類（如四季豆、菜豆、豌豆等）、果菜類（如番茄、青椒等）、根菜類（如馬鈴薯、紅蘿蔔、白蘿蔔等）。

(六)蔬果的選擇宜多樣化，並應分散向不同攤位購買比較好。會做菜的人，風險要分散，一天吃低風險的菜，一天吃高風險的菜。選購葉菜要多樣化，向不同的菜販購買蔬果。同一種菜或同一農民，習慣常用某些種類農藥，因此為避免接觸同一種類農藥頻率增高，選購時不但種類要多樣化，並需向不同的菜販購買。所謂經濟學原則，不要將全部的雞蛋，集中在同一個籃子裡，將可以避免攝入過多同一種農藥的機率。

(七)長期貯存或進口水果，一般需以藥劑處理延長其貯存期間，消費者選購時應有正確的認知。考慮新鮮度時，蔬菜需選葉子幼嫩或鮮綠者，水果需注意成熟度。如果新鮮度夠，不需買外觀完美的蔬果，輕微的蟲害並不影響蔬果的品質，反而可以代表農藥並未過量，而且價格較經濟。爲了放在菜攤上看起來好看，是農民不顧農藥安全期限就採收的最主要原因，因此記得，最漂亮的菜，很可能是最危險的菜。因此反而需注意是否有殘留的藥斑。

(八)多吃地下的根菜類，因爲較少污染。吃外皮很厚，或要削皮的果菜。另外也要盡量避免食用動物內臟，包括肝與腎臟，或脂肪組織，因農藥容易蓄積在這些組織中。蔬果外表留有藥斑，或不正常的化學藥品氣味者，應避免購買。

(九)野菜常被視爲健康食品，因爲認爲未施撒農藥，而被認爲非常安全。但生長在田埂旁、果園下、道路旁、排水溝裡的野菜，如果沒有確定時，由於可能會接觸到更多的農藥或污染物，過去就曾發生採食，最後送加護病房搶救的案例，因此最好不要任意採食。

(十)有機氯農藥（DDT）在臺灣十幾年前即已經禁用，但部分國家（包括中國大陸），仍持續使用，因此選用進口農產品（或中國大陸農產品）應注意。

(十一)烹煮及殺菁是有效減少殘留農藥的方式。烹煮時間愈久，溫度愈高，去除農藥殘留的效果愈大。一切蔬菜都汆燙後再烹飪，可以洗去一些農藥。煮菜全程最好不加蓋，讓農藥蒸發，也就是說，蔬菜烹調建議不要用燜的方式。

三、當令蔬果（表2-1）

廣東人男性愛吃狗肉，女性則愛吃芭樂，故當地對於番石榴（芭樂），又稱爲「女人的狗肉」。番石榴的英文爲Guava，「番」代表是外來水果，屬於桃金孃科，原產於熱帶美洲，早年從南非傳到大陸南方，因其果實多子，類似石榴而得名。臺灣習慣稱番石榴叫「拔仔」，音譯爲「芭樂」。十七世紀由中國引進臺灣，由於適應性強，繁殖力旺盛，荒郊野外四處可見野生番石榴，是臺灣早期貧乏欠缺物質時代，鄉下孩童經常採集食用之點心。品種分爲土拔仔、泰國拔、二十世紀拔、珍珠拔、水晶拔及帝王拔。番石榴之維生素C，比柑橘

表2-1　臺灣當令蔬果表

月份	出產蔬菜名	月份	當令水果名
1～12	甘藍菜、大芥菜、蕹菜、節球白菜、土白菜、韭菜、胡瓜、芋、蘿蔔、菜豆	1～2	楊桃、桶柑
2～5	洋蔥	2～3	蓮霧
2～12	冬瓜	3～4	枇杷、梅子
3～11	蘆筍、絲瓜	4～5	李子
3～12	苦瓜	5	桃子
4～10	麻竹筍	5～6	鳳梨
4～11	茄子	6～7	荔枝、芒果
7～9	玉米	7～8	梨
10～5	花椰菜	8	龍眼
10～6	芹菜	8～9	番石榴、柿
11～5	胡蘿蔔	9～10	文旦、香蕉
11～9	甜椒	10～11	木瓜
12～3	洋菇	11～12	柳橙、椪柑
12～4	馬鈴薯	12～1	番茄

資料來源：行政院農業委員會農業藥物毒物試驗所

多8倍，比檸檬多3倍，比香蕉、番茄、西瓜、鳳梨多10倍以上，以皮的含量最高，因此食用時絕不可削皮食用，最好是連子也吃下去。中醫認為「土拔仔」可以預防高血壓、糖尿病，其葉片因為含有多酚，市場已有廠商，開發成為飲料及茶包，以供輔助治療糖尿病、高血壓與降血脂之用途。臺灣原住民，在感冒初期，出現流鼻水、咳嗽等症狀時，會將芭樂葉口嚼、將葉片煮湯服用，或用水煮芭樂葉的蒸氣來熏患者，以減輕感冒症狀，然後配合繼續工作、流汗，讓身體免疫力上升，來消除感冒。

四、蔬果怎麼洗最好

蔬果清洗的主要目的，除了去灰塵及寄生蟲外，最重要的是，洗掉可能的殘留農藥，對於水果及生鮮蔬菜，除了使用去除果皮及外葉等方法外，清洗是唯一減少農藥的方法。研究顯示，任何的清洗方法，只能去除殘留表面的農藥，差別只在於用水量的多寡，及如何防止減少養分的流失。通常蔬果清洗不建議使用清潔劑，因為會另外產生如何把清潔劑洗乾淨的問題。所以到底應該怎麼清洗蔬果呢？最好的建議方法，是先用流水沖，浸泡片刻後，再仔細清洗（需注意蔬菜應先清洗再切，而非切了再洗），有幾個簡單步驟可供參考：

㈠連續採收的蔬菜類

如菜豆、豌豆、敏豆（四季豆）、韭菜花、胡瓜、花胡瓜（小黃瓜）、芥藍（格蘭菜嬰）等，由於採收期較長，農民爲預防遭受蟲害，必須持續噴灑農藥，因此農藥殘留機率較多，所以應多清洗幾次。

㈡包葉菜類

如包心白菜（甘藍菜、高麗菜等），應先去除外葉，再將每片葉片分別剝開，浸泡數分鐘後，以流水仔細沖洗。

㈢小葉菜類

如青江菜、小白菜等，應先將近根處切除，把葉片分開，以流水仔細沖洗（特別注意接近根蒂部分的清洗）。

㈣花果菜類

如苦瓜、花胡瓜（小黃瓜）等，如需連皮食用，可用軟毛刷，以流水輕輕刷洗。另如甜椒（青椒）、有凹陷之果蒂，易沈積農藥，應先切除再行沖洗。

㈤根莖菜類

如蘿蔔、馬鈴薯或菜心類，可直接在水龍頭下，以流水及軟毛刷清洗後，再行去皮。

㈥去皮類的水果

如荔枝、柑橘、木瓜等，可置流水下，以軟毛刷輕輕刷洗（即使香蕉也應洗過再剝皮）後，再去皮食用。

㈦不需去皮的水果

如葡萄（先用剪刀剪除果梗，不要用拔的）、小番茄等，可先浸泡數分鐘再用流水清洗。草莓則可使用濾籃，先在水龍頭下沖一遍，於浸泡5至10分鐘後，再以流水逐顆沖洗。

第四節　油脂類

臺灣地區隨著經濟快速發展、生活型態改變，民國91年行政院衛生署十大死因統計顯示，腦血管疾病、心臟疾病、糖尿病及高血壓性疾病，分居第二、三、五及第十位。民國91年臺灣地區高血糖、高血脂及高血壓盛行率調查顯示，15歲以上國人高血糖、高膽固醇、高三酸甘油酯及高血壓之盛行率分別爲7.5%、10.9%、15.6%及21.4%；盛行率隨著年齡上升而遞增，40歲之後罹患率開始顯著大幅提升。該調查也發現有三至四成的國人，不知道自己罹患高血糖、高血脂、高血壓。諸多醫學研究報告已明確指出，高血脂除了會導致心臟疾病外，也與腦血管疾病、高血壓及糖尿病等慢性疾病息息相關，所以國人對於高血脂之防治，是刻不容緩之事。而認識高血脂，建立定期健檢、飲食均衡、適度運動及維持戒除菸酒等良好生活習慣，才能遠離三高（高血壓、高血糖、高血脂）之危害；而飲食中之脂肪攝取量，與人體之健康息息相關。

衛生署過去基於健康考量，曾輔導觀光大飯店推出所謂的「健康套餐」，透過營養師與大廚的設計製作，做出符合健康需求，而且減少脂肪之套餐，不但色、香、味俱全，更對健康有加分的效果。在衛生署倡導健康飲食的觀念後，目前臺灣已有許多家盒餐業者、大型餐廳與觀光飯店響應，且還有許多其他的業者，正陸續接受輔導中；因此團膳也必須注意此健康飲食設計之趨勢。

油脂每公克可以產生9大卡熱量，相對於每公克蛋白質或醣類，只能產生4大卡，油脂提供能量的效率很高。當人體對能量的需求很大時，油脂量高的食物就很重要；例如：嬰兒的成長比較快速，在一年之體重約增加3倍，但是嬰兒的胃容量很小，所以母乳和嬰兒奶粉中的油脂，其供應的熱量比率高達55%，遠高於成人的30%建議量；另外新生兒心臟病童需要限水者，也是採用提高有限奶量中營養素之密度，來解決成長熱量之需求問題；注意嬰兒絕對不可以只有飲用脫脂或低脂牛奶，也不可以只食用煉乳，因爲均會造成其營養不良；而對於生活靜態，活動量不高的現代成人，大量的油脂，反而會有肥胖的危險；因此油脂食用量，依年齡而有所不同。

油脂除了提供熱量外，尙有貯存熱量、隔絕與保護作用、運送油溶性維生素、提供必需脂肪酸、構造與調節作用、提供飽足感與提供食物風味和質感等功用。許多香料都是油溶性的，在印度咖哩或墨西哥料理中，會先把調味料，在油裡煎過，以散發出濃郁的香味，因為脂肪可以把香味，帶到味覺和嗅覺細胞。如果先把食物調理好，再加入調味料，就沒有這種滋味了。油脂可以加熱到攝氏200°，油煎或油炸使食物快速加熱，縮短烹調的時間而保留風味。我們很容易就會把好吃的食物和油脂聯想在一起，缺乏油脂的食物，只能用乏味來形容。由松阪牛排、黑鮪魚及霜降豬肉等著名食物，就可以體會出高油脂食物之美味。但是目前國人因為經濟發達，消費能力增加，導致油脂攝取量過多，也造成一大堆的健康問題；團膳中之醫院飲食，由於需要針對不同疾病需求，分別提供低脂（適合高血脂、高血壓、心血管疾病）與高脂（生酮飲食——適合癲癇患者）飲食。

2013年假橄欖油事件：

2013年台灣包裝米市占率第3大山水米，也經由消費者自行送驗，發現山水米係以進口劣質米假冒台灣米進行販售；之後，過去擁有36年歷史、市占率逾一成的台灣老牌「大統」食用油品公司，2013年10月爆發利用香精及各式添加物混充橄欖油事件。標示「百分之百特級橄欖油」，結果查出不但是以廉價葵花油及棉籽油混充，甚至添加各式添加物混充橄欖油；透過摻香精，大統花生油中完全沒有花生，大統公司生產的15款花生風味調理油，裏面都沒有任何花生，而完全藉由添加香精調製；大統長基黑心假油由於數量與種類繁多，並且全多是假的，因而引發民衆恐慌；而臺灣過去幾年因為持續爆發塑化劑、毒澱粉、過期原料及胖達人等食品安全事件，導致民衆對於市售加工食品完全失去信心。但是為什麼違規廠商仍然會繼續違規？主要因為「砍頭生意有人做」，因此管理重點在於必須透過法律，讓違規者一旦查獲不但無利可圖，並且還必須「有仇必報，加倍奉還！」（2013年臺灣流行日劇「半澤直樹」中最經典的台詞）。

一、油脂組成

飲食油脂以三酸甘油酯為主，是由一分子的甘油（Glycerol）與三分子脂肪酸（Fatty Acids）結合而成。油脂特性取決於其所含的脂肪酸，脂肪酸的構成元素主要是碳、氫及氧。脂肪酸的分子骨架，是由碳原子串連而成，碳元素以C代表，一端為甲基（-CH3），另一端為酸（-COOH），碳原子之間以共價鍵串連，中間的碳原子上都連接有兩個氫原子。甲基端也稱為n端或ω端（常聽到的ω－3脂肪酸魚油，指的就是自甲基端算起的，第三個碳原子有雙鍵的脂肪酸），酸羧基端又稱爲α端（舊教科書均以α方式命名）。

㈠三酸甘油酯

係由一分子甘油和三分子脂肪酸結合而成，又稱爲中性脂肪。

㈡脂肪酸

分爲飽和脂肪酸與不飽和脂肪酸。碳原子之間如果全部以單鍵（C-C）結合，就稱爲「飽和脂肪酸」；如果含有一個以上的雙鍵（C＝C），就稱爲「不飽和脂肪酸」。

㈢飽和脂肪酸

指沒有雙鍵鍵結者，即脂肪酸都是單鍵鍵結。又分爲低級飽和脂肪酸與高級飽和脂肪酸。

1. 低級飽和脂肪酸：含碳數在十個以下，在常溫下爲液態，具揮發性，在奶油與椰子油中含量較多。
2. 高級飽和脂肪酸：含碳數在十個以上，在常溫下爲固體，無揮發性，如月桂酸、棕櫚酸、硬脂酸及花生酸等。

㈣不飽和脂肪酸

含有雙鍵之鍵結者，即脂肪酸非全部是單鍵鍵結。又分爲單元不飽和脂肪酸與多元不飽和脂肪酸；較重要之不飽和脂肪酸有油酸、亞麻油酸、花生油酸、EPA及DHA等。一般植物是油酸與次亞麻油酸主要供應者；動物油脂則含有多量飽和脂肪酸（軟脂酸與硬脂酸）；水產動物油脂則常含有五、六個雙鍵的不飽和脂肪酸，如EPA、DHA因較不飽和，故容易因爲油脂進行氧化作用，而產生油脂酸敗現象。

1. 單元不飽和脂肪酸：脂肪酸中含有一個雙鍵者。
2. 多元不飽和脂肪酸：脂肪酸中含有二個以上雙鍵者

㈤膳食中如缺乏亞麻油酸（n-6，C18：2）、次亞麻油酸（n-3，C18：3）及花生油酸等多元不飽和脂肪酸，不但會生長停止，而且會有皮膚炎，甚至脂肪肝、微血管病變等現象。故稱此三種不飽和脂肪酸爲必需脂肪酸（Essential Fatty Acid, 簡稱爲EFA）；有些書籍稱之爲維生素F，油脂含有不飽和脂肪酸愈多，在室溫下愈呈液體狀態；反之含飽和脂肪酸愈多，則爲固體型態。

二、油脂特性與品質

㈠油脂氫化作用

現代研究報告逐漸重視到，氫化作用會產生反式脂肪酸之問題，反式脂肪酸存在於氫化植物油、乳馬琳或是人造奶油中。大部分在西點、餅乾，還有吃鐵板燒時，鐵板旁邊放的那一塊奶油，或是奶油餅裡所包的油，經常都是這種氫化油脂。這種油在料理時，會產生很香的香味，以前以爲這種油比奶油還營養，結果近期研究顯示，反式脂肪酸，是目前已知會造成人體之血膽固醇上升之主要因子之一（另外一個原因則是飽和脂肪酸）。而油脂氫化之過程與目的爲：

1. 減少不飽和脂肪酸量，在鎳或鉑等催化劑作用下，利用高溫及加壓氫氣，進行氫化反應，以減少雙鍵數量，提高溶點，而得到在常溫下爲果凍狀至固體狀的硬化油；而增加氫量的多寡，將會影響產品油脂的軟硬程度。
2. 油脂經氫化後，可以增加安定性，以減少雙鍵氧化所產生劣變現象；但是值得注意的是營養價值將降低。
3. 一般應用於人造奶油及酥油的製造。
4. 大豆油因爲價格比較低，而常被用來製造人造奶油。

㈡油脂的聚合

1. 熱聚合：油脂在無氧狀態下，持續加熱至200～300°C，則其共軛雙鍵，會與另外一分子的雙鍵，結合形成環狀聚合物。
2. 熱氧化聚合：油脂在空氣中加熱，至200～300°C時，會逐漸變爲黏稠，經聚合而成果凍狀。

㈢油脂加熱分解

油脂經加熱，亦會產生裂解作用，而生成各種脂肪酸、酮類、醛類及碳氫化合物。因此炸油條時，如果油炸時間過久，又未適時補充或更換新油時，油脂將變濃稠，而其中將含有許多對於人體健康不利之因子，所以健康之飲食，都鼓勵消費者減少油炸食品之攝取。

㈣煙點

指油加熱，剛起煙時的溫度。

(五)引火點

指煙與空氣混合，引起燃燒的溫度。

(六)著火點

指油脂燃燒的溫度。

三、油脂劣變

(一)油雜味

油脂在發生油耗味之前，其過氧化物含量低，所產生之不愉快的味道。味道是因油脂種類而異，接受程度則會因人而異。如黃豆油有豆味、青臭味，菜籽油有硫磺味等。

(二)油耗味

油脂經氧化作用產生惡劣的刺激味，稱爲油耗味。油耗味的來源有：

1. 氧化油耗味：油脂經氧化作用，產生氫過氧化物，再裂解成多種短鏈醛、酮、酸及醇等具有刺激味道產物。
2. 水解油耗味：具短鏈脂肪酸甘油酯，經分解後游離的短鏈脂肪酸，成爲異味的來源。
3. 酮油耗油：因微生物之作用，產生的丙酮味。

(三)油雜味與酸敗之比較

油雜味在每一種油味都不一樣，使用抗氧化劑時沒有效果，因此在充氮或眞空下都會發生；而酸敗則都是同樣的油耗味，當使用抗氧化劑時有效，酸敗是在氧氣存在下才會發生。

四、減少飲食油脂技巧

飲食均衡及減少油脂攝取量，才能遠離三高（高血壓、高血糖、高血脂）之危害，健康活到老。因此團膳實務中，對於減少飲食油脂技巧，應該研究與應用，如：

(一)供應肉類時盡可能將皮及肥肉之部分去掉，尤其要留意雞、鴨的翅膀，皮中也含有極高的油脂。

(二)減少炒、炸、煎等高油脂的烹調方式。

(三)試著用蒸、涼拌的方式烹調。

⑷減少含有芝麻、花生、腰果、瓜子、核桃、杏仁、松子……等含油高的種籽使用量。

⑸使用脫脂奶粉代替全脂奶粉，若不習慣，可以利用一半脫脂奶粉，摻入一半全脂奶粉方式替代。

⑹減少蛋黃及內臟類的食物攝取頻率。

第五節　飲料類

蔬菜水果中某些營養素，具有保護身體及減少體內氧化作用。由於氧化作用和罹患癌症有關，因此維他命C、E、硒、類胡蘿蔔素等，具抗氧化作用之營養素，被認爲可預防癌症的發生。研究也認爲人們多吃含抗氧化物的蔬菜水果，可以降低癌症的發生。抗氧化物補充劑，則在臨床試驗上，尚未證實可降低癌症的發生（即「自然」的比較好！「自然的」才能抗癌！）。一些研究建議含有抗氧化物的綠茶可以防癌。

一、茶

在動物試驗中，發現某些茶可以降低癌症的發生，但對於人體的影響則尚待證實。一般未發酵及半發酵茶葉中含兒茶素類物質（Catechins）約爲10～25%，相當於茶多酚總量的70～80%左右，也是茶中最主要的抗氧化成分。未發酵及半發酵茶中兒茶素含量較多，紅茶及普洱茶則較低。比較不同發酵程度的茶葉之總抗氧化能力，紅茶及普洱茶較低。進一步檢測抗氧化能力顯示，紅茶及普洱茶的抗氧化能力，不但較差，且幾乎都是來自以沒食子酸爲主的高親水性物質。綜合結果顯示，未發酵茶與半發酵茶的主要抗氧化物質，爲酯化型兒茶素，而紅茶及普洱茶的主要抗氧化物質，則爲非兒茶素類。就抗氧化能力而言，除紅茶及普洱茶明顯較低外，其他的性質，不易以發酵的程度來做區別。

二、咖啡

相傳六世紀衣索匹亞有個牧羊人，有一天發現他平日貪睡的羊兒，竟在那裡不停的蹦蹦跳跳，他覺得很不可思義，仔細加以觀察，才明白原來羊兒是咀嚼一種鮮紅欲滴的果實（小咖啡豆），於是他便也嚐試了這種果實，結果他忘掉了煩惱，丟掉悲傷心情，變成最快樂的人。後來他便拿著該果實分給修道院的弟兄們吃，所有人吃完後都覺得神清氣爽，此後便逐漸被拿來作為食品飲用，於是咖啡從阿拉伯風行到埃及、土耳其，後經義大利傳入歐洲。據說這就是咖啡的由來。

咖啡中的靈魂成分——咖啡因（Caffeine），又叫作咖啡鹼，是一種含氮的生物鹼，也就是三甲基黃嘌呤，主要由咖啡中提煉取得。咖啡因可以說是目前世界上最廣泛使用的提神劑，它可使人類腦部組織增加新腎上腺素（Norepinephrine）的分泌，進而使人體之交感神經呈現興奮狀態。咖啡因是屬於水溶性的，不會在體內殘留，而且99%的吸收，會在喝下去的5分鐘內完成，然後再慢慢的排掉，在體內會停留6～14小時。缺點是會影響鈣的吸收，每100毫克咖啡因會讓6毫克的鈣流失，而且每150cc的咖啡就含有約100毫克的咖啡因。所以一般在攝取量上，一天最好不要超過300毫克（即一天最好不要超過3杯），否則容易導致骨質疏鬆之問題，特別是婦女（因為停經以後，缺乏雌激素保護作用，會使得鈣質大量流失）。

三、可樂

之前臺灣媒體曾報導，台中有一位年輕女性，6年來每天喝兩瓶可樂，結果發生骨質疏鬆，骨質像70歲的老人家一樣，懷疑是喝太多可樂所引起。碳酸飲料到底會不會將骨頭中的鈣質溶解出來，造成骨質疏鬆？丹麥的學者曾報告，如果每天飲用2.5公升的可樂，且配合低鈣飲食，骨質吸收（破壞）率會增加。不過，如果以一般人日常飲用的量，對骨質應不會有明顯的影響。但是青少年常喝飲料的確與骨質疏鬆有關。根據2004年美國小兒科學會的聲明，含糖飲料對健康有三大危害：肥胖、蛀牙及骨質疏鬆。所以臺灣教育部已規定可樂及汽水等飲料，不得在國中、小學販賣。衛生福利部在宣導預防骨質疏鬆時，也要求民眾，避免攝取過多含磷酸的加工食品，例如：洋芋片、速食麵與可樂等，以避免其磷酸妨礙鈣之吸收。

第六節　食品添加物

每個民眾都希望生活於絕對安全與零風險的環境，但是事實上，這世界並沒有絕對的「零風險」，包括食物也沒有所謂的絕對安全食物，生活中永遠會充滿各式各樣的風險；有人晚上睡覺卻碰到飛機落在其屋頂上，如臺灣曾發生的華航空難；有人洗臉卻不幸溺水在小小臉盆之中，因為發生腦中風。古人常說要趨吉避凶，換句話說，代表現實生活中，本來吉與凶一直都會同時存在，因此所謂的「零風險」其實是不存在的。因此只有「可接受的風險」才符合現實的安全狀態；而在臺灣2013年發生毒澱粉事件後，有人說現在的民眾每天攝取約500種添加物，已經超過3倍的身體器官合理處理數量；因此，是否安全首先要明瞭，人體到底多少可以容許多少污染物質。使用添加物具有延長保存期限等優點，但是如果使用不當時，對於身體的健康也有危險；因此民眾必須理性看待食品添加物，一般建議原則是只要使用成份與用量，符合國家衛生標準，往往都是對人體無害的。而一旦有新的科學證據出現，當證明使用添加物之風險太大具有危險時，政府即會明文予以禁止。而食品添加防腐劑的主要目的，是為延緩食物腐敗，抑制微生物生長，及提高食品保存性，許多人說：「罐頭食品不能吃，因為其中放了很多防腐劑，以致於都不會壞！」可是事實上，除非專案向衛生福利部申請，否則罐頭食品是不放防腐劑的；因為罐頭在製造過程，已經進行高溫滅菌作業，因此所有細菌均已殺死，根本不需要再放防腐劑。又有人說：「泡麵不能吃，因為也放了很多防腐劑！吃多器官會壞掉」可是事實泡麵也是不放防腐劑的，因為泡麵是屬於油炸食品，需要放的是「抗氧化劑」，不是防腐劑。而香腸一般也不放防腐劑，所添加的硝酸鈉及其鹽類，是被衛生福利部歸類為「保色劑」，除了可防止肉毒桿菌造成食品中毒、使肉品呈現漂亮紅色外，並具有產生香腸特殊香味效果，因此才叫「香」腸，而不像臭豆腐稱為「臭」豆腐；因此瞭解食品添加物後，就能釐清上述所云狀況，能更清楚正確的飲食。

目前添加物因為經過衛生福利食品藥物管理署之危害與利益分析，惟有利大於害時，才會被允許使用；不過因為新的研究報告日新月異，今日合格的食品添加物，明天很有可能，就被禁止使用。值得團膳小心注意與避免使用，最明確的例子就是著色劑（人工色素）了。與團膳比較有關的食品添加物如下：

一、防腐劑

防腐劑是為了保存食物，防止微生物污染破壞而添加之物質。添加防腐劑，可以抑制微生物的生長或代謝，但是由於並沒有將微生物完全殺死，所以必須維持一定濃度，以維持繼續抑制微生物生長之效果。如己二烯酸、己二烯酸鉀、己二烯酸鈉、丙酸鈣、丙酸鈉、去水醋酸、去水醋酸鈉、苯甲酸、苯甲酸鈉、對羥苯甲酸乙酯、對羥苯甲酸丙酯、對羥苯甲酸丁酯、對羥苯甲酸異丙酯、對羥苯甲酸異丁酯、聯苯、二醋酸鈉、己二烯酸鈣、苯甲酸鉀、乳酸鏈球菌素、雙十二烷基硫酸硫胺明、丙酸、鏈黴菌素。

二、抗氧化劑

抗氧化劑屬於具有防止油脂酸敗之物質。抗氧化劑具有中斷油脂自氧化連續作用之能力，油脂之氧化作用，分成光氧化與自氧化兩種，自氧化是一連串自由基連鎖反應，首先氫自油脂的不飽和脂肪酸中脫離，形成自由基；而自由基因爲帶有電子，因此具有很強的活性及氧化能力，本身會因爲性質不穩定，因此容易攻擊其他物質，去奪得其電子，以求取自身之穩定。而當自由基與氧分子結合時，將形成過氧化自由基，會再與其他不飽和脂肪酸進行反應，繼續產生新的自由基與氫過氧化物，而當氫過氧化物發生裂解時，將產生醛、酮、酸及醇等小分子，是導致食品不良風味之主要原因。在自氧化過程中，由於自由基是指任何帶有不成對電子的原子或分子，其中又可依其未成對電子所在位置，而區分爲以碳、氧、氮或硫爲中心之自由基。依據電子力學的原理，這樣的原子或分子，由於處於極不穩定的狀態（活性極高，代表攻擊其他物質的能力很強），會抓取鄰近的原子或分子上的電子，以使自己穩定，但是卻會造成後者（被奪取電子者）因爲失去電子而不穩定（形成另外一個自由基），而將繼續攻擊附近的其他原子或分子，因此引起一連串的連鎖反應。而抗氧化劑之作用，就是將自己的氫貢獻給自由基，而形成穩定的氫過氧化物，或將油脂還原；而抗氧化劑本身作用後，則形成穩定性高的抗氧化自由基分子，並不會再參與其他反應，因而能終止油脂氧化之連鎖反應。如二丁基羥基甲苯、丁基羥基甲氧苯、L-抗壞血酸（維生素C）、L-抗壞血酸鈉、L-抗壞血酸硬脂酸酯、L-抗壞血酸棕櫚酸酯、異抗壞血酸、異抗壞血酸鈉、生育醇（維生素E）、沒食子酸丙酯、癒創樹脂、L-半胱氨酸鹽酸鹽、第三丁基氫　、L-抗壞血酸鈣、混合濃縮生育醇、濃縮d-α-生育醇、乙烯二胺四醋酸二鈉或乙烯二胺四醋酸二鈉鈣、亞硫酸鉀、亞硫酸鈉、亞硫酸鈉（無水）、亞硫酸氫鈉、低亞硫酸鈉、偏亞硫酸氫鉀、亞硫酸氫鉀、偏亞硫酸氫鈉。

三、漂白劑

漂白劑爲具有將食品有色物質去除（特別是針對褐變反應，所造成食品暗褐的外表），以獲得理想預期色澤之物質。漂白劑中，常用亞硫酸鹽來處理易褐變之乾物，如蓮子、准山、百合、白木耳、香菇、金針、菜乾、水果乾（葡萄乾等）；而過氧化氫（雙氧水）偶爾被不肖業者用來處理魚肉。如亞硫酸鉀、亞硫酸鈉、亞硫酸鈉（無水）、亞硫酸氫鈉、低亞硫酸鈉、偏亞硫酸氫鉀、亞硫酸氫鉀、偏亞硫酸氫鈉、過氧化苯甲醯。

四、保色劑

用來保存食品色澤之物質，如肉類之肌紅色。因此如果原來的物質，沒有顏色時，添加時將沒有意義。保色劑以硝酸鹽及亞硝酸鹽爲代表，二者皆能使肉製品呈現鮮紅色澤，過量攝取易在體內形成亞硝胺（致癌物）。另外，亞硝酸鹽易與血紅素結合，降低紅血球攜氧能力，如亞硝酸鉀、亞硝酸鈉、硝酸鉀、硝酸鈉。

五、著色劑

即色素，係用來保存食物本身顏色，或增加食物美觀之物質；添加後可任意將食品原有的顏色改變，多爲食用色素。而今日准用的食用色素，很可能明天會因爲新的研究結果而被廢止，因爲多年來已有許多人工色素被禁用。著色劑如食用紅色六號、食用紅色七號、食用紅色七號鋁麗基、食用黃色四號、食用黃色四號鋁麗基、食用黃色五號、食用黃色五號鋁麗基、食用綠色三號、食用綠色三號鋁麗基、食用藍色一號、食用藍色一號鋁麗基、食用藍色二號、食用藍色二號鋁麗基、β-胡蘿蔔醛、β-衍-8'-胡蘿蔔醛、β-衍-8'-胡蘿蔔酸乙酯、4-4'-二酮-β-胡蘿蔔素、蟲漆酸、銅葉綠素、銅葉綠素鈉、鐵葉綠素鈉、氧化鐵、食用紅色四十號、核黃素（維生素B_2）、核黃素磷酸鈉、二氧化鈦、食用紅色四十號鋁麗基。

重點摘要

管理的木桶原理，指出一個木桶可以盛裝水的容量到底有多少，並不取決於桶壁最高木塊，反而是取決於桶壁最短的木塊。因此：㈠只有桶壁所有木板都已經足夠高時，那個木桶才能盛滿水。㈡只要木桶中有一塊的高度不夠時，木桶裏的水就不可能充滿。另外「100－1＝0」的定律則指出：在進行監獄管理時，不管以前幹得有多好，假如在衆多犯人被逃掉一個，便是永遠的失職。從防止罪犯危害社會角度來看，百無一失是屬於極為必要的。然而對於顧客服務而言，只有分好壞，沒有較好或較差的比較；好、滿意就是全部100分，不好就是零；而千里之堤，將毀於一穴，一個疏忽往往導致全部的失敗。

衛生福利部指出，由學童營養調查結果顯示，台灣學童的營養呈現不均衡現象，包括攝取過多的肉、魚、蛋、豆類，而主食類、蔬果類與奶類則有不足現象。由於學童不均衡的飲食型態，會影響學童對各種營養素的攝取，因此建議家長輔導孩子認識食物種類及營養價值觀念，養成均衡飲食的習慣為首要步驟。衛生福利部並表示，父母也應為學童選擇適當的點心及飲料，如豆漿、蛋、三明治、水果等；而一些含有過多油脂、糖或鹽的食物均不適合作為學童的點心，如薯條、洋芋片、炸雞、奶昔、奶油蛋糕、巧克力、汽水和可樂等。 學童在各種營養素攝取中，以鈣質攝取最為不足，衛生福利部也建議學童在日常生活中，可多攝取含鈣量較高的食物，如小魚（連骨進食）、魚乾、蝦類、蛤及牡蠣等；另外豆類、豆製品及深色蔬菜等亦為鈣質食物來源。

問題與討論

一、團膳常用的醣類有哪些？

二、肉魚豆蛋奶類提供什麼營養素？

三、油脂類要避免氧化有什麼方式？

四、水果類是否適合入菜？

五、茶好或咖啡好？

六、團膳可以用哪些食品添加物？

學習評量

是非題

1.（　）冷藏肉和冷凍肉原料對肉製品加工的品質是一樣的。

2.（　）食鹽的添加在於改變肉製品風味，對乳化作用之進行並沒有任何幫助。

3.（　）脂肪不易產生變化，所以容易貯存。

4.（　）我國衛生法規規定，肉製品絕不能使用人工色素。

5.（　）凡肉製品加工用之原料肉，可不需先經獸醫師檢查人員執行屠前、屠後檢查就可利用，以避免麻煩。

6.（　）鮮肉之pH值愈低，則保水性愈佳。

7.（　）使用水樣肉（PSE）豬肉於肉製品加工，有助於產品的保水性。

8.（　）食品添加物之種類及用量，衛生機關並沒有硬性規定。

9.（　）選購水果時，應選有蟲鳥咬過的較甜美可口。

10.（　）水果的糖度愈低，表示愈甜。

解答

1.× 2.× 3.× 4.× 5.× 6.× 7.× 8.× 9.× 10.×

第三章

團體膳食規劃

學習目標

1. 品質是團膳之根基
2. 了解團膳未來趨勢
3. 針對動線、供應作業及設備，提供整體規劃
4. 了解特殊飲食之設計原則

本章大綱

第一節　品質

第二節　團膳飲食趨勢

第三節　場所設施之動線規劃與設計

第四節　設備之規劃原則

第五節　特殊飲食（疾病治療飲食）規劃

前　言

在衛生福利部民國95年1月所公布的「臺灣地區2010年衛生指標白皮書」，其中有五項指標是癌症、腦血管、心臟病、糖尿病及肥胖等，均與飲食有著密切相關。臺灣的生活水準已經很高，但是其實國民飲食營養與健康問題，卻沒有得到應有的重視與關心。國家實在需要營造一個有利的環境，讓消費者可以了解，如何身體力行優質飲食營養，以經營一輩子的健康。

另外網路上，有下列部分錯誤訊息之謠傳，值得小心注意分辨：

謠傳內容爲（請注意，即下列部分內容是不正確的！）：外國醫學專家經多年研究，認爲以下人等易患癌症：

一、過敏體質者：美國科學家調查了近 4 萬人，發現對藥物或化學試劑等過敏的人，比無過敏史者更易患癌。如有過敏史的女性，罹患乳腺癌的危險比正常人高 30%；有過敏史的男性，罹患前列腺癌的機率，比正常人高 41%。

二、經常熬夜者：雖然癌症的發病機轉至今尚未清楚，但有一點為睡眠不好是一個危險的因素。因為癌細胞是在正常細胞裂變過程中，發生突變而形成的，而夜間又是細胞裂變最旺盛的時期，睡眠不好時，人體很難控制細胞發生變化，而成為癌細胞。另外熬夜者，為提神而吸菸、喝咖啡，也會使更多的致癌物侵入體內。

三、肥胖者：哥倫比亞大學的研究資料顯示，肥胖女性，發生結腸癌的危險性比一般女性高2倍。美國癌症中心報告，腰部以上特別肥胖的女性，患乳腺癌的可能性，要高出正常者4至6倍。

四、維他命缺乏者：特別容易患癌，人體內保護性維生素低的人易患癌症。如維生素A缺乏者，罹患胃癌的危險增加3.5倍，患其他癌的危險，增加2倍多；維生素C缺乏者，罹患膀胱癌、食道癌、腎上腺癌的危險增加2倍；在維生素E不足的人群中，唇癌、口腔癌、咽癌、皮膚癌、子宮頸癌、胃癌、腸癌、肺癌等患病率均增高。

五、膽固醇過低者：膽固醇過高，會引起冠狀動脈硬化或中風。其實膽固醇是人體內不可缺少的養分之一，也是抵抗疾病的生力軍，並非是愈低愈好。英國研究人員的報告聲稱，中老年女性死亡的一個重要危險因素，就是膽固醇過低。

六、常飲高熱的濃茶者：醫學研究發現，經常飲用高溫（80°C以上）茶水，有可能燙傷食管，而茶中的鞣質，會在損傷部位沈積，不斷刺激食管上皮細胞，使之發生突變，而突變細胞大量增殖後，即可變成癌組織。

七、高血壓患者：美國對30多萬名男子的臨床研究說明，高血壓病人癌症罹患率和死亡率，為血壓正常者的2倍多，並預言未來十年的癌症死亡率，可能與血壓升高成正比。當然不是說高血壓直接導致癌症，而是兩病的發生有某些共同機制，如肥胖、嗜酒、吃鹽過多等既可促使血壓升高，也可誘發癌症。

八、經常憋大小便者：尿液中有一種可以致癌的物質，會侵害膀胱的肌肉纖維，促發癌變。故專家們主張每小時排尿一次；大便有害物質多，如硫化氫及其他致癌物，經常刺激腸黏膜會導致癌變。故防範之舉是每天定時排便。

九、拒飲優酪乳者：優酪乳中含有高活性的乳酸菌和其他益菌，能減少人體對脂肪的吸收。每天飲用酸牛奶，可以增加人體免疫球蛋白的數量，使人體的免疫功能得以加強，從而降低癌症的發病率。

十、偏肉食者：攝取過多的動物性脂肪，乃是誘發某些癌症的主要原因。美國哈佛大學專家發現，每天以豬、牛、羊等畜肉爲主食的女性，患腸癌的比例比那些每月只吃幾次肉者，高出2.5倍。日本人目前每天的脂肪攝取量，比五〇年代增加了4倍，患癌者則不斷提高。

網路上並說以下是醫學系研究所研究教授，做出來的實驗報告，可信度百分之百。已證實易產生致癌病毒的食物（惡物）：

一、用烤的玉米不能吃，百分之百有毒（肝癌）。

二、過期的食物（有黴菌）含有黃麴毒素（肝癌），一定要吃新鮮的食物，不要捨不得丟。

三、香腸、熱狗都是致癌物。

四、吃花枝、魷魚，就不要吃紅蘿蔔（因爲會在胃裡中和而形成亞硝酸）。

五、烤的、有焦的部分都要去掉——因爲很毒。

六、莖類的植物（如馬鈴薯……）發芽就有毒。

且請大家在吃東西之前，三思什麼是有益的食物……（對身體有益的食物，良物）：

一、綠茶可多喝，可防癌。

二、養樂多可防胃癌、大腸癌。

三、大蒜證實可防癌，效果很好。

四、聖女小番茄可防癌

然而針對以上問題，據衛生福利部食品藥物管理署的答案是：目前有關國內、外，對於癌症防治原則，及容易罹患癌症的高危險群，都尚在陸續探討中，至於信件中「已證實易產生致癌病毒的食物（惡物）」，仍需要再澄清，如：

一、「用烤的玉米不能吃，百分之百有毒」：應該是指不要食用烤焦的食品，食用烤熟的玉米，並不會影響身體健康。

二、「香腸、熱狗都是致癌物」：經查因爲該二項肉加工製品常溫保存者，易有肉毒桿菌生長，業者爲保存及保色之目的，常會使用硝酸鹽或亞硝酸鹽類食品添加物，而該等添加物可能使致癌之風險增加，然而業者如依據本署公告之「食品添加物使用範圍及用量標準」規定添加，則尚無危害健康之疑慮。

三、「吃花枝、魷魚，就不要吃紅蘿蔔」：並無相關科學研究報告指出。

四、「莖類的植物發芽就有毒」：目前除發現馬鈴薯發芽，會產生毒素外；依現今研究資料，其餘莖類植物，並無類似報告。

五、「一定要吃新鮮的食物」、「烤的、有焦的部分都要去掉」、「馬鈴薯發芽就有毒」等，已屬一般正確的認知。

六、另外關於綠茶、養樂多、大蒜等可防癌，均未經科學研究正式評估確認。

衛生福利部提醒民眾，其實簡單的防癌原則，包括生活作息正常、適度運動、調適生活壓力及均衡飲食等，而其中的「均衡飲食」，才是飲食之正途（所謂之均衡飲食，請參閱第四章第三節）。

團膳之規劃，需先有正確之觀念，然後整體洞察體會飲食之趨勢，講究品質，進行完整的動線規劃與設計，以避免日後發生交叉感染；並依據飲食設計原則，搭配相關之設備設置，才能提供符合消費者需求之團膳。

第一節　品　質

話說臺灣數十年前，有一位數學資優生，我們暫且叫他阿拉丁，背負著眾親朋好友的期盼，遠渡重洋赴美國，欲更進一步求學深造，以期日後學成之後，歸國光宗耀祖；抵達美國之後，經過多方探聽，發現有一位氣象學大師勞倫斯先生，頗負盛名，學有專精，因此阿拉丁打定主意，要投入勞倫斯大師門下，期盼其能擔任指導教授；不過，大師級的教授也不是隨便阿貓、阿狗都能當其學生的，因此雙方見面後，大師立即出題考試：「最近襲擊臺灣的瘋馬颱風，其形成原因，據查是菲律賓群島上方，一隻蝴蝶的翅膀扇動所造成，請問你相信不相信？」

一隻蝴蝶扇動翅膀，會產生強烈瘋馬颱風，哪有可能？再笨的人都知道，這是不可能的事情。

「當然不相信！」阿拉丁斷然回答。

大師馬上說：「這裡有一扇門，你可以從此處出去！」

大師下達逐客令，為什麼？大師心想，你既然不相信我的理論，為什麼還來找我當指導老師。

此時阿拉丁手掌開始冒汗，腳底發麻，心想遠赴重洋，拜師求學的目的，不能就此作罷，古時韓信能忍跨下之辱，我阿拉丁雖非大將軍，但也算是臺灣數學奇葩，所謂識時務者爲俊傑，想到這裡，心中了然，脫口而出：「我相信！」阿拉丁說出之後如釋重負。

此時只見大師不疾不徐，接著問：「你爲什麼相信？」

「人又不是我殺的！」我怎麼會知道，爲什麼蝴蝶扇動翅膀會產生颱風？這個教授眞不識相！難道看不出來，我只是爲了討好他才如此回答的！

阿拉丁再三抓頭，也是沒有答案，只得默然以對，希望以不變應萬變，卻不料，大師又開口講話：「那裡有一扇門，你可以從那裡出去！」雖然與前面是不同一扇門，但是結局一樣，阿拉丁只得黯然走出去。

阿拉丁回去後，發揮臺灣人苦幹實幹的精神，到圖書館認眞找資料，了解大師的研究理論基礎與背景，之後，終於阿拉丁肯定的喊出：「我相信！」

「我眞的相信，一隻蝴蝶持續扇動翅膀，會產生強烈巨大破壞威力的瘋馬颱風！」

依據表3-1蝴蝶效應說明假設公式計算值表（公式）$Y_{t1}=Y_{t0}^2$

表3-1　蝴蝶效應說明假設公式計算值表

Yt_0	=1.0000001	
	1.0000002	(Yt_1)
	1.0000004	(Yt_2)
	1.0000008	(Yt_3)
	1.0000016	(Yt_4)
	1.0000032	(Yt_5)
	1.0000064	(Yt_6)
	1.0000128	(Yt_7)
	1.0000256	(Yt_8)
	1.000051201	(Yt_9)
	1.000102405	(Yt_{10})
	1.000204821	(Yt_{11})
	1.000409684	(Yt_{12})
	1.000819536	(Yt_{13})
	1.001639743	(Yt_{14})
	1.003282174	(Yt_{15})
	1.006575121	(Yt_{16})
	1.013193475	(Yt_{17})
	1.026561018	(Yt_{18})
	1.053827524	(Yt_{19})

$1.110552451 \ (Yt_{20})$
$1.233326746 \ (Yt_{21})$
$1.521094862 \ (Yt_{22})$
$2.313729578 \ (Yt_{23})$
$5 \ (Yt_{24})$
$29 \ (Yt_{25})$
$821 \ (Yt_{26})$
$674{,}530 \ (Yt_{27})$
$454{,}991{,}362{,}408 \ (Yt_{28})$
$207{,}017{,}139{,}865{,}568{,}000{,}000{,}000 \ (Yt_{29})$

由初值$Yt_0$1.0000001來看，數值很小，如同蝴蝶的翅膀，扇動所產生的影響力一般。蝴蝶的翅膀，如果扇動第二次、第三次，甚至於第十次，其結果仍是很微小，也並沒有太大之影響，但是只要蝴蝶的翅膀，持續扇動，當其結果值超過2時（Yt_{23}），如果再繼續扇下去，將產生難以估算的數值（Yt_{29}），代表類似產生颶風等毀滅性結果之產生。

這就是著名的「混沌理論」，在1972年，由美國氣象學家羅倫斯（Lorenz）提出的「蝴蝶效應」（The Butterfly Effect），指出一件表面上，看起來非常微小，而毫無關聯的事情，在不可測的混沌中，將扮演深具影響的關鍵角色，並招致巨大的改變。而蝴蝶效應用於團膳管理上面，代表管理者，必須提供愈多的正面蝴蝶效應，同時也要盡量減少負面的蝴蝶效應，才不至於使團膳企業，發生毀滅性、負面的（如食品中毒）結果。其他有關團膳品質之管理觀念尚有：

一、管理方法六標準差（6σ，6 sigma）

6σ的觀念是，理論上執行一般品管（1σ），其優良率，依據正常曲線分布圖分析應爲68.27%（表3-2），努力一點（2σ），將可以達到95.45%，再努力執行到3σ時，可達到99.73%，4σ可達到99.9937%，5σ則是99.999943%；而6σ將爲99.9999998%。而實際狀況的值，是執行一般品管（1σ），其優良率爲30.23%（表3-3），2σ是69.13%，3σ時是93.319%，4σ是99.379%，5σ是99.9767%；而6σ是99.99966%。

表3-2　6σ理論值

σ數	理論值（每百萬之錯誤值）	理論優良率
1σ	317,400	68.27%
2σ	45,400	95.45%
3σ	2,700	99.73%
4σ	63	99.9937%
5σ	0.57	99.999943%
6σ	0.002	99.9999998%

表3-3　6σ實際值

σ數	校正實務值（每百萬之錯誤值）	理論優良率
1σ	697,700	30.23%
2σ	308,637	69.13%
3σ	66,807	93.319%
4σ	6,210	99.379%
5σ	233	99.9767%
6σ	3.4	99.99966%

資料來源：樂為良譯。2002。《六標準差團隊實戰指南》。美商麥格羅希爾國際股份有限公司臺灣分公司。台北，中華民國。

實施6σ（Sigma）的好處，舉例來說，有一家電腦公司，實務上當執行3σ時，其優良率爲93.319%，代表不良率，將會有6.681%；因此每100萬台，將會產生不良品66,810個；即每10萬台（假設一天生產274台，一年生產10萬台）將會有6,681個缺失。而1台有缺失之電腦，假設維修成本以2,000元計算，則需要2,000×6,681=1,336.2萬元。請注意當執行6σ時，每百萬台電腦所產生的不良品，將會降至只有3.4個；即每10萬台只有0.34個缺失，而1台有缺失之電腦維修成本，仍以2,000元計算，則成本只需要2,000×0.34=680元。相減結果，將可以節省13,362,000－680=1,336.1萬元；如果另外再加上，因爲降低不良率，對於品質提升，與商譽建立等好處，對於團膳企業，將產生不可估計之好處。

二、食品安全管制系統（HACCP，以肉類加工為例）

㈠建立食品安全管制系統制度，應有的基礎認知

1.應制定標準作業程序（SOP），且應依照SOP執行，必須落實並且適時修正。

2.有效的追蹤系統，從農牧場到銷售點，均能提供完整歷程，並且可以追蹤到來源。

3.蒐集資料，並整理成有用的資訊。

4.配合政府政策。

5.食品安全的保證。

6.重視教育訓練。

7.建立共識。

8.因應改變，以確保有效管理。

㈡建立食品安全管制系統，應蒐集相關資料

1.原料應符合之法規

⑴畜牧場主要設施設置標準。

⑵飼料管理法。

⑶飼料添加物使用準則。

⑷動物用藥品管理法。

⑸含藥物飼料添加物使用規範。

⑹屠宰場設置標準。

⑺屠宰作業準則。

⑻屠宰衛生檢查規則。

⑼食品衛生管理法。

⑽生鮮肉品類衛生標準。

⑾動物用藥物殘留標準。

⑿畜禽產品中殘留農藥限量標準。

⒀食品中原子塵、放射能污染之安全容許標準。

⒁牛羊豬及家禽可食性內臟重金屬限量標準。

⒂食品添加物使用範圍及限量。

⒃食品器具容器包裝衛生標準。

⒄食品衛生標準。

註：上述規範標準可自農委會（畜牧處）、農委會動植物防疫檢疫局、衛生福利部食品藥物管理署食品資訊網之網站搜尋取得。

2.原料規格製造和保存標準

⑴中國國家標準（CNS）。

⑵一般食品衛生標準。

⑶生鮮肉品類衛生標準。

⑷冷凍食品類衛生標準。

⑸動物用藥物殘留標準。

⑹畜禽產品中殘留農藥限量標準。

3.使用食品添加物法令

⑴防腐劑。

⑵抗氧化劑。

⑶保色劑。

⑷著色劑。

⑸調味劑。

⑹黏稠劑。

⑺結著劑。

4.危害分析技術與相關資料

⑴生物性：有害病原菌、病毒或寄生蟲。

⑵化學性

①天然毒素：黃麴毒素等。

②人爲添加化學危害物質：色素等。

③偶發存在之化學危害物質：殘留農藥等。

⑶物理性：碎屑、毛髮、昆蟲等

㈢建立食品之良好衛生規範（GHP）

係將衛生標準作業程序（SSOP）與良好作業規範（GMP）精神結合，並納入食品衛生管理法中（第八條）管理。

1.衛生管理標準作業程序書。

2.製程及品質管制標準作業程序書。

3.倉儲管制標準作業程序書。

4.運輸管制標準作業程序書。

5.檢驗與量測管制標準作業程序書。

6.客訴管制標準作業程序書。

7.成品回收管制標準作業程序書。

8.文件管制標準作業程序書。

9.教育訓練標準作業程序書。

(四)建立食品安全管制系統之步驟

1.導入HACCP之事先準備工作

(1)加強員工教育訓練。

(2)建立有效之授權管理制度。

(3)確實對於產品作業流程圖，進行可行性檢討。

(4)研擬對產品之相關危害，或污染之掌控措施及預防對策。

(5)徹底事先了解HACCP制度之七大原則理論與應用。

2.建立HACCP的七大原則與實施步驟

(1)危害分析。

(2)決定重要管制點。

(3)建立管制界限。

(4)建立監測程序。

(5)制訂矯正措施。

(6)執行紀錄及文件整理應用。

(7)進行查核與確認。

3.建立HACCP的十二個步驟

(1)設立管制小組。

(2)產品描述。

(3)確定產品用途及消費對象。

(4)建立產品作業流程圖。

(5)至現場確認產品作業流程圖。

(6)危害分析。

(7)決定重要管制點。

(8)建立管制界限。

(9)建立監測程序。

(10)制訂矯正措施。

(11)執行紀錄及文件整理應用。

(12)進行查核與確認。

4.紀錄表

(1)管制小組成員資料（名單）表。

(2)產品名稱及特性表。

(3)產品之原物料描述表。

(4)建立產品作業流程圖。

(5)危害分析表。

(6)決定重要管制點表。

(7)建立管制界限表。

(8)立監測程序表。

(9)制訂矯正措施表。

(10)執行紀錄系統。

(11)確認表。

(五)食品安全管制系統審查及稽查程序

1.內部稽查指引。

2.計畫書稽查核對。

(六)範例

全熟肉類加工品——維也納香腸

表3-4　HACCP小組名單

管理代表：李義山　　職稱：總經理特助

同意人：李義春　　職稱：協理

姓名	職稱	職掌	學歷	HACCP 專業訓練及經驗
李義川	廠長	監督、執行HACCP計畫	屏東科技大學食品研究所畢業	HACCP基礎班及實務訓練班
李竺逸	品管課長	檢驗、確認	臺灣大學食品科學研究所畢業	HACCP基礎班及實務訓練班
李芊嶧	生產課長	現場執行	臺灣大學食品科學研究所畢業	HACCP基礎班及實務訓練班

表3-5　產品描述

產品：維也納香腸
建立產品描述時，應以最清楚的方式說明，至少需回答以下的問題：
1.品名：維也納香腸。 2.使用方法：即食、水煮、油炸、火烤。 3.包裝方式：每10條個別以塑膠袋封口真空包裝。 4.有效期限和保存條件：冷藏7°C以下、5天。 5.銷售地點：超級市場、西餐廳、量販店、醫院、中式燒烤店。 6.注意事項：貯存溫度應在7°C以下凍結點以上，烹煮溫度，需加熱至肉中心溫度80°C以上。 7.消費對象：家庭主婦、廚師、營養師、肉品業者。

日期：＿＿＿＿＿＿＿＿　　核准者：＿＿＿＿＿＿＿＿

表3-6　產品之原料描述

產品名稱：維也納香腸
1.主原料：冷藏豬肉。 2.其他原料：大豆蛋白、玉米粉、脫脂奶粉。 3.食品添加物：亞硝酸鈉、硝酸鈉、己二烯酸、焦磷酸鈉、紅色六號、異抗壞血酸鈉、酪蛋白鈉。

日期：＿＿＿＿＿＿＿＿　　核准者：＿＿＿＿＿＿＿＿

表3-7　產品製造流程

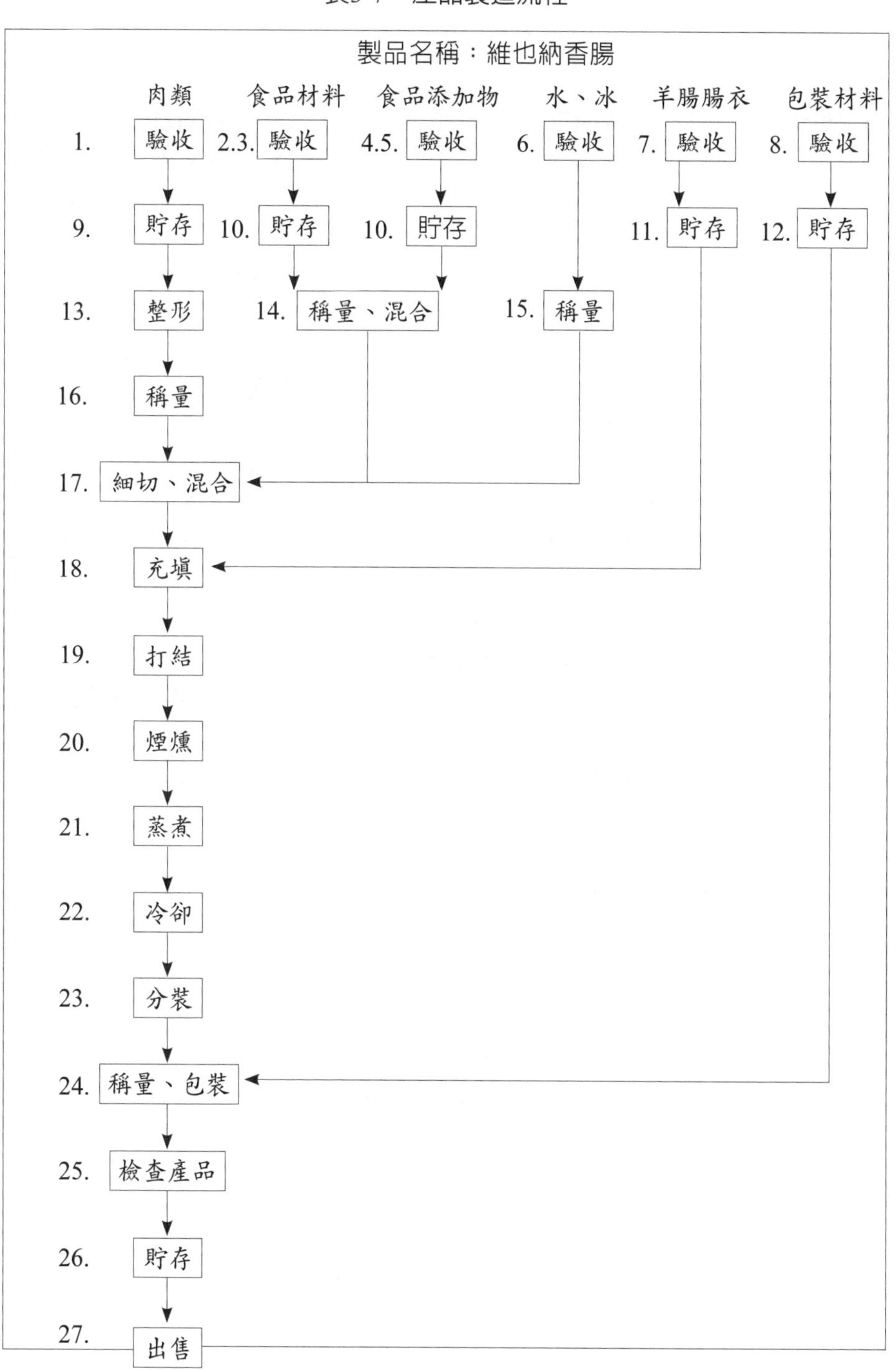
製品名稱：維也納香腸
肉類
食品材料
食品添加物
水、冰
羊腸腸衣
包裝材料
1. 驗收
2.3. 驗收
4.5. 驗收
6. 驗收
7. 驗收
8. 驗收
9. 貯存
10. 貯存
10. 貯存
11. 貯存
12. 貯存
13. 整形
14. 稱量、混合
15. 稱量
16. 稱量
17. 細切、混合
18. 充填
19. 打結
20. 煙燻
21. 蒸煮
22. 冷卻
23. 分裝
24. 稱量、包裝
25. 檢查產品
26. 貯存
27. 出售

表3-8　分析危害與預防方法說明表（西式火腿）

危害與預防方法說明 產品：		
加工步驟	危害項目	預防方法
肉類（驗收）	C：抗生素、合成抗菌劑的殘留（有標準者需在標準值以下）。	．根據廠內、外殘留檢驗資料，指定肉品供應商及品牌。 ．和肉品供應商契約保證及確認。 ．根據肉品驗收單確認肉品供應商及品牌。
	B：腐敗微生物污染 沙門氏菌屬 金黃色葡萄球菌 病原性大腸桿菌	實施驗收檢查 1.紙箱目視檢查。 2.確認凍結狀態。 ．於蒸煮、冷卻及貯存過程，給予適當的處置。
	P：異物混入：塑膠片、蒼蠅、紙箱屑、針頭、頭髮、豬皮毛、碎骨，肉品販賣業者在部位肉運送時，紙箱破損而混入。 ．農民管理不良（注射針等）。 ．肉品處理業者在屠體及部位肉整形時處理不良。 ．肉品販賣業者在貯存時管理不良。	．指定供應商、確認契約保證。 ．實施驗收檢查、紙箱目視檢查。 ．於整形時去除。

表3-9　重要管制點判定樹（Decision Tree）

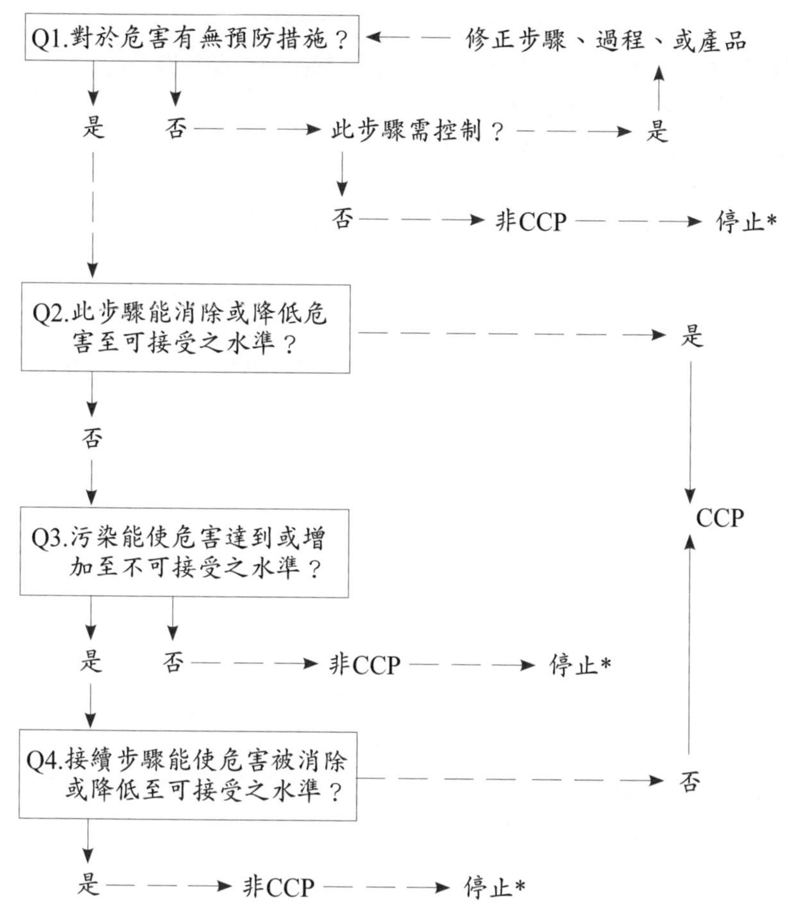

*代表不是危害管制點（CCP）。

表3-10　重要管制點判定表

重要管制點（CCP) 的判定 （重要管制點是一個點、步驟或程序，可以控制的方法運用在預防、消除，或減少食品危害達到可接受的程度。）						
加工步驟	危害： 生物-B 化學-C 物理-P 危害描述	Q1.對危害是否有預防措施？ （判定如何及在何處此危害可被控制） 否＝不是CCP 是=跳到下一個問題	Q2.此步驟可消除或降低危害至可接受水準？ 否＝跳到下一個問題 是＝CCP	Q3.污染能使危害達到或增至不可接受之水準？ 否＝不是CCP 是＝跳到下一個問題	Q4.接續步驟能使危害被消除或降低至可接受之水準？ 否＝CCP 是＝不是CCP	#CCP

日期：＿＿＿＿＿＿＿＿＿＿　　核准者：＿＿＿＿＿＿＿＿＿＿

表3-11　重要管制點判定表

重要管制點（CCP）的判定 （重要管制點是一個點、步驟或程序，可以控制的方法運用在預防、消除，或減少食品危害達到可接受的程度。）						
加工步驟	危害：生物-B　化學-C　物理-P　危害描述	Q1.	Q2.	Q3.	Q4.	#CCP
肉類 （驗收）	C：抗生素、合成抗菌劑的殘留（有標準者需在標準值以下）。	Y	N	N		N
	B：腐敗微生物污染 沙門氏菌屬 金黃色葡萄球菌 病原性大腸桿菌	Y	N	N		N
	P：異物混入：塑膠片、蒼蠅、紙箱屑、針頭、頭髮、豬皮毛、碎骨，肉品販賣業者在部位肉運送時，紙箱破損而混入。 ・農民管理不良（注射針等）。 ・肉品處理業者在屠體及部位肉整形時處理不良。 ・肉品販賣業者在貯存時管理不良。	Y	N	N		N

日期：＿＿＿＿＿＿＿＿＿＿　　核准者：＿＿＿＿＿＿＿＿＿＿

表3-12　重要管制點計畫表

重要管制點（CCP判定）	顯著之安全危害	每一個防治措施之管制界限	監控				矯正措施	記錄（編號）	確認
			目標	方法	頻率	負責人			
肉類（驗收）	化學性：抗生素磺胺劑	≦2.0 zone ≦ 0.1ppm	指定供應商及品牌	目視確認	每批	原料驗收員OOO	退貨、廢棄或作殘留檢查，判定可否使用。 負責人：OOO	・肉品驗收檢查紀錄簿（肉品供應商、品牌確認）。 ・殘留檢查紀錄簿。 ・供應商提供之殘留檢驗結果紀錄簿。 ・契約保證書裝訂簿。 ・檢驗資料解析及對策紀錄簿。 ・檢驗準確度確認紀錄簿。	・肉品供應商及品牌檢核紀錄之確認（含退貨、廢棄、篩選後使用之紀錄）。 ・定期殘留檢驗，頻率：2次／年。 ・供應商提供之檢驗結果及契約保證書的確認，頻率：12次／年。 ・檢驗資料之檢討及對策的實施，頻率：4次／年。 ・檢驗準確度的確認頻率：2次／年。

日期：＿＿＿＿＿＿＿＿　　　　核准者：＿＿＿＿＿＿＿＿

三、團膳品管對於異常狀況追蹤與改善之工具

(一)柏拉圖

在西元1897年，義大利有一個經濟學家，名叫柏拉圖，他研究義大利的經濟現象，發現全義大利的財富，集中在少數人的手中（80—20，80%的財富集中在20%的人手中），他認爲只要控制那些少數財主，即可控制該社會財富，此種重點控制的方法，稱爲「柏拉圖原則」。這個現象，後來被美國品管大師用圖形來顯示，就成了大家耳熟能詳的柏拉圖。柏拉圖一般是用來做重點管理的工具，重點通常只占全體的一小部分，只要掌握重要的少數，就能夠控制全體。通常重點只占全體的20%，但其影響程度卻占80%，這就是一般所說的「80—20原理」。將此原理，應用在團膳之問題改善上，首先將關鍵不良因素加以解決，則可以降低大部分的危險因素。而在物料管理上，所使用的「ABC分析法」，即爲該法則應用之一例。在生產現場管理方面，柏拉圖分析之應用很廣，特別是涉及的因素非常廣泛，且各個因素所占影響之比例不同時，可以藉由使用柏拉圖，找出重點因素，進而先針對重點因素，加以解決，則問題已解決一大半。以圖3-1「營養室公傷事件之探討柏拉圖」爲例，分析發現只要優先解決電動拖車、保溫餐車及滑倒等三項因子，即可解決大部分營養室之公傷問題；因此實務上，應該優先解決。

(二)魚骨圖

將一個問題的特性（結果），與造成該特性之重要原因（要因），歸納整理出來之圖形（圖3-2）。由於其外型很類似魚骨，因此一般俗稱其爲魚骨圖。由於是日本品管大師石川先生所發展出來的，故又名石川圖。分析要因時，應由衆人採用腦力激盪方式，並配合專業知識和經驗進行。魚骨圖一般會配合層別法一起運用，繪製層別魚骨圖，以利對於魚骨圖上的重要要因，進行更深入的探討。除了應用於結果和原因間的分析外，還可做目的和手段間的分析，以及全體和要素間的分析。分析要因時，若發現不同要因間彼此互相關聯（有因果關係），則要改用關聯圖分析。

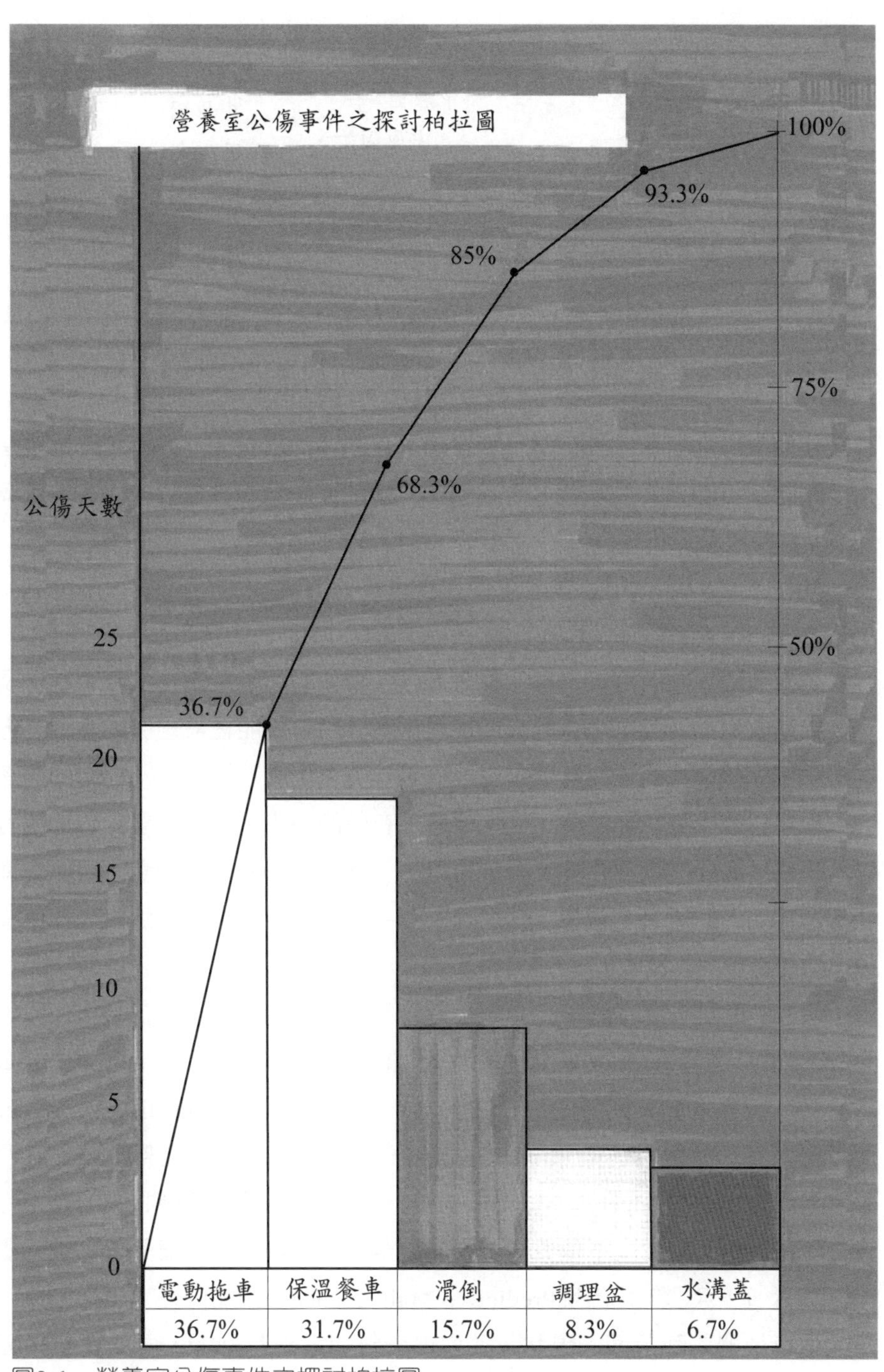

圖3-1　營養室公傷事件之探討柏拉圖

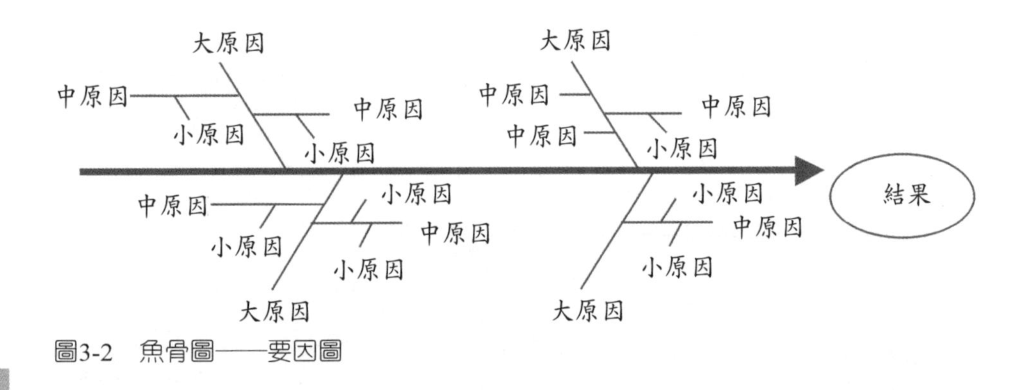

圖3-2　魚骨圖——要因圖

㈢其他常用之品管方法，還有直方圖、管制圖、散布圖、查檢表、層別法、關聯圖、KJ法（親和圖）、系統圖、矩陣圖、矩陣數據解析法、箭線圖法及過程決策計畫圖等方法。

四、全面品質管制計畫

全面品質管制的定義，爲「將組織內各單位的品質規劃、品質管制，及品質改善等改進的活動，綜合起來，使得生產／服務，能在最經濟的水準之上，裨益顧客完全滿意的一種有效制度」。是以追求生產系統效率（綜合的效率）的極限爲目標；從意識改變，到使用各種有效的手段，構築能事先防止所有災害、不良、浪費的體系，達成「0」災害、「0」不良及「0」浪費之目的；從生產部門開始，到研發、營業、管理等所有部門；從最高領導，到第一線作業人員，均全員參與的制度。

著名的品質管制方法——全面品質管理（TPM），係起源五○年代於美國的Preventive Maintenance（預防保全，簡稱PM，有別於五○年代以前的Break-Down Maintenance（事後保養，簡稱BM）。六○年代的Productive Maintenance（生產保養，簡稱PM），指的是以最經濟的方式保養，以提高企業生產力。七○年代的Total Productive Maintenance（全面生產保養，簡稱TPM），指的是保養工作，由原來生產單位負責，推展到全面性與普及化設備保養，重點在橫向協調溝通。八○年代出現Predictive Maintenance（預知保養，簡稱PdM），指的是以儀器診斷設備的現狀，並取得資料加以研判分析，再依實際狀況加以處置，主要目的，在防止預防保養中，定期保養所造成的過度保養（Over Maintenance）。九○年代日本JIPM，有鑑於僅在生產部門，只導入TPM是不夠的，乃向研發、營業及管理等所有部門擴展，提出TPM的新定義，即全公司的TPM。TPM適合之行業，從八〇年代開始，在日本已在汽車、半導體、家電、木工、機械等組裝產業，及鋼鐵、化工、食品、醫藥品、造紙、印刷、石油、燃氣等裝置產業中實施，幾乎已經涵蓋所有的製造行業。

日本PM協會，在1989年夏天定義爲：以建立生產效率化的極致，作爲企業體質的追求目標。以生產系統的Life Cycle的整體活動作爲對象，以現場、現物的觀點，預防未發生的損失，建立「零災害、零不良、零故障」的組織。從生產部門開始展開，擴及到研發、業務、管理等部門的活動展開。從Top到Bottom全員參與的活動。以複式小集團活動的架構，做到無損失的推行。TPM的重點，在於生產效率的提高，同時是一種由高階層，一直擴散到全體員工的活動。

第二節　團膳飲食趨勢

一、要求便利

臺灣因爲外食人口、女性工作、及單身獨居者，比例日漸增加，因此現代的家庭，調理食品比例日漸減少，而外帶及外送等外食需求，則相對日益高漲。

㈠由於便利商店、大賣場及超級市場，陸續加入熟食食品的競爭，從一開始賣早餐飯糰、三明治，到午餐的國民便當、涼麵，甚至晚餐的羊肉爐與年菜等逐漸增加；此外，少子化的社會現象，加上小家庭外食機會增加，使得即熱即食產品的商機湧現；加上未來高齡化社會到來，消費需求將隨之改變，都是值得團膳觀察的因應趨勢，與未來發展方向。

㈡隨著國民平均所得，及生活水準的提高，人們對於生活品質的要求，日益提升，同時對於產品價值，與價格的關係，亦具有較高的敏感度。相較以往，現今市場中各項商品（含服務）選擇性較多，而商品的品質普遍較高，因此以相同的消費水準，消費者將要求更好的服務，或更高的品質；或是在相同的服務或品質之下，消費者將要求更低廉的價格。團膳在此一趨勢之下，必須要不斷提升服務品質，以爭取消費者的青睞與認同。

(三)團膳由於商務電子化和結構轉型，開始應用諸如網際網路進行採購、客人定位和點餐、聯繫消費者和廣告，以節省人力與物力。電子點餐系統和財務系統的整合，將可以提供快速會計流程整合，減低人工處理的疏失。電子資料檔案處理，則可幫助統計與管理，了解消費者之消費行爲和習慣，便於日後訂定適當的行銷策略。以上皆顯示資訊科技之應用，在未來將成爲影響團膳的重要關鍵因素。

(四)可立即食用（Ready-to-eat）、可立即加熱食用（Ready-to-heat）、外帶（Take-out）及冷食（Chilled）等便利餐食，因爲製造、保存、運送的技術，不斷地進步，再加上消費者生活型態和消費型態的改變，未來家庭到大賣場，或超級市場購買上述產品，將成爲趨勢。因此團膳必須開發，適合消費者購買之產品，並嘗試與大賣場合作銷售。

二、要求安全與健康（營養）

受到狂牛病等食品安全事件，或是食品中添加物，或農藥等事件之影響，消費者對於食品的不安全感升高。狂牛病喚醒了消費者，要求食品安全的重要性，未來飲食之要求，也將是以健康及安全爲主，因此團膳在規劃未來設計菜單時，將被要求選用健康安全的食材，注重營養均衡，及使用符合衛生管理的調理技術。

(一)在消費者對餐飲之健康與安全意識的抬頭下，團膳必須提供新鮮好品質之食物。對於食物的來源、如何被處理以及如何被運送，也必須交代清楚。此外，由於對健康概念的提升，養身保健食品，及低卡、低脂高纖飲食，也將有其一定之市場性。

(二)美食種類增多，產品將快速不斷的推陳出新，以滿足顧客好奇心，並且會異業結合。例如：在中式餐飲菜單中，加入一至二道的泰國菜或越南菜；或是在美式漢堡店的菜單中，加入一至二道的墨西哥捲餅或塔可，是日後團膳吸引消費者的另外一種策略。

(三)生機飲食、有機食物與生食療法等健康概念之盛行

1. 生機飲食：是以攝食天然植物爲主，如新鮮、有機、沒有加工、沒有污染的食物，以天然的方式生食或熟食，少吃動物性食品，不吃經人工程序（如農藥、化學肥料、化學添加物、輻射線）干擾或污染的食品；但

是需注意的是，生機飲食並不等於有機飲食或有機食物。

2. 有機食物：是指不經過化學肥料、農藥、除草劑污染的食物，肥料必須使用自然堆肥，包括水肥、各種動物的糞便和殘骸等，力求回歸自然，任何加害土壤之添加物都不可使用。經過這種自然農耕所栽種出來的蔬菜，即稱為有機蔬菜。

3. 生食療法（Living & Raw food）：是強調飲食抗癌，屬於自然療法之一種，強調生食、新鮮、沒有加工、加熱、沒有污染、回歸自然、攝食天然的植物。喝小麥草汁、精力湯、生食蔬菜芽苗、吃五穀糙米飯、全麥製品，禁絕油、鹽、糖、動物性蛋白質及加工品。但是生食療法者，必須注意以下問題：

(1)生食有機蔬菜，若處理不慎，可能感染廣東住血線蟲症，亦有可能因吞食到蛔蟲、鞭蟲的感染型蟲卵，而得到蛔蟲等之感染。

(2)易有維生素 B_{12} 的缺乏：因為維生素B_{12}僅存在於動物性食品，而生食療法因為禁止動物性蛋白質來源，因此容易缺乏；也因缺乏維生素B_{12}，而容易造成紅血球病變，形成惡性貧血及神經炎。

(3)鐵質缺乏：動物性食品所含的鐵質，比較容易吸收；植物性食品，因為大部分屬於非血基質鐵，又易受植物中所含的草酸、植酸干擾吸收，因此容易缺乏。

(4)深海魚肉含有青少年腦部發育的EPA、DHA，而植物性食品含量較少。

(5)口感不佳，無飽足感。

(6)腎病嚴重時，忌吃含高鉀的植物性食物，如香蕉、番茄、馬鈴薯、胡蘿蔔素、南瓜與綠色蔬菜等。心臟衰竭及肝硬化有腹水、水腫，或寡尿（每天尿液呈<500cc者）的洗腎患者，都不適合攝取太多的水分與含水量高之植物。

(7)有些營養素，烹調後食用反而會比較健康：如茄紅素及β胡蘿蔔素等，而脂溶性維生素A、D、E、K，會溶解在油裡，若適度加油料理，將可幫助人體吸收。

(8)有些植物的抗癌成分，則是在它的組織破壞後，才有利於人體吸收，如大蒜的大蒜素等。

三、團膳企業聯盟、連鎖化、電子化與集團化

㈠臺灣之傳統餐飲業者，多屬於中小型或微型企業，面對近來大量自美、日引進的大型連鎖業者競爭，在成本管理、標準化作業或是服務品質的維持，均難以與之抗衡。因此，臺灣的團膳，已開始發展自己的連鎖化經營型態，期望能夠以貼近本土消費需求爲出發點，逐漸朝向異業結盟及複合式經營的方式，共同開發市場，來建立共同品牌、降低營運成本、擴大市場占有率，以達到經營規模與經濟優勢。因此，團膳日後將逐漸走向策略聯盟、連鎖化與集團化。

㈡一般之連鎖經營將提供加盟業者，一套完善的體制，包括市場評估、地點協尋、店面裝修、設備提供、營業操作訓練、廣告與促銷規劃、商品開發、採購與配送等。連鎖經營可以讓餐飲業者，不必花大錢購買昂貴的土地、店面以及設備，就可以不斷快速地擴大規模。此外，新加入者，可以分享連鎖品牌的口碑、經營輔導訓練和採購經驗。

㈢餐飲結合其他消費市場的策略聯盟，以反應消費者對產品多功能的需求。現今消費者忙碌的生活型態，都希望能夠在最短的時間內，完成最多的事情，例如：逛街購物時，希望可以順便用餐；逛書店時，可以順便喝咖啡。因此購物中心、電影院區和大學校園內，日後將會出現更多的美食街。此外，速食店也可能開在便利商店內，以減少消費者的奔波。

四、消費者口味變化快速及國際化

㈠現今社會由於各種消費資訊，快速而大量的傳播，所有人的消費喜好，很容易快速傳遞或影響他人，也很容易地接收他人訊息並受到影響。各種訊息透過資訊管道，可輕易加以整合或是塑造，因此消費市場中，各種新的消費趨勢，將如潮水般的不斷出現，也可能很快的消失。近年來飲食流行的風潮，如葡式蛋塔、日式拉麵、泰式或東南亞餐飲、素食或生機飲食等餐飲型態，甚至黑豆、白鳳豆、金針菇……等食材，不斷地出現在周遭並形成話題，但是也很快地被其他新的事物所取代。

㈡過去因爲日劇的風行，隨著劇情的發展，使得日劇中男女主角所消費或食用之餐飲產品，在臺灣也開始盛行。民國94、95年韓劇大長今流行，不僅

在國內，掀起一陣韓風，更讓韓國主題餐飲，在國內盛行，這都是團膳值得注意的趨勢。

五、重視管理行銷、人材培育與認證

㈠由於工商業之快速發展，餐飲業的經營，也開始納入現代化管理理念，包括重視顧客、注重經營績效、注意市場變化及趨勢與重視區域特性之差異等。

㈡餐飲業在強烈的競爭下，會面對許多的壓力，其中最嚴重的莫過於人員的流失問題。因此團膳應該使所有員工能成長，並與團隊產生共識，進而爲共同理想和目標來努力。

㈢由於大衆對於消費品質的要求日益增加，無論對於企業或個人，各式評鑑的標章或證照將逐漸受到重視。標章或證照的取得，將代表企業或個人在某特定領域之技術或服務水準，已達到獲得認可的標準，也表示已具備某一層級的品質。

㈣日本、美國以及法國等國家之餐飲業所發展出之評鑑認證制度，以世界知名的「米其林餐廳指南」爲例，起初只是介紹加油站附近，還有什麼好玩的地方或好吃的小店，到了1926年開始刊登，法國優良的餐廳名單，1931年更設計出以交叉的湯匙和叉子之標誌，來顯示餐廳的等級，後來又以一至三顆星，作爲餐飲最高等級的標誌。由於所具有之公正性，因此頗受重視；除了歐洲以外，目前美國、日本及中國等各國，均有受到米其林餐廳認證的優良餐廳，而由於推行餐飲評鑑制度，讓法國的餐飲業，一直維持蓬勃發展，並間接的帶動法國的農業、餐具業、古董業、家具業與觀光事業等，各個與餐飲相關之上下游產業對外輸出，未來値得臺灣團膳參考此運作模式。

㈤泰國曾經透過觀光活動，例如：參加或辦理世界級的餐飲推廣展覽活動，或競賽等方式來促銷泰國餐飲文化，並將泰國餐飲推廣到世界各個角落，然而這些推廣活動，需要將餐飲文化深入探討與包裝，要有後續縝密的規劃，才能有效的推行。民國95年臺灣台北國際牛肉麵節的活動，也吸引來自紐西蘭、泰國、法國及義大利等多國參加，類似活動實在値得臺灣團膳，多加參考與應用。

第三節　場所設施之動線規劃與設計

「動線」是團膳設計時之主要考量，所謂的動線，是指由驗貨區（一般作業區）→調理區（準清潔作業區）→配膳區（清潔作業區）→倉庫、外包裝室或出貨區（一般作業區）之路線，動線設計之最基本原則，就是不能發生交叉狀況。如果動線交叉，代表區隔不完全，日後將有發生交互污染與食品中毒的可能。另外廚房要分區設計出驗收區、前處理區、冷食區、熱食區及燒烤區等，以防食物溫度或味道的污染。要有理想的烹飪作業程序，可依取材切割、調製、盛裝、收拾整理等等，安排冰箱、烹飪器具及洗滌槽、爐灶等的排列，注意動線流程，使廚師進出的通道分開，避免員工擦撞的情形，且各項設備需考慮人體工學，避免造成廚師勞累，並影響其工作效率。

一、廚房各區域之位置

原則上建議，按照下列食品製作流程之先後順序設置：進貨驗收區→前處理區→冷凍冷藏區、乾料區→前製備區→烹調區→熟食處理區→供應區→回收洗滌區。

二、動線規劃原則

㈠團膳業應依作業流程需要及衛生要求，進行有次序而整齊的配置，以避免交叉污染。

㈡團膳業應具有足夠空間，以利設備安置、衛生設施、物料貯存及人員作息等，確保食品之安全與衛生。食品器具等，則應有清潔衛生之貯放場所。

㈢製造作業場所內的設備，與設備間或設備與牆壁之間，應有適當之通道或工作空間，其寬度應足以容許工作人員完成工作（包括清洗和消毒），且不致因衣服或身體之接觸，而污染食品、食品接觸面或內包裝材料。

㈣如設置檢驗室，應有足夠空間，以安置試驗檯及儀器設備等，並進行物理、化學、官能及（或）微生物等試驗工作。微生物檢驗場所，應與其他場所適當區隔，如未設置無菌操作箱者，需有效隔離。

㈤廚房與營業場所面積比：一般商業午餐型：＞十分之一；一般餐廳：三分之一到五分之一；觀光飯店：三分之一；學校餐廳：二分之一到五分之

一。

(六)烹調過程，應採用有效率之爐具，因為目前之中餐餐廳，大多數使用鼓風爐，雖然加熱速度快，可是會產生大量廢熱，對於廚房空氣污染與環境衛生，是很嚴重的問題；最好改用瓦斯旋轉鍋或蒸烤兩用箱，油炸之油品，則最好使用耐炸油，以免產生大量油煙與廢熱。

(七)規劃動線又分為：

1.作業動線。

2.物流動線。

3.人員動線。

4.廢棄物動線。

5.水、氣（空氣與空調）與能源動線。

三、空間規劃與布局

廚房的面積，應合理：「工欲善其事，必先利其器」。同樣欲提升工作效能，除了考慮個人因素外，工作場所的環境與設備，亦是極具影響之因素，經營者若不重視廚房環境的規劃，甚至想藉由減少廚房坪數，擴大外場坪數的做法來增加業績，這將是絕對行不通的。根據交通部觀光局所定的廚房面積，應為供餐場所面積的三分之一才合理。其他考量面積之因素有：供食種類及食品的狀態、供食人數、機械設備的陳列、食品原理種類與來源、菜單、廚房與供應場所距離，及從業人員的人數。

四、安全防護措施

廚房中火與刀均是危險的因子，此外地板潮溼會造成廚師滑倒；而唯有在舒適安全、順暢的工作環境中，廚師才能無負擔的發揮其工作能力。使用現代化器具協助：如切條、切絲、油炸機、炊飯機、蒸烤箱等，均屬於投資必要的設備，將可減少許多人力的浪費，一些較低層次的處理動作，可交給機器來做。因此有幾個安全防護措施，一定要做好：使用止滑地板，或在地板上架上止滑墊，經常清洗以求清潔，滅火器必須安全有效，以防油鍋起火時造成的損失傷害，最好設置有油煙罩自動滅火設施，及應備妥燒燙刀傷之藥物。

五、其他設計要點

(一)明亮的照明設備：光源、光量及光質都良好且安全，工作檯面或調理檯面光度應在100支燭光以上，採直接照明方式。

(二)需保持良好足夠的通風設備。

(三)廚房的溫度，隨季節不同而調整，約維持在16～18°C左右。

(四)要有良好的水管路（水質亦合乎標準）與排水系統。

六、醫學中心規劃廚房流程範例（圖3-3）

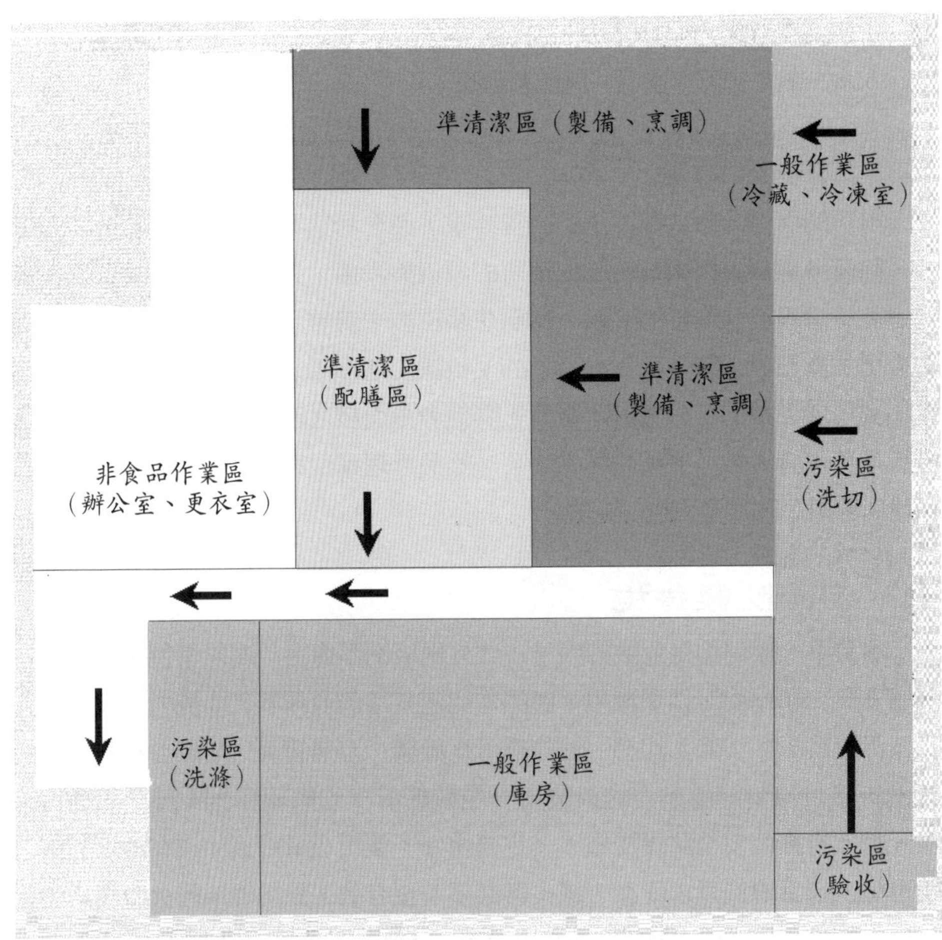

圖3-3　醫學中心規劃廚房流程範例圖（李義川自繪）

七、大型團膳規劃廚房流程圖（圖3-4）

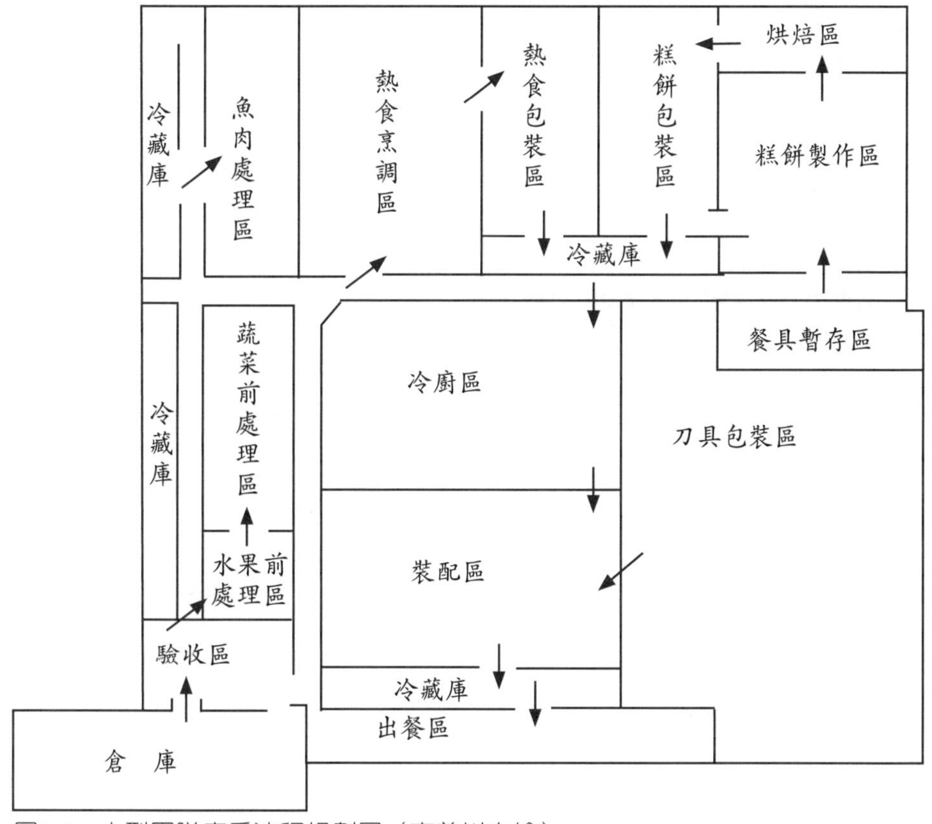

圖3-4　大型團膳廚房流程規劃圖（李義川自繪）

八、區域區分配置與清潔度區分（表3-13、3-14）

表3-13　污染區、準清潔區與清潔區之配置

污染區	驗收、洗滌
準清潔區	製備、烹調
清潔區	包裝、配膳
一般作業區	辦公室、洗手間

資料來源：中華民國烹調協會美食世界雜誌社。2001。《廚師良好作業規範圖解手冊》，行政院衛生署。台北，中華民國。

表3-14　餐盒業各作業場所之清潔度區分

<table>
<tr><th>團膳業設施（原則上依製程順序排列）</th><th colspan="2">清潔度區分</th></tr>
<tr><td>・驗貨區
・去包裝區
・原料倉庫
・材料倉庫
・原料處理場
・內包裝容器洗滌場
・空瓶（罐）整列場
・殺菌處理場（採密閉設備及管路輸送者）</td><td colspan="2">一般作業區</td></tr>
<tr><td>・加工調理場
・殺菌處理場（採開放式設備者）
・內包裝材料之準備室
・緩衝室
・非易腐敗即食性成品之內包裝室</td><td>準清潔作業區</td><td rowspan="2">管制作業區</td></tr>
<tr><td>・易腐敗即食性成品之最終半成品之冷卻及貯存場所
・易腐敗即食性成品之內包裝室
・分裝區
・配膳區</td><td>清潔作業區</td></tr>
<tr><td>・外包裝室
・成品倉庫</td><td colspan="2">一般作業區</td></tr>
<tr><td>・品管（檢驗）室
・辦公室
・更衣及洗手消毒室
・廁所
・其他（餐具清洗、廚餘回收、員工休息室、鍋爐室、水塔、電梯）</td><td colspan="2">非食品處理區</td></tr>
<tr><td colspan="3">註：1.如另有專業規定者，從其規定。
2.內包裝容器洗滌場之出口處應設置於管制作業區內。
3.辦公室不得設置於管制作業區內（但生產管理與品管場所不在此限，唯需有適當之管制措施）。</td></tr>
</table>

資料來源：食品工業發展研究所。2000。《GMP食品工廠認證制度及規章彙編》，食品工業發展研究所。新竹，中華民國。

如果屬於沒有明顯畫分的團膳（如老舊餐飲業），則應遵守：

㈠由低污染性到高污染性的原則：例如：先洗蔬果，後洗肉類，再洗魚貝類，以免形成更多的污染。

㈡分時、分類、分段的原則。

㈢海產魚貝類，最好的洗滌方法，爲冰冷水振盪洗滌。冰冷水：既可保鮮又可抑制細菌。 振盪洗滌：可將部分附著在食物上的細菌摘除。

㈣海產魚貝類，不可以用「鹽水」洗滌，因爲有許多的海產魚貝類，已遭腸炎弧菌污染，而這腸炎弧菌爲嗜鹽菌，此時若以鹽水洗滌，將更增加腸炎弧菌滋生的機會。

第四節　設備之規劃原則

一、進貨驗收區，應設置食物存放架或棧板，以作爲臨時擺放進貨食物用，避免食物堆放地上。廚房應設置前處理區，處理必須經去皮、清洗、篩選或去除雜質之食品原材料。廚房應依每餐最大供應量，設置足夠容量之冷凍或冷藏設備，並在該設備明顯設置溫度顯示器或指示器，且區隔熟食用或生鮮原料用，並分別清楚標明。

二、乾料庫房應獨立設置，以防病媒侵入；前製備區包括生鮮食材之洗、切、整理、調理等作業；至少設置有三槽且分類清楚之生鮮食物洗滌槽；設置數量足夠之食物處理檯，並應以不銹鋼材質製成；及設置刀具及砧板消毒設備。

三、烹調區及熟食處理區：與前製備區有效區隔。爐灶上需裝設排油煙罩及濾油網；設有供廚房工作人員洗手專用之洗手設備，該設備應含洗手專用之水槽、冷熱水龍頭、清潔劑、擦手紙巾或其他乾手設備，及正確的洗手方法標示圖（或提醒洗手之標語）。供應區：餐廳及廚房出入口，應設置自動門、空氣簾、暗道（阻隔蒼蠅）或塑膠簾等設施，以防止室內外之溫度交流及蚊蠅侵入。用餐入口處，應備有洗手設備。自助餐、快餐之配膳檯，應有保溫、防塵、防飛沫之設施。

四、回收洗滌區：包括餐具洗滌及殘餘物回收作業，應與食物有效區隔，以避免交叉污染；餐具洗滌應設置高溫洗碗機，或合乎標準之三槽式人工洗碗設備；足夠容納所有餐具之餐具存放櫃，並存放在較清潔處。餐具及環境衛生：餐具準備之數量，應多於每餐最大供應量，餐具應洗滌乾淨，並經有效殺菌後，置於餐具存放櫃。凡有缺口或裂縫之炊具、餐具應丟棄，不得存放食品或供人使用；使用全自動高溫洗碗機洗濯餐具者，應使用洗碗機專用之洗潔劑。洗滌炊具、餐具時，應使用清楚標示符合衛生標準之食品用洗潔劑。凡使用免洗餐盒（盤）者，應選購盒底（盤背面）有顯著標示製造廠商、地址之產品。應該定期抽測餐具之澱粉性、脂肪性、洗潔劑殘留物，並記錄之，不合格者應要求改善及追蹤管理。餐廳用水應依飲用水管理條例等相關規定辦理。廚房應裝置截油槽，以確保環境衛生。

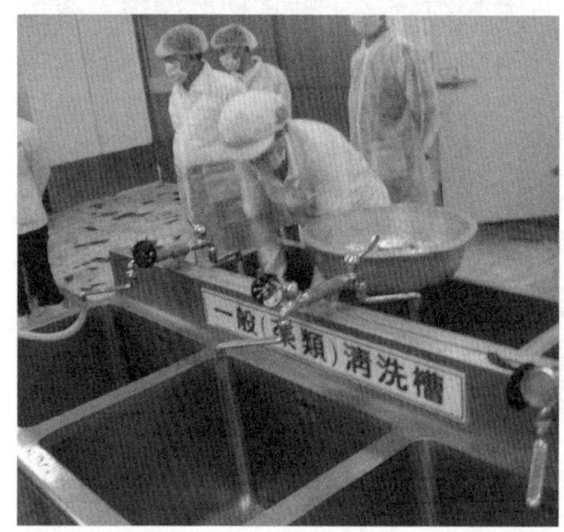

圖3-5　食材清洗作業

圖3-6　食材清洗

圖3-7　食材洗切

圖3-8　食材洗切後加蓋

圖3-9　食材冷藏貯存

圖3-10　冷藏貯存分類

圖3-11　菜餚烹調製備設備─大灶

圖3-12　菜餚烹調製備設備─小鍋

圖3-13　菜餚烹調製備設備─油炸鍋

圖3-14　菜餚烹調製備設備─素食

圖3-15　菜餚烹調製備設備—烤箱

圖3-16　菜餚烹調製備設備—蒸烤兩用箱

圖3-17　菜餚烹調製備設備—調味車

圖3-18　菜餚烹調製備設備—烹調區

圖3-19　菜餚保溫設備

圖3-20　配膳

圖3-21　供應餐車

圖3-22　回收清洗

圖3-23　存放、乾熱殺菌

圖3-24　運輸工具

圖3-25　殘菜處理機（廚餘脫水）

（以上圖3-5～3-25，圖片拍攝：李義川）

第五節　特殊飲食（疾病治療飲食）規劃

國人因爲所得增加、飲食充足，肥胖症比例提升，而普遍誤以爲國人「營養過剩」，但是根據衛生福利部之「國民營養健康狀況與變遷調查」，19-64歲成人、老人與國小學童維生素B_1、B_2、B_6及葉酸之缺乏率在20%以上；13～18歲青少年維生素B_1、13～18歲青少年與國小學童維生素B_2缺乏率更高達30～45%；13～18歲青少年葉酸缺乏率25～35%，生育年齡女性缺鐵率10%，國小學童貧血率12%，維生素E及礦物質如鈣及鎂有嚴重不足狀況。而國人之癌症發生率，亦有逐年上升之趨勢，故團膳（特別是學校或醫院等飲食）進行改善國人熱量過剩，強化營養及降低癌症發生率，爲飲食設計時之考量重要原則。而分析癌症原因之中，飲食約占了35%、抽菸30%、感染10%、性行爲7%、職業4%、酒3%、地球物理因素3%、污染2%、工業產物1%、醫藥1%，而食品添加物則小於1%。而當國人發生疾病時，醫院或慢性病收容中心，必須注意疾病治療飲食之規劃原則，才能輔助患者早日痊癒。

一、質地改變（Change in Texture）飲食

㈠管餵食（Tube-feeding）

適用於不能經口進食，但具有足夠的胃腸功能患者之一種，營養均衡且易於消化吸收的流體飲食，將本飲食注入餵食管，經鼻至胃、鼻至十二指腸、鼻至空腸或食道造口、胃造口、空腸造口等途徑導入體內。

㈡清流質（Clear Liquid Diet）

手術前後，急性腸胃發炎，減少糞便排出。只供應不刺激消化過程的液體，如米湯、清果汁、無油清湯、糖水、蜂蜜水等完全無渣的食物。此飲食所含營養素不足，僅供應水分、電解質及少許熱量，只能短期使用，不宜超過48小時。

㈢全流質（Full Liquid Diet）

適合手術後或不能咀嚼吞嚥固體食物者。包括所有在體溫下呈液體狀態的食物，如牛奶、豆漿、麥粉、果汁等。固體食物如肉類、蛋、蔬菜等經剁碎後，與主食類煮成半流體狀態，再經果汁機打碎成全流質供應。

⑷半流質飲食（Semi Liquid Diet）

咀嚼、呑嚥固體食物困難之病患，如牙齒、口腔部分的疾病、胃炎、消化不良病患，或食慾較差的病患。將固體食物經剁碎、絞碎加入湯汁煮爛，調整成稍加咀嚼，即可呑嚥之食物。供應飲食內容：正餐包括粥、麥片、麵、板條、絞碎的瘦肉、魚肉、雞肉、豆腐、蛋、切細碎的蔬菜、胡蘿蔔，添加植物油及調味烹調而成。點心則與流質相似，避免較老或含筋的肉類、粗糙的蔬果、豆類或油炸的食物。

⑸軟質（Soft Diet）

適用於恢復期及咀嚼不便者。以五大類均衡飲食爲原則，主食採用稀飯，亦可選用乾飯，菜式不包括油炸、堅硬等難以消化咀嚼的食物。選用質軟的瓜類、嫩葉、魚、豆腐或絞碎的肉類，及選用較易咀嚼的水果。本飲食雖然質軟，但仍必須咀嚼，若咀嚼困難，可考慮加以剁碎，或採用全流質飲食或半流質飲食。

⑹冷流質（Cold Liquid Diet）

適合扁桃腺切除或口腔手術之後。冰冷的流質食物，或入口易化爲液體的食物，如冰豆漿、冷牛奶、汽水、冰淇淋、布丁、果汁等，不供給過酸的果汁，此飲食因爲所含營養素不足，不宜長期食用。

⑺全奶（Whole Day Milk）

胃出血、急性胃炎。全日給予不加糖的全脂牛奶，每小時100 cc。一日供應六次，每次240 cc，分多次飲用。國人常有乳糖不耐現象，處方前要先考慮病患的接受程度。此飲食所含營養素不足，不宜長期食用

二、成分改變（Change in Constituent）飲食

⑴高蛋白、高熱量飲食（High Protein, High Calorie Diet）

營養不良、結核病、貧血、燒傷及某些肝病患者。依病情需要，供給每公斤體重1.5～2.0公克以上的蛋白質（每日約120公克），且高生理價值的蛋白質，占總蛋白質量二分之一以上。高蛋白飲食必須配合高熱量飲食，以保蛋白質在體內的確實利用。

㈡低蛋白飲食（Low Protein Diet）

適用於腎功能失調、尿毒症、肝昏迷、急性胰臟炎、痛風發作期使用。依病情需要，每日蛋白質食入量爲0～60公克，其中15公克以上或三分之二來自高生理價值的動物性蛋白質，如蛋、牛奶、肉類（豬、魚、雞）。熱量要足夠，以免蛋白質移作熱量來源，故多採用食用油、糖（糖尿病患者除外）、低氮澱粉，以補充熱量。預防肝昏迷的低蛋白飲食，可給部分的黃豆蛋白。

㈢低普林飲食（Low Purine Diet）

適用於痛風、高尿酸血症患者。用含高普林食物（每100公克含普林 150～180毫克）。如內臟類、酵母、濃肉湯。富含蛋白質的魚類、肉類、豆類、菇菌類，少數蔬菜亦含中等量普林（每100公克含普林 50～150毫克），故此類食物用量也必須限制，盡量以牛奶、蛋作爲蛋白質來源。避免飲酒、減少脂肪攝取、盡量多喝水，體重過重者必須減重。

㈣糖尿病（限制熱量）飲食（Diabetic Diet）

糖尿病患者及肥胖症。醣類來源宜選用澱粉類等多醣類，不使用單純的醣類。盡量攝取含高纖維的蔬菜類，以維持血糖的平穩。盡量減少攝取飽和性脂肪酸，及膽固醇含量高的食物。

㈤降低血膽固醇飲食（Lowing Serum Cholesterol Diet）

高膽固醇血症，禁忌含膽固醇高之內臟、蛋黃等。限制肉類之攝取，取代以部分黃豆製品或麵筋製品。減少含高飽和性脂肪酸之食物，如奶油、豬油、牛油、椰子油、肥肉、肉皮等。使用含高單元及多元不飽和脂肪酸的烹調用油，如黃豆油、玉米油、葵花油、橄欖油。增加含高纖維之食物，如蔬菜、全穀類。

㈥低脂肪飲食（Low Fat Diet）

適合胰臟膽囊病變、重腹瀉及高脂血症患者。禁用油膩食物，牛奶採用脫脂奶，肉類選用含脂肪較少者。每日烹調用植物油1～2茶匙，多採用清蒸、水煮、紅燒、涼拌方式。每日飲食中，脂肪含量30～40公克。 減少膽固醇攝取量。注意事項：若長期使用低脂肪飲食，請另補充脂溶性維生素A、D、E、K。

(七)限鈉飲食（Sodium-restricted Diet）

適合充血性心衰竭、高血壓、肝硬化、腹水、腎衰竭及鈉滯留所引起的水腫狀態等患者。限鈉飲食分為以下三類：

1. 無鹽飲食（Salt-free Diet）：食物製備中不加食鹽、味精、醬油及其他含鈉調味品。均衡飲食中，食物本身所含有的鈉量約500毫克（22毫當量）。
2. 低鹽3公克飲食（Low Salt 3gm Diet）：食物製備中青菜不加含鈉調味品，蛋白質類加入2公克食鹽或等量含鈉調味品，不供應醃漬類加工食品。每日飲食包括食物本身所含鈉量為1,280毫克（56毫當量）。
3. 低鹽飲食（Low Salt Diet）：食物製備中加入4～6公克食鹽，或等量含鈉調味品，不供應醃漬加工食品。每日飲食包括食物本身所含鈉量約2,000～3,000毫克（87～130毫當量）。

備註：

1mEq Na=23 mg Na

1gm NaCl含390 mg Na（17mEq）

(八)低渣飲食（Low Residue Diet）

適合腸道手術，部分腸道阻塞，腸道因快速蠕動而導致的疾病患者，如腹瀉、潰瘍性結腸炎、憩室炎急性期、傷寒、痢疾。結腸或直腸手術前後，痔瘡開刀前及後三天。以均衡飲食為基礎，排除在腸道留下多量殘渣之食物，食用內容包括精細肉類、精製五穀類、過濾的果汁、低纖維的蔬菜水果；烹調方式以軟質為主、避免煎炸及刺激性食物，禁用牛奶及其製品。注意事項：需適量增加水分攝取，以防止發生便祕。若使用數天以上，應補充礦物質及維生素。

(九)高纖維飲食（High Fiber Diet）

適合便祕、憩室炎及增加腸道蠕動患者。以均衡飲食為基礎，供應較高的纖維質。盡量給予較多的蔬菜、水果、豆類、全穀類。除供應之飲食外，病患可自行攝取足夠之水分，如梅汁、棗汁、水果，或添加麩皮於餐中及適當的運動。

(十)溫和飲食（Bland Diet）

適合消化性潰瘍及急性胃炎等患者。含足夠的營養，幫助器官復原。免刺激性的食物，如胡椒、辣椒、酒類及含咖啡因的飲料，如茶、咖啡、可樂等。避免粗糙不易消化的食物，如乾果、乾豆、核果類及過多的纖維質。避免單獨食用純澱粉或純醣類食物。注意事項：此飲食分為三個階段，請自行依病人情況選擇和改變。

1.階段1：全流質飲食。

2.階段2：軟質飲食。

3.階段3：質地與正常飲食相同，避免刺激性調味品。

(十一)低醣高脂飲食（Low Carbohydrate and High Fat Diet）

慢性阻塞性肺疾病。以高脂低醣飲食設計，以減少二氧化碳的產生，減輕肺臟的負擔。需注意：高脂肪飲食必須隨腸胃適應狀況，調整脂肪給予量；由低濃度至高濃度，以避免脂肪消化吸收不良，導致腹瀉；慢性阻塞性肺疾病，所需熱量較高，應同時選擇高熱量飲食，以預防營養不良。

(十二)低鉀飲食（Low Potassium Diet）

適合腎臟疾病，產生的高血鉀症患者。低鉀飲食每日含鉀量2,000毫克（50毫當量）以下。由於鉀廣泛存在於動植物中，烹調蔬菜及肉類先用大量水燙過，撈起再加植物油烹調，可減少鉀的含量。選用含鉀量較低的水果。注意：一般飲食可提供80±20毫當量鉀。

(十三)低磷飲食（Low Phosphate Diet）

適合高磷血症、低血鈣症及尿毒症病患。需限制含磷高的食物，如蛋黃、奶類、肉類、蛤、牡蠣、蝦、內臟類、 乾果類、核果類、全穀類，及含磷的食品添加物。

(十四)低鈣飲食（Low Calcium Diet）

適合高鈣血症與鈣結石患者。每日的鈣攝取量低於600毫克。飲食上禁忌含鈣較高的奶類、黃豆類製品、核果類、酵母粉、全穀類、魚乾。若為草酸鈣結石之病患，應同時給予低草酸飲食；若為磷酸鈣結石病患，應同時給予低磷飲食；結石者，需增加軟水之攝取。

三、醫院之治療飲食原則

(一)痛風飲食：研究發現，多吃櫻桃、適量紅酒可預防痛風；火鍋、肥胖、啤酒及烈酒易誘發痛風發作。

低普林飲食是一種能減少攝取富含普林食物，並能提供足夠營養素的飲食。配合藥物減輕血液中尿酸的含量，減輕痛楚。適用症狀：痛風症、高尿酸血症與尿酸鹽沈積過多所引起之泌尿道結石。

1. 在不影響正常營養的攝取原則下，應盡量減少富含普林的食物，如內臟類、部分水產類、胚芽、酵母、乾豆類及肉汁、肉湯等。
2. 普林的來源除了食物外，人體內亦能自行合成，當蛋白質攝取量過多時，體內合成量亦會增加，所以應避免攝食過多的蛋白質。
3. 應維持理想體重，若體重過重時，應慢慢減重，以每個月減輕1公斤為宜，以免因組織快速分解而產生大量普林，引起急性發作，故在急性發病期不宜減重。
4. 避免暴飲暴食。
5. 高量的油脂會抑制尿酸的排泄，並促使患者的症狀發作，故烹調時用油量要適量，並盡量選用植物油（如沙拉油、花生油、葵花子油……等），油膩、油炸、油酥……等高油脂食品應予禁食。
6. 酒精在體內代謝所產生的乳酸，會影響到尿酸的排泄，並促使痛風發作，所以酒類應絕對禁食。
7. 應盡量多喝水，以幫助尿酸的排泄，每日至少需飲用2,000毫升以上的水，而可可、咖啡、茶的代謝物不會堆積在體內，適量的飲用可提高攝水量。
8. 患者如食慾不振，可給予大量的高糖濃液（如蜂蜜、果汁、汽水等），以避免患者體內的脂肪加速分解，抑制尿酸的排泄。
9. 急性發病期時，應盡量選擇普林含量低的食物（低普林組的食物指每100公克食物含0～25毫克普林者），如各種乳類及乳製品、豬血、各種蛋類、海參、海蜇皮、糙米、白米、糯米、米粉、小麥、燕麥、麥片、麵粉、麵線、通心粉、玉米、小米、高粱、馬鈴薯、甘薯、芋頭、冬粉、太白粉、樹薯粉、藕粉；蛋白質最好完全由蛋類、牛乳或乳製品供給。

10.非急性發病期時仍應忌食高普林組的食物（50～1,000毫克普林／100公克）：如雞腸、鴨肝、豬肝、豬小腸、豬脾、牛肝、馬加魚、白鯧魚、鰱魚、虱目魚、吳郭魚、皮刀魚、四破魚、白帶魚、烏魚、 仔魚、鯊魚、海鰻、沙丁魚、小管、草蝦、牡蠣、蛤蜊、蚌蛤、干貝、小魚乾、扁魚乾、烏皮魚、白帶魚皮、黃豆、發芽豆類。中普林組的食物（25～150毫克普林／100公克）：如雞胸肉、雞腿肉。雞心、雞肫、鴨腸、豬肚、豬心、豬腰、豬肺、豬腦、豬皮、豬肉（瘦）、牛肉、羊肉、兔肉、旗魚、黑鯧魚、草魚、鯉魚、紅鱠、紅鮒、秋刀魚、鱔魚、鰻魚、烏賊、蝦、螃蟹、蜆仔、魚丸、鮑魚、魚翅、鯊魚皮、豆腐、豆乾、豆漿、味噌、綠豆、紅豆、花豆、黑豆，亦應酌量選擇，並盡量減少食用乾豆類。低普林組的食物所含的普林較低，平時可多選食。

(二)慢性肝病（肝硬化）及肝昏迷飲食

適合慢性肝病（肝硬化）與肝昏迷患者。

1.平日飲食注意事項

(1)配合六大類食物，攝取營養均衡的食物。

(2)盡可能選擇天然食物，避免使用添加防腐劑、色素、人工香料或醃漬過的加工食品。

(3)避免食用不新鮮食物及發霉食品。

(4)定食定量，勿暴飲暴食，尤其含蛋白質豐富的肉、魚、豆、蛋、奶類。

(5)可多選擇富含支鏈胺基酸的植物性蛋白質，如豆類、豆製品，除了提供較多的膳食纖維，可預防便祕，並減低腸內有害菌之滋生，而產生過量的氨。

(6)食慾差時，可採少量多餐方式，並適量的攝取點心，以避免夜間空腹時間太長，引起血糖過低現象。

(7)禁食酒類，咖啡、紅茶、綠茶等可適量飲用。

(8)避免食用產氨量高的食物，如不新鮮的海產類、香腸、火腿、臘肉、乳酪、花生醬及筋皮類的食物。

(9)遵照醫生或營養師指示，補充適量的維生素。

2.如有水腫、腹水時，該注意什麼

(1)按照營養師指示，嚴格限制飲食中的「鈉」量，食物製備時不要放味精。

(2)減少液體的攝取，並注意水分的攝取與排出是否平衡。

(3)患者宜每天測量體重及腹圍，若有增加，應提高警覺。

3.合併有食道靜脈曲張時，飲食該如何調整

(1)進食時宜細嚼慢嚥。

(2)避免攝食太粗糙、堅硬、大塊及油炸、油煎的食物；食物宜切小煮軟，以免對食道造成傷害，引起出血現象。

(3)若有黑便現象，需注意是否有腸胃道出血，宜盡速就醫。

4.有肝昏迷傾向時，飲食該注意哪些事項

(1)病人一旦有倦睡、意識不集中、表情茫然、語無倫次等輕微的昏迷症狀出現時，應立即減少蛋白質的攝取量。

(2)一、二天之內不要食用含蛋白質豐富的食物，而改予攝食適量的主食、水果及含糖食物，來維持基本熱量。

(3)當昏迷症狀改善後，蛋白質的攝取量可逐漸增加。

(4)若症狀未改善，應立即就醫。

(5)對於易發生肝昏迷的患者，應了解各類食物的蛋白質含量，並由營養師為其設計適當的蛋白質攝取量。

5.限制蛋白質的同時，如何增加熱量的攝取

(1)低氮澱粉：冬粉、粉條、粉圓、西谷米、粉皮、藕粉、水晶餃皮、玉米粉、太白粉、地瓜粉、澄粉、細米粉、米苔目……等。

(2)血糖正常者，可食用糖類：蔗糖、冰糖、果糖、蜂蜜。

(3)油脂類：奶精、沙拉油等植物油、高熱能粉末。

(4)其他：葡飴卡、粉飴、糖飴、加糖或蜂蜜的愛玉、仙草、洋菜凍等。

(三)高脂血症飲食：食材的荷葉、牛蒡、蜂王漿、杏仁、藍莓、海藻、紅麴、納豆、南瓜及綠藻，與高脂血症相關。

適用症狀——冠狀動脈疾病高危險群與血液總膽固醇，或低密度脂蛋白－膽固醇濃度高於理想值者。少油炸、油煎、油酥及豬皮、雞皮與魚皮等高脂肪食物。少用豬肉、牛肉與肥肉等飽和脂肪食物。少吃腦、肝、腰子、蟹黃、蝦卵、魚卵等高膽固醇食物。

1.高膽固醇血症飲食

表3-15　2～19歲及成人之血膽固醇濃度

膽固醇類別	年　齡	理想濃度	邊際高危險濃度	高危險濃度
血膽總膽固醇（非禁食）	成人2～19歲	<200mg/dl或<170mg/dl	200～239mg/dl或170～199mg/dl	≧240mg/dl或≧200mg/dl
血液低密度脂蛋白－膽固醇（禁食12小時）	成人2～19歲	<130mg/dl或<110mg/dl	130～159mg/dl或110～129mg/dl	≧160mg/dl或≧130mg/dl

(1)選用瘦肉：瘦肉旁附著之油脂及皮層，應全部切除。

(2)瘦肉中亦含有一些肉眼看不見的油脂，選擇瘦肉時應按脂肪含量多寡依次選用：去皮雞肉、魚肉（不含魚腹肉）、去皮鴨肉、牛肉、羊肉、豬肉。

(3)烹調時應多利用清蒸、水煮、清燉、烤、滷、涼拌等各種不必加油的烹調方法，並可多利用刺激性較低的調味品（如糖、醋、花椒、八角、五香、番茄醬、蔥、蒜）或勾芡，以補充低油烹調的缺點及促進食慾。

(4)禁用油炸方式烹調食物。如用煎、炒方式製作時，以選用少量的植物油為宜。肉類滷、燉湯時，應於冷藏後將上層油脂去除，再加熱食用。烤雞或烤肉的汁及紅燒肉的濃湯，脂肪含量高應禁用。

(5)腸胃不適者宜少食易產氣的食物，如洋蔥、蒜頭、 菜、辣椒、高麗菜、花椰菜、青椒、地瓜等。

(6)少吃膽固醇含量高的食物，如內臟（腦、肝、腰子等）、蟹黃、蝦卵、魚卵等。血膽固醇若過高，則蛋黃每週以不超過二～三個為原則。

(7)常選用富含纖維質的食物，如未加工的豆類、蔬菜、水果及全穀類。

(8)盡量少喝酒。

(9)如在外用餐，應盡量選擇清燉、涼拌的食品。肉類可選擇雞、魚類。調味用油類（如麻油、奶油、沙拉醬等）應盡量避免。

(10)食物的選擇要均衡，以充分供給各類的營養素，可增加五穀根莖類、水果類、脫脂奶粉等食物，以補充因脂肪受限制而減少的熱量。

(11)少量多餐。

(12)若長期使用低油飲食者，應遵照醫師、營養師指示，補充脂溶性維生素A、D、E、K。

(13)必要時可用中鏈三酸甘油酯（MCT）取代部分油脂，或另外添加中鏈三酸甘油酯。

2.控制血膽固醇飲食原則（表3-16兩階段飲食）

表3-16　兩階段飲食

營養素	階段一飲食	階段二飲食
‧總脂肪	<30%	<30%
飽和脂肪	<10%	<7%
多元不飽和脂肪	最多10%	
單元不飽和脂肪	10～15%	
‧醣類	50～60%	
‧蛋白質	10～20%	
‧膽固醇	<300毫克	<200毫克
‧總熱量	維持理想體重／超重者則需減重	

3.高三酸甘油酯血症飲食

(1)良好體重控制可明顯降低血液中三酸甘油酯濃度。

(2)宜多採用多醣類食物，如五穀根莖類，避免攝取精製的甜食、含有蔗糖或果糖的飲料、各式糖果或糕餅、水果罐頭等加糖製品。

(3)可多攝取富含ω-3脂肪酸的魚類，例如：秋刀魚、鮭魚、日本花鯖魚、鰻魚（糯鰻、白鰻）、牡蠣、白鯧魚等。

(4)不宜飲酒。

(5)其他請參考高膽固醇血症一般原則。

表3-17　成人血液三酸甘油酯濃度

TG	理想濃度	邊際高危險濃度	高危險濃度
血液三酸甘油酯（禁食12小時）	＜200mg/dl	200～400ml/dl	＞400mg/dl

(四)糖尿病飲食：糖尿病已知與許多疾病相關，其中包括心血管疾病、腎臟病、骨質疏鬆、視網膜病變、新陳代謝症候群、老人痴呆症及癌症等；而透過飲食控制、藥物及運動，則是控制維持患者血糖穩定的不二法門。

少油炸、油煎、油酥及豬皮、雞皮與魚皮等高脂肪食物。少用豬肉、牛肉與肥肉等飽和脂肪食物。少吃糖果、甜點等精製糖類食物。

1.均衡飲食，定時定量：每日飲食中應包括五穀根莖類、肉魚豆蛋奶類、蔬菜類、水果類、油脂類；依據飲食計畫進食，不可任意增減。

2.切忌肥胖，維持理想體重：體重宜維持在理想體重±5%的範圍內，理想體重簡單計算方法如下：

理想體重（公斤）＝22×身高^2（公尺）

3.應盡量不吃的食物

(1)加糖的食物及飲料：糖果、煉乳、蜂蜜、汽水、罐裝或盒裝加糖果汁、蜜餞、中西式甜點心（如蛋糕、小西點、布丁、派、月餅）、阿華田、好立克、冰淇淋、養樂多、運動飲料等。

(2)容易升高血糖的食物：冬粉、太白粉、番薯粉及其製品、粉條、粉圓、西谷米、濃湯、稀飯及泡飯。

(3)動物性油脂：豬油、牛油、奶油、肥肉、豬皮、雞皮、鴨皮、豬腸及任何油炸、油酥等油膩食物。

(4)含油多、熱量較高的堅果類：如花生、瓜子、腰果、松子、核桃、杏仁果、開心果。

(5)含膽固醇高的食物：內臟（肝、腦、腰子、心）、蟹黃、魚卵、蝦卵、牡蠣等。蛋黃每週以不超過三至四個為原則。

(6)太鹹的食物：醃製品、醬菜、罐頭加工品。

4.可隨意食用的食物

(1)清茶、不加糖及奶精的咖啡。

(2)去油肉湯、蔬菜湯、蔬菜。

(3)無糖果凍、洋菜凍、愛玉、仙草等。

(4)代糖製品（如糖精、阿斯巴甜、低卡可樂、低卡汽水）。

5.烹調注意事項

(1)以低油為原則，如清蒸、水煮、烤、清燉、滷、涼拌等；避免油炸食物。

(2)避免勾芡（如濃湯、羹類），或使用大量含糖調味料。

(3)宜清淡，不可太鹹。

(4)炒菜宜用植物油，如沙拉油、玉米油、花生油、橄欖油等。

6.依照計畫選用富含纖維質的食物，如全穀類（糙米、胚芽米等）、未加工的豆類、蔬菜及水果，可延緩血糖升高。

7.依照計畫進食，若仍覺飢餓的話，可多食用富含纖維素高的蔬菜，並請採用涼拌、水煮等低油、無油烹調方法，以增加飽足感。

8.含澱粉高的食物：如地瓜、芋頭、玉米、紅豆、綠豆、蘿蔔糕、菱角、栗子等，屬於主食類不可任意吃，應依照計畫食用。

9.節慶應景食品：如肉粽、鹹月餅、年糕等，應按指導食用。

10.外食的技巧

(1)先熟悉食物的分類和分量，依自己飲食計畫牢記每餐所能吃的食物種類及分量，且在家多練習食物代換，以方便在外用餐時選擇適當的食物。

(2)用餐時多選擇低油和清淡的食物，如清蒸、水煮、涼拌等菜餚。若無法避免油炸食物時，可將外皮去除後食用。

(3)肉類的選擇以清蒸、水煮、燻、烤、燉、燒為佳，盡量避免油炸及碎肉製品如肉丸、獅子頭、火腿、香腸等含動物性脂肪高的食品。

(4)盡量避免攝食糖漬、蜜汁、醋溜、茄汁、糖醋等加多量蔗糖或蜂蜜的菜餚及甜點，盡可能選用新鮮水果代替飯後甜點。

(5)多選用蔬菜以增加飽足感，但勿將湯汁或勾芡汁一起食用；可先在碗盤內瀝乾或在熱開水中漂洗過後再吃。

(6)注意減少沙拉醬的攝取量，最好能自備糖尿病專用的沙拉醬；否則，最好選用少許的義大利沙拉醬（油醋），不要選擇含糖量高的沙拉醬（如千島沙拉醬）。

(7)以白開水、茶或市售的無糖烏龍茶、綠茶來替代汽水、果汁等含糖飲料。咖啡則不加奶精及方糖，必要時可加代糖或少許低脂奶；熱紅茶可加少許檸檬汁或低脂奶及代糖調味，但切忌點選西餐廳內的冰咖啡及冰紅茶。

(8)內容物不清楚或製作方法不明確的食物，請勿輕易食用，問清楚再決定是否食用。

(9)盡量不要喝酒，在宴席上若無法謝絕時，抿一點沾一下唇，盡盡心意即可，切勿乾杯。

(10)若參加酒宴，不一定要每一道菜都吃到，盡量按照飲食計畫從眾多菜餚中挑選適宜的種類及分量。

(五)限鈉飲食：鹽、味素及醬油等醬類食品，是飲食鈉的主要來源；而攝取低鹽飲食可使老化血管恢復青春，透過低鹽飲食來預防心臟病的效果與戒煙一樣好，因此治療高血壓或心臟病，建議低鈉高鉀（多蔬果）或食用得舒（DASH）飲食。

適用症狀——水腫、高血壓、腹水、肝硬化、心臟衰竭、腎臟衰竭、妊娠毒血症、長期用腎上腺皮質荷爾蒙和類固醇等藥物者。

1.選擇新鮮的食物，並自行製作。

2.含鈉量高的調味品，如鹽、醬油、味精等，必須按營養師的指示使用。

3.一些含鈉量較高但卻不易被人察覺的食品，如麵線、油麵、甜鹹蜜餞、甜鹹餅乾等，因爲都添加了含鈉量極高的鹼、蘇打、發粉或鹽，必須禁食。

4.罐頭及各種加工食品，因爲在加工的過程中，都加入了鹽或一些含鈉的食品添加物，必須禁食。

5.含鈉量較高的蔬菜，如紫菜、海帶、胡蘿蔔、芹菜、發芽蠶豆等，不宜大量食用。

6.烹調時應多選用植物油，如大豆油、玉米油、葵花子油、紅花子油等。心血管疾病之患者禁食動物性油脂，如牛油、豬油、雞油、乳酪、肥肉、豬皮、雞皮、鴨皮等。

7.內臟（如腦、肝、心、腰子）、蟹黃、魚卵、蝦卵等，膽固醇含量高，心血管疾病患者必須禁食，蛋黃一星期以不超過三個爲宜。

8.烹調時可多採用白糖、白醋、蔥、蒜、八角、花椒、肉桂、檸檬汁等調味品，或以蒸、燉、烤等方式來保持肉類的鮮味，增加可口性。

9.選擇食物要均衡，不可偏食。如果體重過重，則需減輕體重，使體重維持在理想的範圍之內。

10.盡量少用刺激性的調味品，如辣椒、胡椒、咖哩粉等。

11.避免抽菸、飲酒。

12.食用市售的低鈉醬油時，需按營養師指示食用。且因其鉀含量甚高，不適合腎臟病患食用。

13.餐館的飲食常使用較高的食鹽、味精等調味，所以應盡量避免在外用餐。萬一無法避免時，則忌食湯汁、醃製食品。

㈥癌病飲食：長期吃檳榔易罹患口腔癌，運動或攝取蔬果、薏仁、草莓及綠茶等對於預防癌症有正面效果；而攝取太多高脂食物、烤肉產生的多環芳香族碳氫化合物、肉類、大量維生素E或魚油（指攝取補充劑），則易增高罹癌之風險。

1.預防癌病的飲食原則

⑴採用均衡營養的飲食，維持適當體重。

⑵增加高纖維食物的攝取，如水果、蔬菜、全穀類及乾豆類。

⑶多攝食含維生素A或胡蘿蔔素豐富的食物，如深綠色、深黃色之蔬菜、水果。

⑷多攝食含維生素C者，如番石榴、柑橘類、木瓜、新鮮綠葉蔬菜。

⑸避免高脂肪飲食。

⑹油脂避免高溫油炸及反覆多次使用。

⑺多選擇新鮮及自然食物，少食用鹽醃、煙燻、碳烤或加硝製的食物。

⑻避免太燙或較刺激性的食物。

⑼避免吃發霉的食物。

⑽如飲酒，應限量。

2.癌病治療飲食原則

⑴注意飲食的均衡，維持良好的營養及各種保健活動，以保持體重，增強抵抗力。

⑵在治療期間，依各人對治療反應程度的不同，隨時作飲食上的調整，

以免造成營養不良。

(3)不可聽信偏方造成飲食不當，引起營養不良。

(4)因攝食量不足，造成體重嚴重減輕時（如減輕量高達平時體重之2%／週、5%／月、7.5%／三個月、10%／半年），則應積極採用管灌或靜脈營養補充。

(5)遵照醫師或營養師指示，補充適量的維生素或礦物質。

(6)定期回醫院作追蹤檢查，如有病痛或營養問題，應立刻請教醫師或營養師，以免延誤。

飲食調整以預防癌症

(1)改變細胞中鉀、鈉的比值：年輕細胞，鉀比值高，鈉低。

(2)新鮮蔬果及大蒜等：維生素A及C，都具有抗氧化作用。

(3)減少過多脂肪及蛋白質的攝取：肥胖、體重過重、增加內源性致癌物產生。

(4)避免醃漬、煙燻、燒烤蛋白質：致癌物。

(5)增加纖維含量高的食物：增加排便，富含硒。

(6)增加菇類、豆類攝食：多醣體、植物性女性類荷爾蒙。

3.防癌基本原則：維持多蔬果、運動及降低生活壓力等健康生活型態，仍然是預防癌症的基本建議。

(1)從飲食及生活習慣的改善著手。

(2)多吃新鮮蔬菜及水果，尤其是深綠色及橙黃色的蔬果，如十字花科的花椰菜等蔬菜、木瓜、胡蘿蔔、牛奶等，這些都含有豐富的維生素C、A、纖維、硒、鈣等。攝取維生素E也有加強性的效果，尤其在抗氧化的作用上。

(3)少致癌源：不抽菸、避免吸入二手菸（因菸焦油中至少含有四十種以上之致癌化學物質），減少煙燻、燒烤、醃漬食物的攝取。

(4)減少加速癌症進展之因素：如過度肥胖、過量飲酒、生活不正常、壓力過大，都或多或少加速癌症之形成與進展。

(5)高危險群的人，在癌症預防的措施上，就必須更積極：定期的癌症篩檢。雖然癌症診斷出來時，都已經太慢，但是定期的健檢，可能可以找到癌期病變，去除癌前期之病變，就可以避免癌症之發生，這是目前最積極、有效的方法。

4.正確的防癌健康習慣

(1)因爲70%的癌症來自飲食與生活的失調，很多都是從小埋下的生活習慣，因此從飲食、防癌著手，就必須從小養成良好的生活習慣。

(2)包括體重不能過重，少吃油炸及脂肪含量過多的食物。

(3)不能偏食，不能攝取過多的蛋白質，因爲過多的蛋白質會造成成長太快，體重過重。

(4)衛生福利部建議一般最良好的飲食分配爲：碳水化合物58%-68%，脂肪20～30%、蛋白質10～14%。

(5)減少燒烤、煙燻、鹽醃及添加防腐劑等食物的攝取，養成多吃新鮮蔬果、生菜沙拉（每天最少要吃2～3份的生菜水果）的習慣。

(6)小孩子培養正當休閒嗜好及運動的習慣，從小養成不抽菸、喝酒（適度爲宜）的習慣。

(7)適量及適當的工作，不要過度勞累，並保持工作環境的清潔。

表3-18　癌症患者因疾病或接受抗癌治療而造成症狀之飲食原則及改善方法

症　狀	原　因	飲食原則及改善方法
食慾不振、體重減輕	1.施行切除腫瘤或鄰近組織外科手術。 2.治療引起的副作用，如噁心、嘔吐、腹瀉，使得養分吸收不良。 3.惡性腫瘤的生長。 4.化學藥物或毒物的影響。 5.腫瘤破壞過程中毒素之作用。 6.放射線破壞味蕾。 7.心理因素。	1.少量多餐，提供高熱量、高蛋白飲食、點心、飲料或營養補充品。 2.嘗試用各種溫和的調味料，經常變化烹調方式與型態，注意色、香、味的調配以增加食慾。 3.用餐時，先食用固體食物，再飲用液體湯汁或飲料。 4.進餐時，應保持愉快的心情及輕鬆的環境。 5.用餐前做適度的活動或食用少許開胃食物。 6.感覺疲勞，應休息片刻，待體力恢復後再進食；盡量少由患者自己烹調油膩的食物，否則可能會影響食慾。 7.為補充營養，強迫自己努力進食。 8.遵醫囑服用增加食慾的藥，或補充適量的維生素、礦物質。

噁心、嘔吐	化學藥物或放射線治療所引起。	1.可飲用清淡、冰冷的飲料，食用酸味、鹹味較強的食物，可減輕症狀。嚴重嘔吐時，可經由醫師處方，服用止吐劑。 2.避免太甜或太油膩的食物。 3.在起床前後及運動前吃較乾的食物，如餅乾或吐司可抑制噁心，運動後勿立即進食。 4.避免同時攝食冷、熱的食物，否則易刺激嘔吐。 5.少量多餐，避免空腹或腹脹。 6.飲料最好在飯前30～60分鐘飲用，並以吸管吸吮為宜。 7.在接受放射或化學治療前2小時內，應避免進食，以防止嘔吐。 8.應注意水分及電解質的平衡。 9.飯後可適度休息，但勿平躺。 10.遠離有油煙味或異味的地方。
味覺改變	1.化學藥物或放射線治療所引起。 2.惡性腫瘤的生長。	1.癌症通常會降低味蕾對甜、酸的敏感度，增加對苦的敏感。糖或檸檬可增強甜味及酸味，烹調時可多採用，避免食用苦味強的食物，如芥菜。 2.選用味道較濃的食品，例如：香菇、洋蔥。 3.為增加肉類的接受性，在烹調前，可先用少許酒、果汁浸泡，或混入其他食物中供應。 4.經常變換食物質地、菜色的搭配及烹調方法等，以增強嗅覺、視覺上的刺激，彌補味覺的不足。 5.若覺得肉類具有苦味，可採冷盤方式或用濃厚調味料來降低苦味，亦可用蛋、奶製品、豆類、豆製品或乾果類取代之，以增加蛋白質的攝取量。

口乾	1.放射線治療的部位在口腔時，唾液腺被破壞。 2.治療後期，引起黏膜發炎，喉部有灼熱感。	1.為減低口乾的感覺，可口含冰塊。咀嚼口香糖、飲用淡茶、檸檬汁或高熱量飲料等。 2.避免調味太濃的食物，如太甜，太鹹或辣的食物；含酒精的飲料亦應避免。 3.食物應製成較滑潤的型態，如果凍、肉泥凍、布丁等；亦可和肉汁、肉湯或飲料一起進食，有助於吞嚥。 4.常漱口，但不可濫用漱口藥水，保持口腔溼潤，防止口腔感染，亦可保護牙齒。 5.避免用口呼吸，必要時，可用人工唾液減少口乾的感覺。
口腔潰瘍	1.化學藥物。 2.頭、口腔因放射線治療所引起。 3.病毒感染。 4.腫瘤引起。	1.避免酒、碳酸類飲料、酸味強、調味太濃、醃製、溫度過高或粗糙生硬的食物，以減低口腔灼熱感或疼痛感。 2.細嚼慢嚥。 3.補充綜合維生素B。 4.利用吸管吸吮液體食物。 5.嚴重時，使用鼻胃管灌食。
吞嚥困難	1.治療後期，引起黏膜發炎，使喉部有灼熱感，食道狹窄造成吞嚥困難。 2.如頭、頸部接受外科手術，嚴重影響到咀嚼、吞嚥時。	1.正餐或點心盡量選擇質軟、細碎的食物，並以勾芡方式烹調，或與肉汁、肉湯等同時進食，可幫助吞嚥。 2.可採用流質營養補充品或管灌飲食。
胃部灼熱感	化學藥物、放射線治療引起。	1.避免濃厚調味、煎炸、油膩的食品。 2.採少量多餐。 3.喝少量牛奶（約一杯），有助於症狀改善。 4.經由醫師處方服用液體抗酸藥物。
腹痛、腹部痙攣	因放射線治療部位在肝、胃、胰、膽、十二指腸或下腹部骨盆腔。	1.避免食用粗糙、多纖維、易產氣的食物，如豆類、洋蔥、高麗菜、韭菜、青花菜、啤酒、牛奶、碳酸飲料等。 2.避色食用刺激性的食品或調味品。 3.少量多餐，食物溫度不可太熱或太冷。

腹瀉	1.腫瘤（如胰臟腫瘤）。 2.藥物或放射線治療傷害小腸。 3.營養不良。	1.採用低渣的食物，以減少糞便的體積。 2.注意水分及電解質的補充，可多選用含鉀量高的食物，如去油肉湯、橘子汁、番茄汁、香蕉、馬鈴薯，亦可用運動飲料補充水分、電解質。 3.避免攝取過量的油脂、油炸或太甜的食物。腹瀉嚴重時，需考慮用清流飲食，如米湯、清肉湯、果汁或淡茶等。 4.少量多餐。 5.如果牛奶及奶製品會加重腹瀉，可改食用無乳糖的產品。 6.必要時可使用元素飲食。
腹脹	藥物或化學治療使小腸受傷害而引起腹脹，或過量氣體的感覺。	1.避免食用易產氣、粗糙、多纖維的食物，如豆類、洋蔥、馬鈴薯、牛奶、碳酸飲料等。 2.正餐中不要喝太多湯汁及飲料，最好在餐前30～60分鐘飲用。 3.少量多餐。 4.勿食口香糖，進食時勿講話以免吸入過多的空氣。 5.輕微運動或散步，可減輕腹脹感。
便祕	1.因放射線治療或化學藥劑或止痛藥物所引起。 2.情緒上的壓力造成。 3.缺乏適度的運動。 4.手術後腸功能尚未恢復。	1.選用含纖維質多的蔬菜、水果、全穀類、麩皮、紅豆、綠豆等食物。 2.多喝水或含渣的果菜汁、果汁（連渣）。 3.早晨空腹喝，喝一杯開水、檸檬水或梅乾汁（Prune Juice）可助排便。 4.放鬆緊張、憂鬱的情緒，做適度運動，並養成良好的排便習慣。
貧血及維生素缺乏症	1.由於大量出血，造血機構的損害或造血元素（如鐵質及蛋白質等）的缺乏所引起。 2.因使用抗癌化學藥物，引起嘔吐、腹瀉、食慾不振、吸收不良所造成的維生素缺乏。	1.針對其症狀及因素，給予治療和食物的補充。 2.遵醫囑補充維生素和礦物質。

資料來源：行政院衛生署。1994。《中華民國飲食手冊》。台北：行政院衛生署。

重點摘要

據說歌手李恕權會當歌手，是因為他的一位朋友，問他一句話：「Visualize what you are doing in 5 years？」（想像你五年後在做什麼？）意思是說：「你最希望五年後的你在做什麼，你那個時候的生活，是一個什麼樣子？」

李恕權回答：「㈠五年後，希望能有一張唱片在市場上，很受歡迎，可得到許多人的肯定。㈡住在很多音樂的地方，能天天與一些世界一流的樂師一起工作。」朋友說：「好，既然你確定了，我們就把這個目標倒算回來。如果第五年，要有一張唱片在市場上，那麼第四年前，一定要跟一家唱片公司簽約；那麼第三年前一定要有完整的作品，可以拿給很多很多的唱片公司聽，對不對？那麼第二年，一定要有很棒的作品開始錄音了；那麼第一年，就一定要把所有要準備錄音的作品，全部編曲，排練就位並準備好；那麼第六個月，就要把那些沒有完成的作品修飾好，然後可以逐一篩選；第一個月就要把目前這幾首曲子完工；第一個禮拜就要先列出整個清單，排出哪些曲子需要修改，哪些需要完工。」

「好了，現在不就已經知道，下個星期一要做什麼了嗎？」朋友笑說。「喔，對了。你還說五年後要生活在一個有很多音樂的地方，然後與許多一流的樂師一起忙著工作，對嗎？」「如果第五年已經在與這些人一起工作，那麼你的第四年，照道理應該有自己的工作室或錄音室。那麼第三年，可能是先跟這個圈子裡的人在一起工作。那麼你的第二年，應該不是在德州，而是已經住在紐約或是洛杉磯了。」於是李恕權次年，辭掉了令許多人羨慕的太空總署工作，離開了休士頓，搬到洛杉磯。說也奇怪：不敢說是恰好五年，但大約可說是第六年。李恕權的唱片，在亞洲開始暢銷起來。

唱片音樂需要規劃，團膳管理也是需要規劃，而規劃需要依據自己的短、中、長期計畫與願景，才能使團膳平穩知道自己的方向與未來。

管理有所謂的果子效應，指出對於消費者而言，品牌其實是一種經驗；在物質豐富的今天，消費者因為不可能逐一瞭解各產品，因此只能憑藉過去經驗，或別人經驗來進行選擇。而消費者往往會相信，如果一棵果樹摘下其中一顆果子，食用後發現是甜的時，那麼會相信樹上其餘果子，也都會是甜的，而這就是品牌的果子效應。臺灣王品企業的多品牌，持續成長到一定規模與數量時，其多品牌低風險之優勢，將會開始展現；而團膳發展多品牌的好處，包括可以降低風險，與擴大消費族群基礎；例如當市場受到狂牛症影響時，如果只賣牛排時，那此時企業的經營風險，就將變的很高、很危險；同理如果發生口蹄疫蔓延時，品田牧場可能因此營收就會大受衝擊；但是當品牌發展衆多時，風險自然可以因此而分散，影響企業永續生存的隱憂因子，也跟著一一被稀釋；而這就是發展多品牌及多店數的優點，因為客群一旦擴大，將廣泛滲入消費者生活中，對於延伸團膳之壽命將具有正面的幫助。

團膳廚房內常見的衛生安全問題，包括有：到達發煙點才下鍋、大火翻炒、炒菜著火、蒸籠乾鍋、肉品經烹飪後其肉、骨帶血、同一抹布擦拭二種或二種以上的用具或物品、烹調加熱以抹布擦拭鍋內水分、以烹調用具就口品嚐食物、以保麗龍容器盛裝攝氏100度以上之食物、熟食若掉落地面，未予廢棄、製作完成之菜餚重疊放置，及用手直接碰觸熟食等。

假設有一長期安養中心，住有60多位需要長期照顧之榮民，其中10～20位屬於咀嚼及吞嚥能力較弱，需要使用流質或半流質飲食者；20～30位需要灌食者，其餘則可以進食普通一般飲食，伙食費是每天100～120元時；則其飲食設計原則如下：

一、每人每天熱量以1,600～1,800大卡為原則，其中蛋白質占10～14%、脂肪占20～30%、醣類58～68%（此百分比，是衛生署規定之均衡飲食比率，參加國家考試者，不宜亂更動；但是為了計算方便，建議取5的倍數，如蛋白質10%、脂肪30%及醣類60%，不過蛋白質較低時，需要減少奶類用量，否則有可能沒肉可吃）。因此蛋白質=1,600～1,800卡×10～14%=約40～60公克（蛋白質每4大卡1公克）；脂肪35～60公克（脂肪每9大卡1公克）；醣類230～300公克（醣類每4大卡1公克）。

二、飲食口味不宜太鹹、太辣，或太粗糙不易咀嚼。

三、以每天100～120元，食材比率40%估算，每天40～48元食物成本，一天供應三餐及兩次點心。

四、灌食每天1,500cc，分五次供應。

五、流質或半流質飲食，一天三餐及三次點心（早點、午點與晚點）。

六、普通飲食，依據上述蛋白質、脂肪與醣類量，計算出六大類食物份數，如五穀根莖類12份（3碗飯，因為一碗飯4份）、肉類2份、魚1份、豆1份、奶1份、蔬菜2份、水果2份及油1湯匙（年長者適合低油飲食）。

七、將六大類食物之份數，平均分配於三餐及兩次點心之中，菜單如早餐：牛奶1/2杯（0.5份）與三明治（土司2片=2份、火腿1片、生菜葉25克、沙拉醬1湯匙）。早點鹹稀飯（米40公克、絞肉15公克、蔬菜50公克）。午餐米飯（米80公克）、紅燒肉丸（絞肉20公克）、燙小白菜100公克、炒菠菜50公克、橘子一顆150公克。午點牛奶1/2杯、柳丁1個。晚餐米飯（米80公克）、清蒸魚60公克、紅燒豆腐100公克、炒空心菜50公克。

八、工作分配，則委由2名廚師製作，1位負責製備灌食流質與半流質飲食，1位負責普通飲食製作。供膳時，3人負責灌食（將灌食裝於灌食器具）、2人負責流質與半流質，1人負責普通飲食。因此工作安排時，製作需要2人（使用基本正式編列人力），配膳與供應需要6人（使用抽調或打工之人力支應）。

另假設有一所幼稚園，幼童1,000人之三餐設計，其飲食設計原則為：

一、依據衛生署91年「國人膳食營養素參考攝取量（Dietary Reference Intakes, DRIs）」（附錄二），4～6歲幼稚園男童，每人每天所需熱量約1,650大卡、女童1,450大卡。其中蛋白質占10～14%、脂肪占20～30%、醣類占58～68%。

二、幼童之三餐熱量分配：早餐約30%、午餐30%、晚餐25%、早點及午點15%。

三、早餐要吃得飽，午餐要吃得好（花樣要多，營養豐富，主副食並重，數量及質地應為一日中最主要者），晚餐要吃得少，早點及午點不宜影響到正常三餐進食（最好在餐前2小時，以免影響正餐之食慾）。口味不宜太鹹、太辣或太硬。因此幼童在幼稚園之時間，將需供應早點、午餐及午點，熱量占一天之45%（午餐30%及點心15%）。

四、蛋白質=1,550卡（男童1,650與女童1,450平均值）×45%×10～14%=約17～24公克、脂肪16～23公克、醣類101～119公克。

五、普通飲食依據上述蛋白質、脂肪與醣類量，計算出六大類食物份數，約五穀根莖類5份、肉類1.5份、奶1份、蔬菜1份、水果1份及油2份。

六、將六大類食物份數，平均分配於午餐及兩次點心之中，菜單如早點：全脂奶1杯與蘇打餅乾3片（1份）。午餐米飯3/4碗（3份）、炒波菜33公克（每份購買量約35公克，因為廢棄率5%，33/0.95≒35）、炒三色（雞肉15公克、胡蘿蔔丁33公克、青豆仁33公克）、清蒸白鯧魚35公克、油2份。午點蒸蘿蔔糕1份（70公克）、西瓜150公克。

問題與討論

一、何謂品質？

二、團膳動線應注意什麼？

三、污染區、準清潔區與清潔區有何區別？

四、菜單設計原則是什麼？

五、概述痛風患者之飲食注意事項。

學習評量

是非題

1.（ ）油煙罩尺寸設計不需考慮烹調區域長度、寬度及空氣排散程度。

2.（ ）國內許多廚房，只見抽油煙機將油煙排出，卻未見將新鮮空氣補足，這種設計是極正確的。

3.（ ）菜單設計每道菜餚的主菜、配料及調味品之間的色彩時，不需要與上下道菜的色彩調和。

4.（ ）餐盤顏色愈花愈好配菜。

5.（ ）身為廚師不必察看當天菜單之材料是否齊全，因為已經背起來。

6.（ ）廚房出菜的程序，可以依照自己的意思出菜，不必考慮外場工作人員的安排。

7.（ ）冷凍的魚類，解凍後再冷凍，其品質不變。

8.（ ）冷凍食品經解凍後，剩餘部分最好再冷凍貯藏，以免降低其品質。

9.（ ）冷凍食品如肉類解凍時，將之泡在水中解凍，速度最快，亦能保鮮，口感也最好。

10.（ ）採購蔬菜時，若菜葉漂亮且無蟲咬過，表示品質優良，可放心選購；如有蟲蛀，表示品質不佳，不應選購。

解答

1.× 2.× 3.× 4.× 5.× 6.× 7.× 8.× 9.× 10.×

第四章

團膳菜單設計

學習目標

1. 了解菜單設計應考量之因素
2. 體會未來團膳設計開發方向
3. 了解均衡飲食設計過程與規範

本章大綱

前　言

台語的「呷」飯，其實並非是指吃飯，因爲根據《康熙字典》之記載，呷字的字義解釋是「吸而飲」，在臺灣教會公報社《廈門音新字典》中，呷字亦同爲「吸而飲」，台語文字的讀音是Hap或ap，白話語發音爲Ha。「冬天呷（Ha）一杯燒茶」是呷字的標準用法；所以說，「呷」不是「食」的意思，而米「苔」目，正確的寫法應該是米「篩」目。

俗語說：「中國人帶翅的不吃飛機，帶腿的不吃板凳，帶毛的不吃撣子」，說明中國人對於飲食是無所不吃，只是依照各地區性質，仍然有些禁忌，並有其原因與典故。一般會禁食蛇，是因爲牠與龍之圖騰有關，自古以來，蛇就被認爲是小龍。不吃貓，則因爲是寵物。不吃老鼠，是認爲牠可以與鬼神相通。而不吃蛆、蝨子、蒼蠅與蚊子，則是因爲過於分散，捕抓不易之緣故。

蘇軾，又名蘇東坡，是中國北宋時期著名的政治家和文學家。不僅在詩文、書法及繪畫方面之造詣很深，而且對醫學、考古及水利等諸方面，均有其獨到的見解，並且對於膳食及烹飪等亦頗有研究，可謂知味善嘗，既會吃，又會做，是一位著名的烹飪學家和美食專家。中國以其別號「東坡」命名的菜很多，且其中也流傳有不少的趣聞軼事，其中尤以名菜「東坡肉」的傳說最廣泛，並以其不凡的來歷，享譽古今。

話說北宋年間（約西元1080年），蘇軾因案受挫被貶至黃州任協團練副使。由於貶職，每月之薪俸不多，生活並不寬裕。後經老友馬正卿，爲他請得黃州城東舊時營房廢地數十畝，讓他在那裡親自帶人開墾耕種。於次年的冬雪天，蘇軾即遷居至黃州坡東坡，在荒地樹林裡築起了一間草房，並在房壁上繪上雪景，名曰「東坡雪堂」，因而自號「東坡居士」。在這裡除常與人賦詩下棋外，閒暇之時，便研究起烹飪技術，還親自烹調各式菜餚。經常與友人一起吟詩唱酬，煮肉喝酒，藉以發洩政治上之失意苦悶。後來馳名全國的「東坡肉」，據說即是由蘇軾親手製作始創於黃州。後來隨著蘇軾的升遷，此菜傳遍大江南北，曾相繼被介紹流傳於蘇、杭等地。在湖北，乃至在杭州、四川都是屬於上等名菜。據說雲南、大理的少數民族在結婚時，還有新娘、新郎合吃「東坡肉」的習俗呢！流傳至今，已有將近千年之歷史。

人類開始將麵包當成主食，應該是火發明之後的事情，因爲有火才能將麵團烤成麵包；然而如果沒有添加酵母進行發酵，麵包就不是麵包，而是餅乾。「酵」是人類歷史中，文字《聖經》記載最早的微生物。「酵」其實就是酵母菌。是最早用來製造麵包的微生物。埃及人應該是最早懂得利用酵母做成麵包者，約在西元前6000年，埃及人已經知道將麵粉、水和馬鈴薯及鹽混合，放在熱的地方，利用空氣中自然的野生酵母來發酵，等麵團發好後，再加入麵粉，揉成麵團放在烤窯中，烤出當時所謂之麵包，當時只知麵包之發酵方法，但是並不知道其確實之原理；目前在中國北方，仍然有人使用此古老之麵團發酵方法，來製作嗆麵及饅頭等麵食。

《聖經・出埃及記》第十二章第八、十五與十七節中記載：「當夜要喫羊羔的肉、用火烤了與無酵餅和苦菜同喫。你們要喫無酵餅七日，頭一日要把酵從你們各家中除去，因爲從頭一日起，到第七日爲止，凡喫有酵之餅的，必從以色列中剪除。你們要守無酵節，因爲我正當這日，把你們的軍隊，從埃及地領出來，所以你們要守這日，作爲世世代代永遠的定例。」這段經文中，記載著以色列人當年，遭受埃及人虐待當奴隸的時候，上帝拯救他們，領他們走出埃及，前往上帝已經賞賜給他們的迦南美地時；因爲出發的時間很緊迫，沒有足夠時間準備食物，而只能吃無酵餅，並且在到達迦南美地後，規定日後每年均需吃無酵餅守節，以紀念出埃及此事之過程，這也就是以色列人逾越節的由來。（逾越節是以色列人重要的節日之一，爲紀念當年以色列人在埃及當奴隸時，上帝彰顯神蹟，擊殺埃及一切頭生的——包括長子；但是此災難，卻越過以色列家，當時只要有遵守上帝命令，在自家門檻上面塗抹有羊血做記號者，死神就會越過，而不進入擊殺其長子與頭生之動物。由於當時的埃及法老王長子也在此災難中被擊殺，法老王擔心日後還會有更大的災難，因而勉強同意釋放以色列人，讓他們離開埃及）。

中國菜著名代表作品中，杭州菜有龍井蝦仁、西湖醋魚、宋嫂魚羹、東坡肉、生爆鱔片等。寧波菜有醃（鹹）篤鮮、剝皮大烤、目魚大烤、雪菜大湯黃魚。紹興菜有槽溜蝦仁、白鰲扣雞、清湯魚圓、紹式蝦球。溫州菜有爆墨魚花及蒜子魚皮。蘇州菜有魚頭豆腐。

「宋嫂魚羹」是南宋時期流傳下來的佳餚，湯鮮味美，柔滑的滋味，可比蟹肉羹湯，更因爲受到宋高宗的讚賞，而揚名於杭州城！「宋嫂魚羹」屬於杭州名菜，宋嫂眞有其人，原是北宋汴京（今河南開封）的一位民間女廚師，以擅長製作魚羹，而聞名汴京，因爲嫁給宋家排行老五的先生，而被大家暱稱爲宋五嫂。據傳宋五嫂，隨宋室南遷臨安（杭州），和小叔一起在西湖以捕魚爲生。有一天小叔因爲得了重感冒，宋嫂用椒、薑及醋等佐料，燒了一碗魚羹，小叔喝了這鮮美可口的魚羹後不久病癒。北宋改朝換代至南宋時，朝廷遷都臨安（今杭州），宋五嫂一家也跟著南遷，並在西湖蘇堤下繼續賣魚羹，以維持生計；一日，宋高宗乘船遊西湖，船泊蘇堤下，身旁服侍的老太監，聽見有人以汴京口音叫賣，多瞧了幾眼，就認出這人，竟是當年在故鄉賣魚羹的宋五嫂。宋高宗一聽，油然升起「他鄉遇故知」的情懷，於是召宋五嫂上船進見，並且命她端上拿手的魚羹來獻；高宗一面享用魚羹、一面與宋五嫂聊起家鄉事，兩人相談甚歡，所有的前塵舊事都湧上心頭，讓這碗美味的魚羹更添了一份家鄉情！高宗於是對魚羹讚譽有佳，特別賞賜文銀百兩給宋五嫂，這事一傳開，「宋嫂魚羹」就此揚名全杭州城！從此這道宋嫂魚羹，使宋嫂開的店生意更加興隆。烹調時，先將作主料的魚蒸熟、剔去皮骨，加上火腿絲、香菇、竹筍末，及雞湯等佐料烹煮而成。成品色澤悅目，鮮嫩潤滑，味似蟹羹，故又稱

「賽蟹羹」。

而杭州菜另外之名菜龍井蝦仁，顧名思義是使用龍井茶的嫩芽，搭配蝦仁。蝦仁色澤玉白鮮嫩；芽葉碧綠清香，色澤雅麗，滋味獨特，食後能讓人清口開胃，回味無窮，在杭州菜中堪稱一絕。傳說「龍井蝦仁」與清朝皇帝乾隆有關。一次乾隆下江南遊杭州，身著便服遊西湖。時值清明，當他來到龍井時，卻忽然遇到下大雨，只得就近在一位村姑家中避雨，村姑好客，讓坐泡茶。茶用新採的龍井，水用炭火燒製的山泉所沏，乾隆飲到如此香馥、味醇的好茶，喜出望外，便想要帶一點回去品嚐，可是礙於面子又不好開口，更不願暴露身分，便趁村姑不注意，抓了一把，藏於便服內的龍袍裡。待雨過天晴告別村姑，便繼續遊山玩水，直到日落，口渴腸飢時，在西湖邊一家小酒肆入座，點了幾道菜，其中一種是炒蝦仁。點好菜後，他忽然想起帶來的龍井茶葉，便想泡來解渴。於是他一邊叫店小二，一邊撩起便服取茶。小二接茶時，看見乾隆的龍袍，嚇了一跳，趕緊跑進廚房，面告店主。店主正在炒蝦仁，一聽聖上駕到，極為恐慌，忙中出錯，竟將小二拿進來的龍井茶葉，當成蔥段，撒在炒好的蝦仁之中。誰知這盤菜，端到乾隆面前，清香撲鼻，乾隆皇嚐了一口，頓覺鮮嫩可口，再看盤中之菜，只見龍井翠綠欲滴，蝦仁白嫩晶瑩，禁不住連聲稱讚「好菜！好菜！」。從此這盤忙中出錯的菜，經數代烹調高手不斷變化，最後正式定名為「龍井蝦仁」，成為聞名遐邇的美饌佳餚。

菜單設計對於團膳相當重要，如果能夠搭配故事題材，將有助於菜餚推廣之想像空間，值得團膳菜單設計者，多花一些心思考量。

過去知名俏江南餐廳，因為重外表排場卻菜單設計錯誤，而導致發生經營危機，而如果餐飲業設計非當季食材的菜單，除了成本會增加以外，顯然農藥與植物荷爾蒙等藥物殘留也將是問題；一般食用河豚易導致中毒為眾所周知，因此學校午餐在進行菜單設計時，一般會避開河豚或易發生「組織胺」中毒的食材，組織胺中毒常發生於已腐敗之鮪魚、鯖魚及鰹魚等鯖魚科魚類，另外旗魚、鬼頭刀、秋刀魚與沙丁魚等非鯖科魚類，也常發生組織胺中毒。主要是因為這些魚體內，含有高量組胺酸（histidine），一旦魚體因為保存不當或退冰時間過久，或遭到細菌污染時，細菌會把魚體組胺酸分解成組織胺所致；但是很多新進營養師因為缺乏此安全概念與經驗，或者疏忽以上高危險魚類的加工品，因而導致學校午餐發生組織胺中毒仍持續發生。菜單之設計必須因應客層而改變；而未來菜單設計原則，將是目標客層不變，但是卻要求提供更細膩的設計，以滿足各種需求，包括能夠針對不同時間、不同預算、不同人數、甚至不同的用餐地點，雖然是團膳，仍然能分別提供客製化的菜單。環境在變，菜單設計因此不能不變，但是不變的是品質，求變是針對產品開始創新，提供多種組合和新鮮感，始能增加民眾之消費頻率。但是菜單設計，也要注意禁忌方面的問題，很多民間對於食物之禁忌，部分確實有其道理，但也有部分則是屬於迷信，而宗教方面之禁忌，如回教徒不吃豬肉，佛教徒則不吃牛肉（與其他肉類），目前餐飲國際化，更必須特別留意；過去客家人習俗，認爲小孩子不能吃雞爪，因爲害怕長大以後手指會像雞爪般彎彎的，字寫不好；而不能吃豬尾巴，是因爲豬尾巴，一甩一甩的，寫字時因此可能手會發抖；因此，現在應該不會有如此之禁忌；而生病期間之飲食禁忌，更需要特別留心，因此醫院膳食菜單設計時，需要特別小心注意，否則容易衍生醫療糾紛。

第一節　團膳菜單設計考量因素

菜單設計考慮之因素，包括有銷售對象喜好、需求、職業、社會地位、年紀、性別、生理狀況、消費能力、教育、宗教禁忌及嗜好等因素。

團膳銷售是從菜單開始，顧客的消費，也是從菜單出發。菜單之規劃設計良好與否，是團膳經營成敗關鍵因素之一；故菜單之設計，顯得格外重要。設計時除了以上因素外，尚需要分別考量到：顧客的消費經驗、用餐人數、消費額及預購方式等資料；另外還需要考量售價、服務、菜單組合形式、菜色圖片及消費需求等。菜單對於餐廳的點菜，具有決定性的影響，對顧客而言，是提供菜餚的工具，可謂是「無聲的推銷員」。而團膳設計菜單時，特別應考量因素如下：

一、材料名稱與想像空間

菜單名稱、材料之使用與作法，透過適當的說明，可以產生相當的想像空間，以下舉例說明：（紐約最佳食物餐廳之某一日的菜單）

㈠使用日本高天神純米大銀釀（米酒），佐法國菜阿拉斯加野生鮭魚薄片。

㈡魚子醬搭海鮮，以Ragou（唸Ra-goo，指肉類或海鮮在經過調味的濃湯裡用小火燜熱，其字眼源自Ragouter，「使增進食慾」）作法，規定吃法由下往上。

㈢醃酸菜與緬因州龍蝦，二千多年前，秦皇島建造長城時，據說當時伙食中，已經提供酸菜給築城工人，幫助下飯，後來傳到德國改良發揚光大，將酸菜加上阿爾薩斯Riesling白酒，用慢火燉煮，加上培根、鳳梨及杜松果，使德國酸菜與鳳梨兩種不同酸味，混合交叉呈現出特殊之口感與體驗。

㈣煎鱈魚：Sause用大蒜與鼠尾草。

㈤黑色海鱸：Sause用北京烤鴨熬製出來的高湯，與日本夏茸（金針菇，Enokitake）及舞茸（Mitake），使得酥香之黑鱸，帶有烤鴨淡淡的煙燻香味。

㈥甜點Egg：一個蛋殼直立在蛋杯裡，裡面是巧克力奶油焦糖泡沫楓糖漿，加上一點點英國Maldon海鹽，利用甜鹹間之口感交互作用，使得甜品中甜的層次更能提升。

㈦冷凍芒果百匯加椰子西米（原意是瓦片，由於現烤薄杏仁脆餅，蓋在芒果百匯上面，冷卻後變硬如同瓦片一般），佐1929年紅甜酒。

㈧用餐時，會說明菜單名稱、材料與作法，讓消費者知道吃的內容與特色。

臺灣520總統就職國宴餐的菜單

㈠南北一家親：冷盤，採用的食材是宜蘭鴨賞、高雄烏魚子、東港櫻花蝦以及台南燻茶鵝，象徵族群融合、和諧一家親。

㈡全民慶團圓是一道美味的湯，採用的食材是台南虱目魚丸、花枝丸以及新鮮蔬菜，搭配上等高湯，象徵圓圓滿滿、四海同心。「原鄉情意重」其實是客家粽，象徵萬眾一心、國運昌隆。

㈢祥龍躍四海是一道熱菜，採用的食材是臺灣東部海域的新鮮龍蝦，以清蒸方式呈現，更能提升龍蝦的鮮味，象徵舉國歡騰、 飛揚四海。

㈣揚眉皆如意是一道熱菜，採用的食材是本地羊排搭配新鮮蘆筍、乳酪焗番茄以及南投新鮮梅子製成的醬汁，象徵揚眉吐氣、事事如意。

㈤豐收年有餘是一道熱菜，採用的食材是澎湖海域新鮮的海鱺魚，搭配菠菜打成的醬汁，象徵民生富足、年年有餘。

㈥故鄉甜滋味是一道甜點，採用的食材是大甲芋頭酥、原住民的小米麻糬以及甜的杏仁露，搭配油條，甜而不膩，象徵故鄉人團圓、甜蜜在心頭。

㈦寶島四季鮮是一道水果拼盤，採用的食材是關廟的鳳梨、林邊蓮霧、屏東青香瓜以及台東的西瓜，象徵國泰民安、社會安康。

因此團膳之菜單設計重點，是如何將菜單名稱、材料使用與作法，透過適當的說明，產生相當的想像空間，如果能讓消費者光看名稱，就有想衝去消費之吸引力，就是成功的菜單設計了。

二、禁忌

《女科準繩》是一本婦女醫學專書，內容提及懷孕時婦女，一月可吃大麥，但不要吃有腥味或辛辣之物（一月叫始胚）。二月叫始膏，無食辛臊，居必靜處，男子勿勞，百節皆痛，建議吃黃蓮湯安胎。三月名始胎，當此之時，未有定儀見物而化，欲生男者操弓矢，欲生女者弄珠璣（顯然當時不知道懷孕當時，已經決定了男、女之性別），欲子美好數視璧玉，欲子賢良端坐清虛，是謂外象而內感者也；意思是說三月要著重胎教，不過書中提及生男孩者，要拿弓箭，生女孩者，則玩珠子，在現代人的眼光中，似乎欠缺考據，以風俗及迷信居多。妊娠四月始受水精以成血脈，食宜稻粳羹（稀飯），宜魚雁是謂盛血氣以通耳目而行經絡（即養氣）。五月始受火精以成其氣，臥必安起，沐浴浣衣深其居處，厚其衣服，朝吸天光，以避寒殃（小心不要感冒）；其食稻麥，其羹牛羊和以茱萸調以五味，是謂養氣以定五臟。六月之時，兒口目皆成，調五味食甘美無太飽；建議吃猛獸之肉，以養胎兒之氣力。七月始受木精以成其骨，勞身搖肢無使定止，動作屈伸以運血氣，居處必燥飲食避寒，常食稻粳以養骨而堅齒。八月始受土精以成膚革和心，靜息無使氣極而光澤顏色。妊娠九月始受石精以成皮毛，六腑百節莫不畢備，飲醴食甘緩帶，自持而待之，是謂養毛髮致才力；即八、九月注意保養、小心飲食、不要生病。妊娠十月，五臟俱備六腑齊通，納天地氣於丹田，故使關節人神皆備，但俟時而生。

傳言柿子有「七絕」，樹多壽、葉多蔭、無鳥巢、無蛀蟲、霜葉可玩、佳食可啖、落葉肥大及可臨書。但是也有「八不宜」：未成熟不能吃，因爲會有鞣酸、澀，易與鐵質結合而妨害吸收，吃多容易嘔吐與噁心。糖尿病者不宜，因爲糖分高。皮不宜多吃，因爲皮的鞣酸多，慢性胃發炎、胃排空能力差者不宜，因爲性寒，易消化不良。不可與蟹同食，因爲都屬寒性，易腹瀉、嘔吐與腹痛。空腹與飢餓時不宜，因爲易在胃中結成硬塊，產生柿石。不宜與高纖維食品一起吃，因爲更難消化。最後過度疲勞與疲倦者不宜，因爲五臟乏力時，消化能力差，不宜再吃更難消化之食品。

所謂之食療，是以預防疾病爲主，配膳時需參照每個人體質（辯證），要注意食物禁忌，食物之性味。如春天不宜攝取油膩或辛辣之食物，夏天最好清淡、少油，秋天宜多食蘿蔔與杏仁，冬天則要吃熱粥與牛羊肉。牛肉、狗肉性溫，雞蛋滋補，鴨蛋性涼，母雞、母鴨則瀉火，雞、鴨蛋性燥，芥菜、白蘿蔔性冷，菠菜、胡蘿蔔滋補，薑、蔥、芫荽、辣椒、大蒜、茼蒿通火。因此客家人夏天吃「仙草凍」，因爲性涼，吃了可以降溫解暑，冬天進補，食用紅燒狗肉、當歸牛肉及羊肉煮酒。

中醫「實證體質」者，體力充沛；「實證體質」者，常同時合併有「熱證體質」，統稱爲「實熱體質」。實熱體質的人，經常是肥胖、健壯、便祕、口乾、口渴、尿黃、胃腸好、口臭、代謝快、易充血發炎、臉色紅潤、說話高亢有力，常怕熱及喜歡喝冷飲；尤其夏天時，容易口乾舌燥、便祕，而壓力大時，則常又高血壓或頭痛的現象。

「虛證體質」者，則虛弱無力、常有疲倦怠感、多汗、盜汗、易下痢、抵抗力差容易感冒、體瘦、貧血、怕冷，屬於氣喘、過敏體質、易扁桃腺發炎、手足冷、尿多夜尿、臉色蒼白、月經不順、發育不良。「虛證體質」的人常合併「寒證體質」，此統稱爲「虛寒體質」。經常是身材消瘦、臉色蒼白或枯黃、說話無力，常怕冷、喜歡喝熱飲，冬天時容易四肢冰冷，面臨精神壓力時易下痢、腹脹與腹痛。有些「虛證體質」的人，在壓力或慢性疾病時，也會熱量代謝異常亢進，稱爲「虛火證」。常有營養不良、體力衰退的現象，同時常有口乾、舌燥、口腔潰瘍、身體煩熱、失眠及夜間盜汗。

寒性（證）體質用熱性食物以熱之，熱性（證）體質用寒性食物以寒之。依據中醫理論，人體的體質與所生的病，主要可區分成寒性體質、熱性體質與實性體質，其中寒性體質者，依據陰陽調合之理論，適合採用溫熱性食品互補（如五穀雜糧類的糯米、高粱、紅豆、炒花生；蔬菜之韭菜、香菜、蔥、薑、蒜與辣椒；水果之木瓜、龍眼、荔枝、榴槤、山楂、石榴、桃、杏與櫻桃；及羊肉、蝦、鱔魚、鰱魚、鱸魚、醋、酒、栗子、核桃、飴糖、咖啡、巧克力、花生油與麻油等）。熱性與實性體質者，則適合食用寒涼性食品（如五穀雜糧類的大麥、蕎麥、小麥、小米、薏仁、綠豆；蔬菜之海帶、紫菜、荸薺、油菜、菠菜、芹菜、大白菜、金針、香菇、苦瓜、茭白筍、竹筍、番茄、茄子、白蘿蔔、蓮藕、菱角與萵苣；水果之西瓜、香瓜、香蕉、柿子、檸檬、椰子與梨；及鴨肉、蛤蚌、蜆仔、田螺、螃蟹、豆豉、豆腐、綠茶與紅茶等），以達到中和的養生之道。

另外客家人認爲，小孩子不能吃雞爪，是怕長大後手指彎彎的，字寫不好；而不能吃豬尾巴，是因爲豬尾巴，一甩一甩的，寫字時手會抖；產婦忌吃白蘿蔔，因爲性冷，吃了有害，特別的是客家人對於糯米，也認爲是涼性食物；對於體弱多病的人，不宜吃狗肉、番鴨、南瓜、茄子、四季豆，因爲會「翻舊病」；特別是南瓜、茄子（特別是秋茄）、四季豆，認爲「有毒」，病人忌食；懷孕時忌食兔肉、山羊肉、乾魚、鴨子、雀肉、雞肉、鱉肉、驢肉及螺肉；而「子有疥癬、瘡疾時，乳母忌魚、蝦、雞、馬肉等發瘡之物」。其中之原因，或許認爲是有害孕婦身體健康，但是很多部分則是屬於迷信，但是也因爲如此，團膳菜單設計時，需要特別注意，否則消費者會反彈；特別是患者生病的時候，如果團膳提供他認爲「有毒」的食物，輕者可能招致責罵，重者或許會導致醫療糾紛。因爲如此，許多民間認爲「有毒」的食材，往往是醫院之患者膳食菜單上面找不到的。例如：醫院不常提供香蕉這種水果，因爲民間口耳相傳：「骨頭受傷不能吃香蕉」、「筋骨傷者，不可吃香蕉」，主要是因爲香蕉含磷稍高，吃多易使體內鈣質吸收率，相對降低（鈣質吸收有一定的鈣磷比），對骨折病人的復原不利。香蕉因爲含高醣，代謝後會消耗體內較多維生素B_1，如果維生素B_1因而缺乏，將造成神經與肌肉的協調失衡，或引發傷處的疼痛或惡化。另外香蕉含高鎂，過量易造成隨意肌肉的麻痺，及肌腱的疼痛。香蕉性寒、味甘、通便、解酒、降血壓；因它質黏屬溼，所以患有風溼關節炎、皮膚病、感冒之人，應該禁吃。然而許多運動員在比賽前會吃香蕉，據說有助於臨場表現；又說香蕉因爲含有鉀離子，所以吃了不容易抽筋，又香蕉本身含有果糖及多醣類，會在不同時間持續消化，因此可以較長期的維持體力。

「寒性食物」指攝取後，會使人體熱量代謝降低，及交感神經安定的食物；大多數的蔬菜水果屬之，較顯著者有西瓜及梨子等水果。西瓜在臺灣民間俚語有云：「暗頭（指晚上）吃西瓜，半暝（夜）反症」。西瓜因爲含水量高，是最自然的天然飲料，而且營養豐富，對人體益處多多，但大量或長期食用之副作用也不可輕忽。中醫認爲西瓜「性寒解熱，有天生百虎湯之號，然亦不宜多食」。「西瓜、甜瓜，皆屬生冷，世俗以爲醍醐灌頂，甘露洒心，取其一時之快，不知其傷脾助溼之害也。」、「防州太守陳逢原，避暑食瓜過多，至秋忽腰腿痛，不能舉動，皆食瓜之患也。」因此正常健康的人，也不宜一次吃太多或長期大量食用，因西瓜水分多，多量水分在胃裡會沖淡胃液，引起消化不良或腹瀉。

「熱性食物」指攝取後，會使熱量代謝增加，及交感神經興奮的食物；高熱量或高脂肪的食物屬之。有些調味食品（如辣椒、蔥、薑、蒜）及有些乾果（如桃仁、栗子、大棗）及少數水果（如荔枝、龍眼）都屬之。食物的調理方式，也會影響食物的屬性。一般而言，生食會偏向寒性，但若經過煎或炸以後，食物屬性會偏向熱性。也就是說，寒性體質（寒證）忌食寒冷性食物，熱證忌食熱性、辛、辣、蒜、蔥、油炸與酒。即寒性體質（寒證），如果再攝取過多寒涼性食品時，將預期因爲不對症，而引發腹瀉等症狀；除此之外，所謂之藥膳，仍需考量食物之四性（寒、涼、溫、熱）及五味（辛、酸、甘、苦、鹹；辛味——蔥、薑、胡椒、辣椒等，辛溫能散寒，具有行氣、發散及促進循環之作用。酸味——山楂或烏梅等，能治盜汗、下痢，具有收斂固澀作用。甘味——蜂蜜、甘草等能潤燥，具有緩急、中和與補益之作用。苦味——苦瓜與萵苣等能治心煩、喘促，具有燥溼宣洩作用。鹹味——海帶、海藻與昆布等能治硬結，則具有散結軟堅作用。即辛味提升大腸功用、酸味活絡膽的功能、甘味促進胃的功能、苦味加強小腸功能、鹹味促進膀胱的功能）。過去曾有報告指出，烏梅忌豬肉、鱉甲忌莧菜、豬肉應避免與百合、蔥避免與蜜配在一起、用人參或黃耆滋補時，勿食蘿蔔或茶葉。不過，如果是依照衛生署均衡飲食的觀念，食物只要不偏食，採取多樣化選擇與攝取即可；雖然食物搭配之禁忌，尚缺乏相關之實驗以爲證明，但是一般對於生病患者，飲食設計時，還是建議能盡量避免則避免（特別是攝取具有藥效之生藥食材等），因爲情緒也是健康之重要一環；如果讓患者心中有陰影，也會影響到治療的效果。有關營養素之需要量，請參考附錄二。衛生福利部對於均衡飲食要求營養素之分配爲：蛋白質：10～14%、脂肪：20～30%、碳水化合物：58～68%。

三、變化性

有人說飲食祕訣，是「只要拿出最好的給客人，必定就能拉住客人」。高雄市有間由退休記者開的餃子館，除了供應傳統的高麗菜，與韭菜水餃之外，還有麻辣、胡瓜、茴香、四季豆與番茄等十四種口味。而在台東卑南，也有賣紅色水餃（用胡蘿蔔汁）、綠色水餃（菠菜汁）與紫色水餃（山藥汁）等多種不同顏色外觀的水餃；設計菜單，如果能利用內餡、外觀，再搭配煮水餃（傳統方式）、炸水餃、拌水餃（如紅油抄手），及烤、燙、燉、炒、蒸、煸（炸後再煮）、燴（與高湯一起煮）、煨、臘、燜、燻等，多種烹調方式進行變化，將可以產生許多豐富且有趣之變化性。一般之素菜，也可以利用葷菜烹調方式，而變身做出新式之素菜，例如：紅油炒手，可以利用辣味，使素菜具有嗆辣口感；參考十全藥膳做素湯，將可以補氣。好吃的滷肉飯，據說是將蒜末入鍋爆香，加入咖哩、香菇炒香，續入半肥半瘦絞肉，五分熟時加調味料（鹽、冰糖、胡椒、味精、桂皮、五香、紅蔥頭等），最後才加醬油，炒好後絞肉放兩天入味，再加入高湯滷。第一次滷時，煮滾後轉小火，滷十多分鐘，濾去浮泡後，熄火燜一下，第二次滷時，煮滾五分鐘後，濾去浮油（留下二分的油），即可移至燉鍋保溫供應。素肉燥製作時，則可以使用五香豆干，與香菇頭取代肉類，來增添素菜更多之口味與變化。

四、季節性與時令

以往漢族之觀念中，二月忌食兔肉，四至七月忌食獐、鹿與麋，八月忌食雁，九月忌食狗肉，十月忌食熊肉。我國以節氣畫分季節，立春、立夏、立秋及立冬，爲四季之開始，農曆一～三月是春季，四～六月爲夏季，七～九月爲秋季，十～十二月爲冬季。依現代氣象學標準，平均氣溫在攝氏10度以下爲冬季，22度以上爲夏季，10～22度之間就是春季或秋季。

春天氣象變化多，氣溫與氣壓突變，易影響到人體之情緒波動，而衍生憂鬱症及情緒不穩等狀況，春天也是病毒繁殖傳播之季節，SARS或禽流感易趁虛而入。夏天則溫度高、新陳代謝旺盛、人易發怒，夏天之中午時段，因爲日正當中，不宜外出，最好安排午睡，並多食清淡易消化之食物，如蔬菜、瓜果及豆類，避免油膩食物，夏天也是細菌或黴菌，大量滋生季節，因此容易食品中毒、霍亂、細菌性痢疾、沙門氏菌、大腸桿菌感染，所以需要特別注意個人衛生與飲食衛生。

夏天因為高溫，食物易腐敗，加上冬季蔬菜缺乏，所以人體易發生缺乏維生素C；而冷氣、空調及冰箱之使用，易衍生退伍軍人症及胃腸炎。秋天由熱轉涼，早秋較溼熱（如秋老虎），中秋節前後較乾燥，深秋、晚秋較涼寒，需在起居、飲食方面提高警覺，支氣管不好的人、中老年人、高血壓及心血管疾病患者入秋以後要小心。

冬天由冷轉寒、草本凋零、氣溫低，甚至於驟降，人體易受寒而生病，因為天氣冷，往往長時間逗留於室內，而易感染上呼吸道疾病，其他流行性感冒、支氣管炎、腦中風、糖尿病、青光眼、高血壓、急性心肌梗塞、痛風、膽囊炎及一氧化碳中毒等，均易發生，需要特別注意。

五、健康飲食概念與烹調方式

健康飲食要求高纖維、低鹽、低油與低糖，除此之外，也強調五色、五味養生，其概念係來自中國古老醫書《黃帝內經》，將季節食物，區分成五種顏色和味道，並且各有其相對應的器官。老祖宗相信，某一種顏色的食物，可以對應滋補到某一個臟腑器官。白色指主食，即米、麵及雜糧等各類食物，還有健康白色雞肉，滿分的白色豆腐食材，與清甜的白色菜蔬，其他白色食材尚有：爽脆去膩的荸薺、古老智慧的銀杏、和緩食補山藥與白玉冬瓜等。黃色為大豆及花生等。紅色為各種畜禽肉類及魚蝦等。綠色為各種新鮮蔬菜、水果。黑色則為黑米、黑芝麻、黑木耳、黑豆及海帶。健康烹調方式，俗稱的綠燈烹調法（綠燈代表安全，建議多多採用，而黃燈烹調則要減少採用，至於紅燈烹調方式則應盡量避免）係指採用低油、低鹽、低糖的烹調法，如水煮、烤、涼拌、清蒸、涮、煮湯、滷、清燉及不加糖的紅燒。而醃與醃漬不同，醃因為需時甚短，如廣東泡菜、韓國泡菜，屬於綠燈烹調法；醃漬則是屬於長時間的醃泡，如酸菜、雪裡紅，含有高鹽分，是紅燈食物。不同成分的紅燒烹調，也會影響燈號。例如：不加糖的紅燒，是綠燈食物，用紅燈食物的五花肉來紅燒，還是紅燈食物，而瘦肉過油後紅燒，則屬黃燈食物。為讓肉丸口感滑潤，加肥肉則變成黃燈食物。建議用豆腐代替肥肉，不但具有同樣的滑嫩口感，更可以降低熱量的攝取。烹調方法處理不當，吃素也可能會變成黃燈，如炸豆腐、炸豆包、大油炒蔬菜或炸地瓜及炸芋頭。生菜沙拉因爲最後淋上一瓢沙拉醬，就會把綠燈變爲黃燈，因爲蛋黃醬、千島醬、辣椒醬、花生醬、沙茶醬等，都含有高量的油分，是熱量非常高的沙拉醬。速食麵是很多專家學者建議避免食用的，只是速食麵具有其吸引力，因此無法避免時，建議利用搭配川燙過的金針菇、綠色蔬菜或加生菜沙拉、水果來達成健康飲食。

六、建立自己的特色

團膳首先要根據自己的經營方針，來決定提供什麼樣的菜單。菜單設計要盡量選擇，反映本身團膳特色的菜餚於菜單上，並進行重點推銷。即使是大衆化的團膳，往往也會有幾道拿手菜與看家菜。因爲如果你沒有幾道看家菜，便很難吸引老主顧與新客源。因此設計菜單，一定要突出自己的特色，突顯出自己的「拿手好菜」和「看家產品」，把它們放在菜單的醒目位置，特別進行介紹，要知道唯有展現自己團膳的特色，才能給顧客留下深刻的印象。

七、需定期變換菜單推陳出新

利用改變生產方式或調理方法，對於同一食材，進行不同創意與變化，藉以吸引消費族群的口味，因此再好吃的食物也需變化，菜單務需經常推陳出新，以利業務推廣。「變」是團膳能否永續經營的唯一不變要求，墨守成規只會走向失敗。由於顧客的口味和團膳的形勢不斷在變化，所以菜單一定也要推陳出新。最好是一個季節或半年就更換一次，如果菜單長期不換，便會欠缺吸引力，從而失去顧客；菜單長期不換，會影響菜餚的正常供應，因爲有些原料受季節的影響，季節過後，會出現菜單上有菜，而實際上無現貨供應的局面，從而影響到團膳信譽；長期不換菜單，也不利於廚師烹調技藝的提升。

辦桌是屬於臺灣獨特飲食文化與方式，臺灣高雄內門外燴廚師特別多，還會定期配合「宋江陣」活動，辦理總舖師料理（外燴）。研究臺灣辦桌菜單之演變，發現臺灣辦桌菜單品項，其實會隨著時間推移過程產生變化。當政治生態環境改變及原物料進口政策開放，會增加辦桌選用食材的多樣性；也會因爲社會地位身份及地域認同，導致辦桌也逐漸重視排場；飲食結構目前發生「主客易位」，因爲開始注重「菜餚」的變化，已取代過去光「吃飯」的快飽單調，而過去因爲務農對於牛肉之禁忌也開始產生鬆動；但是食材設計之名稱諧音，則將會影響到日後使用的機率，因此菜單命名工作非常重要；由於國民所得不斷上升，讓辦桌的菜品也走向精緻化；而因為人工養殖技術蓬勃發展，使得平價化海鮮及雞肉，更普遍可以運用到辦桌料理中；加上宅急便與低溫配送服務的發達，讓各地生鮮食材，更能迅速及衛生送達辦桌現場；而在養生概念下，辦桌也開始出現養生料理湯品。臺灣過去辦桌飲食文化分期，依序可以分為光復前後－要求「呷飽」、民國60年代前後－「呷好」、民國70～80年代－「呷好、呷巧」、民國90年代起則－希望「呷安全健康」。

八、經常辦理顧客滿意度（Customer Satisfaction）調查，並依據調查結果，進行改善與因應

團膳要以顧客需求為導向，顧客喜歡吃什麼菜，吃什麼內容的菜必須清楚。因為滿足顧客需求，是團膳經營致勝的根本，所以菜單設計者，也必須了解自己顧客的需求，是屬於大眾化菜還是風味菜，是川菜還是粵菜。顧客的需求不同，菜單的設計是完全不同的。顧客是否滿意，是團膳供應之重要評估指標。雖然顧客滿意是一個人人熟知的名詞，但在臺灣團膳中，是否能夠由行動中，落實顧客服務滿意的，卻不普遍。縱然一般公司，均設有專職顧客服務的部門，但也僅是被動的處理顧客投訴、解答問題，其與其他之行銷等部門比較起來，較不受到重視。一般許多企業，甚至認為顧客服務部門，僅會增加其作業成本，而對營業額與淨利，並無直接的助益。而企業如果存在這樣的心態時，顧客服務品質將很難有所提升。某著名的快遞公司，在八○年代，因為面臨激烈市場競爭，遂採取再造策略，發展以顧客服務為主導的作業方式，建立以顧客滿意為核心的客服體系（Total Customer Service System，簡稱TCSS）。因此取得市場業務大幅成長，且維持高度的顧客服務品質，並創造出其競爭優勢。而在醫院新制的評鑑中，也有一項重要的指標，就是能否辦理顧客滿意度調查，並且依據調查結果進行改善。

九、衛生教育

學校團膳之學童午餐，需透過「衛生教育」來考量「學童喜好」；由於年幼之學童，普遍喜好炸雞、薯條與可樂等，即所謂之「垃圾食品」，如果光憑問卷調查，來決定學童供應菜單，將不可避免會供應上述食品。然而學童午

餐，其中非常重要的一環是「教育」，因此透過衛生教育方式，告知學童與其家長，爲什麼要供應一些他們覺得不好吃的食物（例如：蔬菜與水果），而這些食物，對其健康的保護作用是什麼，也必須教育清楚，以期減少供應時之負面情緒與阻力。

十、團膳菜單設計者的素質要求

菜單的設計與製作工作，是一項藝術性和技術性都很強的複雜工作，不是任何人都能勝任的。因爲菜單設計，受到設計者態度和能力的限制，所以菜單設計者，要對菜餚知識有足夠的了解，並富有創造性和想像力。不能把菜單設計，看做是一項日常雜務性工作，草草應付，使菜單失去吸引力。在實際經營中，許多團膳把菜單設計，全部交由某一位廚師承擔，所開列出來的品種也是該廚師會做的樣式。而醫院營養師共同的通病，是太過於強調理論，只考量疾病營養素要求，設計菜單時，經常缺乏實務廚師之參與，除了不切實際，也忽視患者之需要，結果常常是理論100分，但是卻因爲缺乏可口性，患者搭伙興致缺缺，在藝術方面更顯拙劣，毫無創新，缺乏吸引力，最終將導致經營的失敗。所以成功的團膳菜單設計者應具備：

㈠具備廣泛的食品原料知識：熟悉原料的品種、規格、品質、出產地、上市季節及其價格等。有深厚的烹調知識，和較長的工作經歷，熟悉各種菜餚的製作方法、時間和需用的設備，掌握菜餚的色、香、味、形、質地、質量、規格、裝飾、包裝（使用的餐具）和營養成分。

㈡了解團膳的生產與所需之設施，與自己從業人員的技術水準。

㈢了解顧客需求及菜餚發展的趨勢，善於結合傳統菜餚的優點，和現代團膳習慣，有創新意識和構思技巧。

㈣有一定的美學和藝術修養，善於調配菜餚的顏色和稠度，與菜餚的造型。

㈤善於溝通技巧，虛心聽取有關人員的建議，具備籌畫帶有競爭力菜單的能力。

㈥具備較高職業素質，並具有一定權威性和責任感。

十一、其他

總之，在設計菜單時，要綜合考慮上述幾項原則和依據，只有如此，才能制定出較爲科學合理的菜單。而且對於新制定的菜單，團膳還必須對其進行測試，經過分析完善後才正式投入使用。

㈠預算與成本

團膳經營的最終目的是損益平衡，最好是能賺錢，所以設計菜單時不僅要考慮到菜品的銷售情況，更要考慮其盈利能力。如果菜的價格過高，顧客就可能接受不了；如果菜的價格過低，又會影響毛利，甚至可能出現虧損。因此，設計菜單時，應適當降低高成本菜的毛利，而提高低成本菜的毛利，以保證在總體上達到規定的毛利率。

㈡供應餐食型態

盤餐或便當；中式或西式。

㈢市場供應種類

新鮮胡蘿蔔、胡蘿蔔球、胡蘿蔔丁、冷凍胡蘿蔔。

㈣員工工作技巧與時間安排。

㈤設備與用具。

㈥季節與天氣。

㈦成品色香味與外形。

第二節　團膳設計開發方向

一、開發高品質團膳食品與即食食品

㈠醃漬開胃菜之開發；研發適合銀髮族食用之產品。建立販賣即食食品、冷藏與即食食品溫度管理技術，開發具蓄冷能力之隔熱複合材料。以薄膜過濾系統方式，製造除菌之生鮮果汁，及研究使用抗菌包材在食品包裝應用之可行性。

㈡改進蔬果原料前處理技術，如截切蔬菜清洗技術，供便利商店、速食連鎖店及團膳使用，及因應國人速食團膳業及家庭取代餐（Home Meal Replacement, HMR）之需求。利用國產水果、穀類原料，研製成具有地方特色之酒品及鄉土食品。

二、開發國產農產品加工技術

㈠開發脈衝強光殺菌技術，協助發展鮮榨果汁及生機果汁產業。脈衝強光（Pulsed-light）是指利用強烈而閃光極短（1μs~0.1s）的強光，讓等待殺菌的物體，暴露於此強光之下，使物體表面，承受一次或一次以上的脈衝照射及能量，來達到減少表面微生物污染，進而殺菌及抑制酵素活性之目的。光源波長之範圍很寬（170～2,600nm），介於紫外線到近紅外線間，以每秒閃光1～20次方式，瞬間將可以釋放極大的光能量（爲紫外線的10^4～10^7倍），適合大量生產時之殺菌應用。日本自1970年即應用此技術，並於1984年申請專利。優點包括有⑴安全；⑵溫度變化小，不會對產品品質產生破壞；⑶照射處理時間短，效率佳；⑷可以依製作過程之需要應用。

㈡改進省產蔬果及米穀雜糧之加工技術，並開發新產品，進行各種省產原料水果之釀酒，有助於農村釀酒產業之發展。開發芒果、鳳梨、西瓜、柑桔、甘藍及山藥、米穀類之發酵產品及紅麴產品。發展國產蔬菜粉在烘焙產品之應用、中式藥膳糕點加工技術之研發。針對國產葡萄、梅子、草莓、李子、小米等具有發展潛力之農產原料，進行釀酒技術研究改進，並舉行釀酒研習班，與團膳飲食結合廣告行銷。

三、食品製造、包裝及貯運與食品品質安全

㈠食品品質管制

加強食品廠商對食品管制之執行，以確保消費者之健康。

㈡食品安全

開發食品加工過程中有害衍生物之監測及檢測方法，與對有害衍生物形成原因及機制之研究，可改善食品安全，並促使業者提升加工技術。

㈢食品保存

開發能延長食品保存期限之控溼技術。

四、保健食品研發技術

㈠調節血脂功能油脂、改善胃腸道功能產品開發。

㈡建立植物萃取物複方保健食品開發技術，以豆科植物原料篩選具有生理活

性之發酵產物，可作爲發展不同功能訴求之多元化產品。

㈢建立從芝麻粕粹製芝麻木酚素、脫餾物粹製植物固醇技術，在活體內驗證具有調節血脂質代謝之功能。目前市面上的產品皆爲進口，國內自製甚少，國內自行生產可大幅降低成本取代進口。

五、微波複合能源與其他

㈠連續式微波油炸系統，具有提高製程生產速率及製成率，並維持相同的色香味。

㈡速食麵油炸微波乾燥製程，將可縮短製程時間及降低吸油量。

㈢連續式微波熱風乾燥系統設計，可增加微波加熱效率和加熱均勻性，及提高製程產能，與維持相同的品質。

㈣重組多穀米量產，以糙米及具有機能特性之穀豆類爲原料，利用連續雙軸擠壓成型技術製造重組多穀米，量產使用電鍋烹煮即可食用，與米飯有相同口感之成品。

㈤擠壓豆皮及可食性腸衣生產技術：具有連續生產、節省人工、減少廢水排放、產品品質安全性優良的優點。

㈥植物蛋白營養胜肽：添加於調味粉或肉製品中，可提升鮮味及口感，並降低製造成本。

㈦藻體類胡蘿蔔素中間工廠級超臨界二氧化碳萃取：利用微膠囊化技術，製成水溶性之類胡蘿蔔素粉末，具有避免有機溶劑殘留與受熱傷害品質優點。

㈧胜肽飼料量產：可改善肉品品質，添加於肉豬飼料，其成長速度較快、健康及體態也較佳，屠體之腹脥肉的肉質較佳。

第三節　均衡飲食設計

均衡飲食是衛生福利部推動的建議飲食，而團膳在運作的過程中，基於永續經營的概念，必須不斷的追求進步。因此，創新成爲團膳運作上，不可或缺的一環。在現今競爭激烈，產品生命週期縮短，變化快速的環境之下，團膳的創新能力，便成爲提升競爭優勢最有效的利器之一。團膳競爭基礎，往往來自創新的能力，因此，團膳如果要建立其牢不可破的競爭優勢，就必須要善用創新的能力；但是衛生福利部均衡飲食之設計，則有其一定之規定，必須依循一定之規則，創新作業只能在菜單上著手。均衡飲食設計程序如下：

一、計算標準體重

(一)男性＝62+（身高－170）×0.6（即身高每增減1公分，體重增減0.6公斤）

(二)女性＝52+（身高－158）×0.5（即身高每增減1公分，體重增減0.5公斤）

二、依照對象之性別、年齡、標準體重、活動及健康狀況，擬定每日總熱量。

三、熱量計算方式

(一)總熱量＝現有之體重×
- 30大卡（輕度工作）
- 35大卡（中度工作）
- 40大卡（重度工作）

(二)每公斤標準體重所需熱量（卡）表

表4-1　每公斤標準體重所需熱量（卡）表

體型／體力勞動	體重過重 ＞10%	標準體重 ±10%	體重不足 ＜10%
臥　床	20	20～25	30
輕　閒	20～25	30	35
中　等	30	35	40
重　度	35	40	45

本表僅供參考，可因個人需要量之不同而有所變動。

輕閒：家務或辦公桌工作者。

中等：工作需經常走動，但不粗重。

重度：從事農耕、漁業、建築、挑石、搬運等粗重工作者。

資料來源：衛生署。2001。《中華民國飲食手冊》。衛生署。台北，中華民國。

㈢成年人之理想體重範圍

表4-2 成年人之理想體重範圍

身高（公分）	理想體重範圍（公斤）	身高（公分）	理想體重範圍（公斤）
145	41.5～51.0	166	54.5～66.5
146	42.0～51.5	167	55.0～67.5
147	43.0～52.0	168	56.0～68.5
148	43.5～53.0	169	56.5～69.0
149	44.0～53.5	170	57.0～70.0
150	44.5～54.5	171	58.0～71.0
151	45.0～55.0	172	58.5～71.5
152	46.0～56.0	173	59.0～72.5
153	46.5～57.0	174	60.0～73.5
154	47.0～57.5	175	60.5～74.0
155	47.5～58.0	176	61.5～75.0
156	48.0～59.0	177	62.0～76.0
157	49.0～59.5	178	62.5～76.5
158	49.5～60.5	179	63.5～77.5
159	50.0～61.0	180	64.0～78.5
160	50.5～62.0	181	65.0～79.5
161	51.5～62.5	182	65.5～80.0
162	52.0～63.5	183	66.0～81.0
163	53.0～64.5	184	67.0～82.0
164	53.5～65.0	185	68.0～83.0
165	54.0～66.0	186	68.5～84.0

資料來源：衛生署。2001。《中華民國飲食手冊》。衛生署。台北，中華民國。

㈣訂定三大類主要熱量營養素——醣類、脂肪與蛋白質之分配比例。蛋白質10～14%、脂肪20～30%、醣類58～68%。

㈤根據熱量算出醣類、脂肪和蛋白質之所需公克數

蛋白質： 1公克=4千卡、脂肪： 1公克=9千卡、醣類： 1公克=4千卡。先由含醣類的食物類別開始設計，如奶類、水果類、蔬菜、主食類，直到醣類總量與根據熱量算出之公克數相符合。

(六)決定五穀根莖類份數：其次設計蛋白質豐富的食物，從蛋白質之總公克數減去醣類食物所含之蛋白質公克數，所剩之蛋白質量則由肉類製品供給，直到蛋白質總量與設定量相符合。

(七)決定肉類份數：由脂肪總量減去各類別食物中所含之脂肪類，剩餘的量由烹調用油來補足。

(八)決定油脂類份數。一天之蛋白質、醣類與脂肪之份數需用整數，不可用分數或小數。但是使用每餐之份數時，則可彈性運用，如一份蛋白質，可用奶類0.5份加肉類0.5份；一份蔬菜可以0.3份胡蘿蔔、0.3份青豆與0.4份玉米粒（如炒三色），來增加菜單之變化。

(九)按照設計之各食物類別份數，和被設計者之飲食習慣，作餐次之分配。

(十)依照餐次之分配，和被設計者對食物之喜好，設計出菜單。

第四節　實際菜單製作過程

一、準備參考資料

(一)標準菜單（標準菜譜是指關於菜點烹飪製作方法及原理的說明卡，一般是以100人份作為設計基準，列明某一菜點在生產過程中，所需要的各種主料、輔料及調料的名稱、數量、操作方法，每份的量和裝盤工具，及其他必要的資訊，利用標準菜譜，有利於計畫與控制菜餚成本，同時管理人員，可以充分了解製備和服務要求，也有利於成品質量標準化）檔案。

(二)各種舊菜單，包括團膳正在使用的菜單與過去銷售資料。

(三)現行之時令與暢銷菜單。

(四)每份菜成本、營養成分或其他資訊。

(五)各種烹飪技術書籍。

二、初步設計構思

剛開始構思時，最好選用一張空白表格，把可能設計的菜點、飲料及酒水等先填入，再依據中餐或西餐之設計原則，確定主菜與配菜樣式及比率，最後確定菜單並訂定價格。

三、菜單美編

對菜單進行外觀設計與美編時，可召集宣傳、美工、有經驗的廚師及相關管理人員，對菜單的封面設計、式樣選擇及圖案文字說明等進行美編。此時設計者必須把顧客的需求，放在第一位，優先考慮他們的消費動機和心理因素。

四、菜單設計和製作

㈠菜單製作

有的團膳為了節省成本，採用各式簿冊製品，如檔案夾或講義夾，也有用郵冊和影集本來充當菜單，這些都不是專門設計的菜單。這樣的菜單，不但不能達到宣傳與加分的效果，反而有時會與團膳的風格格格不入，而顯得不倫不類。很多團膳餐廳花費大錢裝潢，卻捨不得菜單製作之小成本，殊為可惜，因為好的菜單製作，不僅能反映菜單外觀，同時也能讓顧客留下較好印象。

㈡菜單封面與封底設計

菜單的封面與封底是菜單的「門面」，所以在設計封底與封面時要注意：

1. 菜單的封面必須反映出團膳的經營特色、風格和等級等特點。
2. 菜單封面的顏色應當與團膳內部環境的顏色相協調。
3. 團膳的名稱一定要設計在菜單的封面上，並且要有特色、筆畫要簡單、容易讀、容易記憶，這可增加團膳知名度，又可以樹立團膳的形象。
4. 菜單的封底應當印有團膳的地址、電話號碼、營業時間及其他的營業資訊等，這樣可藉機進行推銷。

㈢菜單的文字設計

好的菜單文字介紹應該做到描述詳盡，達到促銷的作用，而不能只是列出菜餚的名稱和價格。

㈣菜單的插圖與色彩運用

使用圖案時，一定要注意，其色彩必須與團膳的整體環境相協調。菜單中常見的插圖主要有：菜點的圖案、名勝古蹟、團膳機構之外貌、拿手名菜、重要人物（例如：蔣經國）在團膳用餐的圖片。

(五)菜單大小

最好大一點，看起來有貴重感覺。很多菜單都是16K，這個尺寸過小，經常造成菜單菜餚名稱等內容排列過於緊密，主次難分。還有的菜單，只有練習本大小，但其中之頁數竟多達幾十張，無異是小本雜誌。絕大部分菜單所使用之紙張太單薄、印刷品質差、無插圖、無色彩，加上日後保管使用不善，顯得極其簡陋，骯髒不堪。調查結果顯示最理想的大小是23公分×30公分。

(六)菜單字體

不少菜單是使用1號鉛字，結果坐在不甚明亮的燈光下，閱讀3毫米大小的菜單，感覺很不輕鬆。同時大多數菜單的字體太單一，欠缺使用不同大小及不同字體等手法來突出與宣傳重要菜餚。使用照片或圖片時，一定要注意照片或圖片的拍攝和印刷品質，否則將達不到預期效果（最好委託專業拍攝，因爲實物拍攝不一定看起來會好吃）。

(七)其他

隨意塗改菜單，是業者最常見的弊端之一。塗改的方法主要有：用鋼筆、圓珠筆直接塗改菜品、價格及其他資訊；或用電腦打印紙、膠布遮貼。菜單上被塗改最多的部分是價格，這些將使菜單顯得極不嚴肅、很不雅觀，易引起顧客的反感。許多菜單除了有上述常見問題外，有時還會出現文字介紹過於簡單、菜單與菜品不符、人爲省略或粗心遺漏某些資訊等問題。這些對於經營，都帶來了不大不小的影響，所以團膳的管理者或經營者，一定要注意，使菜單的設計和製作做到盡善盡美。

第五節　菜單範例

範例一：14天團膳循環之普通飲食（表4-3）：以食材及烹調方法命名。

表4-3 14天團膳循環之普通飲食

	第1天	第2天	第3天	第4天	第5天	第6天	第7天
早餐	水漬的鮪魚、青豆、洋蔥	蔥炒蛋	小黃瓜肉丁	肉鬆	茶葉蛋	海茸炒肉絲	鹹蛋
	紅燒豆包55公克	炒四季豆	麵筋	紅蘿蔔炒麵腸	番茄燴豆腐	筍干燒麵腸	紅燒腐竹
	滷海帶結30公克	滷麵輪	滷花生	炒青豆仁	三色菜絞肉火腿丁	炒高麗菜	炒莧菜
午餐	蒜泥白肉	鹽水雞	花枝塊	滷牛腱	珍珠丸子	滷當歸鴨	蔥油雞排
	洋蔥、紅蘿蔔、雞丁	腐竹肉片	榨菜肉絲	韭菜豆皮肉絲	紅蘿蔔素鴨腿肉片	紅蘿蔔金針菇涼薯炒肉絲	海帶肉絲紅蘿蔔
	油菜	青江菜	芥菜	菠菜	油菜	芥蘭菜	油菜
	桶筍絲湯	白蘿蔔湯	黃豆芽湯	碗豆湯	冬瓜湯	酸菜湯	紫菜湯
晚餐	筍干燒肉	紅燒牛腩	紅燒排骨	烤雞腿	炸白帶魚	署魚蒸蛋	叉燒肉
	茄汁魚塊	四色雞丁	什錦炒蛋	麻婆豆腐	青白花菜紅蘿蔔肉片	雪裡紅炒帶皮雞肉	玉米粒木耳炒肉丁
	莧菜	大白菜	小白菜	高麗菜	豆芽菜	大白菜	青江菜
	冬菜細粉湯	蛋花湯	番茄豆腐湯	冬菜豆腐湯	榨菜湯	海帶芽湯	味噌湯
	第8天	第9天	第10天	第11天	第12天	第13天	第14天
早餐	肉鬆	筍絲炒肉絲	紅蘿蔔炒蛋	雪裡紅炒肉絲	肉鬆	烤香腸	肉包
	滷蘭花干	滷素雞	滷油豆腐	麵筋	芹菜干絲紅蘿蔔	酸菜炸豆包	紅蘿蔔炒圓油泡
	菜豆炒紅蘿蔔	滷海帶結	榨菜肉絲	小白菜	炒海茸	豆芽菜	菜心
午餐	炸旗魚排	滑蛋牛肉	蔥爆豬腱	烤雞排	三杯肉片	青豆仁沙茶雞丁	醬肘子
	回鍋肉片	螞蟻上樹	酸菜麵腸肉片	芥蘭沙茶肉片	鳳梨洋蔥青椒雞丁	圓油泡白菜肉片	小黃瓜人造肉炒肉丁
	小白菜	菠菜	綠豆芽	高麗菜	菠菜	青江菜	芥菜
	桶筍絲湯	白菜蘿蔔湯	黃豆芽湯	碗豆湯	冬瓜湯	酸菜湯	紫菜湯

晚餐	高麗菜干燒肉	三杯雞	炸排骨	爌肉	紅燒獅子頭	清蒸魚	滷雞翅
	絞肉紅蘿蔔燴豆包	紅蘿蔔干絲腿肉絲	青豆仁木耳腿肉丁	芹菜紅蘿蔔綠豆芽拌雞絲	洋蔥炒肉絲	醃瓜炒肉片	培根炒白花菜
	高麗菜	尼龍白菜	芥蘭菜	莧菜	油菜	尼龍白菜	高麗菜
	冬菜細粉湯	蛋花湯	番茄豆腐湯	冬菜油豆腐湯	榨菜肉絲	海帶芽湯	味噌豆腐湯

範例二：宴席菜單（圖4-1～圖4-9）

圖4-1　菜單一冷盤

圖4-2　菜單一八珍魚翅

圖4-3　菜單一煙燻龍鱘

圖4-4　菜單一干貝米糕

圖4-5　菜單一蒜蓉竹笙

圖4-6　菜單一砂鍋海參

圖4-7　菜單一松阪豬肉

圖4-8　菜單一沙拉海大蝦

圖4-9　菜單一飯後西點

（以上圖4-1～4-9，圖片拍攝：李義川）

重點摘要

古時有個隱士，姓蕭，名字不可考。曾參加考試沒有中選，便把書燒掉，隱居在江邊，跟隨道士修煉神仙之術。於是開始就這樣不吃五穀，吐氣、吸氣，每日按摩，伸屈肢體，希望延年益壽。堅持了十多年，後來頭髮都白了，顏色枯槁，腰背佝僂，牙齒脫落。有一天拿鏡子觀看，勃然大怒，說：「我丟掉聲名利祿，隱居田野，絕食吸氣，希望能長生，現在卻衰弱成這個樣子，難道是我的心願嗎？」於是立即返回都市，學商人做生意，獲取利潤。幾年後賺了大量的錢財，成為富有的人。後來因為修理庭園房屋，掘地挖土時，挖到一個形狀像人手，肥厚潤澤，顏色微紅的東西。蕭君得到這個東西，驚恐地說：「莫非是災禍的苗頭？聽說太歲所在方向，不能動土修建房屋。倘若有犯著的，地下便會有乾肉出現，一定不吉利。現在果真有，怎麼辦？聽說得到肉後便吃它，或許可以避免災禍。」於是就把它煮熟來吃。味道很鮮美，吃光後，蕭君變得耳聰目明，相貌也變得年輕；脫了髮的頭頂，又變成黑黝黝且長滿頭髮；掉了牙的嘴裡，也一排排生出牙齒。蕭君暗自奇怪，不敢告訴別人。後來有個道士來，碰見蕭君，驚奇的問道：「先生你吃了仙藥嗎？為什麼神氣這樣清爽呢？」道士幫他診脈，過了一會兒又說：「先生曾經吃了靈芝啊！那靈芝，形狀像人手，肥厚潤澤，顏色微紅。」蕭君想起這事，便告訴道士。道士祝賀說：「先生的壽命，將能和龜鶴等同，但不適宜住在人世間，應當隱居山林，拋棄人事，就可以成為神仙了！」蕭君大喜，聽從道士的話，離家出走，不知道去了哪裡。據說這是靈芝發現的故事。團膳用靈芝開菜單，如果在菜單設計與介紹中，加入此故事，不知道對於消費者點菜率，是否有增加的效果？至少可以增加消費者的印象吧！

管理理論有一個不值得定律，指出員工認為不值得做的事，就不值得做好。反映員工如果從事自認為不值得做的事情時，因為會持續冷嘲熱諷，敷衍了事；導致不但成功機率變小，而且即使成功，也不會覺得有多大的成就感。感覺值得做的事，一般員工之成就感取決三個因素：㈠價值觀：只有符合自己價值觀的事，員工才會滿懷熱情去做。㈡個性和氣質：員工如果從事一份與他個性氣質完全背離工作時，總是很難做好；例如讓一個喜歡交往的員工去當檔案管理員，或讓害羞個性者，卻不得不每天與不同人打交道。㈢現實處境：同樣一份工作，在不同處境下，給人的感受往往也是不同。如在一家大公司，如果最初做打雜跑腿工作，很可能認為不值得的；但是一旦提升為領班或部門經理，就不會這樣認為。做一件正確的事，往往要比正確做十件事情要重要得多。因此如果員工如果不具備三個因素時，建議要考慮更換更合適的工作。一般建議要選擇所愛的、並且愛所選擇的工作，才可以激發奮鬥、毅力及成就感；而菜單設計這工作，更是需要熱情與用感覺非常值得的心情來從事。

網路上謠傳著下列消息：九層塔與西方人所稱的羅勒相近，原產地在印度，由荷蘭人帶到臺灣來，羅勒的葉片略呈橢圓形，香味較淡，甜度較高。九層塔是一年生的植物，非常容易種，植株有綠莖和紫莖兩種，較常見又以紫莖的香味較濃，每到五～十月是盛產季，烹調時以葉片翠綠者佳，當葉片變黑時，即將腐爛香味已失。九層塔裡有一種成分叫做Eugenol ，這種成分，已經證實會導致肝癌。當然其他的植物中也含有這種成分，但是九層塔裡的含量最高，而且其他植物大部分不是拿來食用的！致癌的機轉，是因為致癌物的一再刺激，會造成致癌機會的漸漸提高！所以，在這個致癌理論中，接觸致癌物的次數是關鍵。本來，人體有對受損組織（或基因）修補的機制，但是一再的刺激造成突變後，情況就不可逆了！而Eugenol 的中文名稱就叫做「黃樟素」！所以網路上建議消費者不要再用九層塔煎蛋。然而衛生署的答案是：九層塔成分中，含有Eugenol，Eugenol為「丁香酚」，並不是網路所言的「黃樟素」。黃樟素的英文為「Safrole」，調查結果Eugenol（丁香酚）並非致癌物質。九層塔雖含有丁香酚，但九層塔不等於丁香酚；大劑量丁香酚，可能對生物體，產生一些健康危害，但截至目前，還沒有相關科學文獻資料顯示，九層塔會致癌，故無法證實其正確性。團膳如果有供應九層塔或九層塔煎蛋者，建議將上述資料摘錄說明，以免消費者誤會。

製作100人份標準食譜：以醬爆雞丁為例：

(一)材料

1. 雞胸肉6,000公克。
2. 青椒1,500公克。
3. 甜紅椒、黃椒1,000公克。
4. 醬油20T（湯匙）。
5. 太白粉10T（湯匙）。
6. 甜麵醬20T（湯匙）。
7. 水20T（湯匙）。

(二)作法

1. 雞胸肉切丁，加醬油及太白粉醃30分鐘以上。
2. 青椒、紅椒及黃椒去蒂及去子，切成3公分方形。
3. 雞胸肉過油（中心溫度達70°C），濾除多餘油，加入青椒丁等，加入甜麵醬及水拌炒。

肉品最終中心溫度，是安全之極重要因素。而根據報告，火雞肉製品之最終中心溫度愈高，產品之紅色度值降低，亮度值增加，黃色度值沒有改變。最終中心溫度愈高，雞胸肉紅色度值愈低。但也有學者指出，最終中心溫度愈高，雞腿製品之亮度值會增加，紅色度值降低，黃色度值上升。牛肉之最終中心溫度（55～85˚C）愈高，其亮度值增加，紅色度值減少，黃色度值則無顯著改變，這與火雞肉製品，具相同結果。不過也有報告指出，雞肉餅外表顏色，不受最終中心溫度的影響。最終中心溫度，除對肉品顏色有影響外，亦會影響產品製成率、含水量、微生物數及氧化酸敗值。此外，加熱溫度愈高，肌肉中肌紅蛋白之球蛋白，可能容易分離，並使血基質改變，導致鐵離子解離。這些鐵離子，會促進脂肪及色素氧化，產生酸敗味，並使肉品顏色變暗褐色。

因此團膳飲食製備是否安全，監測中心溫度是重要的指標；一般的雞肉，最好加熱到中心溫度，達到70˚C以上達30分鐘。如果喜歡吃肉質軟一點的人，可以再煮久一點。煮熟的菜餚，如果沒有一次吃完，最好放到冰箱保存，吃之前應再加熱至肉的中心溫度達76˚C以上才安全。

問題與討論

一、菜單設計需考量哪些因素？

二、未來設計開發方向中你覺得哪一項最重要？

三、實際菜單製作過程中有哪些參考資料可供參考？

四、請針對25歲、男性、上班族進行均衡飲食設計。

五、針對上題，請開出菜單。

學習評量

是非題

1.（ ）身為廚師，察看當天菜單之材料是否齊全是助廚的工作。

2.（ ）酒席菜單事先做好準備工作是採購的事，廚師不必過問。

3.（ ）菜單設計每道菜餚的主菜最重要，配料及調味品之間的色彩，是否與上下道菜的色彩調和，則不必太重視。

4.（ ）菜單設計上每道菜之菜色調配，可不用考慮與上下道菜色彩的調和。

5.（ ）阿拉伯回教徒的菜單中，不宜使用牛肉。

6.（ ）吃素者菜單宜以蔬菜及蛋為主。

7.（ ）在套餐菜單設計當中，同樣的肉類、魚類或蔬菜材料的使用上，應可以重複。

8.（ ）設計菜單是營養師的事情，廚師不必參與。

9.（ ）白參比刺參質佳、味美且珍貴。

10.（ ）白米放久了會變黃，只要洗乾淨，還是可以食用。

11.（ ）肉類、魚類上有蒼蠅叮停的，表示肉質較新鮮。

解答

1.×　2.×　3.×　4.×　5.×　6.×　7.×　8.×　9.×　10.×　11.×

第五章

採購驗收與庫房管理

學習目標

1. 認識標準食譜
2. 了解撥發與採購過程
3. 了解採購重點
4. 了解驗收與庫房管理作業

本章大綱

第一節　標準食譜與循環菜單

第二節　撥發與採購

第三節　採購原則與前置作業

第四節　採購注意事項（市售食品常見之衛生安全等問題）

第五節　採購作業

第六節　驗收作業

第七節　庫房管理

前　言

由一個國家的國民營養狀況，可反映出其國力，臺灣近十年來，雖然生活富裕，但實際上對於飲食營養方面之知識，卻遠遜於相同國民所得的國家，所以發生很多人，花大錢購買對身體無益，甚至於有害的所謂的食品或草藥；而其原因是，國家不重視國民營養教育；民眾營養知識的取得，多半是從媒體獲得，片段而不完整，並產生許多似是而非的觀念，結果造成民眾飲食觀念偏差、體重過重、過輕及減肥不當等情事，嚴重影響到國人健康（甚至於造成死亡——如減肥不當），而到底要如何改善？基本上要先重視營養專業人員，吃東西人人都會，但是如何吃出健康，則是屬於一門專業學問，但是在臺灣因為不太重視營養學，及營養從業人員，因此在營養研究和教育機構，並沒有得到足夠的資源，例如：在臺灣全國公立學校裡，竟然沒有營養系，所以目前是以輔仁大學食品營養系爲龍頭，這也是蔣見美教授（蔣彥士女兒，前輔仁大學食品營養系主任）之功勞。可是學校很喜歡設置營養系，因爲可以比照醫學院科系收費，這種狀況在世界先進國家是不可思議的。而經醫事人員高考及格，獲得營養師者，也無法受到重視，在政府單位中營養師之職缺少，造成很多的考取者，還「待業中」；另外其薪俸，與一般公務人員一樣，並非按照醫事人員應有的待遇，可是卻依據醫事人員來要求換照（六年需要獲得180學分才能換照），所以臺灣人，如何能得到足夠的營養師照顧呢？

94年台糖公司，被查獲其銷售多年的「香健素」、「健素糖」及「健素」等產品，所使用之原料，竟然是餵食動物的飼料級酵母粉。其中之「健素糖」，是陪伴許多臺灣人，成長過程中的小零嘴，在大家覺得吃零食，同時又可以補充營養的觀念下，造成其銷售量歷久不衰，甚至是一路長紅，爲台糖公司賺進大把鈔票。但台糖公司身爲知名企業，竟然以飼料混充食品原料，製成產品供人食用，不論是否對人體健康造成危害，都是不對的，而且違反食品衛生管理法，屬於攙僞或假冒人用食品。

而依據嘉義縣衛生局，及台南地檢署查證之結果，台糖所生產的產品香健素、健素糖及健素都使用進口酵母粉，在其進口報單上明白顯示，該酵母粉係供飼料用，而非供人食用；此事件屬蓄意假冒之行爲，已嚴重違反食品衛生管理法規範，除了應依法立即將產品下架、沒入銷毀外，違法者還需面臨被處以詐欺等刑罰。連知名的台糖國營企業，都會販售違法食品，那麼團體採購時，應該注意什麼事項，才能確保採購食品之品質呢？

首先要購買包裝完整，且標示清楚的食品。標示上面應涵蓋品名、成分名稱及重量（或容量）、食品添加物名稱、製造（或輸入）廠商名稱、電話、地址及有效日期等資料。並應確認於販售地點的貯放條件，是否符合其標示的保存溫度，否則即使仍在有效期限內，也有變質的疑慮。且盡量避免購買散裝的食品，因爲缺乏包裝標示，不僅來源不明，加工過程也堪慮，而且由於無外包裝保護，直接暴露在空氣中，在歷經許多民衆試吃觸摸後，其衛生狀況實在難以掌握。

其次應選擇有經認證的食品，或選擇信譽佳、有品牌的廠商，以降低買到不良食品的風險。衛生福利部針對如何安心食用蔬菜，建議民衆應保持均衡飲食，避免偏食，如交替進食葉菜類蔬菜、果菜類蔬菜、根莖菜類蔬菜及豆菜類蔬菜等。冷藏保存食材，烹煮前，先將蔬菜清洗、去皮等處理。而選購蔬菜時，選擇具有良好信譽之商家產品，或具CAS、產銷履歷及吉園圃等標章者。而六個月以下嬰兒，則建議避免食用硝酸鹽含量偏高的蔬菜。

同時，應避免採購中國大陸製的食品，特別是散裝食品，因爲無法得知中國產製食品的衛生安全及品質，且基於歷年來衛生單位的稽查結果，發現自大陸走私販售的食品，不符合我國衛生標準之案例繁多，包括有的標示不符、有的發霉、有的是過期品等等，因此消費者採買時，尤應特別注意。

所謂經濟學之理論是：不要將所有的雞蛋都集中在同一個籃子裡，因此不要集中向同一家廠商購買食品，可以降低買到不良品的機率。另外不要過量採買或囤積食材，以常保食物之新鮮及營養。貯存食物的環境及條件亦應注意，應將食物貯存於適當之溫、溼度條件下。如此才能買得安心，吃得更放心!

團膳採購作業之目的，是爲獲致符合需求品質、數量、價格、準時交貨，和優良的供應廠商等目的之作業。其困難在於採購流程中，由於牽涉到許多不同的人、事、物，所以往往並非單純之貨品購買，而是一連串需要妥當控管，以達到需求者維持品質，降低成本和提高利潤之目的。

第一節　標準食譜與循環菜單

團膳廚房生產製備作業主要包括：膳食材料前置準備工作、烹煮製備工作、配膳工作、供應作業、回收清洗作業及貯存工作。廚房採用標準化之作業，目的在有效率規劃生產作業、管理生產品質、控制製備成本，以及減少不當浪費。

使用標準食譜具有可製作出品質均一、味道相同之成品，藉此可以維持品質，建立口碑與良好形象；其次標準食譜，可以讓製備工作，不至於因爲人事變動就改變或停頓，並可以增加廚師休假的機會。還可以讓廚師更熟悉製備內容，達到節省時間與精力，並有餘力開發新餐食；另外能讓廚師精確掌握品質與量，及食品成本控制等優點。

一、標準食譜之製備名詞

(一)切片

薄片、厚片、骨排片（切成骨牌大小，如家常豆腐）、指甲片（精細羹湯用）。

(二)切條

寬條（炸薯條）、細條（像火柴棒，如炒什錦）。

(三)切塊

切大塊（紅燒肉）、見方塊（糖醋里肌）、滾刀塊（材料一面切一面滾動，切成不規則塊狀，但大小一致、橄欖塊或球形塊：用挖模器挖成球型，如干貝三色球）。

(四)炒

生炒、清炒、熟炒、燴炒。

(五)爆

將脆嫩材料以極快速手法，用十分強火使食品致熟者。又分油爆、醬爆與蔥爆。

(六)嗆

將材料給予濃的調味料。分生嗆：將濃調味料拌入生的材料（一般以海鮮居多），熟嗆：將香料、蔥、薑、蒜放入熱油之中，使材料增加香氣，再放入煮熟的材料。

(七)炸

材料在多量油中（高度超過食物），藉助油之滾沸力，使材料致熟者：

1. 清炸：將材料醃一段時間，再放入鍋中炸。
2. 乾炸：醃好材料，沾麵粉或麵包粉，再放入鍋中炸。
3. 軟炸：醃好材料外，裹由蛋、太白粉或麵包所調成的麵糊，再放入鍋中炸。
4. 酥炸：用低筋麵粉加發粉、蛋白或太白粉，再放入醃好的材料，入油中炸成酥脆成品。

(八)燒

將材料在鍋中加入各種調味料或水，以慢火將食物煮熟。

1.白燒：不加糖及醬油，使食物保持本色。

2.紅燒：加糖、醬油，使食物顏色變的更好。

3.乾燒：加酒及調味料，以小火慢煮至味香，成品湯汁不多。

㈨燜

用慢火將已炸過的材料，加調味料及水分，長時間燒煮，使材料軟、汁變稠者。

1.紅燜：醬油加的比較多。

2.黃燜：醬油加的比較少。

㈩溜

將炸過或煮過的食物，放入鍋中與做好的稠汁調味料拌合，汁多為糖醋或酒糟。

1.醋溜：用糖醋做調味料。

2.茄汁：用番茄汁做調味料。

3.醬溜：用甜麵醬做調味料。

4.蜜汁：用蜂蜜或糖漿做調味料。

(十一)燴

高湯放入鍋中，加入已煮熟或炸熟的材料，以中火煮片刻，再勾芡使有色澤。如清燴：湯汁不加醬油；紅燴：湯汁加醬油。

(十二)蒸

1.乾蒸：成品已做好，放蒸籠大火蒸熟。

2.清蒸：材料加上調味料，再放蒸籠內蒸熟。

3.粉蒸：材料醃好後，加入炒香、磨勻的蒸肉粉，拌勻後再放入蒸籠內蒸熟。

4.藥蒸：主料內加入滋補的藥材，放蒸籠蒸熟。

5.釀蒸：主料內填入內餡，再放蒸籠內蒸熟。

(十三)醃

將生或熟的食物材料，用一種或多種調味料浸漬較長時間，或去其苦澀味。

(十四)糟

將食物加酒糟，經長時間醃製後取出，再加以烹調。

(十五)拌

將已處理好的食材，加上各種調味料，翻動數次，使材料與調味料均勻混合。

(十六)拼

將熟或未熟之食品材料，經適當切割後，擺放盤中。

(十七)扣

材料處理好後，放入碗內排好，並於中央處壓緊，入蒸籠蒸熟後，再倒扣盤中。

(十八)煎

將材料放入少量熱油中（不超過食品一半高度），用中火或小火慢慢使食物煎成金黃色，並使具有鬆脆質地者。

(十九)烤

將材料放入密閉烤爐或烤箱之中，藉著火的熱力，使食物變熟。

(二十)燻

鍋中燃燒木材、糖、米、茶葉，使之冒煙，再於架上放生材料或熟材料，藉由上述材料所生成的煙，使食物具有特殊的香味。

(二十一)焗

將材料調味後埋入炒熟的鹽堆中，或炒熱的蔥段內，用小火慢燒而成。

(二十二)鍋貼

將食物沾上麵糊，放入鍋內用少量油煎熟。

(二十三)鍋塌

將食物外裹麵糊後炸熟，再加調味料及少許湯汁，以慢火煮熟。

(二十四)煸

食物放入鍋中，不停以菜鏟翻炒，以小火將食物煮乾，再加以調味者。

(二十五)拔絲

將糖熬煮至相關程度後，投入已炸好材料拌勻，因為在拔取過程中，會拔出糖絲，因而如此命名。

(二十六)滷

將各種調味料與香辛料，加水煮成滷湯，再將食物材料放入滷湯中，經長時間慢火煮熟，並具有香味者。

㈦醬

材料先於水中煮熟，然後再配合各種調味料及水，煮至材料軟爛，再將汁淋於食材上一起食用者。

㈧煨

材料置入鍋中，加入佐料不加水，以微小的火力，使食物致熟酥爛者。

㈨熬

將切好的多種食材，先行炒過，再加入湯汁或水，再以小火長時間煮軟者。

㈩烹

將已炸過的食物，置入鍋中，加入調味料，以大火快速翻炒，立即盛出，雖有少量湯汁，但未浸透材料內部者。

㉑褒

用瓦甕將水或湯汁煮滾，加入材料以小火煮至材料軟熟，一般會連瓦甕一起上桌。

㉒川

將食物材料在開水中迅速燙熟，立刻離火，連湯汁食用。

㉓抄

與川類似，唯材料於滾水中燙熟後迅速撈出，再另外烹調者。

㉔涮

取食者親自將材料置入滾沸湯汁中燙熟，隨即沾調味料食用者。

㉕凍

湯汁中放入豬皮、洋菜或明膠粉，加入材料與調味料，經長時間熬煮，煮好後連湯汁一併放入容器中，放涼後置入冰箱結成凍者。

二、標準食譜與循環菜單之設計

㈠標準食譜優點

1. 與廚師研究並溝通，使其了解標準食譜具有持續製作品質均勻、口味穩定不變之菜餚等優點，長期執行能確保品質穩定，建立口碑與形象。
2. 標準食譜可以讓餐飲菜餚製備作業，不至於因爲人事變動（或休假）而停頓，並可以增加廚師休假機會。

3.可以節省廚師時間與精力，以開發新食譜。

4.科學化管理，可以精確掌握成品品質，與成本之控制。

(二)標準食譜規格及標準

使用標準食譜，可以穩定團膳品質、減少材料浪費，及生產時間。使用時應注意敘述方式宜簡單、明確、易讀及易懂。材料名稱及品質應註明清楚，並依使用順序分類排列。過程應訓練廚師，正確的依照標準食譜，烹調製備餐食。定期審核及評估標準食譜的適用性，確認口味、材料與分量。盡可能將標準食譜上的餐食成品，拍照附上作爲菜餚盤飾排列時的標準。標準食譜之內容包括有：生產廚房、產品類別及名稱、產出分量（一般多半以100人份爲準）、每份分量、材料名稱及品質說明、材料分量、製備步驟、製備時間、烹調設備及烹調溫度等。達到廚房作業標準化及一致性的方法有：固定盛裝容器、使用標準食譜等、減少不當烹調、選購符合標準食譜的食材（避免不合標準而浪費）、確實依據生產規劃預估食材（避免購買過多材料而浪費）、報廢食材或產品紀錄原由（加強廚房作業督導）、禁止員工工作時吃東西（避免污染食物，及增加製備成本）、確實使用計算分量工具如磅秤、容器、量杯、量匙等、定期適時與員工溝通及規劃作業、使用適合的設備及作業流程來製備餐食（減輕廚師工作負擔，及縮短製備時間），及定期評估廚房生產力，以檢討改進缺失。標準食譜之作法，是將製備某一定份數菜餚的材料名稱、數量、作法及使用器具，均予標準化與規格化，並製成表格，然後由少量擴至大量，並經持續之修正後，完成標準食譜。例如：

1.檢視食譜分量、成品產量及價格是否適合。

2.試作100人份食譜，反覆操作兩次後，觀察成品之風味與質地是否適宜。

3.將100人份食譜材料，乘以2倍，再操作兩次。注意烹調加熱時間需做調整，但並非單純將烹調時間加倍，或將調味料加倍。

4.觀察成品之風味與質地合適後，再繼續擴大2倍，並依上述程序進行修正。

5.標準食譜範例

(1)食材、數量與撥發日期

表5-1　高麗菜乾燒肉（100人份）

食材編號	品名	分析數量	實際撥發數量	單位	提前撥發日數
113-101	醬油	0.5	0	桶	1
113-104	鹽	0.1	0	公斤	1
113-139	米酒	0.3	0	瓶	1
114-101	沙拉油	1	1	桶	1
101-101	腿肉塊	9	8	公斤	2
107-126	蔥	0.2	0	公斤	1
107-129	薑	0.2	0	公斤	1
107-132	蒜末	0.1	0	公斤	1
107-504	高麗菜乾	1.2	1.5	公斤	1

⑵製作方法

①高麗菜乾洗淨備用，腿肉解凍後加醬油、米酒醃入味2小時以上。

②沙拉油加熱，加入蒜末、蔥、薑等爆香。

③加入已醃好之腿肉塊，測量中心溫度是否達75°C。

④加入洗淨之高麗菜乾及鹽調味後，拌炒均勻。

⑶註解與說明

①食材編號101-101之腿肉塊，因為是冷凍肉，需要提前兩天前撥發，以利其解凍。（攝氏負18度）

②實際撥發數量，正常是以整數為單位。

③食材編號前三碼，建議為類別碼（如調味品103、油脂為114、豬肉類為101、蔬菜為107）；後三碼建議為實際編號（001-999）。

標準食譜成本計算，乃依據各種原料的採購成本計算而得。材料成本，與實際販售份數成本，通常都會出現差距，若誤差在5%以內時，為可接受範圍，超過時則應找出原因。

實際成本為實際消耗的食材及飲料，依採購價格而計算出的成本，可由盤點及採購紀錄計算。如果有安全庫存量之設計者，應以撥發數量計算。實際成本＝期初庫存＋本期採購及調入－庫存剩餘及轉出。實際成本率＝實際成本÷實際收入。當實際成本與標準成本有差距時，應以實際成本為主。

使用標準食譜時，可以確實控制材料使用分量、分析出主要材料成本、實際材料成本與標準材料成本的差距因素，但是需訓練工作人員使用標準食譜，並定期評估標準食譜與成本變動，據以修正標準食譜。

標準食譜應建立標準製備方法、標準服務流程、控制耗損量及維持材料成本於一定範圍內，最好有標準成品照片以協助製備及服務工作，減少錯誤，經常訓練製備人員，落實標準製備方法，控制每份菜單成品標準分量、訓練服務人員落實標準服務工作，降低點餐錯誤及服務疏失、訓練管理人員評估成本差距，及定期檢討改進缺失。

6.規劃生產量

⑴行政主廚（或主廚）通常會以一週、兩週或十天爲單位，來規劃生產量，由於預估作業，預備量是「假設」，一定與「實際」供應量不同，（例如：一般會假設假日人數比較多，晚餐又比中餐多）特殊假日，如母親節比一般例假日需要較多之供應量；然而在醫院則預估節日、週六與週日較少，農曆春節更少，週一則假設比週五多（因爲假日生病的人，必須等週一才能住院），暑假有比其他日期多（因爲許多老師與學生，考量手術後需要較長之休養日期，因此多半會選擇暑假期間進行，以免影響課業），因此預估量，需要定期與相關部門討論。

⑵經常使用的參考資料，包括有分析過去的營業報告；預估生產量，一般以週爲單位，整理週一至週日營業日的餐食銷售資料，然後試算出每日餐點銷售組合百分比。例如：假設過去資料顯示，週日海鮮炒飯銷售份數占所有餐點的30%，若預估這週日來客數爲300人，需要準備海鮮炒飯份數爲300人×30%＝90（人份）。

⑶依照事前訂席資料，修訂生產規劃工作，如申購食材、安排廚房設備使用及分配製備人手等。訂席資料，必須再三確認供餐場地、時間、菜單及份數（桌數）等內容。

⑷注意氣象預測，注意考慮季節及氣候溫度變化因素（將影響到顧客用餐需求、食材品質，及製備方式等。例如：天氣寒冷時，火鍋的生意會比較好，相關冷食供應量，相對就可以減少），配合調整餐食生產規劃，例如：天冷又下雨日往往會降低來客數、食材品質則會因爲季節而改變、烘焙時間會因溫度及溼度變化而受到影響，因此在規劃生產時，一定要注意氣象預測。

(5)節慶假日如聖誕節、新年及母親節等節日活動，都會影響顧客需求，應該設計特別菜單，並進行行銷活動，來吸引顧客，並根據菜單及預約訂席資料，來調整食材準備工作及生產規劃。

7.採購量計算

依據規劃生產量，考量可食率（廢棄率）來計算採購量：

(1)各食材需求量：參照標準食譜的產出分量，及每份分量，來預估所需材料及數量，例如：週日需準備海鮮炒飯900人份，而海鮮炒飯標準食譜設計基準爲100人份，因此900人份÷100人份＝9（倍），必須將食譜內所有材料，乘以9才是採購數量（但是調味品等需要另外估算，並非適合等比率增加）。

(2)各食材採購量：計算每種材料的可食用部分（Edible Portion, EP）除以產出量百分比（Yield%），計算出採購量。例如：蝦子1公斤，可食用蝦仁部分爲600公克（新鮮蝦子去頭、去殼；冷凍蝦子則包冰率約40%），計算產出量百分比爲600公克÷1,000公克=60%，若依標準食譜需要蝦仁1公斤，則需採購1公斤÷60%＝1.67公斤蝦子。

(3)各食材包裝採購量：選擇最接近的採購包裝規格或單位，如公斤、箱、盒、袋等。例如：試算出需要1.67公斤蝦子，若蝦子包裝規格2公斤一袋，則採購數量爲一袋，以日爲計算基準（即同一天早餐、早點、午餐、午點、晚餐及晚點等，會用到的蝦子，都一併納入計算）。

(4)實際採購量：參考目前庫存量、平日用量、運送時間、貯藏空間，及預備量，再決定採購數量。

(5)塡寫申購單：要註明清楚送達日期及時間、產品名稱、品質、包裝規格、數量、單價及合計金額等資料，完成訂貨手續。撥發時，與規劃生產量同樣時日，進行撥發作業。基本上如果採購時，沒有發生缺貨或短少狀況，則撥發種類與數量，會與規劃量相同；不過實務上，有時採購的食材缺貨、有瑕疵，或是數量不足而換貨時，就必須修改規劃生產量與品項，結報時也需注意。

8.標準食譜之數量控制

(1)預估供膳人數：考量供膳人數、可能平均每種菜被點選量、預估供應菜餚數量及每道菜應準備之數量。例如：預估供膳人數爲100人、可能平均每種菜被點選量兩次，與供應菜餚10道時，則每道菜應準備之數量爲（100×2）/10＝20份。

⑵預估每份最低供應量

①飯：男性約400公克／份；女性約240公克／份。

②麵條：男性約400公克／份；女性約300公克／份。

③葷菜：可食部分約每份60公克。

④半葷菜（如青椒炒肉絲）：不含湯汁約每份100～120公克。

⑤青菜：不含湯汁約每份100～120公克。

⑶列入主要材料與比率，如：炒四色

①胡蘿蔔30%；

②玉米粒30%；

③青豆20%及；

④筍20%。

⑷預估每份成品之重量及供應份數，並確定採購規格（如香菇是乾香菇或新鮮香菇；豬肉是五花肉、梅花肉、里肌肉、前腿肉或後腿肉；雞肉是使用雞腿、含骨含皮雞胸肉或去骨去皮雞胸清肉）。

⑸考量可食部分（占採買量之比率）：如雞胸肉85%（即廢棄率15%）、海鰻76%、胡蘿蔔78%、玉米粒36%、青豆38%及筍35%。

⑹考量膨脹縮收率：如糯米268%、1：4蓬萊米與再來米285%（膨脹2.85倍）、瘦肉絲92%（收縮0.9倍）、香菇300%、蝦米150%、海鰻76%、胡蘿蔔92%、玉米粒101%、青豆96%及筍100%、雞胸肉69%。

⑺範例

①飯：假設要供應100人份（其中男性與女性各一半），使用1：4蓬萊米與再來米混合，膨脹縮收率285%，供應男性，每份（每位男性吃飯量）最低供應量400公克、女性240公克成品量，則所需要之米量爲（400×50+240×50）/285%＝11.2公斤。

②油飯：供應100人份，成品每份360公克（飯300公克、配料60公克——瘦肉絲45公克、香菇10公克、蝦米5公克），膨脹縮收率糯米268%、瘦肉絲92%、香菇300%、蝦米150%，則

A.糯米＝（300×100）/268%＝11.2公斤。

B.瘦肉絲＝（45×100）/92%＝4.9公斤。

C.香菇＝（10×100）/300%＝0.033公斤。

③葷菜：海鰻供應100人，可食部分（占採買量之比率）76%，膨脹縮收率92%，供應每份最低供應量60公克，則需要量＝60/（92%×76%）＝90公克／份。

④半葷菜：豆芽拌雞肉絲，每份成品100～120公克，供應100人份，雞胸肉占可食部分85%，膨脹縮收率96%，因此總成品需要100～120公克×100人＝10～12公斤；其中

A.雞肉6～7.2公斤。

B.豆芽4～4.8公斤。

⑤蔬菜：炒四色100人份。

A.胡蘿蔔＝3/（78%×92%）＝4公斤。

B.玉米粒＝3/（36%×101%）＝8.5公斤。

C.青豆＝2/（38%×96%）＝5.3公斤。

D.筍＝2/（35%×100%）＝6公斤。

㈢循環菜單之設計

1.先列出主食類，如飯、麵等等，再依序分別列出主菜、半葷菜、當令青菜、豆蛋類及湯之次序，並進行設計。

2.決定菜單之類型，消費者可以選擇或是不能選擇。

3.決定製作份數。

4.決定一人份標準供應量。

5.列出循環菜單，註明供應之餐次、菜單名稱與供應日期。

6.範例：100人份自助餐，葷菜四選一，素菜五選二之菜單設計

⑴葷菜份數：（1×100）/4=25份。

⑵素菜份數：（2×100）/5=40份。

⑶葷菜每份份量70公克、素菜100公克。因此每道葷菜需要1.75公斤（70公克×25人）、素菜需要4公斤。

⑷葷菜菜單

①黑胡椒雞柳：雞柳1.875公斤（縮收率20%）、胡椒醬0.25公斤。

②洋蔥豬大排：豬大排1.875公斤（縮收率20%）、洋蔥0.25公斤、醬

油、米酒、地瓜粉、鹽及油等適量。

③糖醋里肌。

④炸魚排。

(5)青菜菜單

①炒青江菜：青江菜4.7公斤（縮收率15%，即生青江菜4.7公斤，煮熟縮收成4公斤）。

②炒青花菜：青花菜3.64公斤（縮收率－10%，即煮熟後增重10%；因此生青花菜3.64公斤，煮熟後成為4公斤）。

③炒四色。

④燙芥藍菜。

第二節　撥發與採購

採購與食品安全品質息息相關，過去市場「千葉火鍋」因為善用採購經過之優勢，由超商轉戰餐飲業時，結果異軍突起獲得優異成績；而採購則與成本關係非常密切，因應臺灣不斷發生的食品安全事件（瘦肉精、塑化劑及毒澱粉等），餐飲業食材採行之把關，必須更加嚴格，但是也必須開始注意配合環保與綠色採購之國際趨勢。

以標準食譜高麗菜乾燒肉為例，100人份需要腿肉塊9公斤。

一、100人份高麗菜乾燒肉標準食譜（表5-2）

表5-2　標準食譜：高麗菜乾燒肉（100人份）

食材編號	品名	分析數量	單位	提前撥發日數
113-101	醬油	0.5	桶	1
113-104	鹽	0.1	公斤	1
113-139	米酒	0.3	瓶	1
114-101	沙拉油	1	桶	1
101-101	腿肉塊	9	公斤	2
107-126	蔥	0.2	公斤	1

107-129	薑	0.2	公斤	1
107-132	蒜末	0.1	公斤	1
107-504	高麗菜乾	1.2	公斤	1

註：

1.101～101之腿肉塊，因為是冷凍肉，需要提前兩天前撥發，以利其解凍。（攝氏負18度）。

2.實際撥發數量是以整數為單位。

二、實際150人份高麗菜乾燒肉撥發量（表5-3）

表5-3　實際高麗菜乾燒肉（150人份）需求量（將表5-2乘以1.5倍，獲得150人份之數量）

食材編號	品名	分析數量	實際撥發數量	單位	提前撥發日數
113-101	醬油	0.75	1	桶	1
113-104	鹽	0.15	0	公斤	1
113-139	米酒	0.45	0	瓶	1
114-101	沙拉油	1.5	2	桶	1
101-101	腿肉塊	13.5	14	公斤	2
107-126	蔥	0.3	0	公斤	1
107-129	薑	0.3	0	公斤	1
107-132	蒜末	0.15	0	公斤	1
107-504	高麗菜乾	1.8	2	公斤	1

註：1.實際需求量（150人份）係將標準食譜（100人份）乘以1.5倍換算得出。

2.實際撥發數量是以整數為單位。

三、實際150人份高麗菜乾燒肉採購量（表5-4）

表5-4　實際高麗菜乾燒肉（150人份）採購量

食材編號	品名	分析數量	實際撥發數量	單位	庫存量	安全庫存量	採購量
113-101	醬油	0.75	1	桶	10	5	0
113-104	鹽	0.15	0	公斤	5	3	0
113-139	米酒	0.45	0	瓶	100	50	0

114-101	沙拉油	1.5	2	桶	20	15	0
101-101	腿肉塊	13.5	14	公斤	110	100	4
107-126	蔥	0.3	0	公斤	5	0	0
107-129	薑	0.3	0	公斤	5	0	0
107-132	蒜末	0.15	0	公斤	5	0	0
107-504	高麗菜乾	1.8	2	公斤	10	8	0

註：採購量係以實際撥發數量＋安全庫存量－庫存量而獲得。如醬油撥發1桶，原庫存量10桶，因此撥發後還剩下9桶，大於安全庫存量，因此不用採購。而腿肉塊撥發14公斤，原庫存量110公斤，因此撥發後還剩下96公斤，小於安全庫存量100，因此至少需要採購4公斤。

四、150人份高麗菜乾燒肉撥發及採購後之庫存量（表5-5）

表5-5　撥發採購後之庫存量

食材編號	品名	分析數量	實際撥發數量	單位	原庫存量	採購量	安全庫存量	撥發後庫存量
113-101	醬油	0.75	1	桶	10	0	5	9
113-104	鹽	0.15	0	公斤	5	0	3	5
113-139	米酒	0.45	0	瓶	100	0	50	100
114-101	沙拉油	1.5	2	桶	20	0	15	18
101-101	腿肉塊	13.5	14	公斤	110	4	100	100
107-126	蔥	0.3	0	公斤	5	0	0	5
107-129	薑	0.3	0	公斤	5	0	0	5
107-132	蒜末	0.15	0	公斤	5	0	0	5
107-504	高麗菜乾	1.8	2	公斤	10	0	8	8

第三節　採購原則與前置作業

一、影響食物價格因素

(一)食物的季節性

蔬果價格受到季節性之影響最大，在盛產期時價格較低；海鮮產量也受季節及氣候影響（如果是屬於養殖性海鮮則受影響較小，價格較低且平穩）。加工食品則比較不受季節性影響，如豆腐及豆乾……等。

㈡產銷狀況

家畜及家禽之價格，會隨產銷狀況而定；蔬果類如遇到颱風等天災，將造成供應失調，將造成價格巨幅上揚，為避免價格波動過大，一般團膳因為使用量大，均需簽定契約或與農民簽契作契約。

㈢包裝規格

同一品牌或等級的食物，大包裝之單位價格較小包裝之單位價格低。

二、一般選購原則

適質——指採買符合規格，以經濟、實用及衛生為主要之原則。適量——依產製計畫、庫房大小及採購方式擬定。適時——蔬果以季節性者為主，乾料物質最好在充足、價低時採購。合理價錢——以維持良好的採購品質。良好的服務——考慮服務較好的廠商。適時交貨——廠商是否依規定之時間及地點，做最適當的交貨。

㈠肉類

家畜類選購無黏液流汁、淤血、不良顆粒及異臭者。豬肉選購瘦肉呈粉紅色或玫瑰色、富彈性有光澤、肉層分明、肥肉色堅韌；因脂肪含量比雞肉高，纖維較其細緻；腰內肉，是豬肉中最嫩的部位。牛肉選購肉質呈鮮紅色、有光澤、堅韌，及肉紋細緻者。羊肉選購肉色淡紅、肉質細嫩，具特殊風味者。家禽類選購胸肉柔軟有彈性、無瘡痕及不良顆粒、目光潤澤及肛門無黏液或鬆脫者。內臟選購肝臟較肥厚、筋少、彈性佳、無斑點，及無積水者為佳。腸則選購粗細一致、無特殊腥臭味者。海鮮類選購——魚類選擇眼睛光亮透明、鰓鮮紅、鱗緊密不脫落、魚肉結實有彈性，及富光澤者。蝦類選購蝦頭與身體不易分離、蝦身堅硬具光澤及自然色者。貝類選購殼緊閉不易開啓、互相敲擊有實聲、外觀正常無異味者。蟹類選擇色青、肢體完整、腹部呈白色者，以甲殼結實、質重者為佳。肉類多選用具有CAS標誌者。

㈡蛋類

鮮蛋選購蛋殼外表，附有角皮層、具粗糙感、無污染及破損者。在6%食鹽水應會下沈，氣室愈小愈好。打開後，蛋黃光挺完整、彎曲度高。蛋白則濃厚透明、無血絲。洗選蛋選購經洗蛋機（添加兩性消毒水及碳酸鈉等洗潔劑）清洗乾燥後，分級包裝者，可減少外殼菌數，採購時需要注意到，標示加工日期。皮蛋選購注意標示完整、外殼無黑褐色斑點、蛋白呈透明黃褐色（或有松花結晶）、蛋黃表面呈乳色、內呈淺藍至深綠灰色糊狀者。

㈢乳品

選購乳汁呈乳融狀液體，無凝固分層、酸及油臭味。搖動乳瓶不易起泡、具乳香，乳汁滴在指甲上成球狀者。鮮乳選購100%生乳製成，依乳脂肪含量分級。一般鮮乳之殺菌方法，有高溫瞬間殺菌法、超高溫瞬間殺菌法及巴斯德殺菌法等，價格與品質均有所不同，需要注意。保久乳選購以經商業式殺菌，可以在室溫下貯存者。調味乳及發酵乳，選購調味乳生乳為50%以上者（否則可能全部是香料與色素）；發酵乳應有乳酸菌成分，最好是活菌（必須放在冰箱冷藏貯存者）。奶粉選購，呈乳白色、大小一致、粉末無結塊、雜質、酸味或不良氣味者。罐裝乳品如濃縮煉乳，選購罐形完整、無鏽蝕、變形及膨罐者。

㈣脂肪

動、植物油選購油質清澈、無雜質及泡沫、無異味。包裝、封罐完整，及標示清楚完全者。奶油或人造奶油，選購包裝完整、無髒污或油溼現象，及顏色均勻無雜質者。沙拉醬選購包裝封口完整、無氧化油臭味膠狀物或乳油分離現象者。麻油選購香味濃，無沈澱及油臭味者。油脂應選購具有GMP或正字優良標誌者。

㈤蔬果

葉菜類選購莖葉肥厚鮮嫩，完整有光澤、無斑痕及枯萎者。根莖瓜果類，選購肥嫩圓實正直、新鮮甜美、沈重感、無發芽，及表皮光滑無斑點者。水果類選購果皮完整有光澤、沈重感、無斑點、果實堅實飽滿，及熟度適中者。

㈥穀類雜糧

選擇穀粒堅實、均勻完整，無發霉、無砂粒、蟲等異物者。太白粉選擇粉質乾爽、無結塊、異物及異味者。馬鈴薯、芋頭等根莖類，選擇表皮清潔完整、堅實豐滿、無損傷、發芽及長黴者。

㈦罐頭食品

選購時應注意罐形正常、無生鏽、膨罐或內陷。包裝、封罐完整，標示清楚完全等事項。如為低酸性食品，應選用具有行政院衛生福利部食品藥物管理署罐頭查驗登記字號的產品。

㈧冷凍食品

應選購包裝完整，標示清楚；無解凍、凍燒、結霜現象；組織硬且結實、貯存在－18℃以下。解凍後盡快使用完畢，不可再冷凍以免影響品質。

三、採購前置作業

㈠蒐集資料

1. 價格：來源有農糧署官方網站公告價格、報紙（如工商時報等）所刊登之每日公告價格、市場調查資料、各著名工廠廠價、同業公會牌價、過去之採購價格紀錄、臨時採購時可向相關廠商進行詢價，或平時自其他機構調查紀錄之價格。
2. 市場供應品項與類別

⑴蔬菜種類：請注意同一項食品有不同的類別。

①甘藍（初秋、初秋留外葉、初秋不留葉、改良種、改良種留外葉、改良種不留葉、甜甘藍、甜甘藍留外葉、甜甘藍不留葉、紫色、紫色留外葉、紫色不留葉、甘藍心、甘藍心留外葉、甘藍芽、甘藍芽不留葉、進口）。

②小白菜（土白菜、土白菜洗、土白菜未洗、蚵仔白、蚵仔白洗、蚵仔白未洗、水耕）。

③包心白（菜包白、包白留外葉、包白不留葉、菜成功白、成功白留外葉、成功白不留葉、菜包頭蓮、包頭蓮留外葉、包頭蓮不留葉、菜天津白、天津白留外葉、天津白不留葉、冬白芽、冬白芽留外葉、大土、進口）。

⑵水果種類

①鳳梨（開英、金鑽鳳梨、香水鳳梨、鳳梨花、蘋果鳳梨、甜蜜蜜、牛奶鳳梨、進口）。

②李（沙蓮李、桃接李、紅肉李、黃肉李、加州李、泰安李、進口）。

(3)水（海）產種類（含養殖與冷凍）：吳郭魚、尼羅紅魚、其他吳郭、鯉魚、鯽魚、草魚、大頭鰱、竹葉鰱、鯁魚、烏鰡、其他鯉類、白鰻、其他鰻類、虱目魚、烏仔魚、豆仔、烏公（台中）、烏母（台中）及金目鱸等。

(4)吉圃園蔬菜種類：大蒜（軟梗）、小白菜（土白菜）、小白菜（水耕）、巴西利、甘薯葉、竹筍（去殼）、竹筍（烏殼綠）及竹筍（綠竹筍）等。

(5)市場具有品牌之水果種類

①木瓜（日豐、月光山、好心情、南芝園、皇之果、紅孩兒、紅透臺灣、紅晶果）。

②芒果（山水美、太陽果、玉之美、南果美眉、南芝園、透紅佳人、綺羅香）、枇杷（虹溪）。

③番石榴（岡山園、綠圓緣、燕之巢、羅漢門）、椪柑（大墩園、欣燦、金碧、豐園）。

④棗子（山水美、岡山園、阿蓮庄、南果美眉、綠圓緣、燕之巢）。

⑤楊桃（水果師、蜜之園）。

⑥葡萄（內茅埔、玉珠葡萄、紫蜜、黑紫玉、綠色集吉）。

⑦葡萄柚（蜜柑園、顧保鮮）。

⑧鳳梨（天香園、心感讚美鮮、透紅佳人、富來旺、酩雄香、蜜柑園、羅漢門）。

⑨蓮霧（水姑娘、芙華蘿莎、南果美眉、南芝園、透紅佳人、頂峰、黑度紅、綺羅香、鮮果奇緣）。

⑩雜柑（紅晶果）、釋迦（日昇晏）。

⑪洋香瓜（古都府城薌、季季欣、岵屺、將軍鄉農會、滿園香）。

⑫荔枝（大里大禮、富來旺、鮮果奇緣、羅漢門）。

⑬桶柑（大墩園、月饗眉香、錦華園）。

⑭梨（果珍極品、青果社台中分社）。

⑮甜瓜（心感讚美鮮、清純、酩雄香）。

⑯甜柿（果珍極品）。

⑰小番茄（古都府城薌）、小番茄（新港鄉農會）、木瓜（天香園）。

(6)家禽種類：白毛鴨、仿雞、白肉雞、紅羽土雞、黑羽土雞。土雞上貨公、土雞上貨母、雞蛋、肉鵝（白羅曼）、正番鴨（120天）、土番鴨（75天）。

(7)羊種類：閹公羊（黑色）、閹公羊（雜色）、閹公羊（白色）、女羊、淘汰羊（公羊）、淘汰羊（母羊）。

第四節　採購注意事項（市售食品常見衛生安全問題）

2013年媒體報導，臺灣民衆經常以形補形進行食補，但是一旦錯補，對於生殖器還是沒有幫助；針對勃起障礙男性，許多民衆喜歡採購狗鞭、羊睪丸及豬尾巴等食材進行食補，因爲臺灣民衆普遍有「吃形補形」的想法；但是實際上，這些食材因爲所含的膽固醇過高，如果經常食用，反而會讓男性的攝護腺更加肥大，將導致相反效果。

由於採購原料，可能包括有重金屬、農藥、微生物及抗生素之污染。因此原料的管制，是屬於非常重要的一環。因爲原料若是遭到生物性、化學性或物理性危害，在之後的過程中，是很難加以去除的。例如：沙拉所用的生菜，如果在栽培過程中已經遭到農藥、病原菌或寄生蟲等污染，在清洗和消毒時，即使延長清洗時間，或提高消毒劑之濃度，也是徒勞無功的。2006年發生的美國有機菠菜遭到病原性大腸桿菌O157：H7污染，導致2人死亡，即爲例證。市售國產食品，常見可能之衛生品質問題如下：

一、肉製品

普遍違規之問題，包括加工肉品超量使用保色劑：亞硝酸鹽，及超量使用防腐劑（採購時預防之方法，可以請廠商提出安全保證之證明文件；雖然也可以自己檢驗，但是因爲檢驗需要時間，一般當檢驗結果出來以後，可能購買之肉品已經使用或食用了，以下其他衛生安全之預防方法，可以依據自己團膳特性而訂定）。即食性之高水活性食品（如西式火腿或香腸），販賣時沒有冷藏或冷凍（如市場攤販），易造成微生物之增殖，或食品中毒之可能。水產煉製加工品：非法使用過氧化氫漂白，非法添加硼砂以增加脆度。加工鹹魚：違法使用黃色色素鹽基性芥黃及紅色二號色素。新鮮活蝦：歐索林酸（抗生素）超量殘留。生鮮肉品：未經屠宰衛生檢查、抗生素殘留，或磺胺劑超量等。

二、乳製品

超過保存期限、保存溫度不當及內容物與標示不符。蛋品：沙門氏菌污染。皮蛋：含鉛、銅量超過衛生標準。發酵食品：來源不明、標示不完整。

三、新鮮蔬菜水果

違法使用任何色素、殘留農藥。洋菇、蘿蔔：使用螢光增白劑漂白。花生、玉米及其製品：遭黃麴毒素污染等。

四、酸菜及黃蘿蔔

非法使用黃色色素鹽基性芥黃。蘿蔔乾：非法使用吊白塊漂白。罐裝：沒有酸化。蜜餞：違法使用人工甘味料、防腐劑、色素及漂白劑等，含有異物及蚊蟲污染。糖果：包裝紙顏色滲出而污染食品，及使用非法定之色素。特殊營養食品：未向行政院衛生福利部食品藥物管理署核備。來源不明，標示不完整。兒童玩具食品：防腐劑、色素及漂白劑等問題；所附之玩具，不安全可能對小朋友造成傷害。

五、麵類製品

違規使用硼砂或防腐劑（苯甲酸鹽等）、非法使用過氧化氫，作爲漂白劑或殺菌劑。使用未取得食品藥物管理署許可字號之純鹼（氫氧化鈉），添加於油麵；或生麵（陽春麵）使用沒有食品藥物管理署許可字號之重合磷酸鹽。烘焙食品：因爲油脂酸敗，而產生油耗味、餅乾失去脆度、烤盤不潔底面呈現黑色、使用不潔或不良的包裝紙及盒子、沒有包裝產品，沒有準備專用、清潔的夾子或籃、盤子，供應消費者取用、不新鮮或超過保存期限。速食麵：油脂酸敗、軟化或販賣地點陽光直接照射。

六、黃豆加工食品

豆乾、豆皮類超量使用防腐劑、違法使用非法定色素鹽基性芥黃及紅色二號色素。豆乾絲、豆皮類及豆乾捲等，非法使用過氧化氫，以及使用違規吊白塊進行漂白。印有橘紅色大戳印之黃豆乾，大部分皆有違規色素使用之情形。麵腸：違規使用過氧化氫漂白及違規添加防腐劑。板條及鹼粽：非法添加硼砂。食用油脂：散裝、來歷不明、標示不完整，或違規強調具有降低膽固醇功效等。

七、冷凍食品

結霜、包裝不完整（塑膠袋打洞或以訂書機封口）、解凍不當、二重標示保存販售（同時標示冷藏與冷凍之保存條件，易造成品質不易控制）、販售時沒有依照製造業原來制定之保存條件。冷藏食品：超過保存期限、冷藏不當及有異味。罐頭食品：來源不明或標示不完整、沒有進口商或製造廠商之名稱、地址等、嚴重凹凸罐、鏽罐、自動販售機之不當保溫販售、酸化罐頭未酸化完全（pH值在4.6以上）。味精：未經食品藥物管理署查驗登記並取得字號（味精屬於食品添加物需查驗登記）。進口食品：來源不明、標示不完整（如沒有進口商及製造廠名稱及地址等）、超過保存期限、未以中文顯著標示，及內容物不詳等。

八、飲料

廣告違反規定及影射醫療效果。

九、餐盒食品

長時間置於室溫下販售，使得病原菌得以大量繁殖、來歷不明、未標示製造商名稱、地址或包裝容器以釘書針縫合。

第五節　採購作業

在一般的團膳，採購人員一直是處於幕後，也就是「幕僚單位」，他們並沒有像前場的服務員一樣，直接和客人接觸，所以不需像服務員一樣，整天的待在固定的場所。相對的，他們的工作時間，也跟團膳其他人員不太一樣，一般採購的工作環境，大部分是在後場，時間從早上9：00到下午5：30，假日有時需輪班。可是由於需要配合團膳外場的工作時間，所以加班的機會較多，也因爲有時必須到外面去跟廠商洽談或議價，所以工作場所也就比較沒有固定。如果團膳的採購人員，需要自己到市場買菜的話，上班時間就必須非常有彈性，有時可能是在凌晨出發至批發市場（特別是魚市場或蔬果市場）；而連鎖企業的團膳，採購因爲可能不是在當地購貨，工作時間可能是晚上進行較多，例如：在晚上下訂單，再由中央工廠運送、分配；但是如果是政府機構之採購人員，多半還是正常上下班（除非工作沒有做完）。

一、規格訂定

㈠種類

以苦瓜爲例，市場依照其品種，可分爲白大米、青大米、山苦瓜、翠綠與進口等。甘藍可分爲初秋、初秋留外葉、初秋不留葉、改良種、改良種留外葉、改良種不留葉、甜甘藍、甜甘藍留外葉、甜甘藍不留葉、紫色、紫色留外葉、紫色不留葉、甘藍心、甘藍心留外葉、甘藍芽、甘藍芽不留葉及進口等品種。包心白菜可分爲包白留外葉、包白不留葉、菜成功白、成功白留外葉、成功白不留葉、菜包頭蓮、包頭蓮留外葉、包頭蓮不留葉、菜天津白、天津白留外葉、天津白不留葉、冬白芽、冬白芽留外葉、大土及進口等品種。水果之鳳梨可分爲開英、金鑽鳳梨、香水鳳梨、鳳梨花、蘋果鳳梨、甜蜜蜜、牛奶鳳梨及進口等品種。番石榴可分爲珍珠芭、泰國芭、帝王芭、世紀芭及水晶無子等品種。芒果可分爲愛文海頓、紅龍玉文、本島、凱特、土改台一、金煌、聖心及芒果青等。種類不同，價格自然不同，需要採購前事先確定。

㈡等級（規格）

衆所周知特優等品之價格高於優等，優等品價格高於良級品，特殊規格價格高於大量使用規格價格，均是採購前需要注意的。例如：蘋果四個1斤與三個1斤之價格不同；二十尾1斤的蝦子與十五尾1斤的蝦子也是價格不同。因此規格之製定必須合理、公正、完整、普遍又不太瑣碎，才能鼓舞合格廠商踴躍報價，採購人員也達成前述之適質、適價、適時及適量的目的。

採購前一般會建議使用單位，盡量參酌國內外著名廠商的產品目錄資料製定規格。而明確合理的規格，至少可以提供下列之利益：提供買賣雙方交易之依據、便於核算成本或提供報價、可擴大報價廠商，達到競爭目的、防止弊端，除去投機取巧及促進交貨順利圓滿。而規格如果製定過嚴，其所產生之問題將有：成本偏高及缺乏供應來源。以下即針對種類與規格舉例提供參考。

㈢豬肉類規格（表5-6）範例

食材名稱（品名）	單位	規　　格
腿肉塊	公斤	以後腿肉切成各邊為2.5～3.5公分立方塊。碎塊總量不得超過5%（碎塊指長、寬、高小於1公分）。
腿肉片	公斤	以後腿肉切成長寬各4～6公分，厚度0.2～0.3公分肉片。不得以合成肉切割，粗脂肪不超過總重7%，碎片不超過總重10%。
腿肉絲	公斤	以後腿肉切成4～6公分長，厚0.4～0.6公分肉絲。不得以合成肉切割，粗脂肪不超過總重7%，碎肉不超過總重10%。
腿肉丁	公斤	以後腿肉切成肉塊各邊為1.2～1.5公分肉丁。不得以合成肉切割，粗脂肪不超過總重7%，碎片不超過總重10%。
五花肉塊	公斤	外層脂肪少於1公分（平均值），抽取肋骨，含肋間肌，切除腹部多餘脂肪的五花肉切成各邊為2.5～3.5公分立方塊。碎塊總量不得超過5%（碎塊指長、寬、高小於1公分）。提供帶皮及不帶皮兩種供選擇。
腿肉絞肉	公斤	以後腿肉塊絞成，不可摻雜其他碎肉，粗脂肪率不得高於15%。
里肌肉條	公斤	覆脂低於1公釐之大里肌（沿腸肋肌前端和背中線平行切離之背脊或里肌心）。直徑7～9公分，成整條狀每條約2.5公斤，粗脂肪8%以下。
里肌肉片	公斤	以第七項里肌肉條切片包裝，每片約75～90公克，每公斤約12～13片，不得有碎肉。
帶骨里肌肉	公斤	沿腸肋肌前端和背中線平行切離之背脊，帶骨、去皮，限含脂肪3公釐以下，每公斤切成8片、10片二種規格。

肩胛排（中排）	公斤	去胸骨、龍骨之肩胛排，覆肉平均1～2.5公分，切成3～4公分寬塊狀。
子排（小腩排）	公斤	去胸骨、含肋骨、肋軟骨、肋間肌及部分腹脅肉之小腩排，覆肉平均2～2.5公分，切成3～4公分塊狀。
豬腱	公斤	去皮、骨、無覆脂之前腿外腱，每個重約150～300公克。
前足長	公斤	前腳含皮、骨，及前腿內、外腱肉，每公斤約10塊。
大骨	公斤	腿骨一副，包括前腿一隻、後腿兩隻約0.7公斤。
梅花肉	公斤	去除骨、軟骨、韌帶、筋腱、碎肉、淋巴結之上肩肉，表面脂肪修整為1公釐以下，每條約1.8～2公斤。
豬肚	個	完整處理好，不含內容物，無異味，以「個」計價，顏色正常，每個熟重約0.6公斤。

共同規格：

1.產品包裝需註明廠牌、品名、製造日期、保存期限，且為一個月內產品，並且成品不得有油耗味（騷味）。

2.運輸過程以冷凍車運送。

3.為領有CAS或FGMP工廠產製。

4.容許規格誤差±10%。

5.以1公斤與3公斤為包裝單位（每一包裝單位均需註明製造日期）。

㈣牛羊肉規格（表5-7）

食材名稱（品名）	單位	規格
牛腱	公斤	牛前、後腿紡錘形束修製成，整條包裝。
牛腱切塊	公斤	由牛腱切塊，長度約5公分，寬約3公分，厚約1.5公分。
牛肋條塊	公斤	由牛肋條肉切塊，90%瘦肉，長度約5公分，寬約3公分，厚約2公分。
牛肉絲	公斤	100%瘦肉，由牛後腿肉切絲，長度約5公分，直徑約0.5公分。
牛肉片	公斤	100%瘦肉，由牛腿肉切片，長度約5公分，寬度約2.6公分，厚約0.5公分。
羊肉片	公斤	長度約5公分，寬度約2.6公分，厚約0.5公分。

共同規格：需附進口證明，牛腩、肋條塊、牛肉絲、及牛肉片需用小包裝。以1公斤與3公斤為包裝單位。

㈤雞鴨肉（表5-8）

食材名稱（品名）	單位	規　　格
棒棒腿	公斤	在大腿關節部位分切至骨輪後，將脛關節部位切斷，然後再將膝關節分切後之部位，每隻約120、150±10公克二種規格。3公斤包裝。
雞排	公斤	將骨腿切掉棒棒腿後之部位，每塊約150、170±10公克二種規格。3公斤包裝。
光雞	公斤	去除頸部、腳及內臟後之部位，每隻約1.5～2公斤。
雞翅	公斤	從翅膀上至翅膀尖端全部，每隻約110±10公克。3公斤包裝。
去皮清肉	公斤	將雞胸肉部位經過去骨後之部位，去皮。3公斤包裝。
去皮清肉丁	公斤	將去皮清肉切成1.2～1.5公分丁塊。
骨腿	公斤	以縱的方式分切雞背的中央，並將胸椎和腸骨的接合部位切斷，且於下部腳蹴爪部位上方切斷，每隻約220±20公克。
骨腿切丁	公斤	以上面之骨腿，每隻切成7～8塊。
半土雞骨腿	公斤	以縱的方式分切雞背的中央，並將胸椎和腸骨的接合部位切斷，且於下部腳蹴爪部位上方切斷，每隻約220±20公克。
光鴨	公斤	脖子切至與肩膀平行，翅膀切至與關節平行，不帶腳，去內臟，品質新鮮，每隻約1.8公斤。
翅腿	公斤	翅膀上腕部分，每公斤13～14支或24～25支。

共同規格：

1.產品包裝需註明廠牌、品名、製造日期、保存期限。

2.運輸過程以冷凍車運送。

3.需另外加工者，每公斤加工費5元，加工規格由本室自訂，加工耗損量由廠商自行吸收。

4.需為領有工廠登記證之廠商或合作社產製。

5.以1公斤與3公斤為包裝單位。

㈥水產品（表5-9）

食材名稱（品名）	單位	規　　格
魩仔魚	公斤	不含螢光劑，乾淨。
鱈魚	公斤	處理好，切片，6～8片／公斤。
白帶魚	公斤	中段，大塊6～8片／公斤，小塊8～10片／公斤。

白北魚	公斤	1.2公斤／尾，處理好，切片，8～10片／公斤。
小石斑魚	公斤	處理好，6～7尾／公斤。
旗魚肉片	公斤	清肉，去皮、去骨（含軟骨），大塊7～8片／公斤，小塊8～10片／公斤。
小白鯧	公斤	處理好，8～10尾／公斤。
肉魚	公斤	處理好，8～10尾／公斤和5～6尾／公斤。
秋刀魚	公斤	處理好，10～12尾／公斤和6～8尾／公斤。
小黃魚	公斤	處理好，6～8尾／公斤。
鱔魚	公斤	去頭、尾，處理好。
鱸魚	公斤	中段，大塊6～8片／公斤，小塊8～10片／公斤。
吳郭魚	公斤	處理好，3～5尾／公斤。
鮭魚	公斤	新鮮，未鹽漬，10～12片／公斤。
不連背虱目魚肚	公斤	4～5個／公斤，處理好，一個對剖成二片。
鯛魚片	公斤	無刺，90～110公克／片。9～10片／公斤。
草魚中段	公斤	中段，大塊6～8片／公斤，小塊8～10片／公斤。
鯊魚肉塊	公斤	整塊，清肉，去皮、骨，切塊、大小一致。
魚漿	公斤	新鮮魚漿，不得附泥沙、魚骨、魚皮。
脆丸	公斤	新鮮魚肉，無雜物、異味、硼砂、螢光劑。
甜不辣	公斤	新鮮，無異味，不含硼砂、螢光劑。
水漬鮪魚罐	罐	內容量1.7公斤以上。固型物1.3公斤以上。
帶骨鹹魚	公斤	鯖魚鹽漬，外形完整、無異味、無雜物。
生干貝	公斤	150～170粒／公斤，包冰30%以下。
草蝦仁	公斤	70～88隻／磅，包冰40%以下。
中草蝦	公斤	31～35尾／磅。
生魷魚絲	公斤	處理好，切段，每段長6公分、寬約2公分。
泡魷魚	公斤	0.5尾／公斤，處理好，切好（花），約長6公分、寬2公分。
花枝肉	公斤	處理好，5～8尾／公斤，去頭。
乾魷魚絲	公斤	無異味。
熟小管	公斤	30～35尾／公斤，處理好。
鹹小管	公斤	100～120尾／公斤，加工、乾燥、無異味。
海參	公斤	6～8尾／公斤，整隻、完整、處理好不含沙。
蛤蜊	公斤	70～75個／公斤。
蚵仔	公斤	完整、無異味。

共同規格：
1.處理好：意思為去鱗、去鰓、去內臟。
2.需為領有工廠登記證之廠商所產製。
3.冷凍魚類包冰率30%以下。
4.冷凍蝦及蝦仁包冰率40%以下。

(七)蛋（表5-10）

食材名稱（品名）	單位	規　　格
洗選蛋	公斤	為洗選蛋，每個重60～68公克，蛋殼為清潔粗糙、正常、無破損、色澤一致，無異物、污斑，外型正常，蛋白濃厚、無異物，蛋黃固定、胚盤無發育，氣室完整、無氣泡。
熟鹹蛋	個	鹹蛋剝殼後蛋白凝固潔白有光澤，多於一側露出蛋黃。煮熟之蛋黃，色澤與生鹹蛋黃完全相似，剖面呈均等鮮豔粉塊組織，黃白密接，分離時互有黏著。
皮蛋	個	以採用新鮮鴨蛋為原料，外觀如鮮蛋之外形，無破損腐敗、不得有黑色大小不等或針孔大小之斑點、蛋白凝固為囊狀半透明膠體，呈茶色或黑褐色、蛋黃凝固為扁圓形，外表呈深綠色，中心為墨綠色或黃綠色、蛋黃蛋白分離，無刺鼻之異味。

(八)液體蛋（表5-11）

食材名稱（品名）	單位	規　　格
液體蛋	公斤	採用新鮮洗選蛋為原料，無異物及不良氣味，並需包裝良好（不得僅以塑膠袋包裝），不受污染且以冷藏設備與清潔容器運送。需為領有工廠登記證之廠商或合作社產製。

(九)豆漿與豆製品（表5-12）

食材名稱（品名）	單位	規　　格
豆漿	桶	每桶20公升，濃度為原漿與水，比例1：2。單位：桶。
豆腐（嫩）	板	每板25小塊，不得破裂、流水，淨重3公斤，色澤白色至淡黃色。
老豆腐	板	單位：板／公斤。

豆乾	公斤	每個重量不得少於40公克，每公斤約20～25個。
油豆腐（大）	公斤	不得有破裂，形狀完整，每公斤約10～15塊。
油豆腐丁	公斤	不得有破裂，形狀完整。
盒裝豆腐	盒	需有保存期限。單位：盒。

(十)蔬菜規格（表5-13）

食材名稱（品名）	單位	規　格
大白菜	公斤	無花苔。
小白菜	公斤	幼嫩。
菠菜	公斤	不抽苔。
高麗菜	公斤	質脆、去外葉。
青江菜	公斤	幼嫩。
油菜	公斤	無黑斑、破損。
空心菜	公斤	幼嫩、無破葉。
莧菜	公斤	幼嫩、無斷裂、枯萎。
芥藍菜	公斤	幼嫩、無斷裂、枯萎。
龍鬚菜	公斤	脆嫩、無纖維質。
A菜	公斤	質嫩、無破葉。
A菜心	公斤	幼嫩。
芥菜	公斤	幼嫩、無破葉。
生菜	公斤	幼嫩、無破葉。
韭菜	公斤	葉綠、無抽苔。
韭菜花	公斤	鮮白幼嫩、無粗纖維、含苞。
綠豆芽	公斤	質脆多汁。
黃豆芽	公斤	質脆多汁。
花椰菜	公斤	花球緊密、潔白、無黑點。處理好。
青花菜	公斤	花球緊密、綠色無黃花。處理好。
芹菜	公斤	幼嫩、無破葉、去葉、去頭（根）。
蔥	公斤	葉綠、梗堅、細嫩、去頭尾。
紅蔥頭	公斤	無蟲害、無腐爛。
薑	公斤	飽滿、無發芽。
薑絲	公斤	薑加工切成細絲。
薑末	公斤	薑加工切成細末。

㈩水果（表5-14）

食材名稱（品名）	單位	規　　格
哈蜜瓜	公斤	約1個2公斤
美濃瓜	公斤	約1個1公斤
木瓜	公斤	約1個1公斤
蓮霧	公斤	約7個1公斤
橫山梨	公斤	約4個1公斤或2個1公斤
海梨	公斤	約5個1公斤
棗子	公斤	約11個／公斤
洋香瓜	公斤	約1個2公斤
荔枝	公斤	約27個／公斤
柳丁	公斤	約4個1公斤
橘子	公斤	約3～4個1公斤
新世紀梨	公斤	約2～3個／公斤
紅柿	公斤	約6個／公斤
加州李	個	約5個1公斤
蘋果	個	約4個1公斤
奇異果	個	約6個1公斤
香吉士	公斤	約4個1公斤
西洋梨	個	約6～7個／公斤
甜桃	公斤	約8～10個／公斤
玫瑰桃	個	約8～10個／公斤

共同規格：

1.新鮮、無蟲害、無腐爛、無枯萎、無斷裂、無破損。

2.外觀良好、色澤正常、形狀完整、重量均勻。

3.大小中等（不得過大或過小），品級在優級以上（特級、優級、良級）。

4.為優良水果。

5.農藥殘留應符合規定。

㈩冷凍蔬菜（表5-15）

冷凍蔬菜規格：
1.原料：應新鮮、完整、熟度適當、無病蟲藥害。
2.溫度：本品在廠貯存及出廠運輸至本院期間之中心溫度，均不得高於零下18度。
3.解凍後：
(1)固形量：本品（不包冰衣：所稱不包冰衣之冷凍固形量亦即該品之淨重量）冷凍固形量或（包冰衣）解凍後固形量，不得低於包裝所標示者。
(2)色澤：應見鮮明之固有色澤。
(3)形狀：整齊勻稱、個體大小略一致，不可太大或太小。
(4)組織：嫩脆、軟硬適當。
(5)風味：應保持正常固有良好風味，無不良異味。
(6)純潔度：應清潔，不得含有夾雜物。
4.包裝：包裝及材料必須良好乾燥。

㈪米（表5-16）

食材名稱（品名）	單位	規格
特級米	公斤	臺灣省中部生產米，水分含量低於14.5%；夾雜物低於0.1%；碎粒低於10%；異形米低於1%，並符合CNS一等米之品質規定。
胚芽米	公斤	水分含量低於14.5%；夾雜物低於0.2%；碎粒低於1%；異形米低於1%；屑米低於7%，並符合CNS一等米之品質規定。

㈫果汁飲料（表5-17）

食材名稱（品名）	單位	規格
果汁類	箱	品質符合CNS2377清淡果汁，含天然果汁10%以上至不足30%，直接供飲用之飲料，具特有香味而無異味及夾雜物。250（含）毫升以上／罐。每箱24罐以上（含）。
豆奶類	箱	品質符合CNS11139調製豆奶，大豆蛋白2.0%以上，油脂1%以上，具固有色澤、香味良好，無異味及夾雜物、素食可食。250（含）毫升以上／罐。每箱24罐以上（含）。
全脂奶	箱	100%生乳製造（符合CNS3055），乳脂肪3%以上，非乳脂肪固形物8%以上，品質符合CNS3057。每罐200毫升以上（含）。每箱24罐以上（含）。

低脂奶	箱	100%生乳製造（符合CNS3055），乳脂肪3%以上，非乳脂肪固形物8%以上，品質符合CNS3057。每罐200毫升以上（含）。每箱24罐以上（含）。

㈤雜貨（表5-18）

食材名稱（品名）	單位	規　　格
玉米醬	400公克／罐	牛頭牌。
洋菇罐	400公克／罐	不得凹罐、凸罐或鏽罐。
海帶芽	公斤	不得有異物及黏稠感。
乾粉條	包	乾燥、無異味、無雜物。0.6公斤／包。
洋菜	包	約1兩／包。
罐裝奶油	450公克／罐	菊花牌。
沙拉醬	500公克／包	桂冠。
栗子	公斤	去殼、乾貨。
粉皮	包	0.6公斤／包。
乾蓮子	公斤	去心。
全脂奶粉	2公斤	2公斤／包。味全。
立頓紅茶	盒	黃盒／100小包。
李錦記蠔油	510公克／瓶	李錦記（熊貓）。
豆豉	公斤	大同。
豆瓣醬	公斤	天府牌。
甜麵醬	2.4公斤／桶	楊家。
番茄醬	3公斤／桶	可果美。
辣椒醬	2.8公斤／桶	統鑫。
沙茶醬	3公斤／桶	牛頭牌。
咖哩粉	600公克／盒	花果牌印度咖哩粉。
雞湯塊	塊	每盒6小塊。
煉乳	370公克／罐	烏鶖牌。
滷包	小包	約40公克／包。
嫩精	300公克／包	小磨坊。
羊肉滷包	包	140～150公克／包。
盒裝奶油	20小盒／盒	約10公克／一小盒。
芝麻醬	2.7公斤／桶	香王。
豆豉鳳梨醬	公斤	統鑫。

㈥特殊營養食品規格訂定

1.分類：一般建議分為普通、高蛋白、高脂低醣、低蛋白、適量蛋白、免疫、預解、低油預解、兒童元素、成人元素、清流配方、兒童流質、成人流質、糖尿病流質、高蛋白單體、醣類單體、油脂單體，及普通限水等類。

2.形狀：液態或粉末。

3.纖維量：低高、普通或高纖維。

4.包裝：罐裝或鋁箔包裝。

5.比價原則：將規格訂為兩家以上可以共同競爭之項目，例如：市場上之灌食「愛速康」與「管灌安素」，同屬於普通、液態及低渣品項，兩者可以競爭比價，因此規格可訂為⑴符合食品安全衛生管理法第三條特殊營養食品病人用特定疾病配方食品。⑵不含乳糖及蔗糖。⑶蛋白質含量13～14%、脂肪29～37%、碳水化合物50～57%、濃度1.0～1.1大卡／毫升、滲透壓≦300mOsm/kgH_2O。⑷素食者可食。⑸需附贈含杯蓋之環保350毫升紙製供應杯（杯子可微波加熱，杯高8公分）。⑹每罐8盎斯。即訂為符合兩家都適用之規格，但是排除其他不適用品牌，以免採購到不適用之產品。其他規格範例如：

高蛋白質、液態及低渣品項：愛美力HN及愛速康高氮。「①符合食品安全衛生管理法第三條特殊營養食品病人用特定疾病配方食品。②不含乳糖及蔗糖。③蛋白質含量16～18%、脂肪29～37%、碳水化合物46～55%、濃度1.0～1.1大卡／毫升、滲透壓≦300mOsm/kgH_2O。④素食者可食。⑤需附贈含杯蓋之環保350毫升紙製供應杯（杯子可微波加熱，杯高8公分）。⑥每罐8盎斯。」

二、訪詢廠商

將相關往來之廠商，分別建立檔案與連絡電話；依各類別分別適當分類，最好保存各廠商之採購資料（規格與價格等），以利日後採購之參考。

三、底價訂定（開標前）

底價決定或建議：建議底價時，宜一併考量下列因素：廠商應繳納之稅捐或規費、廠商之合理利潤及廠商之履約風險等。參考過去採購案例者，該案例價格之合理性及不同履約時間、環境及條件所可能造成之價格差異、相關物價指數或匯率變動情形、廠商應繳納押標金或保證金之成本，及依法令規定應辦事項之費用。建議底價，得基於技術、品質、功能、履約地、商業條款、評分或使用效益等差異，向上級建議不同之底價。建議底價，應由規劃、設計、需求或使用單位，提出預估金額及其分析後，由承辦採購單位，簽報首長或其授權人員核定。但重複性採購或未達公告金額之採購，得由承辦採購單位，逕行簽報核定。底價之製定，不能單憑主觀印象，和以往的底價或決標紀錄，否則既不客觀也不合理。建議底價可依賴二種方式：一為蒐集價格資料，自行製定：取得估算底價所需資料後，應經過分析研究，然後參酌採購案的各項條件，加計各項必需費用、利息、稅捐及利潤等，計算出價格送至主管核定。另外一種是延聘專業人員估計：有些專業化、技術性程度很高的物品或儀器，必須延聘專業人員，估算底價、及辦理成本分析。

當底價定得太低時，會造成廠商報價偏高廢標。底價定得太高，則浪費團膳之錢財。成本分析，是採購人員追求合理價格的方法之一。通常最常見於底價製作困難、無法確定供應商的報價是否合理時，採購人員會被要求進行成本分析。另外採購金額巨大時，成本分析將有助於將來的議價工作進行。規格決定後，就要進行預估底價。底價就是採購物品時，打算支付的最高價格。訂定底價的益處包括有：控制預算——採購案所建議的底價，依據行情資料，但不能超過預算。防止圍標搶標——採購案如不建議底價，圍標搶標的結果，將使物品品質降低、交貨延期也難以避免。提高採購作業效率——有了底價，採購人員在議價、比價時，即有所依據。若無底價作為規範，則採購人員必須不斷議價，避免圖利他人，因此延遲了訂約交貨的時效。

採購時，假設平常每天薑的使用量是1公斤，大白菜使用量10公斤，如果廠商報價時，將薑之價格大幅降價5元，大白菜卻提高價錢1元；此時如果採購者，以為會賺到而簽訂契約時，結果卻是賠錢，為什麼是賠錢？因為薑降價5元，可是平均每天使用量只有1公斤，等於每天降價5元／公斤；大白菜價錢，雖只提高1元，可是因為其使用量是10公斤，等於提高了10元／公斤，對扣之後，還賠了5元／公斤。因此採購時，不能單純只考慮單項價格，而必須全盤考量。舉例說明，表5-19爲假設市場行情，均爲1公斤20元（當底價），由表5-20甲廠商報價，薑價格比底價降5元，大白菜比底價高1元，合計36元（低於底價——僅採傳統報價方式），比表5-21乙廠商報價，薑19元，大白菜19元，合計38元，看起來是甲廠商比較便宜2元；但是當考慮實際使用量之後發現，表5-22甲廠商報價，單位權值（單位×權值）合計225元，比表5-23乙廠商報價，單位權值（單位×權值）合計209元，反而是甲廠商貴16元，而且高於底價（採單位權值時），因此採購時，必須將使用量之因素納入，並設計出合理計價公式，才不會發生類似情形。

表5-19　底價表

名稱	單位	權值	底價	單位權值（單位×權值）
大白菜	公斤	10	20	200
薑	公斤	1	20	20
合計			40	220

表5-20　甲廠商報價表

名稱	單位	權值	報價
大白菜	公斤	10	21
薑	公斤	1	15
合計			36

表5-21　乙廠商報價表

名稱	單位	權值	報價
大白菜	公斤	10	19
薑	公斤	1	19
合計			38

表5-22　甲廠商報價表

名稱	單位	權值	報價	單位權值（單位×權值）
大白菜	公斤	10	21	210
薑	公斤	1	15	15
合計			36	225

表5-23　乙廠商報價表

名稱	單位	權値	報價	單位權値（單位×權値）
大白菜	公斤	10	19	190
薑	公斤	1	19	19
合計			38	209

四、議價、比價或公開招商考量因素

只向一家廠商購買時（例如：具有獨占性或者金額很少時）會採用議價方式。向兩家以上採購時則爲比價。而政府單位與機構，依據政府採購法之規定，金額超過100萬元以上時，必須採用公開招標方式辦理。

第六節　驗收作業

一、驗收前置作業

㈠驗收前準備之事項

雙方議定之交貨驗收時間、交貨地點、數量、品質、拒收貨品之處理原則與驗收證明書。

㈡驗收時應注意事項

到貨數量、規格與訂單是否相符、包裝是否完整無缺、盛裝容具／器具是否乾淨、標示是否符合規定與驗收記錄是否完整。

㈢驗收之缺點

分爲嚴重缺點——缺點會使製成品，無法執行功能者；主要缺點——對製成品，有減低效能者；次要缺點——對製成品使用性能，雖有影響但輕微者；及輕微缺點——外觀或形狀上的缺點，不影響產品使用性能者。而針對不同之缺失，對於不影響作業者，可以減價驗收（例如：菜葉有蟲咬痕跡，但不嚴重時）方式辦理驗收。

㈣驗收過程

驗收過程中，要求正確檢驗進料，以符合品質等條件，便於作允收或拒收之決定。驗收流程需保持順暢，不影響到製備部門的供料。要使物料入庫，與記帳登錄流暢且正確。且需配合採購單位，並提供會計單位相關資料。

二、驗收

採購後所有物料，都必須經過驗收才可入庫，驗收必須迅速、切實，但不可爲了爭取時效，或某些原因，而草草驗收了事。驗收之主要目的，在於確保每批物料入庫前，從品質、規格、重量、大小、形狀、外表、新鮮度、產地及等級的檢驗，均合乎採購規格。驗收之方法，依物料特性分爲：物料檢查——以度量衡儀器或經驗感覺，判斷鑑別物料；及物料試驗——用物理實驗或化學分析，鑑定物料的特性或成分。以白米爲例：

㈠抽樣量

1.30包驗1包，31包以上每增加10包時，加抽1包。

2.每包以6號米刺，依不同部位抽300公克，計得1,500公克。

3.送驗（依據採購規格）。

㈡抽樣規定

依人、事（以驗收黃豆爲例）、時、地、物辦理。

1.人：驗收負責人員——庫房管理人員。

2.時：檢查頻率——每批進貨時檢驗。

3.地：驗收地點——進貨處。

4.物：採樣器具——用不鏽鋼匙取500公克。

㈢驗收標準

以公糧稻米爲例：

1.糙米品質驗收標準：各項公糧糙米品質驗收標準，比照CNS2424-N1058第三等級糙米國家標準辦理。至於檢驗方法依照CNS3491-N4043糙米檢驗法辦理，唯分析樣品以25公克進行品質規格分析。

2.白米品質驗收標準：各項公糧白米品質驗收標準，參照CNS2425-N1059各等級白米國家標準，並依撥售或買賣契約規定辦理。至於檢驗方法依照CNS3492-N4044白米檢驗法辦理，唯分析樣品以25公克進行品質規格分析。

(四)驗收

以肉品驗收爲例：

1. 檢查送交的貨品是否符合訂單訂定的規格？數量是否符合？價格有無變動？
2. 貨品裝運條件：是否在良好的條件下運送，冷凍豬肉中心溫度應在－18°C以下，冷藏豬肉中心溫度應在－2～5°C，包裝是否牢固緊密。
3. 驗收人員需要有基本的資料和設備，如規格標準、重量圖表、秤和溫度計、收貨處應設置有桌子。
4. 驗收冷凍肉品注意事項：CAS冷凍肉品，由於貯存於攝氏零下負18度之溫度，因此硬若鋼鐵，若不解凍無法驗收，但是解凍驗收後再冷凍，將直接影響到肉品品質，加上解凍時間費時甚久，因此實務上無法於驗收現場等待解凍後辦理驗收，團膳辦理冷凍肉品驗收工作，建議於契約上註明「凡冷凍食品經解凍後有品質不符情形時，依違規事項按契約所列罰則計罰」即可解決。

第七節　庫房管理

物品驗收後，即送到倉庫貯存成爲庫存。庫存管理，主要是維護物料庫存安全，避免物品被偷竊、盜賣或因管理不當，而生腐敗等狀況。爲達到上述目的，倉庫之設計，必須要注意到溫度、溼度、防火、防滑及防盜等措施，並需定期加強盤點，以防短缺或腐壞之發生。更應注意對於具有氣味之物品，應適當進行包裝、隔離及存放。

以肉類爲例，肉類購買後應盡速烹煮，如果未能立即烹煮時，應先放入冰箱低溫貯存，因爲低溫可以抑制微生物的生長與繁殖，確保肉品的品質與新鮮。

依據食品藥物管理署食品良好衛生規範規定，冷凍食品之中心溫度應保持在攝氏負18度以下，冷藏食品之中心溫度則應保持在攝氏7度以下、凍結點以上。肉類由於含有蛋白質等營養成分，容易腐敗，因此貯存時，應置放冰箱最低溫之位置，而爲了後續操作方便，肉類購買清洗弄乾後，應按照預期的使用分量，分裝於清潔的塑膠袋或保鮮盒中，並盡可能的將其中之空氣去除，再移入冷藏或冷凍庫貯存。而盛裝的容器，應經過充分清洗。需要冷凍的肉品，以預期之需要量，進行包裝後，再行冷凍，必須避免反覆冷凍；否則在重複解凍過程中，將因爲冰晶變大，而撐破肉類之肌纖維細胞，造成解凍後，發生汁液流失之狀況。另外由於解凍過程中，可能會遭到污染，或有微生物滋生，如果再行冷凍，將有礙身體健康，肉類之品質也將降低。因此一般肉類，如果已經解凍2小時以上時，爲了避免解凍過程中，微生物滋生，導致食品衛生安全之疑慮，必須丟棄不得使用。另外必須確保容器，不會污染食物，妥善的包裝，可以防止食品受到污染，或吸收其他食物異味外，也可以避免肉類因爲失水而失重，以至於降低原有的品質。解凍方式有自然解凍、流水解凍、微波解凍，及冷藏解凍等方式，團膳以冷藏解凍最實用，也最安全；將來微波應用技術開發成熟時（大型解凍微波爐），也是快速解凍之良好選擇（圖5-1～5-4）。

貯存時，肉類與其他食物應該分開貯存。另外生、熟食也需要分開貯存，生鮮肉類，應該避免置放在其他未加蓋或未包裝食物上方，以避免發生交叉污染。處理好的肉品，應標示購買日期、到期日或保存期限，以先進先出爲管理

圖5-1　冷藏庫

圖5-2　生、熟食分開

圖5-3　解凍庫

圖5-4　溫度計（拍攝：李義川）

原則，應先使用到期日較近，或保存期限較短者，以避免造成食物的浪費，並應定期清理冷凍或冷藏庫內過期之食品，在保存期限內盡速使用，以確保安全。

解凍時，將要烹煮的冷凍肉，放入冷藏室中解凍，或以流動水或微波爐直接解凍；也可以將冷凍肉直接配合烹調作業，將冷凍肉直接加熱烹煮，而不需要解凍。

熱藏的溫度，應維持在攝氏60度以上，熱食不可以直接放入冰箱中，應先等待其溫度下降時，始可放入冷凍或冷藏庫中。需要醃漬之肉品，應醃漬後立即置入冰箱中，不可置於室溫下過久，以免有害微生物滋生。

保存過程中，應定期檢查標示及貯存狀態，若有異狀，應該立即處理，以確保產品之品質與衛生。凡是超過保存期限、外觀異常者，應立即丟棄不得使用，而爲了使冷藏或冷凍室，空氣循環順暢，以達到最後的保存效果，冷藏或冷凍室之存放量應低於80%，以免影響冷空氣循環，而降低貯存效果。

一、庫房管理目的與重要性

庫房管理是要創造時間的效用、降低運輸成本、降低材料的採購價格、取得成本與持有成本、提高存貨週轉率、建立良好供應商關係、維持庫房供應品質的一致性及確保安全庫存量。因此物品之庫存，應同時備有存量紀錄，成品出廠時，即應作成出貨紀錄，內容應包括批號、出貨時間、地點、對象及數量等，以便日後發現問題時，可迅速追蹤與回收。最好能搭配庫房管理電腦化管理。

二、庫房設計

庫房依據用途，分爲乾貨倉庫、一般用品倉庫、冷藏及冷凍庫。冷藏室一般作爲生鮮食品使用，冷凍庫作爲冷凍食品使用，乾貨倉庫作爲乾貨食品使用，而一般用品倉庫，則設計作爲文具紙張等使用。選擇庫存管理人員之基本條件包括：

㈠不會監守自盜，不過爲了防弊，制度上最好設計有2個人以上。一般會分成冷凍、冷藏與乾貨庫存兩大類；如果因爲成本考量，而無法同時雇用2人以上時，則制度上必須設計有稽核機能，以避免發生流弊。

㈡能確實依照庫房管理標準作業（SOP）工作，定期執行溫度檢查等工作。

㈢每天能確實定期盤點。

三、庫房管理

㈠庫房管理原則

1.先進先出（First in First out, FIFO）原則：避免物料超過存放期限，應標示入庫日期，將新貨放在舊貨後方，並注意保存期限。

2.避免危險溫度：乾貨溫度攝氏20度以下，相對溼度40～60%。冷藏食品溫度則應在攝氏7度以下、食品凍結點以上（約負1度），相對溼度75～95%。冷凍食品溫度則應在攝氏負18度以下，相對溼度75～85%。

3.照明設備需足以看清楚標示、外觀與包裝。冷凍、冷藏庫應設有溫度計、警鈴與防止被反鎖裝置。

4.庫卡一物一卡，標示進貨、出貨及現行庫存數量，管理人員必須不定期進行抽檢。

5.避免接觸或靠近化學藥品、廁所、樓梯下方、火源。清潔庫房用具，應該與庫房分開，以免被誤用。

6.正確原則：數量與品質的正確性。

7.維持庫房清潔，定期清潔打掃，保持乾淨與食品包裝完整。

8.安全原則：物料及人員車輛的安全性。

9.經濟原則：人員精簡及作業經濟。

10.注意運輸工具（如推車）之交互污染問題。

11.時間原則：能配合領料、發料之所需。

㈡空間設計與設施

1.貯位布置考慮事項：盡量減少物料之存放數量，以使貯位布置問題由繁趨簡。分析各種貯放的物料性質，並針對其特性，而設置各種貯架與搬運工具，算出最大需用貯位容積。

2.棚架：庫房空間小時，特別需要搭建棚架，以加大可貯存空間；唯棚架之間距，需要依據規劃與採購，並注意法令要求，食品離地面與牆壁，各5公分以上之要求。

3.壓縮機能力：對於低溫品質要求嚴格之食材，特別是需要超低溫冷凍者，最好備有兩組壓縮機，以備當其中一組發生故障時，能替代使用。

4.位置最好位於驗收區附近。

5.塑膠盒（桶）：存放散裝非包裝食品，或區分生食與熟食之使用。

6.棧板。

7.照明。

8.禦寒衣服。

9.反鎖排除裝置。

㈢庫房分類功用

便於庫房識別、增進庫房管制效率、作為材料編號之前提條件，與電腦化管理基礎。

㈣庫房材料編號的功用

提升材料資料正確性、建立電腦化作業管理制度、增加庫房管理工作效率、防止舞弊情事的發生、降低材料庫存與成本的控制、便利領料、發料與退料的作業。

㈤庫房分類原則

一致性（Consistency）、完全性（Completeness）、漸進性（Gradualism）、互斥性（Exclusiveness）、彈性（Flexibility）、適用性（Appropriateness）。

㈥庫房材料編號原則

簡單明瞭、一料一號、完整性、伸縮性、組織性、電腦化作業。庫房編號方法：流水式、數字分段法、最後數位編號法、分組編號法及依實際意義編號法。

㈦供應商供應方式

零庫存、水龍頭倉庫方式及自動販賣機方式。依供應商供應方式分類：分散式庫房及集中式庫房。適當編號及分類存放，備有庫卡（記錄每次進貨、出貨及結存數量），以利於盤點稽核時使用。

㈧設計標準檢查表格

每天定期測量溫度與溼度（如每天2次），並保存紀錄備查。對於溫度及溼度異常時，需訂定有反映作業（如溫度太高超過標準時如何處理）與後續追蹤改善等作業機制，以免流於形式而沒有功用。訂定保養維護契約，定期確實執行初級及後續維護保養工作。

㈨盤存（點）

1.盤存的目的：進貨、存貨、出貨之核對。騰空貯存位置，對於很久未使用貨品，提供採購單位重新運用或處理；了解實際庫存量，作為日後採購之參考。

2.盤存的分類

⑴依時間：分定期、不定期、時常三種。

⑵依方法：分全部、循環、區劃、下限四種。

3.盤存方法：貨卡、貨物標籤、盤存卡。

4.倉庫發貨原則：基本上，為求有效控制餐飲成本，凡物料出庫，必須依照規定提出領料申請文件，並根據庫房負責人簽章之出庫文件，每天分類統計，記載於存品帳內（或庫卡）。每日清點核對庫存量，以確實掌握物品之流向，做好餐飲成本控制工作。

重點摘要

當人身處在隧道的時候，會因為受限環境，導致往往只能看到前後非常狹窄的視野，因此將缺乏遠見與洞察力；而唯有身處視野開闊之處，才能夠看得高與看得遠，此稱為「隧道視野效應」。過去美國有一攝製組，想拍中國農民生活記錄片。於是找到一位柿農，談妥購買1000個柿子，請農夫把柿子從樹上摘下，並進行貯存，談好價錢採收1000個柿子要給20美元。於是柿農很高興答應，並找來幫手，一個人爬到柿子樹上，用綁有彎鉤長桿，看準長得好的柿子用勁予以一擰；柿子於是掉下，而下面另一個人，就從草叢裡把柿子找出，放到竹筐裏。採收時柿子不斷掉下，滾的到處都是。下面的幫手則手腳飛快撿拾到竹筐，同時還不忘高聲大嗓門，與樹上農夫閒話家常。一邊錄影的美國人覺得非常有趣，自然全部都予以拍攝下來；接著又拍貯存柿子過程。拍攝結束以後美國人付錢就準備離開；收完錢的柿農，卻一把拉住他們並問說：怎麼不把採收購買的柿子帶走？美國人說不好帶，也不需要帶；因為當初他們購買柿子的目的已經達到，因此講明柿子請農夫自己留著。柿農心想「天下哪有這樣好的事呢？」，但是柿農其實不知道，他的1000個柿子，雖然原地沒動就可賣20美元，但是美國人所拍的柿子記錄片，拿到美國去卻可賣百倍或更多更高的價錢。在拍攝公司的眼裡，柿子並不值錢，值錢的是獨特有趣的採摘、閒話家常與貯存柿子的過程及方式。

有的團膳企業，採購人員喜歡用女生，驗收與會計也用女生。因為認為男生比較好收買；還有女生，比較不會調皮搗蛋，大部分只會吵嘴，而很少打架，男生則會打的頭破血流。男生經常會抽菸，在規定不得抽菸的團膳工作場所，男生往往就是會偷偷抽菸；被抓到後就說戒不掉；女生則至少會躲到廁所裡面去。男生由於缺點這麼多，因此有些團膳企業，只要工作不是很粗重，就不一定會用男生，甚至於根本不用男生。

採購與驗收工作，對於團膳很重要；因此員工之品德要求高，有疑慮者寧可不用，否則有時會危及團膳企業而不自知。聘用後定期之稽核動作，也不可以少，這並非不信任，而是讓員工有所警覺，不會想要搞鬼。缺乏適當的管理與稽核機制時，往往是危機的開始，所謂人無遠慮，必有近憂。

100個包子，每個麵團重60公克，操作損耗6%，配方為中筋麵粉100%、水50%、酵母6%、細砂糖8%、鹽1%、豬油4%，則需要準備的材料與數量計算如下：

一、100個麵團重量：60×100/（100−6）%=6,380公克

二、中筋麵粉100%、水50%、酵母6%、細砂糖8%、鹽1%、豬油4%，合計169%

三、中筋麵粉重量：6,380×100/169=3,775公克

四、水重量：6,380×50/169=1,887公克

五、酵母重量：6,380×6/169=226公克

六、細砂糖重量：6,380×8/169=302公克

七、鹽重量：6,380×1/169=37公克

八、豬油重量：6,380×4/169=151公克

供應1,000名學童午餐，菜單為羅宋豬肉，則有關其採購規格、採購數量與驗收如下：

一、採購量：假設1人份供應豬肉量35公克，縮收率5%計算，則一個人需要35/95%=37公克，1,000人需要37,000公克，即37公斤。

二、高麗菜35公克、胡蘿蔔10公克、洋蔥20公克、馬鈴薯35公克、大番茄5公克、及番茄汁5公克。各乘以1,000人，即得各採購數量（假設無廢棄率）。

三、豬肉採購規格，應為CAS優良後腿肉，以後腿肉切成各邊為2.5～3.5公分立方塊。碎塊總量不得超過5%（碎塊指長、寬、高小於1公分）。

四、驗收時，如果屬於冷凍肉品，需在契約上註明「凡冷凍食品經解凍後有品質不符情形時，依違規事項按契約所列罰則計罰」；依據此條文日後才可以在解凍發現品質不良時，要求賠償與處罰。溫體肉則依據規格，決定37公斤豬肉是全數檢查或抽樣檢查，檢查時依據交貨前規定之時間、地點、數量與品質進行驗收。驗收後送入冷藏、冷凍庫，並填寫驗收報表。

問題與討論

一、標準食譜是什麼？

二、採購有哪些重要原則與前置作業？

三、舉出三種食品，說明採購注意事項（市售食品常見問題）。

四、驗收前需要準備些什麼？

五、庫房管理中盤存的目的是什麼？

學習評量

1. (　) 冷凍食物的採購，是確保衛生安全的第一步。
2. (　) 採購回來的冷凍草蝦，如有黑頭現象，是自然現象，沒有關係。
3. (　) 利用惡劣天氣採購，可以降低採購成本。
4. (　) 菠菜盛產期是夏天。
5. (　) 西瓜是一年四季中價格最平穩的食物。
6. (　) 果糖採購時宜以重量為單位。
7. (　) 香油採購時宜以容量為單位。
8. (　) 為節省空間，滅火器可貯放在庫房中，以免妨礙廚房之工作與觀瞻。
9. (　) 調味乳應存放在冷凍庫中。
10. (　) 乾貨庫房貨物架應該靠牆，以免沒有依靠掉下來。
11. (　) 乾貨庫房的相對溼度應維持在80%以上。

解答

1.× 2.× 3.× 4.× 5.× 6.× 7.× 8.× 9.× 10.× 11.×

第六章
團膳工作與人員管理

學習目標

1. 各個不同工作職位之工作分配
2. 如何訂定標準作業程序
3. 如何精簡人力與簡化工作

本章大綱

第一節　薪資與獎勵
第二節　工作分配
第三節　清洗、消毒及廚餘處理
第四節　工作簡化及標準化
第五節　委外作業及其人員管理

前　言

一萬年前，人類在祕魯的安地斯山脈，發現了駝馬（Vicuna），身上有著金黃色細毛，比喀什米爾羊毛還細，由於十分珍貴，在古印加帝國禁止捕獵，但是後來的人，爲了取得駝馬的毛，開始獵殺，因此在印加帝國，原本有200萬隻的駝馬，在1964年只剩下5,000多隻，幾乎滅絕。後來當地政府，除了採取逮捕違法獵人等措施外，並採取一個方式：夏天利用村民先圍成一個大圈子，然後逐漸縮小範圍，將駝馬趕入進行篩選，小駝馬立刻放走，大駝馬則剪完毛後再放掉，這樣一來，大駝馬因爲沒有毛不會被獵殺，剪下的毛則與義大利公司合作，生產出最好的衣服或圍巾，不但拯救了駝馬，也提升了村民之收入，於是1993年祕魯駝馬數量，增加到66,000頭。這個例子說明了保育與現實是可能取得「平衡」的；而團膳之管理者與被管理者間，也必須取得平衡，才能確保供膳作業順利。

網路上傳說：「食物中毒，喝優酪乳會解毒？」衛生福利部認爲這種說法，應是來自微生物學的理論，以優酪乳內的乳酸菌，造成腸道環境內細菌之優勢，以期抑制其他有害菌的生長，但此理論對於已經發生食品中毒者無法適用；尤其食品中毒分成很多種，除細菌性食品中毒外，尚有化學物質及天然毒素等，因此發生食品中毒，喝優酪乳可解毒的說法並不正確。

還有網路傳說1公斤的豬肝，其含膽固醇高達400毫克以上，而一個人若攝入過多的膽固醇，會導致動脈硬化。其實豬肝每100公克之膽固醇含量爲260毫克。而膽固醇乃人體所必需之物質，參與體內許多代謝以及合成作用（如男性與女性荷爾蒙原料等），而人體主要膽固醇來源，事實上是以人體自行製造居多，而飲食膽固醇只占一小部分，且豬肝除了膽固醇外，亦含有豐富的鐵質及其他多種維生素，故適量攝取豬肝，並不會造成身體上的傷害。所以說網路上，雖然具有傳遞資訊迅速之優點，但是訊息卻經常是錯誤，需要查證才能相信。

團膳管理也是如此，廚房主要是生產與製備餐食，是完成食物菜餚的主要場所，但是如果管理不善，除了嚴重影響成本外，對於食品衛生安全也是極大之危險。因此廚房之管理，是餐飲管理中非常重要的環節。管理的範圍，在衛生方面包括食品衛生、環境衛生、廚餘及廢水處理。安全方面有勞工安全及消防安全。設備保養方面分有空調系統、電氣設備、給水系統、資訊系統、職工設備、消毒鍋及鍋爐設備等。

從前有一位老廚師，因其工作經驗豐富，烹調手藝極佳，烹調製作出來的菜餚色香味俱全，因此吸引很多人前來拜師學藝，而這位老廚師爲了傳承烹調功夫，也不吝於傳授，因此桃李滿天下，還吸引一位洋徒弟，從美國遠渡重洋，前來拜師。美國洋徒弟，由於日後預備回到美國開業，深怕漏掉任何一個細節，日後路途遙遠難以彌補，因此特別用心學習；終於學成時間到了，洋徒弟學成出師回國，在美國也順利開業，當起大廚師，只是隨著日子過去，洋大廚的實際烹飪經驗，雖然日益增加，卻每在夜深人靜之時，心中一直有一個疑問：「爲什麼自己經過再三的努力，烹調成品的菜餚口味，總好似差老廚師一點點？」是個人手藝問題或火候掌握功力不足？還是刀工或烹飪次序之問題？而經過再三反覆演練推敲、精心調配與研究，確定自己確實已經完全遵照老廚師的教導程序執行無誤，刀工及火候等各方面也沒有問題，但是菜餚之口味，還是與老廚師不同，此時洋大廚之心中不禁懷疑：「該不會老廚師有所謂的留一手沒有傳授之情形，以至於自己迄今仍無法達到相同之口味？」

爲了解決心中之疑惑，洋大廚於是再度遠渡重洋回到臺灣，美其名是感恩之旅，感謝老廚師過去之教導，及向老廚師感恩請安，實際上則是想再一探究竟，找出心中疑惑的答案。這一次，洋大廚可是睜大了眼睛，注意老廚師所有的烹調細節，深怕再漏掉任何一個細節，而遺憾終身，終於皇天不負苦心人，洋大廚說道：「我找到啦！」他終於找到答案啦！

原來，老廚師沒有藏私，留一手沒有傳授；而是每次在熱鍋之前，老廚師有一個動作，因爲國情之不同，他疏忽沒有照做，而這個動作就是影響口味之關鍵。

過去的廚房工作環境，因爲接近火爐所以溫度較高，環境悶熱，所以廚師們均習慣在脖子上面圍一條毛巾，以便工作時隨時擦汗，而毛巾除了擦汗以外；老廚師在每次熱鍋時，爲了求快速去除鍋中多餘的水分，習慣都會取下脖子上的毛巾，將鍋子擦一下，以快速除去多餘水分，以利繼續後續烹調作業，而這就是老廚師獨特口味的由來！

在中國，民以食爲天的環境下，廚師之工作，充滿著長遠發展空間；而由於團膳屬於長時間，及經常全年無休的工作，因此其人力規劃與工時安排，特別是在供應之尖峰時段之人力是否妥適，是決定人事成本的關鍵。在世界飲食文化的交流刺激與影響下，臺灣的中餐廚師，如何一方面將中華文化融入餐食，另一方面強化本身的工作效能，唯有藉著良好的控制與管理，才能確實達到提升專業及服務品質之目的。

第一節　薪資與獎勵

馬克・吐溫說：「一句讚美的話，讓人長壽兩個月」。但是需要注意的是，讚揚人不只是盡說好話，其他方式，如：「韓小姐，你能不能幫助我看看這信稿，是否已經將我對鍾先生那件事的意見，說明清楚了呢？」「老周，這一個牌子的去污粉，是不是同我們以往用的那種，一樣好呢？」像這種徵詢意見的問法，對於被徵詢者，是一種肯定，也是一種很理想的讚揚方法。

團膳主管管理員工時，一味的戴高帽並不是讚揚，日久反而讓人感覺是虛僞；必須注意到態度要眞誠讚揚、不誇張，及不一再重複，才會有效果。切記不可以專門找錯，傳統上有些主管，認爲必須如此，才能建立威信；但是根據研究結果，其實往往效果相反。最好是多發掘優點，或寓糾正於稱讚。例如：美國柯立芝總統處理其女祕書打字時，標點不正確之問題，他對祕書這樣說：「你今天這件衣服很得體，動人而且伶俐，像這樣的衣服，才能顯出你優越而幹練的地位，如果從今以後，還能更注意打字時的標點，那麼你就是一個完美的總統祕書了。」之後總統果然獲得他所想要的結果。

值得注意的是，讚揚並不會引起被讚揚者產生驕傲，統計結果顯示，讚揚200人中，只有1人，會容易產生自大及驕傲；而90%的人受到讚揚之後，反而會更努力的工作。

管理學上「領導」，是一種使組織內員工，爲達成共同目標，有效且愉快的一起工作的推動力量。管理學的重點，就是「管理者不可有驕和暴的惡習，凡事應心平氣和，以禮貌言語跟人協商，取得共識。」而臺灣團膳管理者，如果能在平時言談中，時常穿插「我以你爲榮」、「尊下意思如何？」、「勞駕你」及「謝謝你」等敬語，會讓員工感覺受到尊重，容易打動對方心意。但是事實上，臺灣大多數的管理人員，卻是非常欠缺這種修養，動不動就大聲嚷嚷，實在無法達到效果，也令人反感。

一、薪水獎金與工作分配

(一)薪水獎金

團膳員工薪資之評定，除了要考慮年資外，又需針對其工作能力、工作負荷與工作條件等三項進行評估。

1.工作能力

(1)需要之教育程度：大學、高中或識字即可。

(2)專業技能：是否需要擁有專業技能或證照（例如：廚師、壓力容器執照、水電執照或電腦機房操作訓練等）。

2.工作負荷

(1)身體體力負荷：捆工等重度工作或坐辦公室。

(2)精神負荷：需限時完成、工作需判斷、交涉情況多或失誤時負面影響高。

3.工作條件

⑴工作時間：正常班、早班、晚班、輪三班或其他（如正常班，但假日仍然需要上班等）。

⑵災害危害程度：容易發生、需特別注意或高度警覺，方可避免危險。

⑶工作環境：工作環境之噪音、氣味、灰塵、高溫或其他可能引起之不舒適感。

㈡工作與工作獎金範例（表6-1）

依據表6-1評分，分級成A～E五個等級，建議各有不同的薪資與獎金。

表6-1　工級人員工作說明評量表

單位：			服務組	
職務名稱：			服務中心櫃檯	
擔任此類工作之人數：			5人	
工作內容	擔任此項工作之主要內容【請列出(1)最重要或最頻繁之業務；(2)勾選適合之工作性質欄位；(3)估計每天執行各工作項目之所需時間（百分比）或頻率（例如：領用文具材料，每週一次）】。			
	工作性質		工作細項	時間（%）或頻率
	內勤	外勤		
	√		辦理手續	8分／次
工作內容	√		開發票	5分／次
	√		查帳諮詢	5分／次
	√		退費	10分／次
	√		明細表	10分／次
	√		銷售優惠餐券	3分／次
※擔任此工作應具備之能力與條件				

類別	項目	勾選	評估等級（請勾選符合之項目）	配分
工作能力	教育程度		評估等級（請勾選符合之項目）	
			(1)國小	
			(2)國中	
		√	(3)高中（職、工）以上	
	專業技能		評估等級（請勾選符合之項目）	配分
			(1)無需特殊技能（例如：文件傳送、清潔工作等）	
		√	(2)需受過某些特殊訓練（例如：檔案管理、電話總機等）	30
			(3)需擁有專業技能或證照（例如：廚師、壓力容器執照、水電執照、電腦機房操作訓練等）	
			請摘要說明必備之專業技能（例如：必須取得水電執照）	
工作負荷	身體負荷		評估等級（請勾選符合之項目）	配分
		√	(1)輕度：工作時需負荷重量輕（例如：以坐姿或立姿進行手臂動作或操縱機器）	15
			(2)中度：工作時需負荷重量中等（例如：走動中提舉或推動一般重物體者）	
			(3)重度：工作時需負荷重量重（例如：鏟、掘、推等全身運動之工作）	
			請摘要說明體力負荷之形態（例如：搬運藥品、推送病患等）	
	精神壓力負荷		評估等級（請勾選符合之項目）	配分
		√	(1)輕度：需限時完成之工作少或只需依指示工作或失誤負面影響低。	15
			(2)中度：需限時完成之工作中等或工作需選擇、判斷情況多或失誤負面影響中等。	
			(3)重度：需限時完成之工作多或工作需判斷、交涉情況多或失誤負面影響高。	
			請摘要說明可能之精神壓力負荷之形態	

工作條件	工作時間	評估等級（請勾選符合之項目）			配分
			不需輪班	(1)正常白班	
			需輪班	(2)固定大小夜班	
		√		(3)三班制	12
		擔任此項工作之工作時段（正常工作時間、三班制等）			
	災害危險程度	評估等級（請勾選符合之項目）			配分
		√	(1)輕度：極少發生危險或只需普通注意即可避免危險。		10
			(2)中度：可能發生或需穿戴防護具方可避免危險。		
			(3)重度：容易發生或需特別注意及高度警覺性方可避免危險。		
		請描述擔任此項工作之人員，因曝露於工作場所中可能造成之意外傷害，及意外災害發生後可能造成之影響（如燒、燙傷或感染）。			
		開放室櫃檯有時可能面對病患辱罵（心理精神上傷害）。			
工作條件	工作環境	評估等級（請勾選符合之項目）			配分
		√	(1)佳		5
			(2)尚可		
			(3)欠佳		
		請描述擔任此項目工作因環境之噪音、氣味、灰塵、高溫或其他可能引起之不舒適感，並略估其占一天工作時間之百分比（%）。			
其他補充說明					
以下欄位由評估人員填寫					
環境測定結果：溫度_____°C　噪音_____分貝　危險性_____					
此工作可否以外包取代？□可□否，理由：					

此工作可否以機械取代？□可□否，理由：
此工作可否再精簡？□可□否，理由：
得分：　　　　　　　　分級：□A　□B　□C　□D　□E

填表日期96.3.19

填表人／工級人員　督導負責人________　單位主管________　連絡電話________

㈢獎勵

團膳想要達到高獲利、員工滿意，且顧客也感到滿意之目標，首重如何增加員工之工作動機。而良好的薪資，是維持生活經濟的來源，也是一般人最主要的工作動機，如果無法維持廚師的生計，當然就不能全力工作，因此若考量人事成本過高，基本薪資無法提高時，則不妨輔以完備的福利制度，一般建議做法有：

1.獎金制度：定期發放業績達成獎金、分紅獎金或表現優良獎金，讓廚師們更能賣力研究出好吃的美食，創造口碑和業績。

2.設立子女獎學金：提醒廚師關注孩子的教育，同時也減輕部分負擔。

3.設立養老金：可提撥當年部分盈餘，當作養老金。設立制度，如工作滿一年後可按年資分級計算；配合規定工作需滿幾年以上始可領取，如此一來，工作愈久領的愈多，如此廚師較能安心長期地在同一家餐廳工作，人事自然穩定。

4.補助教育訓練進修費用：一般中餐廚師的學歷普遍偏低，其技術養成，主要來自於經驗的累積，但缺乏知識，所以普遍缺乏創造力，因此鼓勵進修，不僅可提升廚師水準，也提高餐廳經營的水平。

5.高額的意外保險：團膳廚房是高溫、動刀、地滑、忙碌、擁擠，及極易發生危險的地方，爲廚師們投保高額的保險，可讓廚師更專注工作，而不致於擔心受傷後沒有保障。

6.合理的人力規劃：週休二日的時代來臨，對於假日都不能休息的廚師來說，不能與家人出遊休憩是極大的失落，因此最好採輪休制、一頭班、兩頭班，或以兼職人員來負擔一些勞務，減輕正班廚師的工作量。

7.考核制度：要公平，升遷管道要暢通及賞罰要分明。讓工作表現良好的廚師，得到及時的獎勵，可振奮士氣。設立完善清楚的考核制度，確保不分職位高低、不分男女、只要認眞努力，都有調升及加薪的機會。

8. 建立和諧關懷的群體關係：主管應關心廚師日常生活情形與家人狀況，也應多舉辦眷屬的聯誼活動，尤其對於女性廚師，更應考慮工作氣氛、工作時數，及其工作與家庭間的平衡。

第二節　工作分配

管理廚師進行工作分配時，建議要求廚師至少必須具備有兩樣以上的廚藝，原因是：

1. 台南東東宴會式場：對於人力調度，會因爲大日、小日及假日不同而有極懸殊需求；因此爲了讓工作人力維持基本水位，東東會要求廚師，至少必須具備至少有兩樣以上的廚藝，如做冷盤者也要會做點心，或具備炒菜及煮湯等廚藝，如此一來才能精簡現場所需的人力。
2. 新天地餐廳：透過標準化工作，將廚房作業化繁爲簡，廚房分別予以細分爲砧部、蒸部、炒部、鼎部、冷盤及點心等，每道菜均訂有其標準作業書；而其中甚至於包括規定到，要加幾匙糖、鹽，用什麼器皿盛裝，都清清楚楚記載在料理標準作業書中；另外也要求廚師要兼具兩種以上的廚藝；而新天地餐廳過去之所以敢由台中，進攻競爭激烈的臺北外燴市場，其所憑藉的，就是簡化作業流程與現場人員之管理能力。
3. 臺北東區和民屋：要求員工多具備一項技能，能同時兼任廚師，以提高週轉率；當消費者訂單傳到廚房以後，廚房炸、烤、生魚片與炒區，四大工作站的廚師開始作業，每一道菜都設有一本標準作業手冊；因此雖然不同的人，但是做出的味道保證相同；而在最忙的時候，服務員都因此能立即轉變成爲廚師開始做菜，確實維持快速上菜的速率，也加快每桌的週轉率。

醫院團膳中，主食廚師主要是負責製作米飯、稀飯與饅頭等，點心廚師負責製作鹹稀飯等點心，普通飲食廚師負責製作正常人飲食，治療伙廚師則負責製作糖尿病等疾病飲食；各有各的職掌與工作項目，爲利於管理需要有標準作業程序、書面資料明確規範，以利於遵行與權責畫分。

通常大型團膳工作人員，可分爲廚師、採購、文書、設備維護管理人員、服務人員及管理人員。管理人員負責業務管理、執行與監督。廚師有行政主廚，又稱爲「執行主廚」、行政副主廚、主廚、副主廚、部門領班廚師、廚師，及助（幫）廚等。

醫院團膳有普通飲食主廚、助廚、治療伙廚師、點心廚師、主食廚師及服務人員。

一、廚房工作分配

依作業部門的工作內容，團膳人員職務如下：

㈠行政主廚

負責全部廚房的行政工作及日常運作，主要工作內容包括：菜單設計、申購食材、控制成本，與其他部門主管和餐廳經理商議廚房業務，及協調廚房各部門間的作業功能等。

㈡行政副主廚

又稱爲「副執行主廚」，爲行政主廚的職務代理人，主要工作爲協助行政主廚管理廚房員工、督導餐食製備品質及服務，並且協助各廚房部門間運作。

㈢主廚

則負責團膳廚房人事調配、控制成本、設計菜單、開發新產品等團膳廚房管理工作，另設有副主廚來代理及協助工作。主廚負責個別餐廳廚房的運作，督導廚房現場作業，安排該廚房人員的工作班表。若在一般餐廳，主廚相當於行政主廚，也需要設計菜單、申購食材、控制成本及執行廚房行政工作。

㈣副主廚

爲主廚的職務代理人，協助主廚督導廚房作業，及訓練廚師。

㈤部門領班廚師

爲各廚房部門的主管，例如：切肉廚師、糕點廚師、燒烤廚師、蔬菜廚師、湯廚師、油炸廚師、煎炒廚師等；爐灶師父、排菜師父、頭砧師父、冷盤師父、蒸籠師父、烤爐師父及點心師父等。

1.頭砧：負責配菜及分量控制。

2.爐灶：負責在爐灶上烹調製備菜餚。

3.排菜：負責傳送爐灶上烹調好的菜餚。

4.冷盤：負責冷盤類餐食製備。

5.點心：負責點心類餐食製備。

6.蒸籠：負責蒸籠工作。

7.烤爐：負責烤爐工作。

㈥廚師

協助領班廚師，完成餐食製備工作。

㈦助（幫）廚

協助廚師完成餐食製備前置準備工作，如洗滌及搬運等，或稱助手，協助準備工作及雜事。

㈧學徒

爲實習生，幫忙處理雜事，如清潔及洗滌工作等。

二、工作安排範例（醫院團膳主廚）

表6-2　醫院團膳主廚工作安排表

起	至	分	工作內容
7：00	8：00	60	製作病膳午餐主菜（含普通、軟食、低鹽及細碎）並裝至調理盆。
8：00	9：00	60	製作病膳午餐半葷菜（含普通、軟食、低鹽及細碎）並裝至調理盆。
9：00	10：00	60	製作病膳午餐青菜（含普通、軟食、低鹽及細碎）並裝至調理盆。
10：00	12：00	120	8.當日晚餐及次日午餐食材前處理。 9.逢星期一11:00～12:00負責清潔工作。
13：00	14：20	80	製作病膳晚餐主菜（含普通、軟食、低鹽及細碎）。
14：20	15：00	40	製作病膳晚餐半葷菜（含普通、軟食、低鹽及細碎）。
15：00	15：30	30	清掃工作檯、抽油煙罩。
15：30	16：00	30	炒青菜。
合計工時：8時			
1.製備前確定原料品質良好，製備後確定成品無異狀。 2.成品不可提前製作，若為工作流程所必須，則需保存於攝氏60度以上或冰箱。 3.個人衛生，需符合食品安全衛生管理法之規定。			

團膳工作需要開發新產品及提供多元化服務，來吸引新消費族群及滿足現有顧客需求；還要致力開創良好工作環境，鼓勵員工成長，並留住好的員工；而要如何達成，需要高效能的管理機制及市場行銷，往往也需要現代化的管理，及電腦資訊設備之輔助，才能確實達到。

團膳營運成功時，其組織結構，經常會因為業務增加，需要擴充人員編制而趨於複雜，為了適應快速變遷的環境，人員編制如果能維持單純精簡，則上令易於下達，有利於業務推行。但是隨著業務增多，不可能又要馬兒肥，又要馬兒不吃草；因此當人員相對增加至一定人數，而組織也達到一定規模時，現代團膳必須透過電腦輔助與管理，才能維持與管理單純精簡編制時之相同效果。而每個部門則需要明確訂定出完整的工作職掌與項目，才能期盼以最精簡人員編制，順利完成各組織功能。

三、工作職掌（醫院團膳）

確立團膳組織和各部門業務職掌，訂定出各部門應擔當執行之作業要項與內容，以為遵行。

㈠訂定醫院團膳之業務職掌

1.住院患者、員工，及訪客之膳食供應管理等事項。

2.門診及住院患者營養諮詢、衛教訪視及飲食計畫之擬訂與執行。

3.食材採購、撥發、驗收及庫房庫存帳務管理等事項。

4.廚房設備、人員、清潔，及勞安之管理維護等事項。

5.臨床營養、膳食管理及飲食保健之研究訓練等事項。

㈡訂定醫院團膳主管之業務職掌

1.主持室務會議及代表參加相關會議。

2.審訂年度工作計畫、作業政策及醫院預算編列。

3.協調並整合膳食管理組、臨床營養組作業，以達本院整體工作目標。

4.督辦食材採購及勞安作業。

5.依據分層負責權限決行公文。

6.審核人員進用及考核人員工作績效。

7.上級臨時交辦事項。

㈢根據業務職掌，再衍生定出工作項目與內容

必須具體表示含有「人」、「事」、「物」、「時」及「方法」等內容（表6-3醫院團膳供應業務職掌）。

要因應多元化及國際化的業務發展，現代團膳之工作管理，多半要包括組織編制、權責職掌及工作內容管理。人事管理內容，包括任用及任職標準、服務守則、工作時間及考勤、工資計算、工作考核及人事考績、人事獎懲、年資計算、保險與退休與員工福利。生產管理包括生產管制、採購管理、倉儲管理、外包管理、品質管理及廠務管理。營業管理包括市場調查、行銷通路及行銷方法、產品市場定位、營業人員管理及客戶服務。研究發展包括專業人才培訓、教育訓練計畫、開發能力培訓、新品研究改良及服務流量改進。財務管理包括應收、應付帳款作業、出納作業、票據作業、內部控制、稽核、成本評估及管控。資訊管理則包括資訊設備功能、資訊設備操作及管理、資訊設備維護、資料蒐集、建檔及資料安全管理。

表6-3　醫院團膳供應業務職掌

製作日期：102年12月27日

業務職掌	工作項目	承辦人		代理人員
		職稱	姓名	
一、業務管理、執行及監督	㈠食材採購、公告及書面作業。 ㈡外包廠商輔導、病患等飲食供餐作業稽查及管理。 ㈢財產管理、庫房管理及監督。 ㈣營養師排班管理。 ㈤工級人員人事考核。 ㈥採購及住院膳食基金報表製作。 ㈦人事及廠商糾紛處理。 ㈧擬訂年度工作計畫（外包招商、預算、教育訓練、勞工安全、消防及環境清潔維護、緊急災害防救應變，及危機管理具體實施方案）、工作分配、整合及執行。 ㈨計畫。 ㈩人力資源整合、評估。	行政主廚	李○○	行政副主廚

	㈩行政業務及公文處理。 ㈪目標管理、成長管理及走動管理。 ㈫機密文件管理及保管。			
二、膳食材料採購	㈠招標文件製作。 ㈡辦理領標。 ㈢訪價、開標記錄及彙整。 ㈣簽訂合約。 ㈤審核結報貨款價格。 ㈥辦理非食材及零用金採購。 ㈦建立新合約廠商資料及調整價格。 ㈧問卷調查統計。	採購	姚○○	書記
三、設備及安全業務	㈠設備保養、維護及送修追蹤。 ㈡財產普查及報廢作業。 ㈢蟑螂指數及老鼠入侵率調查。	財產管理	宋○○	採購
四、文書及庶務作業	㈠排班及人力調配。 ㈡文書登記、收發及電子公文作業。 ㈢加班費、休假之結算及申報。 ㈣庶務處理。 ㈤工級考勤管理。 ㈥辦理在職訓練。	書記	張○○	財產管理
五、員工餐廳管理	㈠員工餐廳菜單設計、修改及撥發。 ㈡員工餐廳用餐刷卡、資料接收及列印日報表。 ㈢員工餐廳誤餐便當及會餐結報。 ㈣員工餐廳作業管理。 ㈤膳食設計、製備及供應管理。 ㈥員工飲食用餐資料管理（接收、登載及結報）。 ㈦員工飲食開餐檢查及供應品質管控作業。 ㈧員工問卷調查及處理。 ㈨設備保養、維修及追蹤。	員工領班	趙○○	病膳領班
六、病患膳食供應管理	㈠膳食設計及製備供應管理。 ㈡開餐檢查。 ㈢督管配奶間調奶事宜。 ㈣病患膳食供應品質管控。 ㈤膳食衛生安全督導。	病膳營養師	石○○	員工營養師

	㈥供膳人員人力、工作調配及管理。 ㈦病患膳食問卷調查辦理。 ㈧設備保養、維修及追蹤。 ㈨成本控制。			
七、採購招商	㈠食材招標簽案、上網公告、廠商領標、開標及決標公告合約簽訂。 ㈡訪價、開標時記錄及資料彙整。 ㈢設備之年度預算編列、訪價、申購。 ㈣採購案定期彙整報會。	採購營養師	王○○	病膳營養師
八、訪客餐廳管理	㈠招商作業。 ㈡召開督導協調會議。 ㈢清潔衛生管理。 ㈣滿意度調查。	外包管理營養師	錢○○	採購營養師
九、考核及評鑑	㈠人事考核、獎勵、考勤管理。 ㈡醫院評鑑及定期績效評比。 ㈢作業標準規範修訂。	臨床組長	孫○○	供膳組長
十、教學訓練	㈠營養師專業管理研討。 ㈡廚師進修訓練。 ㈢終身學習護照電腦登錄。 ㈣營養系實習生指導。 ㈤其他醫院營養師代訓。	教學組長	陳○○	臨床組長
十一、研究計畫	㈠膳食供應管理研究發展計畫。 ㈡產官學合作計畫及聯繫。	研究組長	許○○	教學組長
十二、資訊管理	㈠網頁製作、更新及維護。 ㈡維護供餐電腦作業及帳務系統。 ㈢系統協調。	電腦協調師	梁○○	員工領班
十三、庫房管理	庫房食材物品進貨、驗收及庫存管理。	庫房管理	劉○○	電腦間

㈣就前述已列出之工作項目，再進行編製出作業標準程序（Standard Operating Procedure, SOP）

使工作人員在執行某項工作內容時，均會有標準作業規範，或流程標準可供遵循，有利圓滿達成工作任務，如此也可避免擔當管理者，疲於奔命經常去做工作協調或仲裁，而能行有餘力去做計畫及稽核之工作。下面為膳食材料結報之作業標準程序（表6-4）範例。

表6-4　營養室標準作業文件

住院患者膳食供應作業	製作日期	92年 6月20日
	修訂日期	102年12月20日

壹、依據

一、中華民國73年5月9日華總（一）義字第二三五四號令公布；中華民國93年5月5日總統華總一義字第09300088021號令修正公布之營養師法。

二、中華民國103年2月5日總統令修正公布之食品安全衛生管理法。

三、衛生福利部102年11月25日部授食字第102135457號函公告食品之良好衛生規範準則。

貳、目的

一、無論病人處於何種情況，盡力給予病人營養支持，以維持病人良好的營養狀況。

二、修正某種營養素的缺乏或過多。

三、修正病人體重過重或不足。

四、提供能讓某種器官或身體減少負擔的飲食。

五、調整各種營養素量以利身體代謝。

參、範圍

一、服務對象：所有住院病患。

二、服務時間：每日7：00～21：00，依膳食種類的不同，供應三餐至八餐。

三、服務地點：各個病房。

肆、權責

一、醫護單位

(一)醫師：開立病患飲食醫囑。

(二)護理站：根據醫囑輸入膳食作業項目之「飲食通知」。

二、營養室

(一)營養室電腦間工作人員：將接收的飲食餐卡整理後於配膳時使用。

(二)病膳營養師：設計各種飲食的循環菜單，並依據「總飲食餐別及人數統計表」開立撥發單，監督廚房人員各項製備程序。

(三)庫房人員：訂貨、驗收、庫存、撥發及結報帳目。

三、總務室（勤務中心）：除週日、例假日晚餐由營養室工作人員發送之外，其餘則由勤務中心人員將食物發送至病患床邊。

伍、定義

一、飲食通知：包括有普通常規、各類治療飲食、試驗餐、雜項、嬰兒飲食等約五十種飲食。

二、膳食製備程序：包含採購、庫存、撥發、洗切、烹調、配膳、發送、回收、清潔等步驟。

(一)採購：所有食材依照政府採購法公開招標、訂約。

㈡庫存：庫房人員進貨驗收，並依食材性質分類存放於庫房內。

㈢撥發：庫房人員依照病膳營養師開立之撥發單，將食材撥發給各使用單位。

㈣洗切：工作人員依照菜單洗切食材。

㈤烹調：廚師依照菜單烹調各種飲食。

㈥配膳：工作人員依據餐卡配置每位患者的飲食。

㈦發送：勤務中心及營養室人員將餐盤送至患者床邊。

㈧回收：工作人員至病房將用餐後之餐盤回收。

㈨清潔：工作人員清洗餐具及環境清潔。

陸、作業

一、作業內容

作業說明

㈠營養師依據每種飲食的特性，設計十四日的循環菜單。

㈡營養師依據菜單和「總飲食餐別及人數統計表」開立撥發單。

㈢庫房依據撥發單訂貨、驗收、庫存，並撥貨至各使用單位。

㈣工作人員依據菜單洗切蔬菜，廚師將肉類食材做退凍、改換刀具、調味等前處理。

㈤各廚師依據不同的菜單於各製作間分別烹調各類飲食，如治療伙區、點心區、流灌間、普通伙區等。

㈥醫師根據病情開立飲食醫囑，由護士輸入電腦，餐卡印出經由兩種方式：

1. 病患每日餐卡於資訊室印出，當日早上4：40由流灌間早班取回，中午12：45由電腦間晚班取回，整理備用。
2. 新病患飲食通知及更改飲食，則由電腦間印出新餐卡。

㈦工作人員依照餐卡於輸送帶上配置病患飲食。

㈧勤務中心及營養室人員將餐點發送至每位訂餐的病患床邊。

㈨營養室人員至病房將用膳完畢之餐盤回收並清洗乾淨。

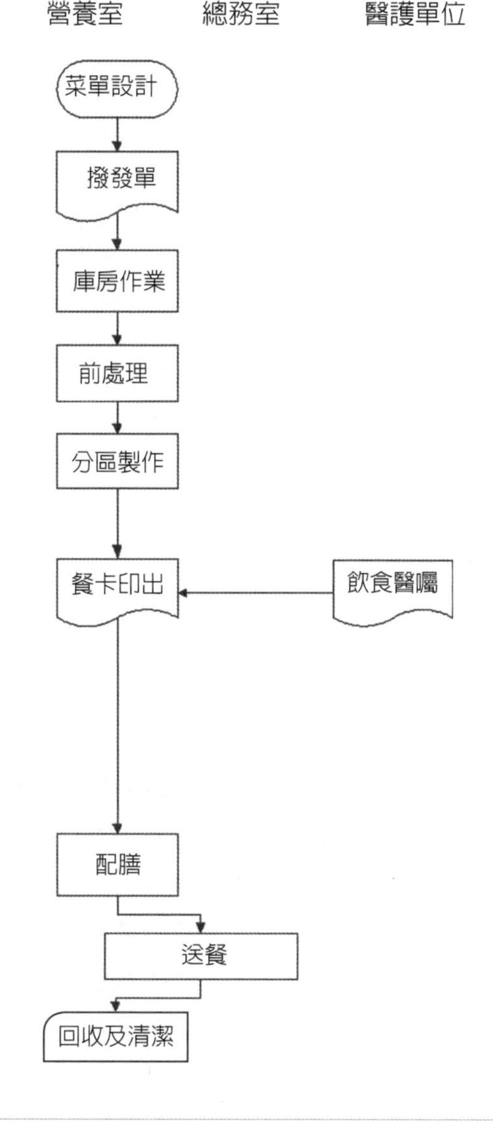

二、注意事項

(一)病膳營養師要確實掌握食材品質、鮮度及衛生安全。

(二)配膳時偶有發生配置不當之飲食，應馬上予以更換，並對病患表達歉意。

(三)常與廚師溝通菜單的烹調方法，並定期舉行廚工訓練。

柒、稽核

一、管制點

(一)廚師依據菜單正確的烹調各種不同的飲食，病膳營養師確實掌握食材前處理的各項步驟都符合衛生標準，並於出餐前試吃各項菜餚。

(二)配膳人員依據餐卡正確的配置適合該病患的飲食。

二、評估標準

(一)營養室工級考核記錄表。

(二)預防營養室意外事件登記表。

三、稽核方式

(一)初級稽核：由組長評估菜單的實用性，每月審核搭伙率（病膳人數統計表），每年定期做病患伙食滿意度調查。

(二)二級稽核：由主任不定期進行稽核。

四、改善追蹤：當稽核發現不符預期標準時，應立即檢討發生原因，於限期內完成改善行動，並持續進行追蹤考核。

捌、附件

一、總飲食餐別及人數統計表。

二、循環菜單一日範例。

三、撥發單一日範例。

四、餐卡。

五、搭伙率（病膳人數統計表）。

六、營養室工級考核記錄表。

七、預防營養室意外事件登記表。

核准者	主任	審查者	組長	製訂者	營養師

(五)稽核機制

團膳管理制度建立後，應有稽核搭配內部稽核制度，以定期或不定期之方式，藉由各級管理階層實施查核，以發掘團膳潛在之問題，並加以合理之解決、矯正與追蹤。擔任內部稽核之人員，需經適當之訓練，並作成記錄。團膳應建立有效之內部稽核計畫，並詳訂稽核頻率（以三個月一次爲原則），確實執行並作成紀錄。有SOP一定要搭配稽核機制，否則會流於表面形式，稽核應搭配鼓勵措施，否則光僅一味的稽核，會過於嚴苛，企業要達到效率，必須講求績效；而績效配合獎金制度，才能有所鼓勵，管理者需要體認到績效管理的目的，主要是在提升績效，而非侷限於獎懲，因此心態方面，鼓勵要比懲罰重要。依據此原則，一般可分成幾種不同的做法，一是高績效表現（達到平時工作量100%～130%標準）時，才進行鼓勵；一般約能提高正常工作水準30%或更高，適合鼓勵需要衡量之部門，但獎懲措施應力求公平、公正及合理，才能達到鼓勵刺激衡量之效果。另外一種是正常水準表現（達到100%標準）時給予鼓勵，適合於要求維持品質之單位；而如果士氣低迷要鼓勵時，則建議採取合理績效表現（達到80%標準就給予鼓勵）。

㈥有了各部級及各級單位之標準作業程序，團膳企業還應串聯成跨越部門，與橫向溝通之部門間管理，訂定出內部控制，以供各不同部門之間共同遵循，協力並進達成目標

標準作業程序，僅是各部級及科室級單位，自己內部執行單位工作之依循。團膳經營目標的達成，往往是需要兩個或兩個以上的單位，共同配合協力執行方能達成。爲避免不同單位之間，相互推諉（所謂三個和尚挑水，沒水喝的狀況），所以在釐訂有標準作業程序後，應立即再彙整編製出，跨越部門相互遵循之內部控制制度。二十一世紀是自主管理的時代，是企業追求永續經營的不二法門，完成上述標準作業流程至稽核過程，即可建立良好的自主管理模式。

㈦員工衛生管理及教育訓練

1. 衛生管理：人員衛生管理方面，要求手部應保持清潔，工作前應用清潔劑洗淨。凡與食品直接接觸的工作人員不得蓄留指甲、塗指甲油及配戴飾物等。若以雙手直接處理不再經加熱即可食用之食品時，應穿戴清潔並經消毒之不透水手套，或將手部徹底洗淨及消毒。戴手套前，雙手仍應清洗乾淨。作業人員必須穿戴整潔之工作衣帽及髮網，以防頭髮、頭屑及外來雜物落入食品、食品接觸面或內包裝材料中，必要時需戴口罩。工作中不得有抽菸、嚼檳榔或口香糖、飲食及其他可能污染食品之行爲。不得使汗水、唾液或塗抹於肌膚上之化妝品或藥物等污染食品、食品接觸面或內包裝材料。員工如患有出疹、膿瘡、外傷（染毒創傷）、結核病等可能造成食品污染之疾病者，不得從事與食品接觸之工

作。新進人員應先經衛生醫療機構健康檢查合格後，始得雇用，雇用後每年至少應接受一次身體檢查，其檢查項目應符合「食品業者製造、調配、加工、販賣、貯存食品，或食品添加物之場所及設施衛生標準」之相關規定。應依標示所示步驟，正確的洗手或（及）消毒。個人衣物應置放於更衣室，不得帶入食品處理或設備、用具洗滌之地區。工作前（包括調換工作時）、如廁後（廁所應張貼「如廁後應洗手」之警語標示），或手部受污染時，應清洗手部，必要時並予以消毒。訪客之出入應適當管理。若要進入管制作業區時，應符合現場工作人員之衛生要求。一般人員管理，包括有人力資源規劃、用人需求及招募甄選、分發試用、職前訓練、正式任用、考勤、教育訓練、考核、獎懲、晉升、調遷、薪資管理作業、福利作業、離職、退休、差旅支出及工讀生管理等等。

⑴管理目標：訓練並擁有素質優良的員工，維持良好之工作效率，使得員工滿意自己的工作環境，並吸引更多的人才願意投入團膳工作。

⑵工作檢查重點：工作衣服顏色、衣服乾淨、指甲、鬍子（男性）、口罩、帽子及頭髮是否漏出，及人員手部是否有傷痕

⑶人員常見之違規事項：抽菸或吃東西、工作中聊天、唱歌、手部不清潔、如廁未洗手、休息時留在工作地點、用衣袖擦汗、衣帽髒污、手指觸及熱食、抓頭皮癢、挖鼻孔、用手（碰觸）擦嘴、禁菸區抽菸、用手指梳理頭髮、咬手指甲及在非指定區飲食。

⑷團膳製備時經常違規事項：食品直接放置地面上、水產品及蔬菜一起洗滌或前處理、冷凍食品解凍過久、洗滌區未保持乾燥清潔、刀具及砧板未依分類使用，及食品中心溫度未達規定溫度。

⑸人員個人衛生要求

①雙手是萬能的，但也是細菌散播的大搖籃。常常洗手，可以讓細菌無法藉由雙手傳播。洗手應在流動的自來水下充分洗滌，必要時應以洗潔劑或消毒藥水洗滌。

②穿戴白色整齊的工作衣帽。不配戴手表及任何飾物。不以衣物擦汗及拭手。打噴嚏、擤鼻涕時，需先備妥紙巾，而後向後轉，將噴嚏打入紙巾內，再將手洗淨。每做下一個動作前，記得要洗手。帽子

應能將前後頭髮覆蓋，否則應覆以髮網輔助之。所著工作服應能將外出服上身全部遮掩，其長度以到膝蓋為宜。一般說來，工作服長度只到腰際，則下半身應輔以白色圍裙。不可著短褲、褲裙、馬褲或裙子，應一律著長褲。

③若不慎切傷手指，應立即包紮，如要繼續工作，應戴上乳膠手套，方可繼續工作；唯注意絕對不可以從事與食品接觸之工作。每年至少體檢乙次，合格後方可從事工作。隨時提醒自己——不要有二次污染的動作發生，非工作時間內，不要逗留在廚房，工作時不可有吸菸、飲食、嚼東西以及高聲交談之行為。

④不可著涼鞋、拖鞋、馬靴或高跟鞋，一律著可保護腳尖之平底鞋。工作時間——非工作人員，勿入廚房。工作時間內，勿進貨。工作場所內不得有寵物、畜禽及其他動物之進入，以避免造成廚房的污染。

⑤味覺為廚師的第二生命：廚師應珍惜自己的第二生命，凡有破壞味覺的行為應盡量少為之。尤以「檳榔及菸」為甚。

2.教育訓練：團膳應訂定年度訓練計畫，據以確實執行並作成紀錄。年度訓練計畫應包括團膳內及團膳外之訓練課程，且其規劃應考量有效提升員工對管理與執行能力。定期舉辦食品衛生及危害分析重點管制（HACCP）系統之有關訓練。各部門管理人員應忠於職責、以身作則，並隨時隨地督導及教育所屬員工確實遵照既定之作業程序或規定執行作業。對於會影響到團膳品質之人員，平時應該依據其需求提供適當的教育、訓練及（或）經驗分享，查驗教育訓練之效果，保存教育訓練之相關紀錄。團膳之教育及訓練，應著重人格的養成，培養對團膳的認同度及忠誠度，主要內容是訓練員工反覆練習，能確實按照標準作業規範徹底執行。人事升遷建議不需要特別重視學歷，而是重視工作方面有無能力、學習態度及對團膳的忠誠度，主管最好少由外面空降，建議自內部基層員工拔擢。

(1)訓練需求必須事前確認，切忌為辦理訓練而訓練，相關人員均必須接受訓練，特別對於新進人員，及調派新任務之工作人員。

(2)管理稽查人員，也需定期接受訓練，以了解品質管制工具及技巧。

(3)技術人員可以透過訓練，提高其對於品質之貢獻，而對於行銷、採購、製程及工務人員，則需要加強統計方面之訓練。

(4)部分訓練需要依據實際需要，要求認證，例如：切菜機及電動車，如果沒有認證就操作時，很可能員工因爲不熟悉操作程序，而導致受傷；而切菜機所導致之傷害不是斷指，就是更嚴重之狀況；而電動車所造成之問題，則是在團膳場所中發生「車禍」。

第三節　清洗、消毒及廚餘處理

團膳清潔及消毒方面，用於清洗及消毒之藥劑，應證實在使用狀態下安全後才能使用。團膳工作區域內，除維護衛生及試驗室檢驗上，所必須使用之有毒藥劑外，不得存放。清潔劑、消毒劑及危險藥劑，應予以明確標示，並表示其毒性和使用方法，存放於固定場所且上鎖，以免污染食品，其存放與使用應由專人負責。殺蟲劑及消毒劑之使用，應採取嚴格預防措施及限制，以防止污染食品、食品接觸面或內包裝材料。且應由明瞭其對人體可能造成危害（包括萬一有殘留於食品時）的衛生管理負責人使用，或其監督下進行。

一、餐具清洗

過去之餐飲業者，包括現在的許多攤販，經常是以一桶水清洗全部設備及碗筷；進步一點的，或許有兩桶水。不過現在即使許多餐飲業者，已經在硬體上，設置三槽式洗滌設備，但是對於洗滌、沖洗及有效殺菌之三個重要的餐具洗滌步驟，不是不清楚，就是未落實執行；特別在小型餐飲業，頂多做到洗滌與沖洗乾淨，仍欠缺最重要的消毒，或有效殺菌動作。而有些業者，雖然有消毒之觀念，卻在餐具消毒之後，拿著毛巾一個一個擦拭，想早一點弄乾淨，卻不知道如此一來，反而污染了全部之餐具。

良好的餐具清洗管理，將可以提供乾淨及衛生安全餐具，符合政府重複使用之環保規定，維持適當成本，並可以避免浪費。

(一)餐具洗滌的過程

1.預洗：洗滌，一般用43～49°C加上清潔劑。

2.清洗：沖洗，室溫流動水沖洗，將清潔劑沖洗乾淨。

3.消毒：有效殺菌。

(二)使用高溫自動洗滌設施及人工三槽式餐具洗滌設施，規定應具有洗滌、沖洗及有效殺菌之功能，相關作業要求如下

1.洗滌槽：具有45°C以上，且含有洗潔劑之熱水。

2.沖洗槽：具有充足流動之水，且能將洗潔劑沖洗乾淨。

3.有效殺菌槽：得以下列方式之一達成：

(1)水溫應在80°C以上（2分鐘以上）。

(2)110°C以上之乾熱（30分鐘以上）。

(3)餘氯量200ppm（百萬分之二百）氯液（2分鐘以上）。

(4)100°C以上之蒸氣（2分鐘以上）。

4.水溫及水壓未達標準時，不得洗滌。

(三)高溫自動洗滌設施，應設有溫度計、壓力計及洗潔劑（含乾精等）偵測器

溫度計及壓力計，每三個月應作校正並保存紀錄一年備查。洗滌設施所使用之洗潔劑、殺菌劑、乾燥劑應符合食品衛生法之要求。洗滌、沖洗、有效殺菌三種功能外之其他附加於自動洗滌機之設施，應具有功能加成之效果（例如：超音波）。

(四)乾燥處理

經洗淨之餐具，如未經乾燥處理者，不得重疊放置，乾燥處理得以下列方式之一為之：

1.乾熱法：以110°C以上之乾熱，加熱時間30分鐘以上（木質及低耐熱材質塑膠不適用）。

2.乾燥劑處理法：應使用食用性安全之乾燥劑，其安全性之資料，應提供行政院衛生福利部食品藥物管理署備查。

3.除溼機法：於密閉室內，開啓除溼機，以達乾燥效果。

4.自然晾乾法：應於具通風良好，且有防止病媒及塵埃入侵設施之場所，以適當容器或櫥櫃盛放。

5.其他經行政院衛生福利部食品藥物管理署認可之乾燥法。

(五)經洗淨乾燥之餐具，置於暫存區不得超過30分鐘，應立即送至清潔區放置。

圖6-1　洗碗機01

圖6-2　洗碗機02

圖6-3　洗碗機03

圖6-4　器具清洗區（拍攝：李義川）

二、清潔劑

清潔劑的種類可分成鹼性、中性及酸性清潔劑：

㈠中性清潔劑

用於食品器具及食品原料的洗滌。若直接使用於蔬菜、水果等食品時，必須注意其殘留問題。

(二)鹼性清潔劑

以中性清潔劑不易去除的物質爲洗滌對象，如油垢等，其洗淨能力強，常用於油煙罩之清洗，唯因具有腐蝕危險性，對皮膚、眼睛之傷害大，使用時需配合配戴護目鏡、口罩、塑膠手套及護膚衣物等保護裝置；當不小心碰觸時，應先用大量清水沖洗稀釋，再送醫治療。氫氧化鈉是鹼性清潔劑，於75°C下可以殺死100%的仙人掌桿菌，但因其強鹼性，且會對人體與設備造成腐蝕，使用時務必特別小心注意。

(三)酸性清潔劑

主要成分是硝酸、磷酸及有機酸。具有氧化分解有機物的能力。用於無機污垢之去除，主要用於去除器皿、設備表面、不鏽鋼器具或鍋爐中礦物質的沈積物。過醋（乙）酸在常溫下，可以殺死100%的大腸桿菌、仙人掌桿菌及金黃色葡萄球菌，但是因爲具有臭味及刺激性，且分解快速，因此一般在使用前才進行稀釋，多半使用於保特瓶無菌填充之瓶子及瓶蓋之殺菌。

三、消毒劑的種類

(一)二氧化氯（ClO_2）

具有保鮮、預防黃麴毒素、避免葡萄腐敗、延長水果上架期，因此適合用於食品消毒之用。

二氧化氯具有強氧化性，氧化能力是氯的2.5倍，而二氧化氯因爲僅會進行氧化反應，不進行氯化反應，所以不會與氨反應形成氯胺，也不會形成有害的飲用水氯化消毒副產物（DBPs），因爲被建議被應用於淨水工程中，具有消毒作用、控制臭味及藻類。在團膳上，則可用爲蔬菜及肉類的消毒劑。海產食品易腐敗變質，因此在冰水冷卻步驟中，添加殺菌劑以降低表面微生物數，其中之氯爲最常用來降低產品微生物數，及控制病菌。但此殺菌劑之使用，亦會生成一些具潛在毒性的物質，如三鹵甲烷。二氧化氯可氧化微生物的細胞膜，可有效殺死微生物、副產物生成量較低、消毒能力強、具殘餘消毒能力，及消毒效果較不受pH及有機物的影響等優點。另外在消毒含有有機物時，也比臭氧受干擾情形較小。所以ClO_2可作爲傳統殺菌劑之良好替代品，應用於團膳之潛力甚大。國內試驗證明，二氧化氯消毒劑具有無毒性、無刺激、無副作用、不污染環境及高效率滅菌的特點，且不產生抗藥性，尤其對傷寒、B肝及愛滋病毒，有良好的滅除效果。目前已廣泛用作殺菌劑、消毒劑、漂白劑和防腐保鮮劑。應用於日常消毒殺菌、水處理、醫藥用衛生、防疫消毒劑、空氣清潔調節劑、水產養殖場、食品加工場院地、用具、機械的消毒殺菌；造紙工業、印染工業的高檔漂白粉；食品、水果及魚蝦貯藏保鮮劑。

臺灣地區，91年鮪魚生魚片消費量約8,030公噸，旗魚生魚片6,894公噸，海鱺1,484公噸，鮭魚2,140公噸，紅甘魚174噸，其中鮪魚及旗魚占了80%。而消費者對於生魚片，最在意的是生魚片材料的衛生與鮮度，而臺灣有些日式餐廳，係使用印尼地區加工進口冷凍鮪魚生魚片，衛生與品質值得團膳採購時特別注意。

鹵素消毒劑分二大系列，即氯製劑及碘製劑，氯製劑之代表為次氯酸鈉，是一種漂白劑，屬鹼性物質。碘製劑有碘酒（碘之酒精溶液），及優碘（即所謂的無痛碘酒）等。鹵素製劑共通的優點，是殺菌範圍最廣，所有病毒、細菌（包括芽孢）、黴菌及原蟲等等，一概有效，缺點是安全性甚差。需注意氯劑與碘劑雖同屬鹵素製劑，但由於酸鹼度截然不同，彼此的化學活性又強，故二者絕不可混合使用。

㈡酸性電解水

生鮮蔬菜經過篩選、沖洗、切片、清洗及消毒處理者，可直接作為生鮮沙拉用生菜，此類食品因為具有生鮮自然的特質，能滿足消費者新鮮、營養與健康之需求。

近年來，美國與日本因為發生食用即食性沙拉用生菜，造成的食品中毒案件頻傳。2006年9月美國加州一家廠商的袋裝生鮮菠菜，因為遭到大腸桿菌污染，在二十個州爆發疫情，至少1人死亡，14人腎衰竭，及109人受到感染，包括臺灣、加拿大及墨西哥都有進口此種波菜。感染大腸桿菌的病患會出現腹瀉症狀、經常伴隨血便，大多數健康的成年人一週內即會康復，不過免疫力較弱的人，容易引發腎衰竭，嚴重時甚至會喪命。美國聯邦政府調查污染源結果，認為有可能是在農場種植過程，或者包裝處理過程出了問題。全美販售的新鮮菠菜，有74%來自加州。一般大腸桿菌是存在於牛等牲畜的腸道裡面，透過污染的糞便傳播，美國食品藥物管理局表示，清水並不能將大腸桿菌完全洗淨，要煮熟才能殺死大腸桿菌，因此也建議美國民衆暫時停止食用生菠菜。而包括臺灣、加拿大及墨西哥等國，已經將發生菠菜污染的有機食品公司袋裝菠菜全部下架。

由於在團膳經常使用之切菜機、切片機（薄片機）及削皮機處理過程中，容易發生交叉污染，而有研究指出使用酸性電解水（Electrolyzedoxidizingwater, EOWater）可以達到預防之目的。

酸性電解水，是利用稀鹽水電解而成，pH値在2～6間，氧化電位+1000Mv以上，對於酸性細菌、眞菌、病毒、放射菌及常見食品病原菌，均呈現殺菌之效果。

市售截切蔬菜，易受到大腸桿菌、沙門氏菌及李斯特菌污染，光用傳統的氯水殺菌時，由於蔬菜表面之疏水性，表面孔隙及氣孔等因素影響，使得微生物附著，造成清洗效果不佳；有時添加有機酸或界面活性劑來加強殺菌效果，效果也不明確，於是有些工廠爲了達成殺菌之果效，就會濫用氯水。

研究指示，先用鹼性電解水（Electrolyzedreducedwater, ERWater）浸泡5分鐘，再用酸性電解水混合處理之方式，效果最好；建議先用攝氏50度ERWater預洗，再用攝氏4度EOWater，將可以獲得無活菌殘存成品。但是使用時需注意，ERWater需要數量足夠、且保持流動，以避免交叉污染。

㈢離子界面活性劑類：又稱肥皂

植物酶（Phytase）是一種磷酸酶，可以將植酸鹽分解成肌醇、肌醇磷酸和無機磷，對於植物而言，植酸是貯存磷的一種型式，而在穀類及豆科種子中，含有大量的植酸，而因爲人體缺乏植酸酶，因此在消化道中，並無法分解植酸，植酸就會完整通過消化道，並且在通過時，吸附一些人體所需要的重要礦物質（如鈣），甚至於會與胺基酸結合，抑制酵素活性，最後被排出人體體外，而污染土地、河川及湖泊（因爲磷高）。所以如果補充攝取植酸酶，可以幫助消化吸收植酸磷、其他礦物質及蛋白質。

平常我們洗手用的肥皂，是屬陰性肥皂，因爲有功能的部分在陰離子。但這種功能，只限於洗淨力，因不具有殺菌力，所以嚴格講起來，並不能稱爲消毒劑。具有殺菌力的，是一種四級胺氯化物（或溴化物），其有功能的部分，是在其四級胺的陽離子上，所以又稱爲陽性肥皂。另有一種所謂的兩性肥皂，例如：羥基多胺基乙基甘胺酸，其陰、陽兩離子，均具有活性。主要的優點有對一般細菌及病毒等之殺滅力極強（甚至稀釋至數千倍仍有效），毒性、刺激性與腐蝕性均極低、安定性甚高。缺點則是，在有機物存在下效力大減（故消毒前需先將被消毒物清洗乾淨），對綠膿菌、抗酸菌、芽孢、腺病毒、腸病毒、小病毒、輪狀病毒，及原蟲等之效果不良。

㈣氧化劑

例如：雙氧水，遇到觸媒（在創傷組織中有之）會放出初生態氧，而具有殺菌作用，特別對厭氣菌效果最好，唯殺菌力弱且穿透太差。而高錳酸鉀之效力更低，一般只作爲產道洗滌，效果只達防腐的程度。

㈤醇類

最常用的是藥用酒精，亦即乙醇，因在75%左右時對細胞壁之通透性最大，所以在此濃度時殺菌力最強。對一般細菌及病毒有效。另有一種異丙醇，因稍具臭味且黏手，通常較少單獨使用，而作爲複合劑的成分之一。

㈥酸類

無機酸（如鹽酸、硫酸）之殺菌力強、殺菌範圍廣，與鹵素功效相當；有機酸（如安息香酸及柳酸）之殺菌力弱、殺菌範圍窄，僅對黴菌有較特異性的抑制作用。酸類（特別是無機酸）之毒性、刺激性、腐蝕性均強。

㈦鹼類

鹼水，即氫氧化鈉溶液；用於非供食用之場所與設備之消毒效果極佳，雖然刺激性、腐蝕性及毒性強，但因爲安定性佳，不怕有機物，且價格便宜，使用極爲普遍。

市售各種消毒劑許多不是單劑，而是多種不同成分組成；因此使用前必須確實掌握各種消毒劑之特性，事先閱讀說明書或標籤，以了解成分，才能做最恰當的使用。

四、消毒（有效殺菌）

「有效殺菌」依據食品良好衛生規範規定，係指採取下列任一之殺菌方式（見表6-5）：

㈠煮沸殺菌法

以攝氏100度溫度之沸水，將毛巾或抹布等煮沸5分鐘以上，或將餐具煮沸1分鐘以上。

1.即毛巾、抹布等，需以100°C沸水煮沸，時間5分鐘以上。

2.餐具則以100°C沸水煮沸，時間1分鐘以上。

㈡蒸汽殺菌法

以攝氏100度溫度之蒸汽，將毛巾或抹布等加熱10分鐘以上，餐具2分鐘以上。

1.即毛巾、抹布等，以100°C蒸汽加熱，時間10分鐘以上。

2.餐具則以100°C蒸汽加熱，時間2分鐘以上。

㈢熱水殺菌法

以攝氏80度溫度以上之熱水，將餐具煮沸加熱2分鐘以上。

㈣氯液殺菌法

氯液之有效餘氯量，不得低於百萬分之二百（200ppm），浸入溶液中時間2分鐘以上（餐具）。

註：200ppm（百萬分之二百）餘氯水之沖泡方法——將1%100cc（或2%50cc、4%25cc、10%10cc等）漂白水，加入5公斤自來水（即5,000cc水）即完成。

㈤乾熱殺菌法

以攝氏110度溫度以上之乾熱，將餐具加熱30分鐘以上。

㈥其他經中央衛生主管機關（衛生福利部食品藥物管理署）認可之有效殺菌方法。

表6-5　食品良好衛生規範中之有效殺菌

方式器具	毛巾、抹布（分）	餐具（分）
煮沸殺菌法（100°C）	5	1
蒸汽殺菌法（100°C）	10	2
熱水殺菌法（80°C）	—	2
氯液殺菌法（200ppm）	—	2
乾熱殺菌法（110°C）	—	30

註：—部分，因為法令沒有規定。

五、清洗效果簡易檢查

一奈米之長度，約等於十億分之一米（10^{-9}米），約為分子或DNA的大小，或者是頭髮的十萬分之一大小。而所謂的奈米結構，則是指1～100個奈米。在這麼小的尺度下，所代表的主要意義是用過去古典的理論，可能已經完全不適用或不敷使用，因為奈米使分子之表面積大大的增加，物質的特性將與以往所認知完全不同。以黃金為例，當黃金被處理成奈米粒子（Nanoparticle）時，其顏色將不再是我們熟悉的金黃色，而是會呈現出「紅」色。又如石墨，過去因為其質地柔軟，是拿來製作鉛筆之筆蕊；但是如果是用同樣的碳元素，做成碳奈米管時，其強度竟然比不鏽鋼要高，而可以被使用於顯微探針及微電極。已經有人將一端呈輪狀的合成酵素，結合微型驅動螺旋槳，製造出大小，僅有十幾個奈米的「分子馬達」，成為分子機械的重大突破。著名的蓮花效應（Lotus Effect），是指荷葉上面的奈米結構，具有抗水及防塵的自潔功能，而此種特性，目前已經被應用於戰鬥機上的雷達天線罩、自潔玻璃及奈米馬桶。

團膳在應用奈米方面，除了奈米光觸媒殺菌外，也使用於病原菌——出血性大腸桿菌之檢查（E. Coli O157:H7），只要食品中有一隻病原菌存在，即可被檢驗出，而且檢驗出時間將不到20分鐘，是日後團膳自我管理之利器。

如何快速確定餐具在清洗之後，大腸桿菌、油脂、澱粉及烷基苯磺酸鹽等項目，符合衛生標準——沒有殘留(陰性)之規定，以下為衛生福利部食品藥物管理署公佈之簡易檢查方式，每家餐飲業均可利用試劑及檢查方法，自行進行檢查。

(一)澱粉性殘留物檢查法

澱粉性殘留物檢查法，通常使用於檢查餐具或食物容器是否清洗乾淨，是否有澱粉質（如米飯等）殘留。以下列舉碘試液的檢查方法供參考：

1.試藥：碘試液

碘化鉀20公克溶於100毫升水中，再加入碘12.7公克；待溶解後，取1毫升加水稀釋至1,000毫升即為碘試液。

2.檢查方法

(1)取碘試液。

(2)滴在供檢驗的餐具或容器上。

(3)慢慢迴轉，使碘試液擴及全面。

(4)有殘留澱粉時，會變成藍紫色。

3.建議

(1)若有澱粉殘留，應改進洗滌方式，最好改用三槽式洗滌殺菌設備。

(2)無法供應良好的洗滌設備時，應使用衛生筷等免洗餐具，用完即丟。

(二)脂肪性殘留物檢查法

用於檢查餐具或食物容器上有無殘留油脂，判定是否清洗乾淨：

1.試藥

(1)蘇丹四號（Sudan IV）或蘇丹三號（Sudan III）。

(2)酒精。

(3)蘇丹試液：取蘇丹四號或蘇丹三號0.1公克溶於酒精100毫升即成。

2.檢查方法

(1)將試液滴在供檢驗之餐具或容器上。

(2)慢慢迴轉，使其擴及全面。

(3)用水輕輕沖洗。

(4)如有殘留油脂會呈現紅色的斑點（註）。

註：以有斑點爲測定依據，塑膠容器若爲粉紅色至紅色背景，測試後以水無法去除時，可以藥用酒精回復原狀。

3.建議

(1)若有油脂殘留，應改進洗滌方法，最好改用三槽式洗滌殺菌設備。

(2)無良好洗滌設備時，請使用免洗餐具。

(三)ABS殘留物（清潔劑）檢查法

用於檢查餐具是否殘留有洗潔劑：

1.試藥、器材

(1)甲醇。

(2)丙酮。

(3)1%花紺（Azure A）試液。

(4)10%鹽酸溶液。

(5)氯仿。

(6)滴管、試管。

(7)pH試紙。

2.檢查方法

(1)試管、滴管使用前，先以甲醇及丙酮洗淨。

(2)以5毫升水洗滌餐具樣品。

(3)將洗滌液蒐集至試管中。

(4)加入1%花紺試液一滴。

(5)加入10%鹽酸溶液調至酸性pH3，混合均勻。

(6)加入與洗滌液等量之氯仿搖一搖混合後靜置。

(7)若氯仿呈藍色，則表示樣品表面有殘留清潔劑ABS成分。

3.建議

(1)使用洗潔劑清洗餐具，應先浸漬後，以流水沖洗至少5秒鐘以上。

(2)不可用洗衣粉洗餐具或蔬果。

(四)生菌數檢查法

用簡單器具在24小時內測定出被採樣的飲食物、餐具、容器等之生菌數量（CFU/g）。

1.目的：用以檢測生菌數，以判定樣品是否保存良好或已遭到污染。

2.試藥、器材

(1)恆溫箱。

(2)滅菌生理鹽水（稀釋用）。

(3)滅菌吸管。

(4)培養膜。

(5)滅菌稀釋瓶。

3.檢查方法

(1)檢體之調製：依一般食品微生物之檢驗方法調製檢體，並適當稀釋成10倍、100倍、1,000倍、10,000倍等稀釋檢液。

(2)培養方法

①從密封的錫箔包取出培養膜。

②翻開上塑膠膜，用滅菌吸管取稀釋檢液1毫升放置在下塑膠膜中央。每種稀釋倍數之稀釋檢液都做重複。

③放入檢液後，蓋上上塑膠膜，然後在放檢液的地方，用塑膠擴散器

（Spreader）壓成20公分平方的圓圈，並避免氣泡之產生。

④放置1分鐘讓膠凝固後，不必倒置，放到培養箱（恆溫器）於35°C培養24～48小時。

⑤培養後，取出培養膜，計算菌落在20～200個間之紅色菌落數（或紅點）。

註：事先備好無菌吸管及稀釋液，在採樣現場即可進行檢驗後帶回培養即可，受測之實體樣品，就可以不必帶回實驗室。

㈤金黃色葡萄球菌檢查法

可快速檢驗出有無金黃色葡萄球菌。金黃色葡萄球菌，由於常存在於人體之手指、皮膚、毛髮、鼻腔及咽喉等黏膜，為身體受傷化膿原因菌，因此也大量存在於化膿的傷口與感染瘡疤。由於對環境的抵抗力很強，故容易污染淡水之魚貝類，也極易經由人體及其他動物而污染食品。檢驗出病原菌金黃色葡萄球菌，代表餐具於經過清洗及有效殺菌後，再度遭到二次污染，需要立即找出原因進行改善。

金黃色葡萄球菌（Staphylococcus aureus）殘留：

1.試藥器材：市售金黃色葡萄球菌快速檢驗試紙劑套組或其他同類型套組。

2.檢查方法

⑴利用試劑套組中之紙卡或在載玻片上，以油性簽字筆畫二個圓圈（直徑約1.5公分）。

⑵以套組中之牙籤或接種環沾取數個菌落，點在二個圓圈內。

⑶在下邊圈內加入一滴對照試劑，在上邊圈內加入一滴測試試劑。

⑷以套組中之牙籤或接種環先在下邊塗抹，使成均勻懸浮，然後以同法在上邊，於塗抹過程中約30秒內，在上邊圈內即可看到凝集反應發生，否則宜拿起玻片前後左右搖動，於2分鐘內觀察。

3.說明

⑴典型金黃色葡萄球菌，在對照組之圓圈（下邊）內沒有凝集反應，而於加測試劑之圓圈（上邊）內有凝聚反應時，視為正反應（陽性）；若加測試劑之圓圈，沒有凝集反應，則為負反應（陰性）。

⑵反應之快慢及細菌特性、培養基之類別皆有相關，一般而言，生長於Trypticasesoyagar, Nutrientagar或Bloodagar上之金黃色葡萄球菌，皆有

良好之凝集反應。若超過2分鐘，才發生凝集，則視爲負反應。另外若對照組亦發生凝集反應，此時之結果爲無法判讀（Uninterpret-able）。

(3)一般使用菌落（1～2公釐或以上）2～6個即可進行凝集反應，使用太多菌體時，則可能產生僞陽性（Falsepositive）反應。鑑定菌落以使用隔夜培養之新鮮菌落爲佳。但一般培養多日之菌落，仍可以得到良好之結果。

(4)若反應結果產生黏稠絲狀（Stringy）時，當其背景同時變得較爲清澈時，則爲正反應，若背景仍爲牛乳狀之外觀（Milkybackground）則爲負反應。

(5)檢驗試劑套組，應存放於2～8°C，使用前乳膠微粒試劑應充分搖勻後再測試，若貯存期間乳膠微粒偶有變粗現象，以超音波振盪器（Sonicator）振動2至3分鐘，應可予以有效改善。試劑中含有抑菌劑NaN3（Sodiumazide），勿觸及眼睛、皮膚及誤食，若不愼接觸時，應以大量清水清洗。

(六)大腸桿菌屬細菌檢查法

1. 目的：在10～15小時內，定性判斷被採樣的食物餐具、器具、容器、手指等有無大腸桿菌屬細菌，以判斷其清潔或消毒效果。

2. 試藥器材：大腸桿菌屬細菌檢查試紙、無菌水、恆溫器。

3. 檢查方法

(1)先將無菌水1毫升注入塑膠袋內之大腸桿菌屬細菌檢查試紙。

(2)取出於被檢驗物上，有規律擦拭後，裝回袋內封存。

(3)放置於攝氏38度左右之恆溫器，經一夜就可以檢出。

(4)有大腸桿菌屬細菌時，試紙發生紅點，若大腸桿菌屬細菌及雜菌甚多，則試紙全體變紅或紅點變成模糊。

第四節　工作簡化及標準化

團膳作業需要標準作業進行規範，人員工作也需要標準化；其實現代就連醫師的資格考試，都有設置標準化病人；而團膳之工作簡化，可以利用動作研究、工作程序研究、工作流程研究、工作時間研究及細微動作研究等方法進行。

動作研究是研究工作中，以何種動作來工作，最經濟且有效，能夠達到省時省力之效果。例如：觀察身體之動作，盡量讓兩隻手同時對稱動作，較省力也比較不會造成傷害。工作範圍應維持在雙手可即之範圍內，比較不會感到疲勞。工作場所之布置，應該依據工作流程安排，以利操作方便，並減少動作、時間及精力。工作姿勢之正確與否，關係到身體是否能保持穩定、減少能量消耗（不正確的姿勢會多耗費能源）及職業傷害。例如：團膳引起的職業傷害問題中，是以「下背痛」爲大宗。下背痛的原因很多，工作常引起軟組織急慢性傷害，在執行預防措施後可以改善。長時間處於不自然姿勢如彎腰及扭腰，容易摔倒受傷者，如配膳員及機械修理工等。工作時處在全身震動環境，如貨車駕駛等，是職業下背痛中較容易被忽視的。工作長時間處於坐姿的辦公人，因素如肥胖、抽菸，或過去曾有下背痛病史者也是高危險群。預防措施爲避免搬過重、體積過大、表面滑的物品，利用工具協助，搬運走道及工作環境要夠寬敞，以減少人對環境的遷就，而採取不當姿勢；避免地板溼滑，造成意外跌倒。

工作程序研究，是針對所需完成的工作步驟，予以記錄及分析，然後刪除不必要的動作程序，以達到工作人員省時省力之目標，並進而養成新的良好工作程序習慣。

工作流程研究，則是針對員工在工作流程中，所有操作所經路徑及路線，進行檢討及改善，一般是用流程圖及線圖輔助。

工作時間研究，乃是擬定合格員工，在一定工作標準下，完成該工作所需之時間。

細微動作研究，是利用精密攝影機，拍攝工作中員工身體的細微動作，並詳細記錄每項工作之時間及內容細節，並設法找出需要改善內容細節的方法，再依據改善後之方法操作，重新拍攝成影片，並記錄所需時間，以作爲分析及建立工作標準化使用。

許多企業爲因應國際化趨勢，而申請ISO認證，團膳過去以申請HACCP認證爲目標，唯將來爲要與國際接軌，將以符合ISO22000爲目標，因爲ISO22000內容已涵蓋HACCP部分，而要符合ISO認證，工作標準化是重要的一環；而要執行工作簡化及標準化前，團膳應有共同之願景凝聚，及適當的員工激勵措施以爲搭配，否則一味的要求，工作人員很可能只是虛應故事，作表面功夫，那麼花費人力及金錢，申請ISO認證就失去意義。而員工激勵措施，適用於團膳第一線作業人員、行銷、設計、文書處理、採購、檢驗、測試、包裝、運輸及服務等各類人員，管理及幕僚人員也應包括在內。

工作簡化及標準化，對於新進人員，可以透過職前訓練及基本訓練計畫辦理；資深人員，則透過定期再教育計畫辦理；對於需要再教育人員（如對於工作簡化及標準化政策，不能配合或抗拒者），則需有預防及矯正措施（最好能與績效獎金制度結合，才能有確實之效果）。

一、工作簡化及標準化前置作業

㈠員工素質

個案研究、工作內容分析及修改流程。

㈡提供設備

1. 設備效率化：例如：讓耐重推車除耐重外又好推，推車如果不需耐重，最好由單層改爲多層，以增加使用空間。
2. 採購多功能設備。
3. 設備擺放位置，不能影響工作。
4. 讓工作者，避免工作中離開工作位置（物品之擺放位置，盡量放在人員工作範圍內）。

㈢材料

1. 撥發材料標準化：如炸豬排，除了豬里肌肉外，對於使用之醃料、調味料、麵包粉及油炸油，均應予以定量標準化及撥發。
2. 多利用規格化之冷凍調理食品。
3. 使用規格化產品：如已切好的肉絲、肉片或肉塊，減少切肉時間。

二、工作簡化及標準化分析作業

㈠決定員工工作半徑

以工作者雙手能達到之半徑，劃出最有效之工作範圍，然後建議使用之材料及設備，應該盡量維持在此區域，或靠近此區域。

㈡研究員工動作

1. 觀察身體動作，特別是雙手之動作。

2.注意工作中，身體肌肉之運用。

3.避免會發生職業傷害之動作。

4.連續曲線會比直線動作好，例如：炒菜動作應有韻律，而非僅以蠻力翻炒。

㈢工作場所布置

1.使用設備及材料，應該按工作流程事先安排。

2.用具、工具及材料，應擺放在固定位置，以減少搜尋時間。

3.工具及材料，應擺放在工作半徑內，空間不足時應搭設架子解決（架子屬於立體空間，可分層增大空間使用率）。

㈣工作姿勢

1.考慮工作檯及洗手檯之高度，一般以75～80公分最合適。

2.工作椅則建議使用高腳椅，因爲團膳經常需要站立與走動，如果使用平常椅子時，因爲需要經常起起坐坐，頻率過高，反而容易導致身體疲憊。

三、實際執行工作簡化及標準化

㈠繪出流程圖。

㈡分析並調整出最合理之工作流程。

㈢觀察及記錄。

㈣分析：5W1H。

對選定的項目、程式或操作，從原因（WHY）、對象（WHAT）、地點（WHERE）、時間（WHEN）、人員（WHO）、方法（HOW）等六個方面提出問題進行思考。此問話與思考辦法，將可使工作人員思考內容深化及科學化。

1.WHAT：完成什麼動作？是否此動作是必須的？有無更好的替代動作？

2.WHERE：在什麼地方做？爲何必須在此處？有沒有更好的地點？

3.WHEN：何時做？爲何必須在此時？有沒有更合適的時間？

4.WHO：誰來做？爲何必須此人？有沒有更合適的人？

5.WHY：爲什麼發生？

6.HOW：如何做？爲何必須如此？有沒有更合適的方法？

㈤建立新的標準作業流程：目標爲

1.刪除不必要的動作。

2.合併相同或者重複的動作。

3.將必要的動作重新有效率的安排。

4.簡化：將複雜的工作予以簡單化，以提高效率。無論何種工作、動作、時間或地點，一般都可運用取消、合併、改變和簡化四種技巧不斷進行分析，而形成新的簡化概念及工作。

⑴取消：是否可排除某程式，如果可以就取消此程式。

⑵合併：是否能把幾道程式予以合併，一般流水生產線往往能立竿見影改善並提高效率。

⑶改變：改變順序，有時改變一下就能立即提高效率。

⑷簡化：將複雜程式變簡單，往往也能提高效率。

㈥重新在職訓練。

㈦實施。

㈧效果確認及維持。

第五節　委外作業及其人員管理

目前企業與政府委外項目，包括公共職業訓練、古蹟再利用委外經營、海生館委外經營、台灣國際觀光旅館業務委外、企業網路委外服務、地籍圖重測委外、台南市立醫院第三期委外經營、香港公部門物業管理委外、委外式員工協助方案、都市商店街維護管理委外、都會區公園委外、資訊系統委外、資訊安全委外、蓮潭國際文教會館委外、監理處車輛委外代檢、公立運動場館委外經營、廣告行銷業務委外及學校游泳池委外經營等；屏東海生館廠商過去經營旅館休憩業，如果不是取得政府海生館委外業務，企業恐怕早已經消失不見了。

美國過去因爲要因應成本增加，紛紛將產業外移，在此趨勢中讓人最爲不安的，就是工作機會流失。美國人已經算是能夠比較平靜對待勞動密集型，及技術含量低的工作外移。其原本認爲高技術及高附加價值的工作，會成爲美國的相對優勢而繼留美國。但是近年來發現，這類所謂白領工作，也抵擋不住委外的衝擊。約五年前，美國企業開始把電話轉接中心，轉移到印度，之後德國等歐美國家也跟進，而數量上以美國最多。一些大的長途電話公司，都把電話交換中心設在印度，成爲通信交通的樞紐。計算機生產廠商，也把電話轉接中心搬到印度，一切售後服務的電話支持系統，均不在美國本土，但是客戶卻可以透過電話（傳眞及電子郵件等方式）享受24小時諮詢、業務受理、客戶投訴處理及報障保修處理等服務。電話轉接中心被搬到印度，並沒有在美國引起多大波瀾，因爲美國人認爲那只是低收入的工作。但是接下來將要發生軟體及其研發搬到印度，卻成爲十分敏感的話題，因爲那是高收入的工作。一般員工之工資，是會隨著工作時間年限的增長而增加，但是，在印度因爲雇用的是新人，薪資相對降低，也就是說委外是世界性趨勢，將來臺灣也不能避免。

近年來外包之業務，占各企業業務量之比率日益增大，因此外包被企業視爲利潤創造的泉源。而醫院原本即爲一較難管理之機構，再加上近年來醫療環境的變動（醫院本身擴大、競爭激烈，及全民健保總額給付的實施等），使得醫院之營運更加困難。而以公務人員之人事成本爲例，每年依考績（核）結果，可以晉升一級，結果除增加職等之人事費用外，另外退撫基金及公保給付也需增加，加上增加退休及撫恤金之提撥，代表的是，即使在不增加人手的狀況下，人事成本還是持續在增加。因此醫院必須思考，倘能將非與醫療直接相關之業務，甚至與醫療直接相關之業務，經過評估其外包之可行性，而予以外包，必能減少營運之壓力，而使得外包成爲團膳的利器。

外包優點有節省團膳管理部門人力支出成本、提高工作效率，及提升服務品質。缺點則爲廠商如果不配合團膳管理部門的理念與原則，則將形成管理上的死角。一般而言，團膳企業體與委外單位，由於各來自不同企業，企業文化與背景均不相同，特別當團膳企業是政府機構時，差異性更大，此時負責團膳委外之部門，如果僅消極的思考如何處罰，將造成雙方之緊張關係，然而兩者其實合則互蒙其利，所以委外管理單位，建議要認清自己的角色，其實是企業與委外單位之溝通管道，是擔任輔導者，而不僅單純是稽查人員、因此一個成功的委外作業，中間需要預留許多溝通、協調之機制與空間，所以在契約設計時，建議罰則部分，要保留較大空間與彈性，才有利於將來雙方之溝通機制，因爲只求一味的罰款，並不能解決問題，反而有時因爲人際關係搞僵，反而有害於雙方之成長。而對於委外單位績效、供餐品質及服務態度，建議利用定期績效評估會議，或問卷調查等方式進行改善。

一般政府機構委外方式，同質性（如食材採購）可採用政府採購法辦理，異質性採購（有食材採購、勞務供應及設備裝潢整建），則可採政府採購法之最有利競標方式，或採用促進民間參與公共建設辦法（促參法）辦理。

一、促參法名詞（BOT、BTO、ROT、OT、BOO等）簡介

㈠BOT：由民間機構投資興建並為營運；營運期間屆滿後，移轉該建設之所有權予政府。

㈡無償BTO：由民間機構投資興建完成後，政府無償取得所有權，並委託該民間機構營運；營運期間屆滿後，營運權歸還政府。

㈢有償BTO：由民間機構投資興建完成後，政府一次或分期給付建設經費，以取得所有權，並委託該民間機構營運；營運期間屆滿後，營運權歸還政府。

㈣ROT：由政府委託民間機構，或由民間機構向政府租賃現有設施，予以擴建、整建後並為營運；營運期間屆滿後，營運權歸還政府。

㈤OT：由政府投資興建完成後，委託民間機構營運；營運期間屆滿後，營運權歸還政府。

㈥BOO：為配合國家政策，由民間機構投資興建且擁有所有權，並自為營運或委託第三人營運。

二、醫院商場委外之利益範例

㈠總投資金額3,920萬元，全由民間廠商自籌，政府不花一毛錢。

㈡每月至少獲得回饋金100萬元以上（一年1,200萬）。

㈢員工於商場購物時，均可獲得九折優惠（包括在便利超商7-11購物）。

㈣改善生活環境品質（委外前後之比較圖6-5～6-20）

㈤創造就業機會：增設18家廠商，以每家工作人員2人以上，至少增加六十個以上工作就業機會。

㈥計畫之經濟效益：因業者投資擴店，可增加投資額3,920萬元以上，促進地方經濟發展。

㈦政府之財務效益：有助於政府節省財政支出之事蹟；經成本分析資料顯示，精簡後每年可節省人事、水電與空調等費用每年約1,166萬元。稅收：以每月1,200萬元營業額計算，每年增加營業稅收720萬元；另廠商投資損益按營業收入10%及所得稅率25%估計，每年增加營所稅360萬元。合計民間廠商投資3,920萬元，政府增加財政效益每年3,546萬元，以合約十～二十年計算，共增加收益3億5,460萬元～7億920萬元。

圖6-5　委外前——原盤餐區

圖6-6　委外後——改建成速食區

圖6-7　委外前——原盤餐、快餐區

圖6-8　委外後——改建成鐵板火鍋、麵食區

圖6-9　委外前——原空間

圖6-10　委外後——改建素食、自助餐、小吃區

圖6-11　委外前——原空間

圖6-12　委外後——改建成餐飲美饌區

圖6-13　委外前——原用餐區

圖6-14　委外後——改建成餐飲用餐區

圖6-15　委外前——原門診候診區

圖6-16　委外後——改建成健康果汁吧

圖6-17　委外前——原走道

圖6-18　委外後——改建後走道

圖6-19　委外前——原舊內科部

圖6-20　委外後——改建成書局

（拍攝：李義川）

重點摘要

有位資深醫生，因為醫術非常高明，患者很多，於是選擇一位年輕的醫生幫忙看診，兩人以師徒相稱。看診時年輕醫生，成為資深醫生得力的助手，資深醫生理所當然地是年輕醫生的導師。由於兩人合作無間，診所的病患與日俱增，聲名遠播。由於工作量愈來愈多，為避免病患等太久，師徒決定分開看診。病情較輕者由年輕醫生診斷；病情較重的，師父出馬。實行後，指明給徒弟看診的病患，比例明顯增加。起初師父不以為意，心中也高興地認為：「小病都醫好了，當然不會拖延成為大病。病患減少，我也樂得輕鬆。」直到有一天，師父發現，有幾位病患的病情明顯已經很嚴重，但卻仍堅持要給徒弟看診，對此師父百思不解。還好師徒兩人彼此信賴，相處時沒有心結。但是師父心中疑問仍在，後來經過第三者進行觀察結果發現，初診掛號小姐不會刻意暗示，病人要掛哪一位醫生的門診。問題是出現在複診掛號，因為很多病患，都從醫生師父那邊，轉到醫生徒弟的門診（因為病情比較輕）。結果造成徒弟的掛號人數偏多，等候時間也比較長，有些病患在等候區聊天，不但交換彼此的看診經驗，也呈現出「門庭若市」的場面，讓一些對自己病情，比較沒有信心的患者，趨之若鶩，認為年輕醫師的醫術比較好。更有趣的是，問診過程，因為徒弟的經驗，比較不豐富，但也因此問診非常仔細，慢慢研究推敲，跟病患互動溝通也比較多、比較深入。加上醫生徒弟沒有身段的問題，所以讓患者感覺很親切、很客氣友善，也常給病患加油打氣，「不用擔心啦！多喝水，睡眠要充足，你很快就會好起來。」諸如此類的心靈鼓勵，讓他開出的藥方，有加乘的效果。反過來看醫生師父這邊，正好相反。因為經驗豐富，看診速度很快，往往病患還沒開口，他就說：「我知道！」。資深加上專業，使得他的表情比較顯得冷酷，彷彿缺少同情心。雖然看診過程很專業，可是因為打報告及開處方的時間，明顯多於與患者互動的時間；使得病患認為「漫不經心、草草了事」的誤會。由上例可以了解到，所謂愈成熟的麥穗，愈要懂得彎腰；愈懂得彎腰，才會愈成熟。很多專業人士，都很容易遇到類似的問題。值得團膳管理者思考！

過去荷蘭某城市為了解決垃圾的問題，而花錢採購垃圾桶；但是採購以後民衆卻不願意使用，衛生機關雖然提出許多解決辦法卻不見效，其中包括將亂扔垃圾者罰金予以提高一倍。另外也增加稽查人數，但是成效均不顯著。後來，有人設計一個電動垃圾桶，桶上裝有感應器，每當有人將垃圾丟進桶内時，感應器就會開始反應並啓動錄音機，播出一則故事或笑話，内容還會每兩周進行更換一次。此設計後來大受歡迎，所有民衆不論遠近，都開始喜歡把垃圾丟進垃圾桶，城市也因此變的清潔乾淨。因此，要解決員工問題，如果光採用傳統監管與處罰手段，其實很難奏效，對於處理員工偷懶等問題，加強溝通很重要；同時要給員工多一點理解、關心及體諒，如此一來比較有助於員工發揮工作積極性及創造力。

團膳製作供應區域及設施，配置與空間要求，應依作業流程需要及衛生要求，有序而整齊的配置，以避免交叉污染。應具有足夠空間，以利設備安置、衛生設施、物料貯存及人員作息等，以確保食品之安全與衛生。食品器具等，應有清潔衛生之貯存場所。製造作業場所内設備與設備間，或設備與牆壁之間，應有適當之通道或工作空間，其寬度應足以容許工作人員完成工作（包括清洗和消毒），且不致因衣服或身體之接觸而污染食品、食品接觸面或內包裝材料。

1,000人的工廠員工餐廳（以自助餐方式供應），如何安排人員及其工作？

一、主廚：負責烹調工作（配菜、炒、炸、蒸、煮湯及飯粥等）。工作時間：9:00～14：00、15：00～20：00（10小時）。休假採輪休方式辦理（需符合勞基法一週48小時規定）。助廚：協助主廚工作（材料前處理：挑菜、洗菜、切菜、洗魚及協助烹調等）。工作時間：8：00（必須比主廚早到，以利材料前處理）～16：00（必須比主廚晚下班，以執行善後及清潔工作等）、13：00～20：00（此為兩班，如果前班是早班，本班即為晚班）。休假採輪休方式辦理。

二、採購：負責購買營養師開立菜單之材料及餐具、清潔劑等非食材。工作時間，可以配合工廠正常上班即可。休假採輪休方式辦理。

三、庫房管理：分成冷凍、冷藏庫管理及乾料庫房管理等。工作時間，可以配合工廠正常上班即可。休假採輪休方式辦理。

四、清潔及運送餐食人員：負責餐具清洗、環境清潔維護、垃圾廢棄物處理，及製備餐食上菜或配送便當。工作時間可採三班，8：00～15：00、11：00～18：00及15：00～20：00，排班重點是讓中午人力需求最大量時，人力最多，早晚則人力相對遞減，以免浪費人力。休假採輪休方式辦理。

問題與討論

一、如何依貢獻度，分別出每位員工之薪資？

二、主廚、助廚與外場工作人員之工作如何分配？

三、舉出三種適合團膳使用的消毒劑。

四、如何進行工作簡化？

五、團膳將清潔工作委外之優缺點。

學習評量

1. (　) 若餐廳的招牌菜是由某1位廚師所開發出來的，該廚師應有隨時請求加薪之權利。
2. (　) 目前的工作條件雖佳，但他處又有高薪徵才，我為了將來應該立即跳槽。
3. (　) 餐具器皿消毒可浸泡於攝氏60度以上之熱水2分鐘。
4. (　) 餐具器皿消毒應浸泡於100ppm氯含量之冷水中2分鐘以上。
5. (　) 砧板每天使用後應每兩天用清水洗淨消毒一次。
6. (　) 餐廳餐具器皿的消毒殺菌應採用二槽式之水槽。
7. (　) 三槽式餐具洗滌槽，第二槽的功用為消毒槽。
8. (　) 以三槽式餐具洗滌時，消毒劑應加入第一槽。
9. (　) 餐飲業在洗滌器具及容器後，除以熱水或蒸氣外，還可以硫酸消毒。
10. (　) 清洗砧板的用水應以攝氏65度以上，方可達到消毒的目的。

解答

1.× 2.× 3.× 4.× 5.× 6.× 7.× 8.× 9.× 10.×

第七章
食品中毒

學習目標

1. 認識食品中毒原因
2. 了解如何避免與發生食品中毒
3. 注意工作人員衛生及法令規定

本章大綱

前　言

95年10月，臺灣的香蕉因為產量過剩，價格崩跌，大陸與國民黨達成協定，以每公斤新台幣10元的價格，收購2,000公噸臺灣香蕉，解救了臺灣果農的燃眉之急。結果執政的民進黨，認為這是對岸的一種統戰宣傳手法，並非常態性的解決問題。

香蕉在《本草綱目》記載：「香蕉甘，大寒，無毒」，具清涼、潤腸、解毒之功效；而被用來治熱病煩渴、便祕與痔血。《本草求原》記載：「香蕉止咳、潤肺、解酒，清脾潤腸，肝火盛者食之，反能止瀉止痢」。具有止煩渴、潤肺腸、通血脈、塡精髓功效、治便祕、酒醉、發熱、熱癤腫毒。不過，醫院團膳不常提供香蕉這種水果，因為民間口耳相傳：「骨頭受傷不能吃香蕉」、「筋骨傷者，不可吃香蕉」，主要是因為香蕉含磷稍高，吃多易使體內鈣質吸收率，相對降低（鈣質吸收有一定的鈣磷比），對骨折病人的復原不利。香蕉因為含高醣，代謝後會消耗體內較多維生素B_1，如果維生素B_1因而缺乏，將造成神經與肌肉的協調失衡，或引發傷處的疼痛或惡化。另外香蕉含高鎂，過量易造成隨意肌肉的麻痺，及肌腱的疼痛。香蕉性寒、味甘、通便、解酒、降血壓；因它質黏屬溼，所以患有風溼關節炎、皮膚病、感冒之人，應該禁吃。然而許多運動員在比賽前會吃香蕉，據說有助於臨場表現；又說香蕉因爲含有鉀離子，所以吃了不容易抽筋；又香蕉本身含有果醣及多糖類，會在不同時間持續消化，因此可以較長期的維持體力。

藥學導論著名警世名言「藥就是毒」。瑞士毒物學拉丁文名言：「Sola dosis facit venenum.」（英文翻譯是：Only dose makes toxicity.）即「劑量」決定毒性。這句話對於食品中毒非常合適。一般之病原菌中，加熱10分鐘之死滅溫度，對於傷寒菌、白喉菌與赤痢菌爲攝氏55.6～58度，動物乳房炎原因菌與布魯士菌是58～60度，結核菌是60度，即透過適當的加熱（如低溫巴斯德殺菌法）即可殺死大部分的病原菌，加熱是預防食品中毒的重要手段。胡適先生寫過文章《差不多先生》，這位差不多先生的特點是，他有一雙眼睛，但看的不是很清楚；有兩隻耳朵，但聽的不很分明；有腦袋但缺乏洞察力，和沒有層次思維。差不多先生或許看起來可憐愚昧，但是更慘的是，旁人卻接受如此荒謬的存在方式，還企圖自圓開脫，這種扭曲式的行爲，足以令人哭泣。很不幸的是，臺灣社會卻愈來愈多這種人，更不幸的是，許多人存著鴕鳥的心態，也接受這種觀點；對於醫生而言，正確的診斷是痊癒的起點，「差不多」可說是一種疾病，是從事團膳安全管理工作，絕對要避免的。因爲許多食品中毒案件之所以發生，往往是工作人員差不多的心態所造成，團膳安全管理，需要依據標準作業程序進行，絕對不可以抱著差不多的心態。

第一節　食品中毒的認識

團膳之生物性危害，包括有肉毒桿菌、仙人掌桿菌、沙門氏菌、金黃色葡萄球菌、腸炎弧菌及病原性大腸桿菌。化學性危害，包括有天然存在之黃麴毒素、組織胺、熱帶性海魚毒、菇類毒素、貝毒等，與有目的添加之化學物質，如色素、防腐劑、抑菌劑、食品添加物，及無意中加入之化學物質，如農藥、殺蟲劑、生長激素、荷爾蒙、抗生素殘留、重金屬元素、化合物、多氯聯苯等。物理性危害，則包括有金屬物質、蟲體、塑膠異物、絕緣物質、木屑、玻璃及個人小物品及碎骨頭等外來異物等。

防治生物性危害方式有殺菌以減少病原菌之存在，例如：利用烹煮、低溫滅菌、高溫殺菌及化學法殺菌等方式；避免殘留之生物性危害，繼續繁殖，常用方式爲調整水活性、pH值、氧氣及鹽分含量等，以抑制或減緩其生長及繁殖，或者是添加法規允許之抑菌物質以控制；及防止生物性危害在製程中之再污染。一般而言，污染來源，包括設備接觸表面、器皿、人員、空氣及水質等，此方面需要以落實執行食品良好衛生規範（GHP）才能獲得控制。

一、感染型食品中毒

病原菌在食品中大量繁殖後，隨著食品被攝取進入人體，且在小腸內繼續增殖到某一程度，進而引發食品中毒症狀者，稱爲感染型食品中毒。例如：腸炎弧菌及沙門氏桿菌。

㈠沙門氏桿菌

1. 沙門氏桿菌，普遍存在於雞隻的體內及體外，特別是在其腸道，由於雞下蛋時，一定得通過腸道，因此含菌量高的雞所產的蛋，或是破了殼的蛋，接觸雞隻排泄物時，將導致大量沙門氏桿菌污染並繁殖，所以雞蛋是最常見沙門氏桿菌污染來源。生蛋或其蛋殼上面，由於布滿了數以千萬計的沙門氏桿菌；沙門氏桿菌除了可以污染蛋殼，更可以穿過蛋殼，直接污染蛋體，使用生蛋或沒煮熟的蛋製品，也是食品污染沙門氏桿菌的主要來源。
2. 美國1992年，沙門氏桿菌（Non-typhi型）約造成300萬人中毒，其中造成2,000人死亡，死亡率0.067%。另外一型（Typhi型）約造成600人中毒，其中造成36人死亡，死亡率6%，相差90倍。
3. 沙門氏桿菌，污染生鮮禽肉機率爲40～100%，污染生豬肉機率爲3～20%，而污染帶殼貝類之機率爲16%，因此以生鮮禽肉機率污染機率最高，而禽肉除了沙門氏桿菌，是污染第一名外，其次彎曲桿菌、李斯特菌及肉毒桿菌，也是高污染菌種。
4. 沙門氏菌屬，致病劑量約爲10^4～10^{10}，因此一般衛生單位建議控制標準，是每公克少於十個。

㈡腸炎弧菌

1. 腸炎弧菌，是臺灣與日本最流行的食品中毒菌種，夏天時繁殖盛行，發病也最多，是一種生長繁殖能力非常迅速的微生物，即使在低溫之下，因爲其具有較其他病原菌，迅速生長繁殖的能力，而具有潛在性的危險。在英美等國家，因其飲食習慣與國人不同，大部分人並不生食海鮮，所以發生腸炎弧菌食品中毒的機率，較亞洲人少。而在東南亞地區如日本、臺灣、泰國、馬來西亞等國，發生中毒的案例就很多。

2.美國1992年腸炎弧菌（Non-cholera型）約造成3萬人中毒，其中造成300～900人死亡，死亡率1～3%。另外一型（Cholerae型）約造成13,000人中毒，其中造成1～2人死亡，死亡率0.0077～0.0154%，相差130倍。

3.腸炎弧菌，污染生鮮海產機率爲33～46% ，但是在臺灣，可能遠大於此數值（或許近100%）。

4.腸炎弧菌（Cholerae型）致病劑量約爲10^3，因此一般衛生單位建議控制標準是每克少於一個，而Non-cholera型爲10^6～10^9，建議控制標準是每公克少於十個。

二、毒素型食品中毒

細菌污染到食品之後，如果環境合適，將在食品中大量繁殖並產生毒素（Toxin），當人體誤食到所產生的毒素時（請注意與前述感染型不同的是，此型食品中毒並不需要食入活菌體，當然也與菌體污染數目無關），所引發之食品中毒者，稱爲毒素型食品中毒。以金黃色葡萄球菌及肉毒桿菌爲此型代表。

(一)金黃色葡萄球菌

由於金黃色葡萄球菌，平常即存在於健康人們的皮膚和鼻子，對於一般人，頂多會造成面皰和癤瘡等疾病。可是對於躺在醫院裡，進行手術的病人而言，可是會要命的。因爲它會造成傷口感染（例如：手部受傷會長膿，即爲此菌所造成）、血液感染和肺炎等。八〇年代前，抗生素萬古黴素，是醫治金黃色葡萄球菌的良藥。但是金黃色葡萄球菌，本來就以具有產生對抗許多抗生素能力（抗藥性），而惡名昭彰，不久前的研究發現，葡萄球菌居然可以突破細菌抗戰的最後一道防線用藥——萬古黴素，而震驚醫學界。2002年6月在美國密西根底特律的一家醫院內，有1位足部潰爛的糖尿病病人身上，被發現具有抵抗萬古黴素的金黃色葡萄球菌，還好當時並沒有發生院內傳播，而得以免除釀成大禍。當餐飲從業人員，手部有創傷及膿腫時，會將金黃色葡萄球菌及其毒素，傳播至食品中，而導致食品中毒案件之發生，過去就曾發生將金黃色葡萄球菌及其毒素，傳播至便當中，最後導致數千人食用便當，發生食品中毒之案件。因此爲了避免類似的事件發生，應要求員工維持良好健康（衛生）狀況，當有受傷或生病時主動告知管理者，保持良好個人衛生習慣及維持無不良嗜好（抽菸或嚼檳榔）；並透過稽查工作，以防範錯誤的衛生習慣。

1. 金黃色葡萄球菌，爲常見之病原菌，可經由染色看見其球形或串狀形態。由其經凝固酶試驗可形成凝膠狀之特性，很容易鑑別出來。此菌本身不引起疾病，而其所產生之腸毒素（A、B、C、D、E五型），才是致病原因所在。毒素本身非常耐熱，人體的手、鼻、皮膚，均有金黃色葡萄球菌存在，因此餐飲業，常因其從業人員的操作疏忽，而將毒素污染到食品，導致發生食品中毒。
2. 臨床症狀：潛伏期0.5至3小時後即刻發作，初期會有頭痛與唾液增加現象，按著出現上吐下瀉與腹痛，但不會發燒，症狀雖然激烈，數小時至一日卻能恢復。發病初期的便往往混有血之綠色黏液，死亡率則幾乎爲零。
3. 治療、預防與控制：不需要治療，但是如果想早點治癒可大量補充體液與服用安定胃的製劑，老人與小孩須接受靜脈注射治療。抗生素則完全無效，因爲抗生素並無法加速毒性分解。食品熱處理不當易造成金黃色葡萄球菌之殘存並繁殖，如室溫放查過久，將造成腸毒素產生，之後即使再加熱，也因爲無法破壞毒素而造成中毒。身體有化膿性之創傷、咽喉炎、濕疹者，不可接觸食品，健康者亦應戴口罩，以避免因爲噴涕、咳嗽而污染到食品。

㈡肉毒桿菌

1. 1854年德國南部，發生臘腸中毒事件，受害人數超過230人，而歷經十五年的研究，才對此菌作出詳盡的記載。肉毒桿菌中毒，係由於肉毒桿菌，在低酸性食品中增殖，並分泌毒素而產生之一種疾病。於1897年，科學家Van Ermengen首次分離細菌成功，故該菌被命名爲，肉毒桿菌或臘腸毒桿菌。
2. 肉毒桿菌是一種極厭氧的細菌，普遍存在於土壤、海與湖川之泥沙，及動物糞便中，在惡劣環境下，會產生耐受性較高的孢子。此菌喜歡無氧的狀態，且於pH值4.6以上之低酸性環境下生長最好，並會產生毒素，只要1公克的肉毒桿菌毒素，就可以殺死100萬人，毒性非常強。此類毒素並不耐熱，以100° C 持續煮沸10分鐘，即可破壞它。大部分肉毒桿菌食品中毒案件，發生在家庭式之醃製蔬菜、水果、魚、肉類、香腸及海產品爲主，主要是因爲食品處理、裝罐或保存期間殺菌不完全，肉毒桿菌的孢子，在無氧且低酸性的環境中，發芽增殖，並產生毒素而造成。然而食品工廠製罐過程，若有瑕疵，遭受污染或殺菌不完全，也可能會發生肉毒桿菌中毒。由於肉毒桿菌孢子，會存在於食品及灰塵中，蜂蜜偶爾亦會含有此孢子。污染途徑爲攝食污染該類毒素之食品所引起。可能會產生肉毒桿菌毒素狀況爲食品加工過程中，混入菌體或芽孢，且殺菌條件不足。在低酸嫌氣狀態有利該菌生長的條件下，且放置足夠的時間。通常以低酸性罐頭（含鐵罐、玻璃罐）食品或香腸等加工品爲主要原因食品。經常發生在醃漬、罐頭食品及乳兒蜂蜜攝取上，因此，衛生福利部宣導嬰幼兒不得餵食蜂蜜，因爲嬰幼兒之抵抗力弱，當幼兒攝食了含此菌孢子的蜂蜜時，其會在腸道內繁殖，並釋放出毒素，而引起中毒。

3.容易發生肉毒桿菌中毒，且死亡率高，因此做父母者，需要特別注意，不可用蜂蜜取代葡萄糖餵食嬰幼兒，以免發生肉毒桿菌中毒。

4.特性：

(1)革蘭氏陽性桿菌。

(2)菌體周邊有鞭毛，具運動性。

(3)厭氧菌，在缺氧狀態下易培養且產生毒素。

(4)可以產生芽胞。

(5)適合生長的pH值爲4.6～9.0。

(6)適合生長的溫度爲25～42℃。

(7)易被硝酸鹽/亞硝酸鹽抑制。

(8)產生的毒素分爲A、B、C、D、E、F及G七型。

5.導致發生原因：肉毒桿菌中毒有四種感染型式：

(1)食因型（傳統型）肉毒桿菌中毒：攝食遭肉毒桿菌毒素污染之食品所引起。食品加工過程中因殺菌條件不足、混入菌體或芽胞、在低酸厭氧狀態或未依規定冷藏，均可能造成菌體生長並產生毒素。如家庭自製之醃製肉品、pH>4.6的低酸性罐頭（含鐵罐、玻璃罐、軟袋包裝等）食品、肉類、香腸、火腿、燻魚等肉類加工品及眞空包裝豆干製品等。

(2)腸道型（嬰兒與成人型）肉毒桿菌中毒：人體的胃腸道也屬缺氧環境，適於肉毒桿菌生長。本型之中毒係攝入肉毒桿菌芽胞，在腸內萌芽增長並產生毒素。肉毒桿菌芽胞存在於食品及灰塵中，一歲以下嬰兒，因免疫系統尚未健全，且腸道菌叢亦未發展完全，容易受影響。成人若有腸道手術等原因，導致腸道微生物叢改變時才會受影響。

(3)創傷型肉毒桿菌中毒：傷口深處受到肉毒桿菌污染，在無氧環境下菌體增殖並產生毒素。在美國大部份的創傷型肉毒桿菌中毒病與注射受污染之海洛因有關。

(4)其他型肉毒桿菌中毒：係人爲因素造成，如注射A型肉毒桿菌毒素的美容行爲或有自殺意圖而引起。

6.潛伏期：食因型肉毒桿菌中毒，神經性症狀通常於18～36小時間出現，但亦有數天後才發作。潛伏期愈短病情通常愈嚴重，死亡率愈高。

7.中毒症狀

(1)發病的早期症狀包括疲倦、眩暈、食慾不振、腹瀉、腹痛及嘔吐等胃腸炎症狀，但在數小時內會消失。

(2)本菌的毒素主要侵犯末梢神經，症狀有視力模糊或複視、眼瞼下垂、瞳孔放大或無光反射、顏面神經麻痺、唾液分泌障礙、口乾、吞嚥困難及講話困難等。

(3)接續發生由上半身到下半身的肌肉無力、神經性腸阻塞、呼吸困難等相關症狀，失去頭部控制、肌肉張力低下及全身性虛弱，病人通常意識清楚，但嚴重時會因呼吸障礙而死亡，死亡率高達30～60%。

(4)若無併發性感染，無發燒現象。

8.治療方法

⑴可向疾病管制局申請領取肉毒桿菌抗毒素（A、B與E型），依照指示立刻給予靜脈與肌肉注射；但注射之前，要先收集患者之血清以供檢驗用。

⑵最重要的是要立刻給予呼吸支持以免呼吸衰竭而造成死亡。

⑶若給予好的呼吸系統照護及抗毒素治療，死亡率可低於15%；然而病例復原緩慢，常需要數個月，極少數會拖數年。

⑷創傷型肉毒桿菌中毒除給予抗毒素外，傷口處予以擴創及引流，並以抗生素治療。

⑸嬰兒肉毒桿菌中毒要給予支持性之照顧，但不可注射抗毒素以免造成過敏之危險。

9.如何預防：

⑴食品製造業者應避免肉毒桿菌毒素的產生，故食品加工過程中應注意：

(A)所用的食品原料應充分洗淨，除菌。

(B)香腸、火腿類應注意硝酸鹽/亞硝酸鹽的添加量是否適量均勻。

(C)充分殺菌。

⑵真空包裝食品通常沒有經過高溫高壓殺菌，因此一定要購買冷藏銷售及保存的真空包裝食品，購買後也要盡快冷藏，最好先加熱煮沸後再食用。

⑶家庭於醃製或保存食品時，欲使毒素破壞須要煮沸至少10分鐘，且食物要攪拌，或將酸鹼值控制在4.5以下（pH<4.5以下的酸性環境，肉毒桿菌無法生存）。

⑷此毒素不耐熱，經煮沸後毒性會消失，消費者則應注意食品在食用前應「充分加熱」。

⑸脹起蓋子的罐頭製品一定不可食用，開罐後發覺有異味時不要勉強試吃，一有疑問，切勿食用。

⑹由於孢子於自然界很廣，一歲以下之嬰兒避免餵食蜂蜜。

三、中間型食品中毒

此型介於感染型與毒素型中間，又稱為細菌性食品中毒。主要是病原菌進入人體後，在人體腸管內增殖並形成芽孢，產生腸毒素而導致中毒，此型有病原性大腸桿菌、仙人掌桿菌及產氣莢膜桿菌。

(一)病原性大腸桿菌

1.1945年布雷伊（Bray），調查死亡率極高的嬰兒下痢時，找出一種會導致下痢的菌種，屬於大腸菌，就是病原性大腸桿菌。大腸桿菌為兼性厭氧性細菌，大部分是屬於無害且生長在健康人的腸道中，可製造並提供人體所需的維生素B_{12}和維生素K，亦能抑制其他病菌之生長。該菌在自然界之分布，相當廣泛，一般棲息在人和溫血動物之腸道中，故可同時作為食品安全性之指標（因為存在於腸道，因此當食品被檢出時，代表被污染）。大腸桿菌通常不會致病，但部分之菌株則會；而這些會致病之菌株，則統稱為病原性大腸桿菌。

2.特性：

(1)革蘭氏陰性桿菌。

(2)具鞭毛，可運動。

(3)兼性厭氧菌，有氧或無氧狀態下皆可生長。

(4)不會形成芽胞。

(5)最適合生長的pH值為6～7。

(6)最適合生長的溫度為37℃。

(7)耐熱性差，一般烹調溫度即可殺死本菌。

3.發生原因

(1)本菌廣泛存在於人體或動物體的腸管內（健康人的帶菌率約為2～8%，豬、牛的帶菌率約為7～22%）。藉由已受感染的人員或動物糞便而污染食品或水源。

(2)腸道出血性大腸桿菌的毒性很強，其代表菌株有O_{157}：H_7及O_{111}：H_8等，為一種人畜共通菌，主要存在於牛、羊的腸道與排泄物內。人體多因食入牲畜排泄物污染的食品而感染，通常是烹煮不當的牛肉（特別是絞肉）、生牛肉、生牛奶及受污染之水源（如未經消毒之飲用水）。

(3)2011年5月，日本1家烤肉連鎖店，傳出因供應不潔的生牛肉給客人，至少在全國造成2名孩童死亡，57名顧客中毒。經日方調查，疑為O_{111}型大腸桿菌所造成。大腸桿菌會自然存在於牛隻胃腸道及糞便，如屠宰過程未妥善處理，將造成牛肉污染，進而有食品安全風險。

4.潛伏期：一般引起食品中毒之潛伏期平均為5～48小時，另外腸道出血性大腸桿菌引起的中毒潛伏期為2～8天。

5.中毒症狀：主要症狀為下痢、腹痛、噁心、嘔吐及發燒，症狀的程度差異很大，年齡愈小，症狀愈嚴重。因大腸桿菌侵襲型態不同，可分為：

(1)侵襲性大腸桿菌：侵入人體腸管而引起急性大腸炎、大便含血或黏液等症狀。

(2)產毒性大腸桿菌：和霍亂症狀類似，會有水樣下痢（每天4～5回）、脫水等症狀，持續約幾天至一星期。

(3)腸道出血性大腸桿菌：受感染者會出現嚴重腹絞痛、血狀腹瀉等，沒有發燒症狀，多數健康成人可在一週內恢復，僅有少數患者會併發溶血性尿毒症，主要是因為該菌所產生的毒素，會破壞血管內皮細胞，導致溶血性貧血、少尿、水腫、抽筋、出血，甚至轉成急性腎衰竭，嚴重時會喪命。

6.治療方法

(1)一般不用抗生素，只要補充水分，4～5天後會自行痊癒。

(2)不可使用止瀉劑，因為會延長腸道內容物留滯時間，可能會助長人體吸收毒素而增加發生合併症的機會。

7.如何預防：產毒性大腸桿菌所產生的毒素有些可以耐熱，有些則容易受熱破壞。腸道出血性大腸桿菌不耐熱，在攝氏75℃度加熱超過1分鐘即可殺死。預防方法如下：

(1)飲用水之衛生：注意飲用水的衛生管理（如加熱煮沸、加氯消毒或其他消毒劑的處理），定期實施水質檢查。尤其是使用井水或儲水槽時，更須避免水源受到污染。

(2)食品需經適當加熱處理，如絞肉中心必須加熱至所有粉紅色部分消失為止。

(3)食品器具及容器應澈底清洗及消毒。

(4)被感染人員切勿接觸食品之調理工作。

(5)勤洗手，特別是在如廁後、進食或者準備食物之前。

(6)不食用生的或未煮熟的牛肉，不飲用生乳。

(二)仙人掌桿菌

1.仙人掌桿菌因其菌體周圍，布滿短鞭毛，形狀有如仙人掌而得名。引發中毒的食品，大都與米飯或澱粉類製品有關；而濃湯、果醬、沙拉及乳肉製品，亦經常被污染。這些食物被仙人掌桿菌污染後，大多會產生腐敗及變質。不過值得注意的是，除了米飯，有時稍微發黏及口味不爽口外，大多數的食品，感觀都還正常；即不易察覺到已遭受污染。

2.特性

(1)革蘭氏陽性（G(+)）桿菌。

(2)菌體周圍具鞭毛，可運動。

(3)兼性厭氧菌，需氣情形下，生長較佳。

(4)可形成卵圓形芽胞，具有耐熱性。

(5)最適合生長的酸鹼值（pH）為6～7。

(6)可在10～50℃中繁殖，最適宜的生長溫度為30℃。菌體不耐熱，加熱至80℃經20分鐘即會死亡。

3.發生原因：仙人掌桿菌極易由灰塵及昆蟲傳播污染食品，食品中帶菌率可高達20～70%。食品被仙人掌桿菌污染後，大多沒有腐敗變質的現象。除了米飯有時稍微發黏，口味不爽口之外，大多數食品的外觀都正常。造成食品中毒的原因主要是冷藏不夠，保存不當，尤其在夏天，食品於20℃以上的環境中放置時間過長，使該菌大量繁殖並產生毒素，再加上食用前未經徹底加熱，因而導致中毒。導致仙人掌桿菌食品中毒的主要原因食品，常為受污染之米飯等穀食品、香腸與肉汁等肉類製品、蔬菜及布丁等，往往都是屬於學校團膳主要菜色。仙人掌桿菌因為極易藉由灰塵及昆蟲傳播而污染食品，因此食品中的帶菌率相當高，如果製備好的餐食保存不當或放置時間過長，可能導致仙人掌桿菌芽孢萌芽增殖並產生毒素，因而導致中毒。建議各級學校外購盒餐時，應該向優良餐盒食品廠商訂購，同時應選擇對於運送車程適當及貯存效果良好的廠商訂購；當盒餐送達學校時，校方應做初步抽驗，檢視其內容、味道、包裝及標示等，如有衛生安全之虞時，即應予退還。自辦餐飲則應確實遵守食品衛生相關規範，建立原材料採購驗收程序，儘量不購買不須經加熱即可食用之半成品或成品作爲菜色，否則必須再經加熱程序才供食。此外，應切實做到作業場所有效區隔管理，落實從業人員個人衛生管理及正確的清洗消毒觀念等教育訓練等。不論是外購盒餐或自辦餐飲，均需依「學校餐廳廚房員生消費合作社衛生管理辦法」建立留樣制度，並標示日期、餐別，置於7℃以下冷藏保存48 小時，以備查驗。

⑴嘔吐型食品中毒的原因食品，大都與米飯或澱粉類製品有關，蒸煮或炒過之米飯放置室溫，貯放時間過長爲最常見的汙染途徑。

⑵腹瀉型食品中毒的原因食品，主要是香腸、肉汁等肉類製品，濃湯、醬汁、果醬、沙拉、布丁甜點及乳製品亦常被污染。

4.潛伏期

⑴嘔吐型：較短爲1～5小時。

⑵腹瀉型：較長爲8～16小時。

5.中毒症狀

⑴嘔吐型：噁心及嘔吐。嘔吐次數多，少腹瀉；併有頭暈、發燒、四肢無力等。

⑵腹瀉型：腹痛及腹瀉。以腸炎的表現爲主，嘔吐較少見。

6.治療與預防方法：適當的支持性治療，給予水分及電解質，約1～2天即可痊癒。如何預防

⑴避免食物受到污染（防止灰塵及病媒）。

⑵食品烹調後儘速食用，如未能馬上食用，應保溫在65℃以上。儲存短期間（兩天內）內者，可於5℃以下冷藏庫保存，若超過兩天以上者務必冷凍保存。

第二節　化學性危害

化學性危害，分爲天然產生及加工處理殘留兩種，天然產生如黃麴毒素、組織胺及菇類毒素等；加工處理過程中所殘留如抗生素、荷爾蒙及食品添加物

等。

民國95年6月初，臺灣彰化縣線西鄉，爆發戴奧辛鴨蛋事件，事隔三個月，緊鄰線西鄉的伸港鄉，也傳出鴨蛋遭受戴奧辛污染。9月27日立委披露彰化縣伸港鄉，有一戶養鴨場的鴨蛋，含有致癌毒素「戴奧辛」，造成社會譁然，因為在這之前，鴨農已經把鴨子賣掉了，這表示毒鴨蛋跟毒鴨肉已經有不少進了消費者的肚子裡。伸港鄉毒鴨蛋的污染源，環保署懷疑可能是飼料，但是如果是飼料出問題，就不是只有一家養鴨場有問題。之後農委會召開記者會，特別澄清飼料並不是污染源。農委會及環保署不同調，污染來源沒釐清，結果是鴨蛋在市場，創下一天暴跌8塊錢的歷史紀錄，並且乏人問津。

戴奧辛會致癌，而食品是戴奧辛進入人體的主要來源。因此歐盟等先進國家，早已進行管制，臺灣則在2006年公布管制標準。戴奧辛的中毒臨床表徵，可分爲急性及慢性；急性在動物實驗中，只要每公斤不到1微克就可以致命，即使僥倖存活，也會造成胸腺萎縮、骨髓抑制及肝毒性等後遺症。對人體的影響，則是會造成皮膚、眼睛及呼吸道的刺激、頭痛、頭暈及噁心等症狀。戴奧辛（Dioxins）其實是二百一十種不同化合物的統稱，包括七十五種多氯二聯苯戴奧辛（Polychlorinated dibenzo-P-dioxins，簡稱PCDDs）及一百三十五種多氯二聯苯夫喃（Polychlorinated dibenzofurans，簡稱PCDFs）。戴奧辛是源自於化學工業製程中的副產品，而燃燒則是戴奧辛產生的另一種主要方式，如金屬冶鍊、廢棄物焚化爐及人爲燃燒行爲等。

一、天然化學物質

㈠黃麴毒素

1960年英國農場有10萬隻火雞，由於不明原因死亡，特別稱其爲「Turkey X Disease」，後來追查發現，自巴西進口的花生（殼）餅飼料中，含有黃麴黴菌（學名Aspergillus flavus，通常簡寫爲A. flavus）；再經進一步分析，終於分離出致病的毒素——屬於黃麴黴菌的一群二級代謝物質，因此便命名爲「黃麴毒素」（黃麴毒素之英文名稱Aflatoxins，便是取黃麴黴菌之A（Aspergillus）再加上Fla（Flavus）再加Toxin「毒素」而得）。黃麴黴菌及黃麴毒素的研究，便從那時起成爲全世界的重要課題。

根據研究顯示黃麴毒素是黃麴黴菌所產生的二級代謝產物，經常污染花生、棉子、玉米、米、麥及堅果類等作物。臺灣溼熱的氣候，剛好適合這種黴菌的生長條件（在攝氏24～28度、水活性達0.93～0.98時），黃麴黴菌大量滋生時就會產生黃麴毒素。由於黃麴毒素具有耐高溫的特性，即使以高溫烹煮，仍然無法去除。黃麴毒素具肝毒性，大劑量食入，會引起肝毒性發炎、肝出血及肝細胞壞死。長期低劑量食用時，易導致肝細胞突變造成肝癌，尤其會使B型、C型肝炎患者及帶原者的罹癌風險增高。

黃麴毒素主要有B1、B2、G1及G2等四種，代謝後會產生黃麴毒素M1及M2，此六種黃麴毒素中，以黃麴毒素B1的毒性最大。此外長期飲酒的人，也都是黃麴毒素誘發肝癌的高危險群。

並非遭受黃麴黴菌污染，就必定含有黃麴毒素。但爲了安全起見，由於毒性太過強烈，原料一旦發現污染黃麴黴菌，一般均建議予以剔除，以策安全。一般選購食材時，應多審慎挑選，觀察外觀是否長黴，選取新鮮、包裝完整、標示清楚的產品，同時，應將食材貯放於乾燥及陰涼通風處，並於有效期限內食用完畢。由於家禽食用的飼料若未能保存於良好環境下時，也極易受黃麴毒素的污染，因此動物的內臟，不宜多吃，尤其是肝臟的部分。假如發現所存放的食品已發霉了，應立即丟棄切勿食用，以避免遭受黃麴毒素的毒害。

㈡菇類毒素

菇類屬於眞菌類的一種，多半是擔子菌，其中比較著名的有靈芝、樟芝、香菇、金針菇及木耳等具有增加人體抗癌能力。菇可分爲食用菇（香菇、金針菇、巴西蘑菇）、藥用菇（樟芝、靈芝、雲芝、茯苓）、毒菇（毒蠅鵝膏菇，Amantia muscaria、毒鵝膏菇，Amantia phalloides）及身分不明的菇。臺灣野外毒菇種類繁多，一般中毒常見的是，腸胃炎型（最常見）、神經致幻型、肝損害型，及溶血型，症狀有噁心、嘔吐、腹瀉及嚴重腹痛等情形。嚴重的毒菇類中毒，常會導致肝、腎衰竭，病患常需換肝或腎臟移植才能存活。日本厚生省曾要求日本麒麟公司全面自主性的回收，該公司出售的四種巴西磨菇製造的食品。近年來健康食品風行，研究報告顯示：巴西蘑菇，因爲富含可提升免疫力的多醣體，而竄紅於保健食品市場。日本人將其稱爲「姬松茸」，味道鮮美亦可煮湯入菜。據國內菇農表示，國內種植之巴西蘑菇除供鮮食外，亦有烘乾供保健食品業者加工爲膠囊販賣。日本厚生省是鑑於巴西蘑菇相關製品，廣泛地流通於日本市面，且由學術雜誌獲知該類製品，有引發肝功能障礙的疑慮，故委託日本國立醫藥品食品衛生研究所對於銷售量多，而製造方式不同的三家日本廠商產品進行毒性試驗。結果在對老鼠進行的毒性試驗結果發現，老鼠吃下5～10倍正常劑量的待測產品後，僅「麒麟細胞壁破碎巴西蘑菇顆粒」，具有誘發致癌之促進作用。雖然不表示其對人體也會立即產生相同的反應，但為慎重起見，仍決定請業者全面自主性的回收。巴西蘑菇因為較其他菇類，含有較多的多醣體或多醣體及蛋白質混合物，具有提升免疫力、抗癌及提升身體的生理功能，但需要注意的是，因為對重金屬及農藥，具有超強之吸附力，所以容易造成反效果，需要特別注意。

香菇子實體，具有特殊香氣，叫香菇精（Lenthionine $C_2H_2S_5$），具抗癌功用。香菇之多醣體（Lentinan $C_6H_{10}O_5$），具抗腫瘤，活化巨噬細胞，增加淋巴活性，強化身體免疫防禦機制能力，抑制腫瘤生長，及提升化療藥物療效。

金針菇可以降低膽固醇，所以對於高血壓、高血脂及肝病患者有益。金針菇之毒蛋白（Flammatoxin）可以降低血壓，蛋白質凝素（Lectin）具凝集血液活性，菌絲體酸性多醣蛋白，可以抑制腫瘤，但是由於取得容易、價位低，因國人普遍認為東西要貴才具有療效，而被忽視，殊為可惜，團膳應該多多利用。

另外金針菇因為在低溫下培養，雜菌生長不易，昆蟲也因為不易在低溫下活動，因此栽培金針菇，不需要使用農藥，加上生長於冷房環境不見光，所以一身淨白，也不需要漂白劑，只是要特別注意的是，金針菇怕水，一碰水時組織會快速軟化，因此團膳需要特別注意，最好的食用方法，是水煮（火鍋），可以生吃（但是不宜吃太多），所以在熱湯中，稍燙即可嚐到甘美爽脆口感，如果煮太久，反而變韌、咬不斷，而易塞牙縫。不過對於紅斑性狼瘡及關節炎患者，因為金針菇會提升免疫力，而紅斑性狼瘡及關節炎患者，是Th1細胞激素引發，易加重病情，所以建議此類患者避免食用。

(三)河魨（豚）

河魨的卵、卵巢和肝臟中含有劇毒（不同季節之毒性也不同）。如果處理不慎，污染到魚肉，則攝取到具有損害神經的劇毒，只要少量即足以致死。症狀爲四肢、口唇、舌端知覺麻痺、說話、呑嚥及呼吸困難，最後多半因爲呼吸停止而死。在日本每年都會發生河魨中毒事件，主因是日本人喜歡食用河魨，而中毒多半因爲民衆在自己家裡未能妥適處理河魨內臟器官，而造成中毒。與日本不同，在臺灣河魨中毒原因，卻是與香魚片有關。所謂的香魚片是商品名，並不是用香魚做的，而是以魚肉做原料，再經烘烤（或乾燥）及壓扁的乾燥魚製品。早期香魚片原料，都是使用安康魚和剝皮魚，但後來基於成本，改採低價河魨作爲原料。河魨因爲含有毒性，過去一直禁售。後來政府放寬禁令，可用無毒的克氏兔頭魨（俗稱黑鯖河魨，其實其腸道和肝臟仍有微毒）作爲香魚片的原料。但是由於黑鯖河魨，數量不足以供應市場需求，有些業者就將其他河魨拿來使用，而這些其他河魨的魚肉，則往往是有毒的，當業者對河魨魚種辨識能力不足，再加上對於河魨內臟處理技術不夠周延時，就會造成河魨中毒。

㈣麻痺性貝毒

原始來源可能爲藍綠藻、紅藻或有毒渦鞭毛藻，如微小亞歷山大藻等，而藻類是海洋生物初級生產者的食物來源，濾食性貝類（如西施舌貝、牡蠣、文蛤、海瓜子及淡菜等）都以藻類爲主食。而濾食性貝類，在攝食毒藻之後，毒素並不會排出，在體內蓄積，結果經由食物鏈作用，毒素被逐漸濃縮，蓄積在魚貝類體內；而當魚貝類，被捕獲經人食用後，依每個人體質，對此毒素之耐受性不同，不能耐受的人即會發病。在自然的環境之中，西施舌貝吃了有毒浮游生物或微生物，雖然浮游生物，或微生物之毒性很微少，但是因爲蓄積性作用，會逐漸累積，而導致具有蓄積麻痺性貝毒。其實大多數淡、海產貝類，均有可能蓄積麻痺性貝毒，特別是存在貝類的中腸腺等器官。麻痺性貝毒的毒性及症狀與河魨毒很相似，毒性甚至於比化學物質氰化鈉毒性還強很多。症狀包括噁心、嘔吐、唇舌麻木感、肢端麻木，及漸進性麻痺、頭痛、眩暈、運動失調、身體漂浮感、呑嚥困難、言語困難及暫時性失明等症狀；但與河豚中毒不同的是，麻痺性貝類中毒不會有低血壓。嚴重者可能會因呼吸困難，或呼吸衰竭而致死。

㈤組織胺

曾經有某臺灣南部知名百貨公司的員工餐廳，其廚師在解凍鯖魚時，因爲沒有注意到時間的控制（可能是疏忽，或者是工作人員聊天聊得太愉快，以至於忘記時間），最後造成鯖魚調理烹煮食用後，多人發生臉面潮紅、胸悶及頭痛等過敏反應症狀，經檢驗後發現，鯖魚中含有過高的組織胺殘留，屬於過敏性食品中毒。本例如果在凍過程，能夠注意「迅速」原則，就可以避免發生組織胺過高。根據報告，類似過敏反應除了有上述症狀之外，還有噁心、呼吸困難、喉嚨燒熱感、口唇脹麻、皮膚潮紅、血壓下降及腹瀉腹痛等，嚴重時可導致休克，也是屬於食品中毒的一種；所以處理食物時，「迅速」是一個重要的原則。組織胺所造成的食品中毒，主要是因爲食用保存不當、腐敗而滋生細菌的魚肉所造成的。常見可能造成過敏性中毒之魚類，包括有鮪魚、鮭魚及鯖魚等。由於幼年學童，似乎對於組織胺之抵抗力較弱，過去曾經發生多起學校午餐，因爲供應鯖魚等魚類，所造成之食品中毒，因此從事供應學校午餐之業者，需要在菜單設計時，應盡量避免使用類似食材，以爲預防。

㈥發芽馬鈴薯

馬鈴薯發芽的成分爲茄靈（Solanine），屬茄屬生物鹼（Solanum Alkaloid），帶有苦味。一般中毒的症狀以心、肺、肝功能障礙及神經失調爲主，症狀輕者像感冒，重者會有神經麻痺及呼吸困難的症狀，主要中毒機制是茄靈會干擾人體內乙醯膽鹼的神經傳導功能。馬鈴薯的皮，一般茄靈含量約爲10毫克／100公克，發芽的芽眼處，卻可高達10倍，即100毫克／100公克，而人類中毒的量爲20毫克／100公克。

㈦熱帶魚

珊瑚礁魚毒或熱帶魚毒，爲常見熱帶魚類，但毒魚也可能存在於某些非熱帶魚類。症狀爲產生腸胃症狀，其後產生嘔吐、腹瀉、肌肉酸痛、嘴麻、手麻或冷熱感覺異常，其中某些症狀可能持續達數月或數年之久。

防治化學性危害之有效措施，包括要求供應廠商提供未含有化學物質的原料證明、配合定期訪查廠商或者是透過第三者進行現場訪查稽核，或查察相關化學危害紀錄等，並配合驗收時以抽驗等方式，進行控管。防治物理性危害，主要是使用金屬檢出器，進行金屬異物檢查，不過，不論國內或國外，金屬異物一直是經常被抱怨之物理性危害，顯然防治之效果仍有待努力。此外對於蟲體、塑膠異物、絕緣物質、木屑、玻璃及個人小物品，及碎骨頭等外來異物等，則只能靠落實食品良好規範（GHP）管理，包括供應廠商評鑑、加強源頭管理，及人員目視檢查等才能防止。

二、加工處理殘留與其他

㈠有害性重金屬——汞

日本於1958及1965年，分別在水俁灣及新瀉縣阿賀野河流域，曾發生過汞污染，經由海底微生物代謝後變成甲基汞，當地居民由於長期食用含有甲基汞的魚貝類，致使腦神經受損，稱為水俁症。當初原本以為是中樞神經系統方面的疾病，後來由於人數持續增加，至1975年3月才確認。患者計有434人，其中有18人不幸死亡，經過持續的調查才發現，原來是民眾，攝食遭到附近區域之化學工廠，廢水污染的魚貝類，其中含有甲基汞所導致。中毒症狀主要是視覺狹窄、運動失去調節（包括語言障礙及步行障礙等）、聽覺困難或知覺障礙等。甲基汞可經由人體腸胃吸收，當在人體內蓄積至一定程度時（高於50ppm），就可能產生神經方面的問題，如小腦失調、視野障礙、運動失調及喪失聽力等，造成可能無法回復的傷害。媒體曾報導國人頭髮中汞平均含量為每公斤2.4毫克（2.4ppm），吃愈多大型魚者的身體含汞量值，高於不吃魚者；而引發吃魚到底好不好的討論。汞又稱為水銀，自然界中存在的汞，依其型態可分為金屬汞、無機汞及有機汞等三類；金屬汞用於溫度計及血壓計，而日光燈及水銀燈中也填充汞化合物，來增加亮度；補牙所用的補粉，及中藥用來安神鎮靜的硃砂，則是無機汞；經由飲食吸收的，主要是有機汞，特別是甲基汞。以有機汞的毒性最大，而金屬汞及無機汞，則都可被微生物作用，轉變成有機汞。國人體內累積的汞，主要來自於食物。甲基汞會隨著生物鏈及食物鏈，而累積在人體中，大型「掠食性」海魚類如旗魚、鮪魚、鯊魚及鮭魚等，因為食物鏈的關係，會吃下許多小魚，因此魚體內，相對會囤積較高濃度的有機汞，尤其是內臟部位。導致經常食用大型海魚的人，體內汞含量相對也會偏高。魚是營養價值高的食物，可提供高品質的蛋白質，且富含重要的維生素和礦物質，如維生素D、碘和ω-3脂肪酸，有助於維護心血管系統的健康。因此是否要因重金屬問題而不吃魚，是營養與安全之相對問題，雖然保守人士建議少吃，不過基本上除非是懷孕婦女外（因胎兒對於少量重金屬即可能產生危害），只要勿攝取過量的大型海魚，尤其是其內臟，就不用擔心會增加體內的汞含量，但是將來仍需俟海洋污染狀況而定。依據持續污染的發展，如果各國不管制，將來有一天，很可能就眞的不能再吃魚了。

(二)鎘

1950年於日本本州，發生的鎘中毒「痛痛病」，起因於礦山採礦及堆置的礦渣，排出含鎘的廢水，長期流入周圍環境，造成水田土壤，及河川底泥鎘的沈澱堆積，居民由於長期食用受污染的水、食米及魚貝類，產生骨質軟化，及產生蛋白尿症，引起全身多處骨折，疼痛不已，最後死亡。此病會因爲疼痛而每天哀號呻吟，故特別稱爲「痛痛病」。調查結果，患者計有227人，後來其中一半不幸死亡，調查發現，原來是民眾攝食遭到附近礦山廢水污染的稻米及魚貝類，而其中含有重金屬鎘所導致。當人體長期微量攝取鎘時，將會因爲損傷泌尿系統，妨害鈣質之吸收，造成鈣質缺乏，需長期自骨骼中析出鈣質補充，而引起骨質疏鬆等症狀，在經過十至三十年以後，因全身骨折，造成身體激烈疼痛而死。美國嬰兒著名食品公司，所生產的胡蘿蔔泥罐頭，在以色列曾被檢出含鎘，經以色列衛生部要求回收，也曾引起國內消費者疑慮。如果大家不健忘，臺灣地區也曾因工廠排放金屬污水，發生過多次鎘米事件。鎘容易被農作物吸收，其中以米的吸收較多，蔬果類次之。鎘是地球表面中，自然存在的一種重金屬元素，在工業上的用途，主要是用來製造鎳鎘電池和染料，並可作爲電鍍金屬，和塑膠製造的穩定劑等。鎘能藉由燃燒家庭廢棄物和煤、採礦，以及冶煉過程，而進入空氣中，也會因排放家庭或工業廢水時進入水裡。施用肥料及有害物棄置場所之溢出或滲出，也會導致土壤或水的鎘污染。臺灣曾發生鎘米事件，乃是塑膠穩定劑工廠，排放廢水至灌溉渠道，污染農田所致。鎘在環境中不會分解，因此會停留很長的時間，經動、植物吸收後，轉移至生物體內。人主要是經由食物、水或者吸入的微粒而進入人體，值得注意的是，菸品也是非特定職場工作人員的鎘暴露來源。吸收後的鎘會停留在肝和腎，並慢慢從尿液和糞便排出體外，在人體內的半衰期爲三十年。人吃到含高劑量鎘的食物或飲水時，會嚴重刺激胃，引起嘔吐和腹瀉。長期吃入低劑量的鎘，會在腎臟中累積，使近端腎小管損傷，妨礙鈣的再吸收，導致骨中鈣質流失，因此骨骼變脆、容易斷裂。國際癌症研究署，已於2000年，將鎘列爲致癌物質。至目前爲止，由於鎘中毒並沒有解毒劑，因此需要嚴禁及預防鎘中毒之事件發生。

㈢砷

1955年在日本西部一帶，發現日本各地許多民衆，出現食慾不振、貧血、皮膚發疹、色素沈澱、下痢、嘔吐、發燒、腹部疼痛或肝臟肥大等病症，調查結果，岡山縣計有3人因爲毒性病變而不幸死亡，解剖結果確定是砷中毒所導致，後來發現，係攝食森永雪印德島產製的奶粉，其中添加之$Na_2PO_3 \cdot 5H_2O$中，含有重金屬砷所致；至1956年6月，累計有12,131人中毒，其中130人死亡。砷即國人熟知的「砒霜」，其化合物$AsO4^{+3}$、$AsO3^{+3}$有劇毒，因爲常常使用於農藥及殺菌劑之中，因此民衆會間接攝取遭到污染的食品而中毒。另外自古以來，流行「一白遮百醜」，傳聞有些婦女爲了美白，不惜甘冒中毒的危險，每日攝取少量的砒霜以求美白，而當控制不當，身體積蓄一定劑量時，將發生不幸的中毒後果。而網路上所流傳同時食用維生素C及蝦，將會產生砒霜？經衛生署解釋，經函請台北榮民總醫院毒藥物諮詢中心，查詢相關文獻，並無發現任何有關維生素 C 引起蝦類中毒的醫學報告。另該中心表示，甲殼類如蝦、蟹、龍蝦及貝類如蛤、牡蠣之中雖含有砷，但大部分是以有機砷的形式存在，占90%以上甚至達99%；而有機砷因爲可以很快排出體外，幾乎沒有毒性。無機砷（包括三價砷及五價砷）確實有毒，若保守估計，無機砷含量，爲海鮮含砷量的十分之一；而蝦之砷含量以4 ppm計算，欲達到最低可能致死劑量20毫克，則必須吃下50公斤的蝦。其次在學理上，純化的維生素 C與五價砷，如在實驗室環境中，因爲化學之催化作用，或許有可能，使原來無毒的五價砷轉變爲三價砷（俗稱的砒霜）。然而因爲餐點中所食用之檸檬及蝦，其分別所含之維生素 C 與五價砷量甚低，又缺乏化學催化劑及適當反應條件，因此實際上並沒有產生砒霜的疑慮，也就是「免驚」，不用太擔心啦！

㈣鉛

塗料、農藥及汽油上均含有鉛，過量將導致神經麻痺、便祕與血壓上升等症狀。食品中的鉛主要來自於土壤、食品輸送管道及包裝材料等。食品容器中，陶磁器及琺瑯製品，因使用到著色的金屬染料中，多半含有鉛及鎘而容易產生衛生安全問題，通常可能溶出鉛及鎘的，多半屬於紅、黃、綠色的彩色製品，而其溶出量則隨浸漬時間而增多。

㈤殘留農藥

民國94年2月13日，臺灣消基會檢測市售玫瑰花殘留農藥狀況，發現竟然有四種農藥同時殘留，而且檢出率高達50%；消基會建議在農業單位，尚未建立花卉農藥殘留管理機制前，花卉最好純欣賞就好，不宜拿來吃（因爲有一陣子流行花果大餐）。民國93年9月11～15日，消基會檢測市售9件市售茶葉發現，其中有3件，被檢出含有不得殘留的農藥——殺蟎劑（新殺蟎）。有2件檢出殘留農藥，但未超量。民國93年2月下旬，消基會檢測市售標示「有機」的蔬菜，發現17件樣品，其中竟有四種檢出殘留農藥，而且其中1件樣品的農藥殘留，竟然超過食品衛生標準的安全容許量，而不合格產品中更有3件樣品，是貼有通過政府認證的有機農產品標章（TOPA），因而造成民衆對於政府認證的信心大打折扣。報紙曾刊載，蘋果因爲噴灑某種氣體後，可在收成後的二至三季再販賣，這一則新聞，後來曾引起消費者恐慌。而此種氣體，實際上是一種含有1-甲基環丙烯的氣體，可以抑制植物荷爾蒙乙烯。果實在發育的後期，是由植物荷爾蒙乙烯來控制生理變化，使果實外觀變得更具有吸引力，而內部則更爲可口、多汁、甜度增加等。在這個時期，如能有效控制或減少乙烯的作用，則可以延緩果實的老化，延長果實可供食用的時間。利用此一原理，以含有1-甲基環丙烯的氣體阻斷乙烯之作用，可以有效延長蘋果等水果之新鮮度。1-甲基環丙烯在1999年，即於美國登記作爲「採收後處理藥劑」，原使用於延長切花之瓶插壽命。2002年美國環境保護署，於進行其對人體與環境之風險評估後，判定其對於人體及環境安全無虞，因此核准可使用於蔬果之採收後處理，且不必訂定容許量。消費者最好能將蘋果充分清洗，削皮後再食用，就能吃得更安心。而當冬天冷氣團來襲吃火鍋的時候，而針對火鍋的要角茼蒿。消基會於台北市傳統市場及超級市場曾抽驗19件茼蒿，結果有5件檢出農藥殘留超過容許量（1.5倍至9倍），其中4件爲貝芬替。貝芬替也是殺菌劑，被廣泛使用作爲蔬菜及水果之病害防治。動物實驗發現，貝芬替經由攝取所引發的毒性較低，其每日安全攝取量爲0-0.3毫克/公斤體重；另衛生福利部食品藥物管理署公告「殘留農藥安全容許量」中，貝芬替廣泛的合法使用於十六種作物類別，其中「小葉菜類」農藥殘留規定值爲1ppm。由於訂定「衛生標準」值的時候，已納入了寬廣的安全空間，所以某一類作物的農藥殘留過高，並不會導致超過每日安全攝取量。且因貝芬替是水溶性，民衆若有安全之疑慮，只要以水徹底清洗，將可能殘留農藥洗出，便可安心食用（因爲此農藥是法定可使用的農藥，再者爲水溶性，易使用水除去）。

(六)多氯聯苯

1979年彰化油脂工廠，在米糠油加工除色及除臭過程中，因爲使用多氯聯苯（PCBs）作爲熱媒，而其加熱管線因熱脹冷縮而產生裂縫孔隙，導致多氯聯苯從管線中滲漏出來，污染到米糠油。結果造成彰化及台中地區，包括惠明學校師生在內，2,000多位食用該廠米糠油的民衆，受到多氯聯苯污染毒害，身心皆受到極大創傷。由於惠明學校是一所提供盲生免費教育的寄宿學校，全校師生200多人，三餐幾乎都由校方供應，在此事件中，成爲多氯聯苯污染事件的最大受害團體。而由於在此之前1968年，日本九州也曾經爆發過類似之「油症事件」（1968年發生在日本福岡縣，當地的居民，也是食用了受到污染的米糠油之後，造成1,057人受到多氯聯苯的毒害。而事件調查中，發現問題並不在米糠油本身，而是在於製造過程中，機器的管線破裂，含有多氯聯苯的機油大量滲入米糠油之中，才造成災難。）。民國68年10月，經臺灣衛生單位送請日本檢驗結果，確定是米糠油內含有多氯聯苯引起中毒，政府隨即查封彰化油脂工廠及其經銷商。但這時已總計有2,025人遭受多氯聯苯污染，在後來的治療過程，身心皆受到重創。國立成功大學醫學院工業衛生學科暨環境醫學研究所，調查結果顯示，米糠油案多氯聯苯受害者，在事件發生十四年之後，其血液檢測結果，多氯聯苯含量，仍約爲正常值的30倍。估計第二個十四年之後，濃度可能還殘留有7～8倍，可見多氯聯苯對人體危害的持久性。多氯聯苯優點爲耐酸、耐鹼、耐高溫；不易氧化及水解，是工業上非常好的安定劑與抗燃劑，因此用途廣泛，油漆、塑膠、農藥、機油、油墨、非碳複寫紙及感熱紙等，都使用多氯聯苯，被視爲「夢幻的工業用品」；唯一直到1960年代末期，才逐漸發現到其毒性。當人體吸入過量中毒後，也會傷害肝臟。目前爲止還沒有解毒劑，只能依靠飲食有限的排毒。多氯聯苯若進入孕婦體內時，會通過胎盤或乳汁，將造成早期流產、畸胎或嬰兒中毒。

㈦毒澱粉

2005年臺灣爆發商人販賣黑心澱粉與糯米粉。台北市廠商將原本用作餵豬之下腳料予以加工除臭製成澱粉或糯米粉後，冒稱泰國進口糯米粉，予以高價出售給食品加工業。2007年政府將爆發餵豬下腳料製成澱粉、糯米粉，賣給食品加工廠的岡泉食品廠長及副廠長移送法辦，經苗栗地檢署依違反廢棄物清理法予以緩起訴處分，各須支付4萬、3萬元處分金給公益團體。2013年5月，臺灣爆發著名「毒澱粉順丁烯二酸」食品安全事件，過去臺灣曾有洗腎王國封號，洗腎人口全世界第1名；而在毒澱粉事件爆發之後，部分腎臟科醫師與毒物專家認爲毒澱粉就是洗腎元凶。但也有毒物科及食品專家，卻認爲順丁烯二酸對於人體的危害並不大，因此無法直接推論是造成臺灣人洗腎的主因，看法相當兩極。林口長庚醫院臨床毒物科主任認爲，順丁烯二酸在動物實驗會造成狗的腎小管損傷，產生不可逆的傷害；因此民衆如果長期食用，日後恐得洗腎；而中南部洗腎病患特別多，可能就是順丁烯二酸所惹的禍。以六十公斤成人爲例，如果每天攝取零點零三公克時，長期就會影響到腎功能；不少民衆往往把粄條與肉圓等當主食，而隨便吃一碗，大概就會超標。新光醫院腎臟科主治醫師也認爲，順丁烯二酸造成腎小管損傷，是導致許多門診病人發生不明原因腎小管損傷，或者沒有罹患糖尿病、卻有尿糖的現象；而現代人因爲經常外食，導致許多廿幾歲年輕人，就已經有尿糖症狀，不排除是因爲毒澱粉所肇的禍。不過，臺灣大學食品科技研究所教授則表示，順丁烯二酸在部分天然食物中也有，民衆如果沒有將高澱粉含量食物當成主食，應該不用過度緊張；雖然動物實驗顯示，狗食用高劑量順丁烯二酸會造成腎傷害，但是對於其他動物則沒那麼嚴重，因此此動物研究，並無法直接推論到人的身上。而台北市衛生局認爲，根據目前科學文獻的資料顯示，順丁烯二酸的急毒性低，對於人類並不具有生殖發育與基因等毒性，且也沒有致癌性。只要不過量攝取，並不會造成健康的危害。北市府衛生局依據歐盟評估資料，成人每公斤體重每天可耐受量爲0.5mg（毫克），若以60公斤的成人計算，則每日可忍受劑量爲30mg。衛生局因此呼籲，只要適量飲食，並不會造成健康危害。一般手工粉圓，如果是屬於使用天然手工製作者，成品必須在3小時內賣完否則因爲不能久放將腐敗；而含有順丁烯二酸的毒澱粉，則可以使食物長久保存並且「Q滴滴」，但是卻可能害命。順丁烯二酸屬於工業用的黏著劑、樹脂原料與殺蟲劑之穩定劑、或潤滑油之保存劑。美國食品藥物管理局明令順丁烯二酸不得添加於食品中。一般加工主食類米製品、粉製品、魚漿製品、甚至有些麵粉製品，其中都含有修飾澱粉，主要是用來增加製品口感及美味。因此過去芋圓、粉圓、黑輪、粄條及涼肉圓，都有受到污染。急性毒性的動物實驗中，狗狗每公斤體重如果餵食九毫克時，只要吃一次，就足以造成腎小管壞死；如果攝取多次或更大量，更會導致急性腎衰竭，往往必須洗腎才能活命。慢性毒性方面，大鼠長期攝取濃度0.5%含有順丁烯二酸食物，或世代研究大鼠，每天如果餵食順丁烯二酸每公斤體重餵食二十毫克，就會導致近端腎小管發生病變。病變的症狀包括糖尿、蛋白尿及無法排除體內有毒酸性物質，長期下來就可能導致慢性腎病變與增加終生洗腎風險。而許多人血液檢驗正常，尿液卻可以檢出糖分，就是因為近端腎小管發生損傷所造成的後果。順丁烯二酸每天攝取最大耐受值（tolerable daily intake, TDI），歐盟規定為每公斤體重0.5毫克，美國則為每公斤體重0.1毫克。如果以歐盟較寬鬆標準進行估算，2013年市售查獲粉圓順丁烯二酸含量高達779ppm，黑輪順丁烯二酸含量高達496ppm。因此60公斤的成人，如果每天攝取40公克粉圓或一支70公克黑輪時，就將會造成超過每天攝取的最大耐受值（TDI）。換言之，即會增加罹患腎病變的風險。更不用說體重較60公斤輕的孩童或婦女。

(八)塑化劑（Plasticizer）

2011年5月臺灣衛生署查獲全球首見在飲料食品，違法添加有毒塑化劑DEHP（鄰苯二甲酸二酯）違規事件。臺灣最大的塑化劑製作供應公司，為了降低其生產成本，持續三十年來一直將列為第四類有毒物質的工業塑化劑，予以代替棕櫚油生產塑化劑，至少供應45家飲料與乳品製造商，甚至包括生產健康食品的生物食品科技公司與藥廠。總計已經上萬噸的違法塑化劑，被製成濃縮果粉、果汁、果漿及優酪粉等50多種食物香料，當時預估臺灣恐有三分之一市場，被違法添加物攻佔，其中也包括多家知名飲料與食品廠商產品均涉入在內；而含有毒成分食品，更遠銷售至菲律賓等臺灣周邊地區。而塑化劑也稱為增塑劑或可塑劑，係屬於一種增加材料柔軟性或材料液化之添加物。所添加對象包括塑膠、混凝土、乾壁材料、水泥及石膏等；也是屬於化妝品最常見的防腐劑之一。種類多達百餘種，但最普遍是一群稱爲鄰苯二甲酸酯類（DEHP）的化合物。產品在添加塑化劑以後，將可使成品擁有各種軟硬度與光澤；而塑膠當材質愈軟時，所需添加之塑化劑數量將會愈多。一般經常使用的保鮮膜，有的是屬於沒有添加劑的PE（聚乙烯），但沒放的成品黏性將會比較差；而另一種被民衆廣泛使用的PVC，則有添加塑化劑；添加後PVC的材質，因此可以變得很柔軟而且增加其黏度，因此成爲非常適合做爲生鮮食品的包裝。由於PVC原本屬於硬質材料，因此需要靠添加塑化劑，才能使塑膠原本堅硬性質變成具有柔軟、易於彎曲、摺疊與彈性佳的性質。而保鮮膜因爲添加大量塑化劑，所以容易因爲溫度、使用時間及pH值等因素的影響而造成釋出。即使與食物接觸時並沒有加熱，塑化劑仍有機會滲入食物之中，尤其當接觸到具有非極性油脂的魚肉時，將更加容易溶出其中的塑化劑。PVC保鮮膜一旦使用過後，進入焚化廠後如果焚燒溫度不當時，則易產生所謂的世紀之毒「戴奧辛」（Dioxin），只要微量一點點，就可能造成人類的心臟病、糖尿病、過敏、不孕與癌症等嚴重疾病。塑化劑DEHP被歸類爲疑似環境荷爾蒙，具有雌激素與抗雄激素生物活性，因此會造成人體內分泌失調，阻害影響生物體的生殖機能，包括造成降低生殖率、流產、天生缺陷、異常的精子數及睪丸損害，還可能引發惡性腫瘤或造成畸形兒。

㈨三聚氰胺（Melamine, $C_3H_6N_6$）

俗稱密胺或蛋白精，屬於一種含氮雜環有機化合物，普遍使用做爲化工原料。因爲對人體有害，因此規定不可使用於食品加工或食品添加物。三聚氰胺是製造三聚氰胺甲醛樹脂（melamine-formaldehyde resin）的原料，常用於製造日用器皿及紙張等。因此所謂美耐皿（Melamine），其實就是三聚氰胺英文之直接音譯；主要由三聚氰胺與甲醛所聚合而成，此類器皿的物理性質，非常類似陶瓷，具有堅硬不變形特性，但不像陶瓷那樣容易發生碎裂。不過缺點是其耐高溫與耐酸的能力有限。市售美耐皿一級品可耐攝氏120℃，但次級品只能耐80℃。因此剛煮熟的餐食，如果立即置於次級美耐皿餐具時，可能因此而釋出三聚氰胺。美耐皿不可以微波，否則可能熔解而與食物混在一起。有報導稱，三聚氰胺在人體消化過程中，在胃酸作用下，可能部分轉化爲三聚氰酸，而與未轉化部分形成結晶。根據一項毒物學研究證實，三聚氰酸與三聚氰胺並存時，是造成貓發生嚴重腎衰竭的主因。而長期攝取三聚氰胺，將可能導致生殖能力損害、膀胱或腎結石、膀胱癌等。2008年大陸國家食品質量監督檢測中心，於2008年9月13日指出三聚氰胺是屬於化工原料，因此是不允許添加到食品，所以沒有設定殘留標準限制。而在10月8日，大陸衛生部、工業和信息化部、農業部、國家工商行政管理總局及國家質量監督檢驗檢疫總局，聯合發布公告，制定三聚氰胺於乳及其乳製品的臨時管理值爲：嬰幼兒配方乳粉三聚氰胺限量值爲1mg/kg，高於1mg/kg的產品一律不得銷售。而液態奶（包括原料乳）、奶粉、其他配方乳粉中三聚氰胺的限量值爲2.5mg/kg，高於2.5mg/kg的產品一律不得銷售。含乳15%以上的其他食品，規定三聚氰胺限量值爲2.5mg/kg，高於2.5mg/kg的產品一律不得銷售。另外，《2008年度遼寧省飼料產品質量安全監測計畫》，明確規定飼料攙加三聚氰胺要低於2mg/kg。香港政府則於2008年9月22日緊急立法，禁止食物三聚氰胺含量超標。新法律規定：嬰幼兒及孕婦等食品，每公斤不能含有超過1毫克三聚氰胺，食物每公斤不能超過2.5毫克。臺灣2008年9月24日，行政院衛生署參考國際檢驗方法及香港最新立法的規定，及會商藥物食品檢驗局及食品工業研究所專家以後，因爲難以在短時間內驗出2ppm以下的三聚氰胺；於是爲了加速檢驗，因此決定將2.5ppm（2,500ppb）做爲食品殘留三聚氰胺之檢驗判定標準。但是後來因爲民眾擔心，則不允許乳製品檢出三聚氰胺。根據歐盟執委會於2008年9月26日發給會員國的緊急通報中，清楚指出，所有含三聚氰胺量超過2.5毫克／公斤（2.5ppm）的產品應立即銷毀。

⑽瘦肉精

瘦肉精或稱瘦體素，是用來增進家畜增長瘦肉的乙型交感神經受體劑（β adrenergic agonist），簡稱「受體素」，臺灣早期稱其爲「健健美」。肉品瘦肉精的種類多達廿餘種，其中經常使用的則有七種；其中的培林（Ractopamine，萊克多巴胺）對人體健康的風險最低，因此臺灣政府後來同意在「動物用藥殘留標準」中增列培林，但是其他瘦肉精則仍禁用。瘦肉精是屬類交感神經興奮劑，具有類似人體的腎上腺素功能。而除了培林，還有齊帕特羅（Zilpaterol）、沙丁胺醇（Salbutamol）及克侖特羅（Clenbuterol）等多種瘦肉精，後兩者還是使用於人類的氣喘用藥。而動物在食用瘦肉精以後，將可有效提升肉品中蛋白質的形成，並降低脂肪堆積，因此不但可讓豬隻體型健美，肉質吃起來也比較不會有油膩的感覺。但是，瘦肉精則可能導致急性中毒，症狀包括心悸、四肢肌肉顫抖、頭暈及心跳過速，若碰上罹患交感神經功能亢進的患者，如冠心病與甲狀腺機能亢進，更容易發生不適症狀。而在2012年，包括美國、加拿大、香港等廿六個國家及地區，已經允許培林作爲飼料添加物，並訂有殘留限量（Maximum Residual Limit，MRL值）。2011年臺灣的市場，美國牛肉突然供應大量減少，因爲當時牛肉約近2%被檢出「瘦肉精」，而被海關拒絕輸入（之前則是因爲政府沒有進行檢驗，而不是產品合格）；因此導致臺灣與美國貿易，發生緊張關係，甚至於台美貿易暨投資架構協定（TIFA）會議，也因此宣告停擺；而瘦肉精在2012年成爲國際政治問題，已非單純的食品衛生安全案件。最後則因爲國際食品法典委員會（由聯合國農糧組織與世界衛生組織共同設立，制訂食品法典標準，供所屬一百八十五個會員國參考，以避免某些國家以單獨標準做爲貿易壁壘手段）同意動物用藥萊克多巴胺做爲動物用藥，臺灣因此援照標準使用，而因此獲得解套。

㈩銅葉綠素及銅葉綠素鈉

2013年10月擁有36年歷史、市占率逾一成的台灣老牌「大統」食用油品公司，爆發利用香精及各式添加物混充橄欖油事件。標示「百分之百特級橄欖油」，結果查出不但是以廉價葵花油及棉籽油混充，甚至爲了讓色澤好看，還添加銅葉綠素等各式添加物混充橄欖油；透過摻加銅葉綠素及香精，大統花生油中完全沒有花生；也由於臺灣過去持續爆發塑化劑、毒澱粉、過期原料及假油等食品安全事件，導致民衆對於市售加工食品完全失去信心。而銅葉綠素係自植物萃取葉綠素，經化學方法修飾製成（以銅取代該分子的核心），屬於穩定的著色劑。銅葉綠素、銅葉綠素鈉，目前均屬合法的食品添加物，唯依其特性不同，有限定使用品項與銅含量上限。依據法令規定，銅葉綠素可用於口香糖、泡泡糖、膠囊狀及錠狀食品；銅葉綠素納可用於口香糖、泡泡糖、膠囊及錠狀食品、乾海帶、蔬菜及水果之貯藏品、烘焙食品、果醬及果凍，也可用於調味乳、湯類及不含酒精之調味飲料；唯皆未准許使用於「食用油脂產品」之中。「銅葉綠素」依照「食品添加物使用範圍及限量暨規格標準」規定：

1. 可添加於口香糖中，用量以銅計爲0.04 g/kg以下。

2.可添加於膠囊及錠狀食品，用量為0.5 g/kg以下。

3.屬於國際規範准許使用的食品添加物著色劑，但未准許使用於「食用油脂產品」中。

而「銅葉綠素鈉」應用範圍：依照「食品添加物使用範圍及限量暨規格標準」規定：

1.可添加於口香糖、乾海帶、蔬果加工品、烘焙食品、果醬、果凍、飲料等產品中，用量範圍以銅計為0.05～0.15 g/kg。

2.可添加於膠囊及錠狀食品，用量為0.5 g/kg以下。

因此屬於國際規範准許使用的食品添加物著色劑，但未准許使用於「食用油脂產品」中。

㈦其他

1.孔雀綠石斑魚：2005年發生經政府部門嚴格檢驗認證合格的石斑魚，被檢測出含有還原性孔雀石綠殘留。負責認證的臺灣養殖魚產運銷合作社，在檢驗養殖場一至兩池養殖池後，就先發給認證標章，但是後來養殖業者則魚目混珠，將未經查驗石斑魚，予以貼上認證標章，再與合格魚貨一同出貨，而被抽查檢出孔雀石綠殘留。2009年台北市衛生局，公布水產品及肉品抽驗結果，抽驗145件，計檢出3件石斑魚、午仔魚及甲魚違法添加還原性孔雀石綠，其中的石斑魚來自知名餐廳，甲魚則來自台北漁產運銷公司。2011年8月衛生署公布市售禽畜水產品動物用藥殘留結果，其中紅杉魚不合格率仍高達8成5，分別被驗出孔雀石綠或還原性孔雀石綠。衛生署食品藥物管理局中區管理中心指出，8月共抽驗74件市售禽畜水產品，不合格率則為17%。

2.毒菜脯：2009年5月彰化縣一間農產加工廠製作的菜脯蘿蔔乾，驗出添加禁用的工業用防腐劑甲醛「福馬林」。而經查至少已經違法添加「福馬林」3年以上，年產量約十三萬公斤；而2013年嘉義生產的菜脯，則發生添加防腐劑苯甲酸超標事件。

3.故宮毒茶葉：2009年11月因為外界一直盛傳台北故宮販賣有毒茶葉，台北市衛生局於是進行抽驗故宮茶葉，發現其中烏龍茶，含有殘留農藥氟芬隆及愛殺松，氟芬隆具有致癌性，愛殺松長期接觸則可能造成神經病變。

4. 戴奧辛鴨：繼2005年發生有毒戴奧辛鴨蛋事件後，2009年11月高雄縣又發現有養鴨場遭到「世紀之毒」戴奧辛污染，立委質疑四年來可能有10萬隻毒鴨流入市場。
5. 致癌工業用鹽：2009年11月18日廠商使用致癌工業用鹽混充食用鹽販售，估計已有數萬包、上萬公斤透過大賣場流入市面。由於事態嚴重，檢方同時通知廿一縣市衛生局及消保單位，採取因應措施。2010年高雄地檢署將業者父女三人依詐欺罪起訴，並請從重量刑。2012年大陸廣州佛山鹽務局則在黃岐棉花村一出租屋內現場，查獲假「粵鹽牌」食鹽1,400包共700公斤，假「嶺海牌」食鹽300小包共150公斤，工業鹽原料45大包2,250公斤，總數高達3噸。

第三節　食品中毒之預防

以食品中毒案件數統計，食品被污染或處置錯誤之場所，臺灣以供膳之營業場所發生案件數最多，當餐飲營業場所未能遵循安全食品操作流程、疏忽衛生管理、僱用無經驗之臨時員工，或缺乏適當食材驗收管理時，都會增加發生食品中毒發生的機率。選擇遵循食品安全措施的合格食材供應商，加強對食材驗收與管理，始可避免食材帶來的危害。建議業者宜從食材供應商的選擇、食材供應商的衛生管理及食材供應商的訪視等部分，以系統性的方法執行食材危害分析與品質管制，由源頭進行管理。統計食品被污染或處置錯誤之場所，主要爲學校及食品工廠。而學校衛生安全方面的常見的缺失包括：未落實區隔管理、未做好病媒防治、貯存環境不佳、廚工衛生習慣不良及外購即食食品作爲菜色等。各縣市衛生機關及教育機關，每學期均應配合辦理自設午餐廚房學校餐飲衛生輔導訪視，提出缺失並輔導學校廚房進行改善。而食品工廠方面常見的缺失包括：超量生產提前作業時間、運送時間過長保存不當、廚工衛生習慣不良、購買半成品作爲菜色及使用已逾有效期限之食材等。台灣地區因此氣候高溫潮濕，適合微生物生長繁殖，若未留意飲食衛生安全原則，很容易發生食品中毒事件。因此，在外飲食除要選擇乾淨衛生的飲食場所外，人員進行食品調製時，則應謹守「要洗手、要新鮮、要生熟食分離、要徹底加熱、要注意保存溫度」之五要原則，使能預防食品中毒之發生。

一、預防食品中毒四大原則

㈠清潔

原料、器具及人員只要保持清潔，那麼就不會發生食品中毒事件。

㈡迅速

時間是關鍵，對於感染型與中間型食品中毒菌，只要不讓細菌或病原性增殖產毒，即使污染也不會對人體產生危害。

㈢加熱或冷藏

避開細菌或病原性中毒菌之增殖溫度，使其無法增殖或產毒。

㈣避免疏忽

只要凡事按照標準步驟操作，不要心存僥倖，即可避免交叉污染。

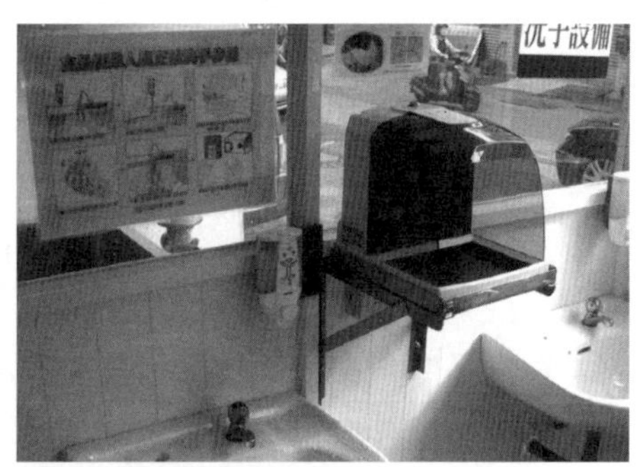

圖7-1　洗手設備（拍攝：李義川）

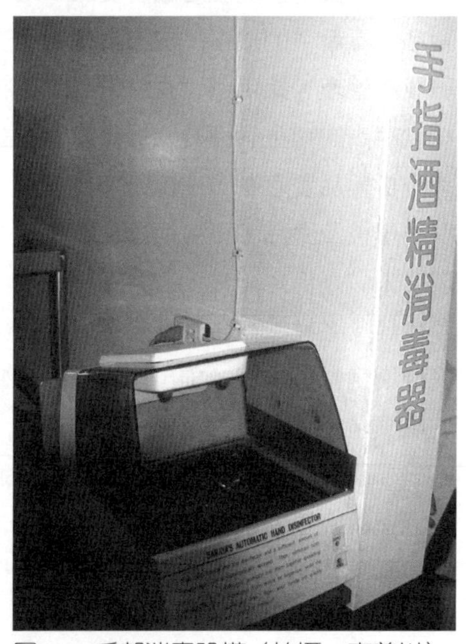

圖7-2　手部消毒設備（拍攝：李義川）

二、人員衛生

人員是導致預防食品中毒四大原則不能確實執行的主要因素，因此平時必須透過走動式管理及稽查，才能確保團膳安全。

㈠工作人員平時工作檢查重點

1.洗手是否確實。（圖7-1、圖7-2）

2.工作衣服顏色。

3.衣服乾淨。

4.指甲。

5.鬍子（男性）。

6.口罩。

7.帽子與頭髮是否漏出。

8.人員手部是否有傷痕。

㈡工作人員常見違規事項

1.抽菸或吃東西。

2.工作中聊天、唱歌。

3.手部不清潔。

4.如廁未洗手。

5.休息時留在工作地點。

6.用衣袖擦汗。

7.衣帽髒污。

8.手指觸及熟食。

9.抓頭皮癢、挖鼻孔。

10.用手（碰觸）擦嘴。

11.禁菸區抽菸。

12.用手指梳理頭髮。

13.咬手指甲。

14.在非指定區飲食。

三、各種食物材料之衛生管理

㈠肉類（含水產品）

應置於冷藏室方式解凍、魚類必須先去除內臟及鰓等，烹飪時必須達到規定中心溫度、處理海鮮食品，因爲自然界腸炎弧菌問題，必須注意避免交叉污染，因此刀具與砧板應該分類標示與分類使用。

㈡蛋類

注意沙門氏菌污染問題，去蛋殼時不要讓蛋殼污染蛋液，用手拿取蛋後，不得再拿取其他食材或熟食，以防止交叉污染。

㈢蔬菜

使用足夠水量清水沖洗，刀具及砧板應該分類使用（絕對不可以與海產類食品混用）。

(四)冷凍食品

注意解凍時間，特別是組織胺含量高者之魚類，盡量縮短解凍時間，或者直接烹調不用解凍；冷凍食品冷凍前，應考量使用量，適量包裝再進行冷凍，以避免解凍後，再冷凍之情事。

四、原料貯存

原料貯存時需注意微生物、病媒原（如老鼠、蟑螂及蒼蠅等）之危害：

(一)倉儲過程中，應定期檢查，並確實記錄。如有異狀應立即處理，以確保原材料、半成品及成品之品質及衛生。

(二)容易腐敗原料（如pH＞4.5、Aw＞0.85，因富含營養素，腐敗菌易生長），需以冷藏、冷凍法或其他有效防止原料腐敗之方式貯存。

(三)原材料、半成品及成品，倉庫應分別設置或予以適當區隔，並有足夠之空間，以供物品之搬運。

(四)倉庫內物品，應分類貯放於棧板、貨架上，或採取其他有效措施，不得直接放置地面，並保持整潔及良好通風。

(五)破損餐具應丟棄，以免藏污納垢（圖7-3）。

(六)原料依其特性及潛在危險性，可區分為容易腐敗和貯存穩定兩種。

(七)貯存區需檢視，是否有不潔物體（如污水滴入）或防護不當（如昆蟲或老鼠侵入）。

(八)生鮮原料及熟食，貯存放在一起時，是否會發生交互污染之虞。

(九)倉儲作業，應遵行先進先出之原則，並確實記錄。

圖7-3　破損餐具應丟棄（拍攝：李義川）

(十)倉儲過程中，需溫、溼度管制者，應建立管制方法及基準，並確實記錄。

(十一)有造成污染原料、半成品或成品之虞的物品，或包裝材料，應有防止交叉污染之措施，否則禁止與原料、半成品及成品一起貯存。

五、前處理

(一)清洗

清洗過程中，要注意水質、食材不良部分、附著危害物、蟲體及異物等危害。

(二)生鮮原料前處理不當，是造成交叉污染的第一步。尤其是動物性來源的生鮮原料，如海產與雞蛋，經常帶有許多病原菌。

(三)若員工的手、菜刀、容器、器具、抹布等與原料接觸後，未經過清洗消毒就接觸熟食，或不需再加熱的生冷食品時，就會發生交叉污染。

六、生冷食品之貯存

滷蛋、荷包蛋、豆乾及酸菜等，屬於爲食用前不需再經過加熱處理之食品，若其貯存溫度不適當時，易造成微生物生長；所以這類食品，不應長時間置放於室溫下，而應立即冷藏。高酸性食品，如果遇到含鎘及鉛等有毒的重金屬容器時，會將鎘及鉛等溶出，而產生危害。

七、調配

處理食物時如果砧板、刀具及用具，未確實執行預防交叉污染措施，及冷凍食材解凍時，未依規定方式與時間解凍時，均將導致交叉污染，及病原菌繁殖，或產生毒素之可能性，而易發生食品中毒。

八、烹煮

烹煮過程可以殺滅食物表面與內在之病原菌，及微生物營養細胞。若因加熱溫度和時間不夠，或食物解凍不完全，極易因爲殺菌不足，而無法使病原菌死滅之狀況時，此時就可能發生食品中毒之問題。

九、室溫置放及熟食處理

當器具清洗未完全時，將提供殘留病原菌快速增殖的時間及環境，因此建議設置紫外線等殺菌設備以爲預防，如圖7-4、圖7-5：

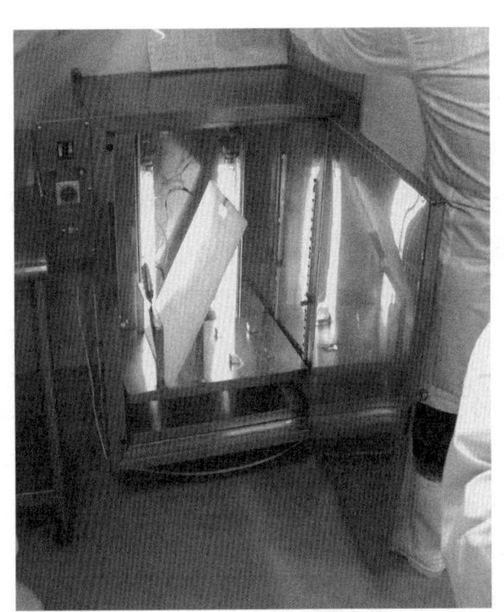
圖7-4　刀具紫外線殺菌設備(1)

圖7-5　刀具紫外線殺菌設備(2)（拍攝：李義川）

㈠造成食品中毒原因，大都是在烹煮以後，不當處理及污染所導致，故烹煮後的處理過程，應列爲危害分析的重點。通常烹煮後的食物在配膳前，或進行下一步處理之前，常被置於室溫放冷，而導致細菌的快速生長，因此是重要管制點。

㈡烹煮後食物常因切、剁或不潔手部、容器等，再度遭受污染，而且如果不馬上食用，再加上貯存不當時，極易滋長病原菌或產生毒素。食物製備後，至食用之時間若過長，也是造成食品中毒的主要原因之一。即使馬上食用，若污染到少量的病原微生物，仍會引起疾病。

㈢爲防止危害的發生，絕對不要將熱食置於室溫（或危險溫度）半個鐘頭以上。對熟食之處理，不是加熱貯存就是迅速冷卻。此重要管制點之監視方法，就是留意食物，是否被置放於室溫貯放，並應控制其貯放時間。烹煮後食物常以熱存方式保溫，至販賣或供餐前。若熱存溫度保持不夠高時，則無法抑制病原菌的繁殖，因此熱存亦是一個重要管制點。欲管制此危害，供應之食物，應維持溫度於攝氏60度以上，並至少保持在攝氏55度。在溫度低於攝氏55度以前，應予食用完畢。烹煮後食物，若冷卻不當，食物的溫度，會長時間落在病原菌生長溫度範圍內，而予病原菌繁殖的機會。熟食冷卻不當，是造成食品中毒最普遍的原因，故冷卻是一個極重要的重要管制點。

㈣冷卻對於餐飲衛生安全之重要性，相當於殺菌條件對於低酸性罐頭的重要性。一般造成冷卻不當的原因，除了冷藏庫本身溫度不夠低以外，其他包括有如冷卻的食物，堆積過量，容器高度，與食物於容器內的高度過高、容器彼此重疊，及容器加蓋密閉等狀況，均會影響冷卻速率。改善方法，包括使用淺而寬的盤子，來盛裝欲待冷卻的食物，且容器及食物高度皆不宜超過10公分。冷卻時，不要將容器堆積在一起，上下左右應留有5公分的間隔；而在沒有污染的顧慮下，可以先不要加蓋，以加速冷卻速度。

十、配膳及包裝

注意微生物之生長、配膳人員手部，或器具交叉汙染、包材安全性、微生物殘留、器具清潔、個人衛生及環境清潔等：

㈠配膳及包裝環境清潔程度，與工作人員衛生習慣，也是熟食之污染來源。

㈡配膳及包裝場所，應保持環境之清潔。

㈢工作人員應養成良好衛生習慣，以避免不潔皮膚、毛髮、口沫、噴嚏，及身上物品，落入食品內。

十一、運輸

團膳之運輸車輛，應於裝載前檢查其裝備，並保持清潔衛生。

㈠產品堆疊時應保持穩固，並能維持適當之空氣流通。

㈡裝載於低溫食品時，所有運輸車輛之低溫設備，應確保產品能維持有效保溫狀態。

㈢運輸過程中應避免日光直射、雨淋、激烈的溫度或溼度變動、撞擊，及車內積水等。

㈣有造成污染原料、半成品或成品之虞的物品，或包裝材料，應有防止交叉污染之措施，否則禁止與原料、半成品或成品一起運輸。

十二、食物展示（如自助餐）

立即可以食用的食物，如果與生食未分開及器具未區隔生食時，易使其遭受污染。新烹調出的食物如果與展示一段時間的食物混合時，將因部分食物置於展示溫度過久，而影響品質及衛生。當熱藏中心溫度低於55°C，及冰藏溫度（生魚片或生蠔等）低於4°C時，病原菌易繁殖及產生毒素。

第四節　團膳衛生安全法規

團膳衛生管理相關法規包括有「食品安全衛生管理法」、「各類食品衛生標準」，及「食品之良好衛生規範」等（衛生福利部食品藥物管理署食品資訊網站可查詢到相關資料），其中對於團膳業之衛生管理、食品標示及廣告管理、市售食品之查驗取締，均有明確規定，希望團膳業者能夠了解相關法規後，透過執行自主衛生管理工作，提供民眾「安全、衛生、營養」的產品，讓消費者「吃的飽」、「吃的好」、「吃的安心」及「吃的健康」。

ISO22000：2005食品安全管理系統，是由ISO國際標準組織的食品技術委員會（ISOTC34）所制定，於民國94年9月正式公布。此國際標準，使全球食品供應鏈在食品安全管理系統的推動與認證方面，獲得一致性的步調。因爲ISO22000：2005國際標準結合ISO9000的精神，採取了P-D-C-A的模式，融入了HACCP的原理，參考了GMP、GHP等之規定，確實展現在ISO22000的國際標準內容中。這讓全球食品供應鏈有了明確的方向，使推動食品安全管理系統並獲得認證通過的業者，可以在市場上展現貫徹食品安全的決心，並獲致全球消費者的信賴及認同。與ISO22000有關的食品安全項目包括：食品危害管理、食品危害的鑑別及評估、食品安全管理系統、管理責任、資源管理、安全產品的規劃和實現、危害病源的類別及防治技術、設備及現場的衛生管理、食品業安全及衛生管理人員的設置、食品標示及廣告管理、食品衛生之法令規章、食品安全管理系統的確認，驗證和改善等。據聞國內之衛生單位，過去一直努力推行HACCP，而未來則很有可能改以ISO22000代替。

一、2011年10月，美國華盛頓州部分生蠔，因爲含有腸炎弧菌引發疫情，當時美國食品暨藥物管理局（FDA）警告民眾，勿食用這批生蠔；FDA表示問題生蠔已經銷往中國大陸、印尼、泰國及台灣等地；因此提醒當地民眾避免食用此批從華盛頓州，胡德運河4號養殖區所生產的生蠔；因爲懷疑這批生蠔，可能感染腸炎弧菌；並且認爲是造成至少5名消費者不適的主要元兇；FDA指出食用含有腸炎弧菌生蠔，可能造成噁心、嘔吐及腹瀉；一旦民眾如果食用有問題、未煮熟，並帶有腸炎弧菌的海鮮食物時；發生症狀的時間快則數小時，慢則5天，就會出現相關不適的症狀；另外，FDA更對愛滋病患、酗酒問題者及罹患肝、胃、腎與血管等疾病者，提出警告，不管生蠔的產地，建議儘量都不要生吃，因爲這類患者，更容易遭受腸炎弧菌的感染而導致發病。而檢出病原菌腸炎弧菌，業者將被依違反食品安全衛生管理法第15條第四款之規定（染有病原性生物），依同法第44、52條規定處罰。

二、有一名廚房工作人員，名字叫瑪麗．梅隆，是愛爾蘭裔移民廚師，她並未患有傷寒。但是在1907年時，紐約市衛生官員，卻以造成公共健康危險的罪名逮捕了她，並且從此叫她作「傷寒．瑪麗」。原來她曾得過傷寒，病癒之後替人幫傭做飯，可是無論她到哪裡，那裡就有人罹患傷寒，經過查明，發現就是她傳染的。儘管她本人已經沒有傷寒症狀，但由於她是傷寒帶原者，而透過其烹飪工作，她無意中將傷寒疾病，至少傳染給數十人。後來她被關在一個小島上，三年之後，官員決定釋放她，條件是她不能再爲別人做飯；但在1915年，稽查發現，她在一家婦科醫院的廚房裡面工作，更不幸的是，那裡又再度爆發傷寒。這一次，她被送到一個島上，監禁一生歲月。爲了避免傷寒瑪麗之個案再度發生，因此在「食品之良好衛生規範」第六條第二項中規定：「新進從業人員應先經衛生醫療機構檢查合格後，始得聘僱。雇用後每年應主動辦理健康檢查乙次。從業人員在A型肝炎、手部皮膚病、出疹、膿瘡、外傷、結核病或傷寒等疾病之傳染或帶菌期間，或有其他可能造成食品污染之疾病者，不得從事與食品接觸之工作。」團膳企業違反時，如果經限期令其改善，屆期不改善者，將被依違反食品安全衛生管理法第八條，並爰依同法第四十四條處新台幣6萬元以上5,000萬元以下罰鍰；情節重大者，並得命其歇業、停業一定期間、廢止其公司、商業、工廠之全部或部分登記事項，或食品業者之登錄；經廢止登錄者，一年內不得再申請重新登錄。

三、市售蝦米經檢出二氧化硫含量，超過法令規定之標準值時，係違反食品安全衛生管理法第18條：「食品添加物之品名、規格及其使用範圍、限量標準，由中央主管機關定之。前項標準之訂定，必須以可以達到預期效果之最小量爲限制，且依據國人膳食習慣爲風險評估，同時必須遵守規格標準之規定。」，因此依同法第47條規定將被處罰臺台幣3萬元以上300萬元以下罰鍰。依照慣例，一般第一次被查獲時會處罰最低額度3萬元，如果再犯被查獲，將面臨3萬元以上300萬元以下罰鍰，第三次違規時，除可能被罰300萬元並得命其歇業、停業一定期間、廢止其公司、商業、工廠之全部或部分登記事項，或食品業者之登錄；經廢止登錄者，一年內不得再申請重新登錄。

四、「牛肉乾」及「豬肉絲」被檢驗出防腐劑苯甲酸，及己二烯酸含量超過標準時，其處罰方式，與前述蝦米二氧化硫含量超過法令規定之標準值處罰相同。

五、「豬肉乾」被檢出含有防腐劑，沒有超過標準值，但是卻沒有在包裝上，註明所添加之防腐劑；係違反食品安全衛生管理法第22條：食品之容器或外包裝，應以中文及通用符號，明顯標示下列事項：

㈠品名。

㈡內容物名稱；其爲二種以上混合物時，應分別標明。主成分應標明所佔百分比，其應標示之產品、主成分項目、標示內容、方式及各該產品實施日期，由中央主管機關另定之。

㈢淨重、容量或數量。

㈣食品添加物名稱；混合二種以上食品添加物，以功能性命名者，應分別標明添加物名稱。

㈤製造廠商與國內負責廠商名稱、電話號碼及地址。

㈥原產地（國）。

㈦有效日期。

㈧營養標示。

㈨其他經中央主管機關公告之事項。

前項第八款營養標示及其他應遵行事項，由中央主管機關公告之。

依同法第四十七條規定處新臺幣3萬元以上300萬元以下罰鍰；情節重大者，並得命其歇業、停業一定期間、廢止其公司、商業、工廠之全部或部分登記事項，或食品業者之登錄；經廢止登錄者，一年內不得再申請重新登錄。

六、標榜「本產品不含防腐劑」的豬肉乾被檢出添加防腐劑；處罰方式與上例相同。而肉乾中檢出實際測得內容物重量，小於CNS12924的規定，係違反食品安全衛生管理法第28條「食品、食品添加物、食品用洗潔劑及經中央主管機關公告之食品器具、食品容器或包裝，其標示、宣傳或廣告，不得有不實、誇張或易生誤解之情形。食品不得爲醫療效能之標示、宣傳或廣告。中央主管機關對於特殊營養食品、易導致慢性病或不適合兒童及特殊需求者長期食用之食品，得限制其促銷或廣告；其食品之項目、促銷或廣告之限制與停止刊播及其他應遵行事項之辦法，由中央主管機關定之。」依同法第45條規定，處新臺幣4萬元以上20萬元以下罰鍰；再次違反者，並得命其歇業、停業一定期間、廢止其公司、商業、工廠之全部或部分登記事項，或食品業者之登錄；經廢止登錄者，一年內不得再申請重新登錄。依照2013年新修正食品安全衛生管理法大大提高。

重點摘要

常見的日本料理之壽司類有手卷、握壽司以及豆皮壽司等。「手卷」由壽司醋飯、柴魚、小黃瓜、生菜及美乃滋，以燒海苔捲成甜筒狀的簡便壽司。需注意的是，享受此種手卷美味動作要快！因為火烤乾燥後酥脆的燒海苔，不耐久放，當材料的水分散出，海苔受潮便失去原有的鬆脆，口感也大打折扣。「握壽司」是將醋飯製作成適口大小的飯糰，再將片狀或塊狀的主料覆蓋在飯糰上。常見主料為生魚片、鮑貝類及各式海產。「軍艦壽司」是以寬海苔片圍住飯糰，形成一個下凹的小舟狀，再填入質地軟或是小顆的貝類如海膽、鮭魚卵等材料。需注意的是，握壽司在製作時因為已加入適量山葵泥，通常不需再多沾。沾醬油時以生魚片側邊沾為佳，並注意不要將壽司弄散。「捲壽司」最普遍，常見的有「太卷」，由海苔包捲壽司飯、蛋、黃瓜，及蟹肉棒製成。「蛋皮壽司」，用蛋皮代替海苔捲成壽司。「豆皮壽司」是用調了味，煮過的油炸豆腐皮包壽司飯的壽司。而由於壽司多半經手調理捏出，因此工作人員之手部衛生非常重要，要不然一個不小心，就會發生交叉污染，並產生食品中毒。

著名的破窗效應，要求及時矯正及補救正發生的問題。美國斯坦福大學進行實驗，找來兩輛一模一樣的汽車，其中一輛停在加州的中產階級社區，而另一輛則停在相對雜亂的紐約布朗克斯區。停在布朗克斯那輛，把車牌予以摘掉，頂棚打開，結果當天就被偷走。而放在中產階級社區那一輛，過了一個星期也無人理睬。後來用錘子把那輛車的玻璃，敲了個大洞；結果僅過了幾個小時，車子就不見了。破窗效應之理論，指出如果有人打壞一幢建築物的窗戶玻璃，而這扇窗戶又得不到及時的維修時，別人就可能受到某些示範性的縱容，將會因此打爛更多的窗戶。然後這些破窗戶，就提供一種無秩序感覺，導致民眾在麻木不仁之氛圍中，犯罪將會因此滋生與繁榮；而要預防食品中毒，就必須避免發生破窗效應。

所謂之危害與利益分析，是指食品安全進行評估之後，發現食品中添加該種化學物質，或食品添加物時，對於食品同時會產生「危害」與「利益」，此時必須要分析，其所造成的危害是大於利益，或者是利益大於危害，再決定是否要使用該種化學物質，或食品添加物。例如：香腸添加亞硝酸鹽，利益有：1.產生並保持肉製品鮮紅顏色，提高商品價值。2.賦予特殊香味。3.預防肉毒桿菌之生長，避免產生致命毒素，確保香腸之安全。危害則有亞硝酸鹽及蛋白質結合，會產生亞硝酸胺化合物，有致癌可能性，根據研究顯示，亞硝酸胺化合物及癌症有很高的關聯性。危害與利益分析結果，假如香腸等肉製品中不添加亞硝酸鹽，不但商品價值降低，也有發生肉毒桿菌致命之危險，且根據衛生署「食品添加物使用範圍與用量標準」規定，肉製品添加亞硝酸鹽量，只要低於0.07公克／公斤（70ppm）時，造成致癌的可能機率很低，於是結論是：肉製品應該添加亞硝酸鹽，但是使用量不可以超過標準。而實際臺灣市場上，由於添加之亞硝酸鹽，會因為與肉品作用及貯存時間增加而殘留量減少，因此除了不均勻添加導致過量外，實際狀況反而是殘留量過低，有發生肉毒桿菌之危險存在。

身為團膳管理人員，如何面對臺灣日益嚴重的農藥殘留問題，確保採購蔬果衛生安全？由於蔬果食用以前，都會經過清洗、去皮、去殼、榨汁、磨粉及烹煮處理，甚至經過殺菁、醃漬、發酵與製罐等步驟，對於減少食物的農藥殘留，多少有一定的效果。不過生食之蔬果，除了採用剝皮及去除外葉等方法外，清洗是最有效的方法。多數家庭所採取的洗菜方式多為以水沖洗、浸泡，或以鹽水取代之，然而從研究顯示最佳的洗滌方式，應是以水清洗。以水浸泡的方式不宜採取，其因在浸泡過程中，會導致植物表皮組織損害，且有機農藥為水溶性，用水浸泡，反而有助於農藥的吸收，因此其有機氯殘留量，反而比原先未洗之蔬菜的含量，高出許多。在洗滌蔬果時，直接用水小心多沖洗幾次，是最好的方法。一般建議先去除外葉及皮，再切除果蒂接莖處，再仔細沖洗。常聽建議把食鹽當清潔劑，用來避免清潔劑殘留之方式，則絕對要避免，因為不但不易去除農藥，而且對於高血壓或腎臟病患者有害，其實對於健康的人，增加鹽分攝取也是有害。

問題與討論

一、感染型食品中毒與毒素型食品中毒有什麼不同？

二、菇類毒素中毒臺灣曾經發生過嗎？

三、食品中毒如何預防？

四、團膳工作人員經常發生之衛生違規事項有哪些？

五、蝦米經檢驗出二氧化硫含量超過法令規定之標準值時，法令規定如何處置？

學習評量

1. (　) 如果食物已經發酸了，只要在食用前再經煮沸，即可避免食品中毒。
2. (　) 急速冷凍可以達到滅菌效果，因此購買冷凍食品就可以不必擔心食品中毒等情事發生。
3. (　) 老鼠及蟑螂並非食品中毒之病原菌的帶菌者。
4. (　) 老鼠及蟑螂常為食品中毒之病原菌——腸炎弧菌的帶菌者。
5. (　) 餐飲調理之食品中毒，時常由於砧板之污染所引起，故砧板應至少準備20塊以上。
6. (　) 貝類常會有麻痺性貝毒，是一種細菌中毒。
7. (　) 細菌性食品中毒僅會引起上吐下瀉，不會有生命危險。
8. (　) 冷盤並非外燴（辦桌）最常見的中毒致因菜。

9.（　）豬殘留針頭容易產生化學性食品中毒。

10.（　）預防葡萄球菌所引起的食品中毒，最有效的方法是生食與熟食分開。

解答

1.× 2.× 3.× 4.× 5.× 6.× 7.× 8.× 9.× 10.×

第八章
設備與管理

學習目標

1. 了解設備預算編列過程
2. 掌握財產管理原則與殘值計算
3. 正確使用團膳設備

本章大綱

前　言

所謂人要衣裝，佛要金裝，團膳設備也是如此（圖8-7普通外燴桌椅、圖8-8豪華版外燴桌椅）。日本懷石料理的特點，在於精美的碗盤及器皿。吃懷石料理時，一頓飯會用到各種不同材質及不同形狀的餐具，餐具材質種類繁多，包括陶瓦、漆器及玻璃，甚至自然素材的竹節，都是常見的素材。吃一頓懷石料理，平均要用掉三、四十個碗碟，有時這些精緻的餐具，其價格甚至比用餐消費，要高出數10倍以上。

而中國茶之歷史久遠，茶具也不少，種類可分爲⑴瓷器茶具：瓷器茶具很多，主要有青瓷茶具、白瓷茶具、黑瓷茶具和彩瓷茶具。青瓷茶具因色澤青翠，用來沖泡綠茶，更有益湯色之美。不過沖泡紅茶、白茶、黃茶及黑茶，則易使茶湯失去本來面目。白瓷茶具緻密透明，上釉、成陶火度高，無吸水性，音清而韻長。因色澤潔白，能反映出茶湯色澤，傳熱、保溫性能適中，加之色彩繽紛，造型各異， 堪稱飲茶器皿中之珍品。黑瓷茶具係自宋代開始，茶的效果，改爲觀看色澤和均勻度，以「鮮白」爲先；其次看與茶盞相接處，水痕的有無和出現的遲早。而黑瓷茶具因使「茶色白，入黑盞，其痕易驗」。所以黑瓷茶具，成了宋代主要茶具。彩瓷茶具以青花瓷茶具最引人注目，特別是景德鎮出產。明代景德鎮生產的青花瓷茶具，冠絕全國，成爲其他生產青花瓷茶具窯場模仿的對象，清代更進入歷史高峰，超愈前朝，影響後代。⑵金屬茶具：指用金、銀、銅、鐵及錫等金屬材料，製作而成的器具，是中國最古老的日用器具之一，早在西元前十八世紀至西元前221年，秦始皇統一中國之前的一千五百年間，青銅器就廣泛應用，南北朝及隋唐的金銀器具。元代及明代，則因飲茶方法改變，陶瓷茶具興起，使得金屬茶具逐漸消失，因爲後來認爲，用它們來泡茶會使茶味走樣，以致後來很少拿來泡茶。⑶紫砂茶具：具有三大特點，就是泡茶不走味，貯茶不變色及盛暑不易餿。⑷漆器茶具：採用天然漆樹汁液進行煉製，摻進所需色料，煉製而成，除有實用價値外，還有很高的藝術欣賞價値，常爲鑑賞家所收藏。⑸竹木茶具：隋唐以前，民間飲茶器具多用竹木製作而成。由於來源廣、製作方便、對茶無污染、對人體又無害，因此，自古至今，一直受到飲茶人士的歡迎。但缺點是不能長時間使用及無法長久保存。⑹玻璃茶具：玻璃古人稱爲流璃或琉璃，是一種有色半透明的礦物質。用這種材料製成的茶具，形態各異，用途廣泛，加上價格低廉，購買方便，而受到好評。⑺搪瓷茶具則起源於古代埃及，以後傳入歐洲。中國開始生產搪瓷茶具，是本世紀初的事。搪瓷茶具因爲傳熱快易燙手，放在茶几上，會燙壞桌面，所以使用上受到一定限制。

設備管理，是團膳重要的課程之一，因爲餐具與茶具等設備，如果沒有適當管理與維護，極易毀損與遺失，成本將增加；而預算編列如果不確實，爲了採購而採購，那麼花大錢買設備，卻沒有人使用時，金錢投資浪費是一回事，空占空間又是一種浪費，如果還編列預算維護，那就更虧大了，假如因爲閒置不用，被老鼠拿去當窩使用，那就眞的印證古諺：「賠了夫人又折兵」這句話了！

第一節　設備預算編列與採購

研究臺灣教育部體育司，統計1998-2004年6年的學校體育預算，分析後發現：臺灣學校體育預算，佔教育預算比重僅達0.401%，就體育教育項目，屬於教育重要一環而言經費實屬偏低。因此雖然大家都知道，運動對於健康生活很重要，但是由預算編列，就可以看出臺灣教育部體育司，仍然有很大的發展空間。

一、預算編列

㈠新購

應確定用途、規格與預算，並且做效果評估，當評估結果發現有經濟效益時，才進行採購。設備確定有經濟效益，欲採購前，仍需考量：

1. 用電：110、220或更高伏特之用電規格。
2. 是否使用蒸氣或瓦斯。
3. 建築搭配：以圖8-1不適當的蒸氣二重釜（或稱爲蒸氣旋轉鍋）爲例，由於未同時設置阻水設施，而使用蒸氣二重釜清洗後，水分將直接排到地面，造成附近區域無法維持乾燥與污染。改善之道，如圖8-2設置阻水設施，或圖8-3設置前設於低於地面並區隔等方式均可。

圖8-1　不適當的蒸氣二重釜規劃

圖8-2　適當的蒸氣二重釜規劃

4.功能性：

(1)材料：以推車爲例，不鏽鋼耐重，但是相對的會比較笨重；塑膠輕巧，但是不耐重。耐重的不鏽鋼推車，可以透過加大輪子來改善靈活度；塑膠則必須加鋼條或加硬度才能耐重。（圖8-4～圖8-6）

(2)外觀：桌椅之擺設、裝飾與否，顯現之價値感將有所不同，必須事先考量。（圖8-7、圖8-8）

圖8-3　適當的蒸氣二重釜規劃

圖8-4　適當的推車規劃

圖8-5　適當的推車規劃

圖8-6　適當的推車規劃

圖8-7　普通桌椅規劃

圖8-8　豪華桌椅規劃

⑶經濟性與其他：以推車為例，圖8-9、圖8-10中空可以順利將水分排出，另外可以節省使用不鏽鋼的數量。

圖8-9　推車——中空省材料

圖8-10　推車——實底耐重（拍攝：李義川）

㈡汰舊換新預算

確定類別、名稱與品牌，例如：

類別	名稱	單位
純水製造設備	STS-200	台
手推車	L型推車	輛
鐵鍋	MWHFP2-4鐵鍋GROEN	個
處理機	殘菜處理機EL5-1224	台
容器洗滌機	快速刷瓶機RACOON	台
嫩肉機	BERKEL	台
高壓消毒鍋	米/C 3422	組
器具滅菌器	多功能消毒鍋（雙門式）	組
手推車	L型手推車120×80×85公分	輛
手推車	三層車100×60×85公分	輛
手推車	推車2436UTH CAMBRO	輛
手推車	垃圾推車120×80×85公分	輛
手推車	籃框推車60×41公分	輛
手推車	四輪推車（台製）	輛
手推車	不鏽鋼三層推車	輛
手推車	四輪長方型菜籃車（訂做）	輛

㈢估價及確定採購優先次序（即預算不足時，哪一項必須優先購買）

	名稱、數量	廠牌規格	單價	總價	優先次序
1.	籃框推車 23台	台製	5,000	115,000	一
2.	不鏽鋼二層推車2台	台製	15,000	30,000	一
3.	餐盤推車3台	外國製	25,000	75,000	一
4.	立式冰箱1台	台製	60,000	60,000	一
5.	臥式冰箱1台	台製	70,000	70,000	一
6.	切菜機1台	外國製	300,000	300,000	一
7.	L型推車3台	外國製	15,000	45,000	二
8.	12人份中式餐桌附轉盤3張	台製	20,000	60,000	三
9.	保溫菜車3台	台製	50,000	150,000	四
10.	保溫餐車5台	台製	70,000	350,000	四
11.	不鏽鋼三層推車6台	台製	16,000	96,000	四

二、規格訂定；如圖8-11不鏽鋼三層推車

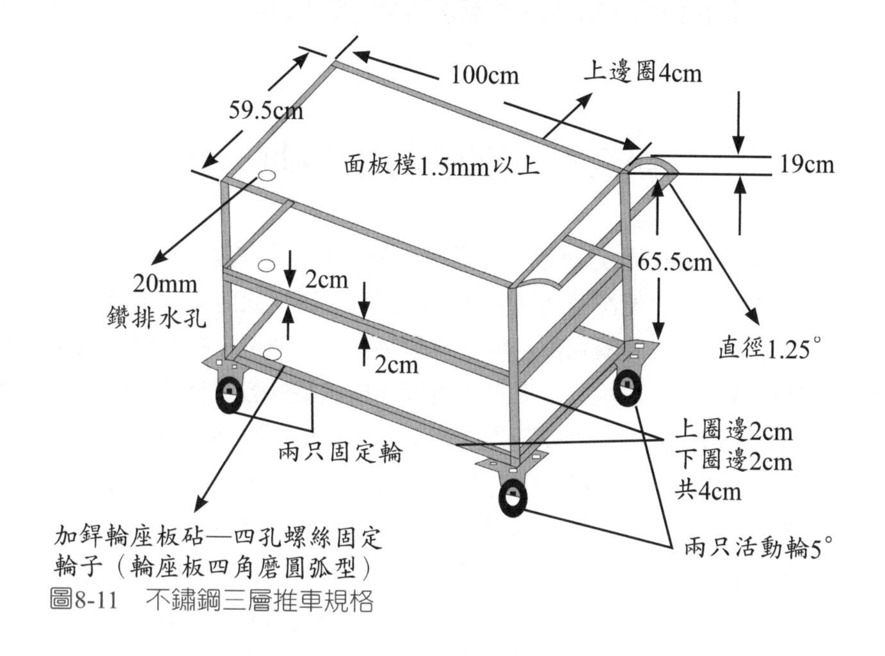

圖8-11　不鏽鋼三層推車規格

實際樣品請至營養室察看：

㈠面（層）板厚度1.5厘米以上，驗收時需提供檢驗儀器。

㈡骨架使用直徑1.25"不鏽鋼管。

㈢開排水孔。銲接處需修飾至不割手。

㈣採購數量：4台。

㈤報價請依本規格傳真至07-346×××××（請先電話通知）李主任。

㈥如有疑問請電洽營養室07-346××××。

三、招商比價

公開招標（公務機構之預算在100萬元以上時，必須採用公開招標方式）或比價（10～100萬元）或議價（10萬以下）。

四、驗收

依所訂定之規格及機構規定辦理。

五、維護費用編列

如果在保固期內則不用編制；注意採購時所要求的保固期愈長，採購所需之費用愈高。

第二節　團膳設備規劃

台灣推動永續發展及 建築政策，已有十多年，其中在建築節能方面，建築外殼採光、隔熱及再生能源等皆屬不可或缺課題；研究太陽能光電設備產業，運用於建築外殼，成為建築物部份構材或建築材料一部份，將可以因此減少太陽光電設備設置成本；而規畫以太陽光電板作為建築外殼構材時，除了必須滿足建築的性能，還必須兼顧到安全性、耐久性、實用性及替代性等，同時必須考量建築造形、美觀與材質顏色等方案的配合。市售混凝土具有特殊供應控制性，必須適應目標工地之特性，提昇混凝土工作性及設備需求及管控，研究發現透過臺灣高速公路五楊段之實際經驗，得知此方式確實可有效提高施工品質並節省工時。而隨著科技的日新月異，設備的保證契約已成為賣方行銷策略，包括免費維修與保固；而對於免費維修保固設備，一旦設備於免費維修保固期內發生故障時，賣方（製造商）當然依約必須負擔維修成本，買方則需負擔因為設備故障，而停止生產所帶來的損失成本。然而，當設備故障發生於免費維修保固期之後，則買方還需要負擔設備維修成本及故障停止生產的損失成本。因此透過規畫，重要生產設備，必須在適當時間點立即予以置換（例如：已過規畫的設備使用期限，並且發生維修成本，已大於設備維修成本及故障停止生產的損失成本時），否則將會對企業利潤產生不利的影響。另外，隨著人類經濟高度發展，工業化活動無秩序蔓延及擴張，導致生態環境持續飽受衝擊因此造成失衡；2013年侯孝賢、吳念真、齊柏林拍攝的「看見臺灣」紀錄片，讓民眾發現臺灣已經過度開發、濫墾與飽受大自然傷害；也突顯保護自然環境的迫切性，同時喚醒民眾對於綠色環保意識，並促使人類在追求永續發展之際，因此綠色消費，已儼然成為全球的環保趨勢。因此採購綠色設備產品，也將是趨勢之一。

食品因為含有豐富的營養成分，易滋生微生物，若處理食品之機械設計不當，容易積蓄食物殘渣，則在調理烹煮之過程，導致微生物污染繁殖，將影響品質及造成衛生危害。尤其微生物是眼睛看不到、手摸不到的，因此設計及製作機械時，應更加注意，使機械容易清洗消毒，以減少微生物污染的機會。

一、團膳餐具

洗碗機一旦保養不當，餐具沒有確實清洗消毒，日後反而將成為日後污染的溫床，也會危及食品衛生安全。因此餐具設備與衛生安全有關，但是其實連餐具大小及顏色，也會影響到進食時的感覺；當使用紅色盤子裝盛食物時，對於想要享受美食者，將可能是屬於最不討好的顏色，因為往往會讓人食不下嚥。根據英國Oxford大學研究，刀子、叉子或餐盤等餐具，不論顏色、尺寸及大小等，都將會影響到進食者的食慾。研究發現，紅色餐具有抑制食慾功效，因此對於想要進行節食者，將是屬於很理想的餐具顏色；但是對想要大塊朵頤者，反而不是很理想。因此必須限制食量者使用紅色盤子就會達到效果；而已經體重過輕者，紅色則不適用。研究也發現如果使用刀子，來進行品嚐各種口味起司，結果將比使用叉子或用牙籤，嚐起來時味道會比較鹹一點。另外，如果使用淺色系塑膠湯匙來吃優格，就會因此感覺優格質地比較綿密，同時也會感覺優格比較高檔。這樣結果，是因為食物在入口前，大腦已經先進行評估與評斷，因此，會影響整體進食經驗。所以如果想大快朵頤、享受美食時，切記不要使用紅色餐具，包括碗、盤子、刀或叉等餐具；但是如果想節食、減肥時，則可透過紅色餐具進食，也許對於減肥效果將有幫助。

依據環保署的規定，提供座位供顧客內食用餐時，不得提供各類免洗餐具，且不得以餐具套塑膠袋，裝盛食物方式，供消費者內食使用。餐具則規定，應洗滌乾淨，並經有效殺菌，置於餐具存放櫃，存放櫃應有足夠空間容納所有餐具，並存放在清潔區域；若為外包清洗，需備有證明文件。凡有缺口或裂縫之餐具均應丟棄，不得存放食品或供人使用。待清洗的餐具必須妥善存放，不得隨意放置，以防滋生病媒。接受餐具澱粉性及脂肪性之檢驗不合格者，應立即改善。

環保署已持續推動，使用可重複清洗餐具多年，於是市場上已逐漸發展出提供餐具清洗服務之產業，從早期的只提供清洗設備販售或租賃，到現在的「離場清洗」，提供多元化的服務。所謂的「離場清洗」，是指餐具清洗業者，將使用後的餐具回收，至清洗工廠清洗，經消毒包裝後，再提供乾淨餐具給團膳使用，針對部分場地較小，無法設置餐具清洗設備的餐廳，提供另外一種選擇；而且也提供高級餐具可供選擇，團膳使用後，可以達到節省人力與設備投資等費用。

二、設施、設備及安全衛生管理之醫院評鑑規定

醫院評鑑，有些規定並不容易達到，需要注意。

㈠餐具洗淨機之洗淨溫度，應設定為80°C，並持續清洗2分鐘以上。洗淨後的食器要烘乾，並確實保持環境清潔。至於器具及容器之存放，應防止地面上的污水濺溼，必須存放於距地面適當高度。

㈡訂定作業標準及作業程序處理食物（包括準備、處理、貯存及運送）。

㈢配送病人之食物能有保溫之措施，且盛裝後能在30分鐘內送達病房。

㈣病人用膳完畢之餐具能迅速回收（如病人用餐後，能在30分鐘內將餐具回收）。

㈤調理過之食品或材料未過期者，應有冷凍或冷藏之保存。

㈥烹調之食物樣品應保存48小時備查驗。

㈦住院病人用膳比率超過50%。

㈧廚餘處理，合乎經濟衛生及環保原則。

三、設備規劃

㈠機器設備應定期清洗及消毒

用具及設備之清洗與消毒作業，應注意防止污染食品、食品接觸面及內包裝材料。所有食品接觸面，包括用具及設備與食品接觸之表面，應盡可能時常予以消毒，消毒後要徹底清洗，以保護食品免遭消毒劑之污染。收工後，使用過之設備和用具，皆應清洗乾淨，若經消毒過，在開始工作前應再予以清洗（和乾燥食品接觸者除外）。已清洗與消毒過之可移動設備和用具，應放在能防止其食品接觸面再受污染之適當場所，並保持適用狀態。

㈡機器設備設計方面

所有食品加工用機器設備之設計和構造，應能防止危害食品衛生、易於清洗消毒（盡可能易於拆卸）並容易檢查。應有使用時可避免潤滑油、金屬碎屑、污水或其他可能引起污染之物質混入食品之構造。食品接觸面應平滑、無凹陷或裂縫，以減少食品碎屑、污垢及有機物之聚積，使微生物之生長減至最低程度。設計應簡單，且為易排水、易於保持乾燥之構造。貯存、運送及製造系統（包括重力、氣動、密閉及自動系統）之設計與製造，應使其能維持適當之衛生狀況。在製造或處理區，不與食品接觸之設備與用具，其構造亦應能易於保持清潔狀態。材質方面，所有用於處理區及可能接觸食品之設備與器具，應由不會產生毒素、無臭味或異味、非吸收性、耐腐蝕且可承受重複清洗和消毒之材料製造，同時應避免使用會發生接觸腐蝕的不當材料。食品接觸面，原則上不可使用木質材料，除非其可證明，不會成爲污染源者方可使用。生產設備方面，生產設備之排列應有秩序，且有足夠之空間，使生產作業順暢進行，並避免引起交叉污染，而各個設備之產能務需互相配合。用於測定、控制或記錄之測量器或記錄儀，應能適當發揮其功能且需準確，並定期校正。以機器導入食品或用於清潔食品接觸面，或設備之壓縮空氣，或其他氣體，應予適當處理，以防止造成間接污染。

㈢進貨驗收區及庫房

應設置食物存放架或棧板（圖8-12），以作爲臨時擺放進貨食物用，避免食物堆放地上。廚房應設置前處理區，處理必須經去皮、清洗、篩選或去除雜質之食品原材料。

圖8-12　棧板

㈣設置足夠容量

廚房應依每餐最大供應量，設置足夠容量之冷凍及冷藏設備（圖8-16），並在該設備明顯處，置溫度顯示器或指示器，且區隔熟食用、生鮮原料用，並分別清楚標明。乾料庫房應獨立設置，以防止病媒侵入。

㈤前製備區

包括生鮮食材之洗、切、整理及調理等作業。至少設置三槽，且分類清楚生鮮食物洗滌槽（圖8-13）。設置數量足夠之食物處理檯，並應以不鏽鋼材質製成，設置刀具及砧板消毒設備。

圖8-13　三槽

㈥烹調區及熟食處理區

與前製備區有效區隔，爐灶上需裝設排油煙罩及濾油網（圖8-14），設有供工作人員洗手專用之洗手設備，含洗手專用之水槽、冷熱水龍頭、清潔劑、擦手紙巾，或其他乾手設備，及正確的洗手方法標示圖（或提醒洗手之標語）（圖8-15）。

圖8-14　油煙罩

圖8-15　洗手設備

㈦供應區

餐廳及廚房出入口，應設置自動門、空氣簾、暗道（阻隔蒼蠅）或塑膠簾等設施，以防止室內外之溫度交流，及蚊蠅侵入。用餐入口處，應備有洗手設備。自助餐、快餐之配膳檯，應有保溫、防塵及防飛沫之設施。

㈧回收洗滌區

包括餐具洗滌及殘餘物回收作業。應與食物有效區隔，以避免交互污染。高溫洗碗機或合乎標準之三槽式人工洗碗設備。足夠容納所有餐具之餐具存放櫃，並存放在清潔場所。

㈨餐具及環境衛生

餐具準備數量，應大於每餐最大供應量。使用全自動高溫洗碗機洗濯餐具者，應使用洗碗機專用之洗潔劑。洗滌炊具、餐具時，應使用標示清楚符合衛生標準之食品用洗潔劑。凡使用免洗餐盒（盤）者，應選購盒底（盤背面）有顯著標示製造廠商、地址之產品。應該定期抽測餐具之澱粉性、脂肪性、洗潔劑殘留物，並記錄之；不合格者，應

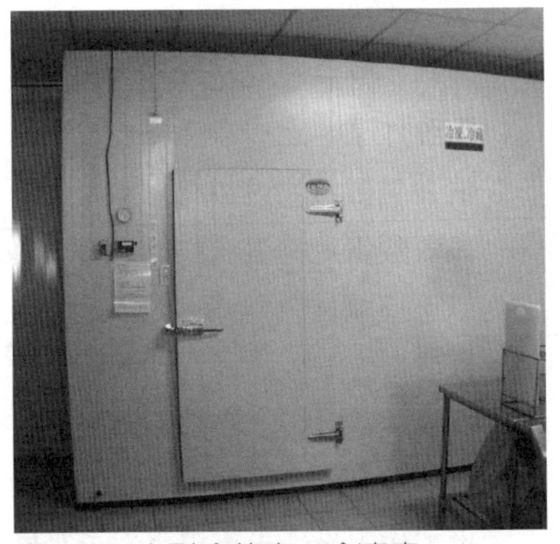
圖8-16　大型冷藏庫、冷凍庫

要求改善及追蹤管理。餐廳用水，應依飲用水管理條例等相關規定辦理。餐廳、廚房內禁止住宿。廚房應裝置截油槽，以確保環境衛生。

四、設備維護

餐具維護與管理目的，在增進餐具使用效率、維護餐食衛生安全、降低餐具破損率，及控制營運成本。

㈠保養

保養工作依類別而不同。磁器類及玻璃類餐具，使用較久後易產生污漬、茶垢及咖啡等污垢，可使用化學藥劑，以溫水浸泡餐具，充分洗淨使餐具明亮如新。銀器類餐具很容易氧化，產生銅線及銀鏽，可使用清潔亮光液，使餐具恢復原有色澤，並增長使用年限。

㈡存放

設備的存放，應分門別類，使用適合的設備欄框，以減少碰撞、破損與節省空間。廚櫃應有防蟲鼠設備、定期清潔，保持清潔與衛生，以避免受到污染。（圖8-17～圖8-19）

圖8-17　庫房分類存放（拍攝：李義川）

圖8-18　庫房分類存放

圖8-19　庫房分類存放（拍攝：李義川）

第三節　維護與財產管理

探討屏東縣縣屬單位線上財產管理系統使用情形，結果發現：1.縣市財產管理系統使用者，對縣市財產管理系統的使用接受度，尚稱良好，但是仍然有改善空間。2.電腦基本操作自我效能與整體使用者接受度，有顯著相關。3.電腦基本操作自我效能，對整體使用者接受度具有預測力；因此執行維護與財產管理者，仍然必須受過適當電腦基本操作始可勝任。而研究智財藍海策略與數位典藏加值，發現面臨許多智慧財產管理方面的問題。而台灣智慧財產管理規範（TIPS）自2003年由經濟部智慧財產局委託財團法人資訊工業策進會科技法律中心執行以來，TIPS已定位爲由企業或組織自行導入，並由資策會科技法律中心與相關人員，協助國內廠商建立系統化的智慧財產管理制度。TIPS將促使廠商，將現有實體設備與智慧財產管理制度互相結合，建立一套簡便、有效率且低成本的管理系統，擺脫以往零散管理的方式。不僅運用PDCA管理循環的模式，以配合廠商營運策略，適當修訂智慧財產管理政策與目標，並建立智慧財產相關事務的處理流程或作業方式，結合內部稽核、矯正預防措施等，以發揮智慧財產管理制度的最大效益。以促使企業或組織重視智慧財產管理，也促進國內智慧財產技術服務業發展，相輔相成不斷地創新與成長，讓台灣未來持續往「智慧島」之名邁進。

一、現（殘）值計算

依照使用年限，分月攤提折舊，以冰箱使用年限8年（96個月）爲例，如果購買價格爲96,000元，分96個月攤提，每月正好折舊1,000元，如果購買後1個月，殘值應爲95,000元，購買後2個月殘值爲94,000元，而購買96個月（8年）後，殘值爲0（代表已經完全攤提成本）。因此管理時，應掌握各設備之財產碼、類別、名稱、品牌、廠商名稱、單位、年限（使用年限），及殘值等基本資料（另外應有購買日期及價格，表8-1）。

二、點交與假移交

建議每年、每半年或者主管異動之時，均應進行財產點交或假移交，以確定財產使用狀況，並避免遺失。

表8-1　設備殘值表

財產碼	名稱	採購日期	現在日期	採購價格	單位	年限	殘值
501010701B000217	臥式冰箱　ST4060	1999/1/1	2007/1/1	100,000	台	8	1,370
501011006 000004	烤箱VO444　VULCAN	1999/2/1	2007/1/1	105,000	台	5	0
501011008 000001	攪拌機　A-200	1999/3/4	2007/1/1	110,000	台	5	0
501011022 000001	旋轉鍋　PLT40	1999/4/4	2007/1/1	115,000	台	8	5,238
501011029 000010	VL3DSS蒸庫　VULCAN	1999/5/5	2007/1/1	200,000	台	5	0
501011033 000001	C75-P8N　CT5+CTM12	1999/6/5	2007/1/1	205,000	台	5	0
501030101B000553	12人6尺圓盤餐桌　6×3・5×2・3	1999/7/6	2007/1/1	12,000	張	5	0
501030303 000053	冷凍專用層架（組）　b：2448NK×2	1999/8/6	2007/1/1	17,000	個	5	0
501030303 000103	烘盤架　RD78N	1999/9/6	2007/1/1	22,000	個	5	0
3101103033000000	STS-200	1999/10/7	2007/1/1	27,000	台	3	0
311010121 000003	FUTREX-1000	1999/11/7	2007/1/1	32,000	台	5	0
311010125 000452	L型推車	1999/12/8	2007/1/1	37,000	輛	3	0
B401070412000003	電動拖車頭　SS5-34	2000/1/8	2007/1/1	42,000	輛	6	0
B501030210000001	屏風　105×70cm	2000/2/8	2007/1/1	47,000	式	5	0
301080303 000003	MWHFP2-4鐵鍋　GROEN	2000/3/10	2007/1/1	52,000	個	3	0
301211102 000001	殘菜處理機　EL5-1224	2000/4/10	2007/1/1	57,000	台	8	9,741
301260910 000001	封口機（保麗袋足踏式）	2000/5/11	2007/1/1	62,000	台	6	0
301260913 000001	快速刷瓶機　RACOON	2000/6/11	2007/1/1	67,000	台	5	0
301990103 000001	AIHO	2000/7/12	2007/1/1	72,000	台	15	41,372
301990136 000001	BERKEL	2000/8/12	2007/1/1	77,000	台	8	16,376

第四節　設備使用管理

醫療設備管理的最主要目的，是爲提昇病人就醫的醫療設備安全性，提供醫療專業人員掌握病患相關生理訊息、資訊清晰與正確性，確保病人診斷與治療得到最高品質的安全保障。但是一般醫療所賴以診斷治療的設備往往充斥著不同公司品牌設計；規格、使用專業操作熟悉度，及醫院管理良善與否，均與醫療安全問題息息相關。一般學校宿舍提供的服務品質，直接影響學生對於學校宿舍滿意度，也間接影響對該校滿意度，甚至影響到日後繼續在該校升學的意願。許多文獻指出住宿生對於「宿舍設備管理維護」相當重視，但對於學校宿舍管理單位作法則普遍感到不滿意。探究住宿生不滿意宿舍設備管理維護的原因，往往與宿舍設備管理與維護制度息息相關。而長久以來醫院會強調手部衛生，是屬於防範院內感染最重要之基石，因此都會著重醫療人員對於洗手遵從性及增設洗手設施，而藉由安排在職教育課程、增修訂刷手台標準作業規範及進行刷手台設備等改善措施，包括檢討消毒液管路、增設改良式消毒溶液瓶蓋及建立定期稽核機制；將可讓革蘭氏陰性桿菌陽性率，由36.4%與40%分別降至0%；而藉由發掘刷手台消毒液更換問題，進一步進行策略改善，建立手術室刷手台消毒液設備管理機制，將可讓醫護人員在完善安全的醫療環境執行各項醫療業務；因此人員、設備很重要，使用方面之管理則更加重要。

團膳設備材質之設計，基於安全考量，最好具有防火及易清理。設備機具裝置時，應依據採購規格進行裝置及驗收，以有效維持品質。相關設備需制定操作、維護及校正等作業標準，並建立保養管理（初級保養與二級保養等）制度，並留存保養執行紀錄。

自主衛生管理重點5S爲：

㈠整理（SEIRI，日語，下同）：區分要用與不要用的東西，整理時不要用的清理掉。

㈡整頓（SEITON）：要的東西，依規定定位、定量，擺放整齊，明確的標示。

㈢清掃（SEISO）：清除現場的髒污，並防止再污染的發生。

㈣清潔（SEIKETSU）：把前3個S的做法制度化、規範化和標準化，並貫徹執行和維持。

(五)教養（SHITSUKE）：人人依規定來做，養成好習慣。

管理系統的改善模式－5S是一種持續性的循環革命；從安全意識紮根以5S將可以防患未然；餐飲業因應不景氣，必須從5S做起；執行5S可以提升公司管理效能；由5S到精實服務，屬於餐飲服務業應有的建立規範。5S活動基礎性改善活動（運動），一般執行5S活動獲得成功基礎以後，則將追求全面生產維護（Total Production Maintenance, TPM）活動效果，以應用於管理系統改善活動（專案PDCA）。由於運動之修正，屬於持續性的循環革命；物體之直線運動（Movement）最後終將停止不動，因為以能量平衡定律而言，如果後續沒有持續予以灌注能量，使其維持驅動力時，勢必終將停止不動；因此，管理的改善工作，其實將是屬於永無止境（Endless）的活動。

一、餐具管理

含餐具預算編列、採購、使用、保養及耗損控制：

(一)預算編列

1. 規格：品牌將直接影響到價格，美國製造與台製價格也不同，2,000cc與1,600cc車輛自然也有差異。
2. 標準庫存量：即根據團膳桌數、總座位數、座位週轉率、器皿使用週轉率、菜單及服務方式，來估算出營業所需之餐具基本安全庫存數量。
3. 核對存貨量：每月定期盤點估算現在存貨量。
4. 估計耗損量：各類餐具因使用頻率及方式不同，耗損程度亦不同。
5. 估算各種餐具的採購數量：年度採購數量＝標準庫存量＋平均每年耗損量－現有存貨量。
6. 編列採購金額：採購費用＝採購數量 ×單價。

(二)餐具採購

應考慮：

1. 經費：預算與成本。
2. 規格與式樣：是否與團膳建築、色調及餐食菜色相容
3. 耐用性：如品質是否穩定？是否有使用限制？可否用洗碗機洗滌？
4. 取得便利性：如生產及供應來源是否穩定？是否有生產期限？
5. 售後服務：送貨及服務的條件？運費計算及運送時間？維修保養內容？

6.採購程序：依團膳之規定開立請購單，經採購、驗收及入庫作業後，始發放至申請單位。

㈢餐具使用與保養

需注意：

1.專人保養：固定保養人員，保養工作可分為「日保養、週保養、月保養」，以定期定時完成工作；或是「初級保養」——使用單位自行負責，與「二級保養」——團膳工務或保養單位負責。

2.訓練正確使用餐具：避免因不當使用而破損。

3.訓練正確保養餐具方法：使用適當的化學保養藥劑，及保養步驟。

4.定期檢查及盤點：以確實掌握餐具使用數量。

5.保管、維修及保養記錄：確實記錄並追蹤餐具使用狀況。

㈣餐具耗損控制

1.確實定期盤點，以了解耗損情形。

2.加強餐具收拾、清潔、清洗及搬運標準作業訓練，以減少破損及誤擲入垃圾桶或餿水桶。

3.加強貴重餐具的保管工作，最好採用責任制，以預防偷竊遺失。

4.制定耗損登記簿，規定確實記錄破損物件、破損數量、發生原因、發生時間及責任歸屬人員，定期評估破損金額及原因。

5.制定合理破損率，實施獎懲制度，以減少餐具破損率。正常之餐飲部門破損率約為0.6～1.0%之間（破損率計算＝破損金額÷營業額）。因此團膳可訂定辦法，當破損率低於0.4%時，可提撥獎金鼓勵。

二、爐灶（圖8-20）

注意母火是否點著，及防火泥及防火磚是否毀損。

圖8-20　爐灶（拍攝：李義川）

(一)點火時，使用者應蹲下去點火，並以目視確定母火確實點著，如第一次點火未著時，應俟瓦斯散去後再行點火，以免因為前一次未點燃，瓦斯堆積，而造成爆炸。

(二)需母火點燃後，才能再引燃主火。

(三)點火時，必須先確定母火已點燃後，始能繼續下一動作。

(四)油炸食品鍋時，規定一人一鍋，油炸過程中，沒有交接，絕對不可以離開。

(五)每一餐當師傅離開，不用爐灶欲休息時，即應熄滅母火，不得以下一位即將使用而搪塞不關。如果有接續者，欲接續使用時，除非現場交接，並互相確定母火點燃，否則仍需由下一位重新開火，以釐清責任之歸屬。

(六)每週定期執行清潔與清理工作，每年應巡視防火泥及防火磚是否毀損。

三、切菜機（圖8-21）

是利用馬達的力量轉動轉軸上的刀片，轉動來切割食物，選用此類機器，應注意使用不鏽鋼材質，易清洗與拆卸；切割的刀面要鋒利，並有安全防護裝置。由於刀具容易造成人員傷害，特別是切菜機等高速轉動之刀具，如果未依照規定操作，一個疏忽，往往就會導致工作人員，切斷手指等不幸悲劇。因此新進人員，一定需要先受過充足的訓練，並經過測驗確認，已熟悉規定操作過程後，始能讓其操作；而平時也需加強稽查，是否依照標準作業程序操作，以為防範，否則一個疏忽，就是悲劇。

圖8-21　切菜機（拍攝：李義川）

(一)操作者必須確定已經受過適當訓練，經審核已確切了解相關作業規範，並取得證明，特別是明瞭在操作中，絕對不可以將手伸入危機區域（刀片切割有效區域），始得准予操作。

(二)拿取刀具時，需注意刀具之刀刃面，以避免被割傷。

(三)檢查刀具是否鎖緊，方向是否正確。

(四)測試安全開關功能，是否正常。

㈤切菜機上有雜物，必須清除（清除前，必須先停電關機）。

㈥若有異狀時，先停止使用，並立即反應。

㈦安全護蓋是否全程掛妥及鎖緊，不得以任何理由，在工作中私自取下。

㈧確認插頭本身，沒有變形、破損及潮溼等狀況，以策安全。

㈨操作時身體必須離開切菜機，不可碰觸或依靠切菜機體，以免發生危險。

㈩手部必須保持乾燥，且手指勿接觸插頭前端鐵質部位，以防觸電。

⑾不可將不同機器，插入相同插座。

⑿發現跳電、其他異狀、氣味及聲響時，應先停止使用，拔掉插頭，並立即請修。

⒀注意勿同時碰觸，或操作兩台機器，以策安全。

⒁發現電源燈不亮時，先暫停使用，關掉開關、拔掉插頭，並立即反應。

⒂切菜機之輸送帶，鬆緊要適中並平整，不可扭曲或變形。

⒃需更換刀具時，先將刀具與輸送帶鈕歸零，關掉主控制開關，將插頭拔離插座，電源線盤整於主控制箱，套上安全防護手套後，才能進行更換作業。

⒄輸送帶由於會自動將蔬菜，帶入切菜機內有效切菜作業空間，並切成段，而不需要以人工加以推擠蔬菜進入切菜機內之量，一次不可太多，最好將蔬菜稍微整理，並排一致，以不超過輸送帶寬度方式擺放。

⒅操作中絕對禁止，將手伸入有效切菜作業空間，及上段輔助輸送帶，與主輸送帶之夾角內，以防意外發生。

⒆根莖類切菜機，則將蔬菜投入漏斗槽內即可，不需加壓推擠，絕對禁止將手伸入槽內，以防意外發生。

⒇操作中發現異狀或聲響，或因投入菜量過多發生卡住現象時，應立即停止使用，並關掉主控制開關、拔掉插頭，方可進行排除工作。

(二一)禁止操作中對切菜機沖水，以防意外發生（特別是電源部分，沖水易發生導電而產生危險）。

(二二)盛裝蔬菜，以不超過欄框圍邊之最上端爲原則，避免盛裝過高時，切好蔬菜回堵到有效切菜作業空間。操作時絕對禁止未停機時，將手指伸入有效切菜作業空間內撥取蔬菜，以免發生危險。

㈢中途若需換切不同種類蔬菜時，應先將刀具鈕及輸送帶鈕歸零，關掉主控制開關，再將插頭拔離插座，電源線盤整於主控制箱，再依照規定步驟進行。

㈣關閉之步驟，不可顚倒或省略，以免造成危險。

㈤旋轉或切開關時，手部必須保持乾燥，以防止觸電。

㈥沖洗切菜機時，水量不可太大，並防止沖水濺及其他機件部位，造成危害。

㈦刀具取下或掛放時，均需戴防護手套以防止割傷。

四、鼓風爐（圖8-22）

大部分餐廳會使用鼓風爐，因爲加熱效果快速，但是需要注意到，其產生的油煙，多爲粒徑細小之粒狀污染物（液滴）。研究顯示，餐飲店有近20%，未裝設廢氣處理設備，有近90%業者所裝設之廢氣處理設備，效率不足，而造成工作環境污染問題，需要注意。

圖8-22　鼓風爐（拍攝：李義川）

㈠檢查瓦斯，是否有洩漏情形。

㈡若發現有洩漏、異味或聲響，應停止使用並反應。

㈢易燃物，不可靠近爐灶擺放。

㈣爐灶需與其他機械或器具，保持安全距離。

㈤需以配置之引火棒，進行引火，禁止以打火機，或其他火源點燃引火，以防止意外發生。引火棒引火後，需自檢視孔伸入灶內，進行引火。

㈥禁止由灶面往下伸入方式引燃，以避免發生危險。

㈦注意火燄燃燒情形（顏色），並調整至適量。

㈧若母火及主火，皆熄滅時，必須將所有開關關閉後，按標準程序重新操作。

㈨注意燃燒情形，以火舌不竄出灶牆外面爲原則。

㈩操作過程中，人員不可以離開鼓風爐灶，以策安全。

⑾引火棒管線勿折損或壓置。

⑿引火棒使用後，平放置於固定架上。

⒀千萬不可以留母火方式來溫鍋。

⒁人若離灶一定要關閉火源。

⒂待鼓風爐完全冷卻後，再做清潔工作，以免遭到燒燙傷。

⒃下班前，記得檢查爐灶旁，所有開關是否關妥。

五、自動洗碗機（圖8-23）

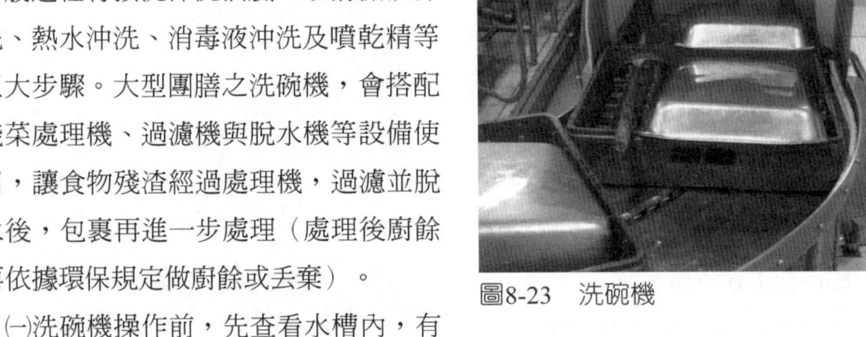

圖8-23　洗碗機

主要是利用瓦斯、電熱及蒸氣，將水加熱至60～80°C，再利用馬達，將熱水打至噴嘴，然後熱水由噴嘴流至清潔臂噴出，沖洗餐具，將餐具清洗乾淨。一般過程有預洗沖洗油膩、以清潔液沖洗、熱水沖洗、消毒液沖洗及噴乾精等五大步驟。大型團膳之洗碗機，會搭配殘菜處理機、過濾機與脫水機等設備使用，讓食物殘渣經過處理機，過濾並脫水後，包裹再進一步處理（處理後廚餘再依據環保規定做廚餘或丟棄）。

㈠洗碗機操作前，先查看水槽內，有無異物並清洗。

㈡洗碗機水位未達滿水位，勿開動機器，請注意溫度，未達到標準時，將會影響到清洗之效果。

㈢洗碗機操作清洗中，應隨時注意清洗槽之溫度與水位。

㈣洗碗機操作時，若碗盤掉落卡住輸送帶時，應立即清除，唯開啓檢視門時，請特別小心，以免遭外洩蒸氣燙傷。

㈤洗碗機之乾精，一般國內機型由於沒有設置自動警報系統，應隨時視查其殘留劑量，缺乏時立即補足。

㈥洗碗機不用時，請關掉總開關，並打開檢視門以保持通風。

㈦洗碗機需實施定期保養。

㈧洗碗機第三槽，如有溢水及其他異狀，需立即辦理請修。

㈨操作中，如水溝排水系統回流阻塞，請立即排除以免引起積水。

㈩殘菜處理機使用後，未將殘渣清乾淨時，會導致滴水，需要定期檢查。

⑪操作中，如果有工作人員，為了貪快而將水溝之濾網拿起，將會導致免洗餐具、蓋子、筷子、湯匙及其他雜物落入下水道，並造成日後下水道阻塞，所以絕對禁止。

⑫替換清洗水溝濾網時，應先將濾網附近之雜物清除，以免流入下水道。

⑬洗碗機水槽排水孔塞子，如因菜渣、筷子塞住，致無法關緊而造成溢水時，請立即排除或請修。

⑭洗碗機操作時，如果執行進水動作2次將會導致溢水，請進水前，確定之前尚未執行進水動作。

⑮殘菜處理機脫水不完全時，不得立即關機，以免導致滴水。

⑯注意第三槽是否能達成攝氏80度之有效殺菌溫度。

六、瓦斯檢查

瓦斯管線使用一久，容易於接縫處漏氣，如果漏氣累積數量大時，即會有引發火災之危險，需要定期執行稽查工作。另外臺灣地處地震帶，除了921大地震外，日前屏東墾丁地區也才發生百年大震，地震後，首先必須確定瓦斯管線沒有漏氣現象，否則易發生爆炸。

㈠觀察瓦斯管線外觀，是否有生鏽、彎曲、變形或破裂現象。

㈡塑膠管線是否有破損、裂痕、老化或變形現象。

㈢螺絲是否鎖緊，各接頭、彎頭部位，是否有鬆動或斷裂。

㈣各開關功能是否正常。

㈤以刷子沾肥皂水，來回刷洗瓦斯管線，或接頭部位，注意有無泡泡變大，或有無瓦斯氣味，或聲響等瓦斯漏氣現象。

㈥火嘴是否鬆動、脫落或阻塞，燃燒情形有無異常火光或氣味。

㈦一有上述問題時，檢查結果註記記號為 ○：正常 ×：異常 △：其他（請註明）。

㈧檢查頻率及日期：每週至少檢查乙次，檢查後簽章，日期暫訂星期日（或五）執行檢查。

㈨隔月月初請將檢查表彙整後陳核。

七、冷藏、冷凍櫃（圖8-24）

常見之管理問題：

㈠冷凍櫃未達－18°C、冷藏櫃未達7°C以下。冷凍、冷藏櫃食品堆積過多，超過最大裝載線，冷風無法有效循環。冷凍櫃結霜過厚。未依食品包裝所標示方式存放。

㈡過期產品未處理。分貨時，置於常溫下的時間過久。溫度管理未落實，或未加以管制。生鮮蔬菜有腐葉，甚至出水腐爛。冷藏生鮮肉品，血水過多。

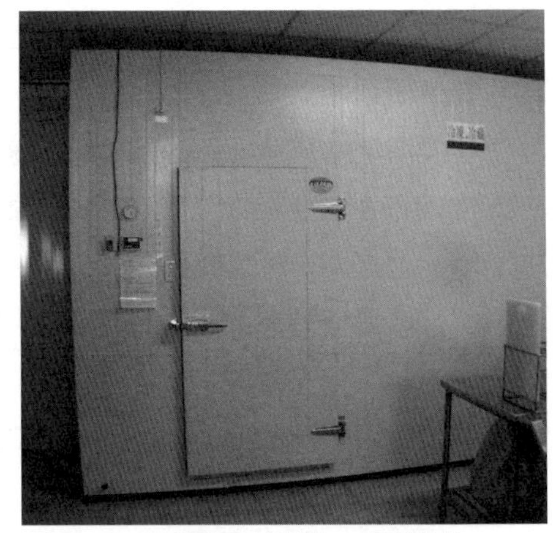

圖8-24　冷藏櫃（拍攝：李義川）

㈢自行包裝品，標示之有效期限不合理。生熟品或蔬菜、肉品未加以區隔。倉庫內已處理品未加密封，且與未處理品一起存放。冷凍、冷藏櫃溫度計，亦應校正（目前還很少業者執行）。

㈣未來米與蛋品，需要貯存於冷藏櫃 。冷凍、冷藏的退貨品，未適當管理。破損或腐朽的冷藏棧板，是蟑螂或老鼠喜歡棲息的場所。

八、其他管理

㈠砧板

無論是塑膠砧板或木質砧板，使用過後一定要清洗乾淨，要側立使其保持乾燥，以防細菌滋生。（圖8-25）

㈡刀具

任何一種刀具皆需保持銳利，勿使其生鏽變鈍，所以使用後必須洗淨，用清潔的抹布擦去油脂與水分，掛在刀架上。同時刀刃不要碰到堅硬物，以免刀刃受損。當刀子使用相當時間後，就必須磨刀。

㈢抽油煙機

抽油煙機每次使用完畢，應立即關掉電源並擦去油污。每星期再徹底清洗乾淨，最好配有自動清洗裝置，與專用清潔劑清洗。（圖8-26）

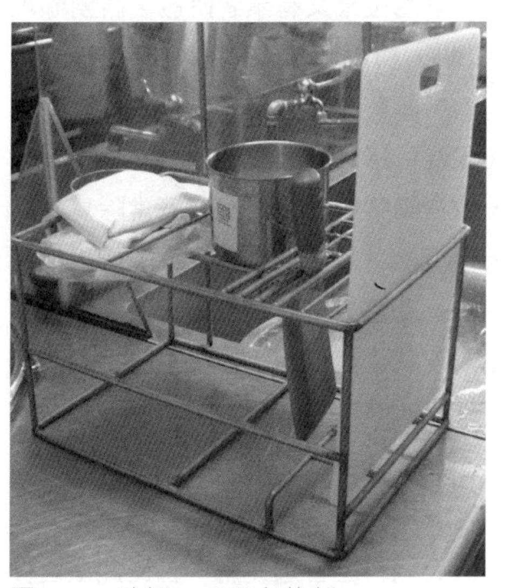

圖8-25　砧板、刀具存放架

圖8-26　油煙罩（拍攝：李義川）

第五節　廚餘處理與病媒防治

一、廚餘的處理

團膳之廚餘，傳統餐飲業是蒐集餵豬，只是臺灣隨著環保規定趨嚴，養豬戶日益減少，因此回收者愈來愈少，於是廚餘也陸續產生問題。在北部因爲垃圾袋要收費，因此有廠商引進鐵胃（廚餘絞碎機），宣稱可以將廚餘打碎後，直接由水溝排出，以減少家戶垃圾袋的使用，降低家庭費用支出。結果環保署馬上表示：臺灣與美國不同，在美國因爲污水下水道普及率較高，污水處理廠功能足夠，因此可以容納處理鐵胃排出的廚餘。臺灣因爲污水下水道普及率低，下水道還沒有到達的地區，鐵胃排出的廚餘，將直接污染住家附近的排水溝。因此臺灣不適合此處理廚餘方式，以免廚餘成爲加重污染環境之元凶。臺灣鄰國南韓也有此問題，由於污水處理設施不完善，使用廚餘絞碎機，則因污水處理設施不足，廚餘殘渣，將造成河川污染及湖泊優養化。爲減輕污染，南韓環境部自1995年起，禁止使用廚餘絞碎機，違反者罰鍰，但是因爲製造或輸入廚餘絞碎機者免責，以至於該禁令成效不彰。後來該國環境部，另請商工能源部，禁止輸入廚餘絞碎機才解決。由此可知，雖然是相同的廚餘絞碎機，在不同的地方使用，會造成不同的環境影響。臺灣後來又有業者研發，將廚餘堆肥處理機連接到鐵胃，號稱只要打開水龍頭，利用廚房鐵胃將廚餘絞碎，再打開廚餘堆肥處理機，經離心裝置將剁碎的廚餘與廢水分離。廢水會循原管道流入下水道系統，而處理過的廚餘，會沈澱到可移動的蒐集籃中，就可將廚餘轉成堆肥。只是如果將廚餘堆肥處理機，放在團膳室內，而沒有適當除臭設備時，裝置後所產生的臭味，工作人員每天很可能會被熏暈；而且堆肥如果沒有市場，產生的堆肥，如何處理也是日後問題。在臺灣曾有家飯店，係將廚餘在流至貯存槽之前，經過絞碎機處理，使之成碎狀後流至貯存槽，再經排水溝排出飯店外，但由於絞碎機老舊不堪，缺乏維修，長年累月下來，廚餘堆積在密閉空間內，產生大量沼氣，後來竟然發生氣爆傷人。

㈠餵豬法

要加熱後再供應給豬吃，不過因爲環保與飼料之普遍使用，因此此法之使用已漸減少之中。

㈡酵素分解處理

以酵素分解處理，幾乎無廚餘殘留。除鐵胃法，於處理前均應以密閉容器集中以供處理。污水進排水溝前，應先經截油槽處理 含油脂的污水計有：洗滌水、餐具洗滌水、食物洗滌水、地板洗滌水、烹調後之洗滌水。需注意的是，污水切不可直接排入排水溝，以免將排水溝管路堵死，進而發臭有害環保。應每日將截油槽污物取出，以使截油槽功效達到最高功能。

㈢鐵胃法

國外家庭經常直接用鐵胃將廚餘磨碎，直接排入污水管中（必須下水道有污水處理者之國家，始可使用此法）。

㈣掩埋法

脫水（以殘菜處理機，利用類似脫水機方式將廚餘脫水）乾燥後予以掩埋。

㈤有機肥料法

乾燥後研磨，添加菌種混合之後，堆放一段時間，做成有機肥料（圖8-27～8-29，戶外堆肥場所）。

㈥拋棄法

交由垃圾車處理。

圖8-27　戶外堆肥 01

圖8-28　戶外堆肥 02

圖8-29　戶外堆肥 03（拍攝：李義川）

二、病媒防治原則

病媒防治之原則，主要是不讓它來、不讓它吃及不讓它住之三不原則。

㈠不讓它來——堵塞進出通道

1.設計禁止病媒進入的建築，如排水口需有網閘等、防止老鼠進入設計；排水溝口需定期噴熱水，防止蟑螂進入滋生之設施。

2.位於田野的工廠，若其周邊環境有養雞場或養豬場，則其所孳生的蒼蠅或其他飛行性害蟲，很容易侵入工廠，此為大環境的不良，設廠於此，日後無論如何噴藥，均無法有效的根除害蟲；因此設廠時之環境評估，必須確實。如果在大環境無法有效控制（例如：設廠後附近才設養豬場），則只好由工廠本身小環境，去做局部區域的改善。首先針對本身廠內所產生之垃圾，或事業廢棄物實施整理整頓，避免成為吸引病媒侵入之源頭。

3.針對室內門禁之管理漏洞，實施防堵及有效的管制措施；減少害蟲侵入之管道如自動門、防蟲簾、氣門、裝設紗窗紗網及加掛捕（驅）蟲燈等措施。

4.地板及圍牆，用水泥做成。

5.牆上孔洞，用水泥封固。

6.排水管，裝設柵網。

7.破損的門窗，要修護。

㈡不讓它吃——斷絕糧食及水源

1.將食品及廚餘，加蓋密藏。

2.每天垃圾，盡快清除。

3.斷絕水源。

4.盛放食物架，需離地30～45公分。

㈢不讓它住——清除病媒棲息場所與進行撲殺

1.請專業消毒公司定期撲殺：噴藥作業需議定藥劑種類、施作區域、防治方式、施作週期及效果確認方式等細節。

2.清除棲息窩穴及活動場所。

3.環境保持清潔。

4.室內陳設應力求簡單，保持清潔。

5.戶外雜草、垃圾及箱簍均應清除。

6.施放毒餌，但要避免人或畜禽取食。

7.施放捕鼠夾、籠：捕鼠器、黏鼠板要沿牆角、物體之邊緣，或老鼠可能行進路線放置。

8.黏鼠板：黏到老鼠後，能立即處理，很方便。

9.飼養老鼠之天敵：貓，但不宜餵太飽；並應予管制，且有適當的措施，以避免污染餐食。

10.飼養本土的大肚魚及蓋斑鬥魚等，專吃蚊子幼蟲—孑孓。

㈣效果調查

營業場所應定期實施噴藥消毒，以防蚊蟲病媒滋生。消毒效果應以科學調查方式確認。如：

1.蟑螂——建議使用蟑螂指數評估：消毒後放置捕蟑螂屋，以調查蟑螂數量。例如：在十個地點，放置十個捕蟑屋，消毒一週後，收回清點，如果共捕獲250隻，代表蟑螂指數爲25（250/10），如果事前與消毒公司協調，消毒效果是10時，則代表消毒效果不及格，需要再消毒。

2.老鼠——建議用入侵率做指標（因老鼠不易捕抓）：消毒後，分別於老鼠可能行走路線，放置撒滑石粉之紙板，以調查老鼠活動情形。例如：消毒後在十個地點，放置十個撒滑石粉之紙板，消毒一週後，收回清點，如果發現三個板子有老鼠之足跡，代表入侵率爲30（3/10），如果事前與消毒公司，協調消毒效果是10時，則代表不及格，需要再加強捕鼠或滅鼠工作。

重點摘要

話說有位年輕人到山上工作，每天到森林裡面去砍木材，非常努力工作，別人休息時，他依然還是非常努力的在砍材，非得到天黑，否則絕不罷休，他希望有朝一日能夠成功，趁著年輕多拼一些；可是結果是，來了半個多月，他竟然沒有一次能夠贏過那些老前輩，明明他們在休息，為什麼還會輸他們呢？年輕人百思不解，以為自己不夠努力，下定決心明天要更賣力才行；結果隔天的成績反而比前幾天還差；這個時候，有一個老前輩就叫這個年輕人過去泡茶，年輕人心想：成績那麼爛，哪來的美國時間休息啊，便大聲回答：「謝謝！我沒有時間。」老前輩笑著搖頭說：「傻小子，一直在砍材都不磨刀，成績當然不會好，再這樣子，遲早要放棄的！」原來，老前輩利用泡茶、聊天、休息的時候，也一邊在磨刀，難怪他們很快的就能夠把樹砍倒；後來老前輩拍拍年輕人的肩膀說道：「年輕人要努力，但是別忘了要記得省力，千萬可別用蠻力！」團膳要的是效率，不是有事情做就好，而這就是設備管理之目的。

一個人的新習慣或理念之形成，並得以穩固，研究發現時間至少需要21天，因此稱為21天效應；即一個好的動作或想法，如果能夠持續重覆21天，日後就可變成習慣性的動作或想法。如果想要養成一個習慣其實並不困難，根據英國倫敦大學學院（UCL）的研究指出，建立一個新習慣，依難易度之不同，大概分別需要18到254天不等時間，但平均只要66天就可培養一個新習慣。香港首富李嘉誠從小在茶樓當跑堂夥計時，就習慣自己把鬧鐘，予以調快八分鐘，這是為了讓自己能夠提前做好準備。而經過多年努力，後來已經成為香港首富，但是即使如此，高齡超過80的李嘉誠，仍然維持將錶調快八分鐘的習慣，因為只要調快八分鐘，就足以讓他可以做得比別人快、比別人好。

日本料理的特色是生魚片，一般生魚片，指各式生食之海鮮，如魚、蝦及貝類。臺灣人稱為刺身，指將生鮮的魚，或是貝肉料理成適口大小，再沾醬油和山葵泥等調味料食用。據說日本人吃刺身始於十五世紀，之後變成為日本飲食文化中，不可或缺的角色。製作刺身所用的海鮮，通常要求最新鮮、最肥美的材料，除了刀工要好，對於料理技巧也極為重要，如此才能展現其鮮美原味。品嚐生魚料理順序，應注意到口味，要由淡轉重的順序；先品嚐清爽的白肉魚，再接著是味道濃郁的紅肉魚，其次才是蝦、貝類，如此才能完全享受，每一道生魚料理的美味。一般而言，白肉魚的肉質稍硬，切成薄片，主要吃出爽脆口感。而紅肉魚因為飽含油脂，肉質紋理綿密，大多切成1公分左右較厚的魚片食用為佳。而著名日本料理的懷石料理套餐，包括：

一、先付：由一到三種拌醋小品，或是醃漬小菜組成，分量少，開胃用。

二、前菜：餐前用以下酒、暖胃，多為烤物、煮物等熱食，或涼拌類小菜，分量比先付來得多。

三、碗物：通常是清湯，用以暖胃及清爽味覺。

四、刺身：當令、新鮮的生魚片或貝類。

五、燒烤物：通常是燒烤魚類（臺灣常見的是香魚）或牛肉。

六、炸物：油炸的天婦羅組合。

七、煮物：燉煮、紅燒的海鮮，或肉類搭配蔬菜。

八、湯和白飯。

九、水果與甜點。

日本料理由於使用餐具甚多，因此其清潔與管理，在團膳中更顯重要，因為如果清潔與管理不當時，餐具將有可能成為交叉污染來源之一。

問題與討論

一、採購食材如何編列預算？

二、團膳設備設計如何規劃？

三、財產設備中，切菜機如何進行財產管理？

四、有關團膳設備規劃中，餐具及環境衛生之設備規劃原則有哪些？

五、爐灶之使用如何管理？

學習評量

是非題

1.（　）「工欲善其事，必先利其器」，餐飲業只要有好的廚師，不用好的設備與用具來配合。

2.（　）為減輕工作人員工作量及體力，選用設備與器具不必考慮人體工學及高度、寬度及深度。

3.（　）排油煙罩之管路很難清理，所以5～10年清理一次即可。

4.（　）切豆腐時，為提升效率，不用砧板，直接在手上切即可。

5.（　）開放廠商競標，無法降低採購成本。

6.（　）團膳砧板以黑色烏心石的木質材料最好。

7.（　）要避免排水溝阻塞，最好不要加裝柵欄或過濾設施。

8.（　）含水量較高的廚餘不可利用機械處理，脫水乾燥，以縮小體積。

9.（　）廚房的垃圾應分類，廚餘與破碎碗盤可以放在一起處理。

10.（　）廚餘餿水需當天清除或存放在24°C以下，以免細菌滋長。

11.（　）廚房排水溝需加裝網狀柵欄，其目的並非為了阻隔老鼠或蟑螂等病媒。

解答

1.×　2.×　3.×　4.×　5.×　6.×　7.×　8.×　9.×　10.×　11.×

第九章
成本控制與管理

學習目標

1. 了解成本控制之重要性
2. 懂得如何分析與計算成本
3. 藉助管理以求損益平衡或獲得盈餘

本章大綱

前　言

臺灣花卉市場，柑桔樹因可取諸事大吉（桔）之諧音，所以逢年過節，大家喜歡購買柑桔樹討吉利，價格有時會貴到500元，但是有的人，卻能輕而易舉的，只花50元買到。所謂會賣東西的是徒弟，會買的才是師傅；會賺錢的是徒弟，會用錢的才是師傅；成本管理也是如此。

團膳許多廚師會亂搞，採購亂搞收回扣、驗收也會亂搞放水。所以團膳管理者，有時需要事必躬親，早晨三點起來，自己到批發市場採購雞鴨、水果、蔬菜及魚類材料，在那裡購買計價是論公斤，但是回到普通市場買，就要依市斤或論兩計算，如此一來，價格就已經相差近一半。因此如果沒有去批發市場買，團膳怎麼可能賺錢？做餐飲的人士都知道，由於中餐複雜的烹飪方法，其標準化很難掌控，因此中式團膳要賺錢，最重要的就是控制成本。

經營團膳第一要控制採購，第二要管理廚師，有時什麼都聽廚師的，團膳肯定倒閉。因為廚師有時是沒有成本觀念的，理論與實際畢竟會有一段差距，並且廚師多數只管成品好壞，不管盈虧；所以管理團膳者，一定要自己控制採購與成本。

過去臺灣某大學，住宿同學反映學校餐廳菜色變化太少、太油膩、太鹹，希望改善。結果學校與廚師研究如何改善後，最後廚師配合度不夠，未見改善只能開除。管理團膳除了要控制採購外，廚師也要管理。調皮搗亂的廚師，功夫再怎樣好，建議都不要雇用。這就像魚蝦如果是新鮮的、活的，隨便煮或燒都好吃。但假如這蝦子是死的，你叫什麼大師傅來做都做不好。高雄市區圓環附近（現在美麗島捷運站），民國75年間，曾經開設一家大型著名的日本料理店，投資數千萬裝潢爲高級餐廳，生意不錯，但是最後老闆只能忍痛關掉，因爲被廚師刁難不配合，最後寧可賠錢關門，也要這批廚師離開。

傳統的成本會計制度，係由財務報告主導，在降低成本與改善生產力上，並無助益，且管理會計系統經常無法適時提供正確的產品成本資訊，因而造成管理者的視野，局限於損益報表的短期循環內，導致管理者之規劃及控制，失去其攸關性，同時亦無法衡量團膳企業，在某段期間內實際增加或減少之變化。

在激烈的全球性競爭、產品與生產技術的急遽發展、匯率及原料價格的大幅波動，對團膳而言，其管理會計系統，必須提供即時與正確的資訊，才能協助成本控制、生產力的衡量與改善，及生產程序的改良設計。近年來，因爲資訊的發達，所發展的成本制度，已經比較能提供正確的成本資訊，以財務及非財務性指標，將管理及策略具體化，整合現有的管理會計制度，並已跳脫傳統單純報表的方式。

德國對於預算制度，重點在責任制會計作業，能夠正確的追蹤各成本中心的成本，在個別作業單位成本方面頗爲成功。經由責任中心規劃，追蹤控制營運成本，使得成本與績效的資訊透明化，才能使得企業的規劃與控制系統，趨於完善。團膳間的競爭，其實不只是品質的競爭，也是時間的競爭。日本汽車公司，已經採用以時間爲基礎的競爭策略，大幅減少推出新產品上市所需的時間、顧客下單到開始生產中間所需的時間，以及既有產品出貨的時間，此種重視即時作業，縮短生產週期，已成爲企業改善內部流程的關鍵目標。日本更運用「改善」成本制度，來提供員工直接的財務回饋資訊，使用大量非財務性評估資訊，找出提高生產效率的方法，進而降低生產成本。以星辰表爲例，其生產線工人的目標，致力於減少每支手錶，所需的人工時數；生產工程師的目標，則在於如何增加每部機器的產能；而其整體組織，均致力於降低直接成本。臺灣的空廚等團膳公司，也在流程管理與人力管理頗有功力與績效，值得需要降低人力成本的團膳參考。

近年來國內醫療院所財務狀況，由於政府實施健保總額幾付及診斷關聯群（Diagnosis Related Group; DRG）而受到衝擊，DRG係以住院病患之診斷、手術或處置、年齡、性別、有無合併症或併發症及出院狀況等條件，同時考量醫療資源使用情形，將住院病患分爲數百個不同群組，並事前予以訂定出每一個案之給付權重，除特殊個案外，原則上同一群組個案將採支付相同的權重。實施DRG之主要目的，是讓醫院成本最佳化，但是DRG的實施，顯然也會影響醫院，可能因此加重醫療機構的照護與財務責任及風險。因此醫院在日趨競爭的經營壓力下，因應方式係紛紛引進企業界施行已久的責任中心制度進行因應。研究發現：⑴醫院實施責任中心制度初期，成本控制的成效往往並不顯著。可能原因在於績效評估系統尚未配合施行，或研究期間內病患人數出現下降的趨勢，所引起的規模不經濟。⑵規模愈大、主治醫師群的平均年資愈高之責任中心，成本控制的成效愈差。相對的，主治醫師兼任醫學院教職比率愈高，醫療服務執行項目分布愈分散，或醫療產品加權平均單價愈高之責任中心，其成本控制之成效將愈佳。另外，醫院的護理成本與照護品質間存在密切之相關，但不表示花費的護理成本，就會等於所提供照護品質。護理人員有責任控制護理品質及所提供照護成本，然而，如何平衡？如果護理人員，能控制成本又能增加照護品質，必能爲病患與醫院造福；而這就是成本管理之眞正目的，對於患者有益的成本必須支付，但是對於無法證明有效果及沒有意義的無效醫療，就必須進行管控；否則醫院資源有限，一旦無效醫療浪費太多，日後一定排擠到其他民衆權益，因此必須進行管控。

管理會計原意，是要幫助層級式結構的團膳，做好成本控制和績效管理，但是在臺灣，往往最後卻變爲編列每期財務報表的工具。因此，未來的成本管理制度，應具備對成本管理的程序控制、產品成本計算，與財務報告三個功能。因爲在報告期間，固定與變動成本的分類、分攤及追溯程度、決策成本等的不同，已不可能再單靠單一制度來滿足。因此，在今日快速競爭的環境，需要發展更新，且更富彈性的方法，來設計有效的管理會計及適時管理與控制績效系統。

第一節　成本管理重要性與分類

隨著新的經濟型態之出現，價值創造基本理念已發生深刻變化，過去以價值鏈爲思維模式的企業戰略管理開始改變。未來爲了企業和顧客創造更大價值，必須依靠供應商、核心企業、合作夥伴、經銷商、顧客，甚至與競爭對手共同進行，形成價值體系。戰略成本管理是成本管理與戰略管理結合的產物，屬於傳統成本管理系統，因應競爭環境變化所做出的適應性變革，是成本管理發展的必然趨勢。醫院的手術室可說是醫院火車頭，其中需要龐大資源與高效能管理，但是傳統的成本會計，往往並無法提供手術室管理者足夠資訊。近年來發展許多新成本管理制度，其中作業制成本管理，係以「作業」（activity）基礎，重視因果關係，並提供成本、品質、及時間構面各項資訊，期能促進手術室管理之效能，提高效率，並提供具決策價值之有效成本管理等資訊。

經濟收益，是經營團膳主要目標（非營利機構團膳除外），但實務上，即使是員工餐廳等非營利機構團膳，也一定要維持利潤，才能永續經營。團膳如果要獲利，又不能提高價格時，便要從控制成本下手。團膳必須向批發市場採購以降低成本，或者聯合其他團膳辦理共同採購，以減低採購成本，才能作爲提供價廉物美食物的基礎。

一、成本管理重要性

㈠在蔬菜市場上，春節前假設一粒高麗菜的價格，有時貴到100元，但是有人卻能花10元買到，如何做到？是在吃年夜飯五、六點，或市場快散去時，由於販售農民，如果將剩下的搬回去也是丟掉。所以這時只要出10塊錢，甚至於更低的價格，就可以買到（前言中買柑桔樹也是相同方法）。

㈡夏天魚肉及豬肉比較便宜時，如果低價購入冷凍於自家的冷凍庫，當市場行情魚肉及豬肉上漲時，再釋出使用或販售，就具有較低營運成本之競爭優勢。道理人人懂，只是能否實際執行，才是重點。團膳經營一定要精打細算。東西要比人家更好，但是價錢沒有比較貴，才能夠成功。

㈢臺灣日本料理連鎖企業上閤屋，原本是台北永康街的一家小攤販，起初只是在石綿瓦違章建築下，擺著幾張桌子營業，當時永康街共有三家日本料理店，一年過後，只剩下上閤屋，因爲他的經營策略是，售價不能比別人高，另一個策略是讓顧客占小便宜。兩年後上閤屋，裝潢門面改為日本料理餐廳，由於成本提高好幾倍，於是價格也必須提高，但是如此一來，客人卻逐漸走光；再經過變更策略變為「單點無限」經營方式，顧客只要付300元，就可依照菜單無限制點餐。重新調整策略出發後的第一個月，人潮再度湧入上閤屋，營業額馬上由每月60～70萬元提高到150萬元。後來更成功的在臺灣各地開闢多家分店，成為臺灣具規模的餐飲集團，其成功策略，讓顧客占到便宜，也讓老闆賺到錢。

㈣在臺灣，過去第四台有個日本知名的節目：「搶救貧窮大作戰」，節目中介紹一間間原本面臨關門命運的餐廳，如何到經營成功的餐廳實習觀摩，進而改善自己缺失，重新出發再創高峰。節目看完，應能體會到經營餐飲團膳要成功，首先一定要有特殊、高品質，及具有特色的自有產品，然後再加上成功的成本控管。要吸引客人，料理好吃是一定要的，食材也一定要新鮮，而且要物超所值，材料藉著批發及每天採購，跟商家才能建立長久良好合作關係，日後就能夠將進貨成本壓到最低，也才能用平價，來吸引客人上門，所以一家店要成功，絕對不是徒然的。

㈤臺灣的金融體系會發行票券，企業可利用取得資金，這些資金的利息，遠低於一般銀行貸款，約低了三到五個百分點，於是很多企業，會運用貸款資金，以小搏大；在景氣良好時，這種做法短時間可快速擴張連鎖企業；但是當景氣不好時，龐大的利息，也經常會危及企業發展；許多著名的企業曾因此而倒閉，民國96年1月臺灣著名上市公司力霸及嘉食化驚爆重整即為明證。有的企業家認為，做生意不要老是向銀行借錢，因為這是下策。大學教授在計算利息時會發現，利息是不會放假，也沒有國定假日，所以快速擴充團膳企業，如果不考量利息成本與效益，碰到效益不好時，公司財務絕對會發生問題。企業向銀行貸款，好像是銀行借傘給企業。企業效益好時，銀行絕對願意借傘，但是當企業效益不好時，銀行往往會立即想把傘收回。所以為了團膳企業穩定成長，要貸款時也千萬不要抵押所有資產，因為如果遇到效益不好，而銀行又要收傘時，如此一來才不至於傷害到團膳主體。更重要的是，如果能不貸款，也就沒有還貸款利息壓力，就可能把這些利息錢，用來採購原料，也可降低成本。因為利息也是成本，若利息太高，成本就會偏高，競爭能力相對減低。

㈥而影響成本控制因素：包括使用菜單、人力調度與自動化及資訊系統。

1.使用菜單：應考慮自己的顧客來源與社經背景、工作人員專業能力、食材便利性與穩定性、成本、售價與顧客接受度等因素。

2.菜單與成本控制的關係

⑴服務方式與成本：餐飲服務方式包括餐桌服務、櫃檯服務、外賣服務、自助式與半自助式服務。當服務方式愈複雜、服務程度愈高時，所需要的人力，也就相對需要提高，例如：廚師及服務人員的專業技能，如果是要求在餐桌服務的，將要比櫃檯服務高，因此相對的其薪資成本也就愈高。

⑵自動化及資訊系統，影響成本控制的方面包括：使用新的製備方式與設備、節省能源及縮短作業時間。 使用新材料如食物加工品、包裝材料等，增進生產力。 使用電腦化點餐作業系統，節省人力、時間及提高控制效能。 使用電腦化出納系統，節省作業時間、減少人爲疏失及增進管理效能。減化作業流程，提升生產效能及管理控制。

⑶營運所需基本費用與週轉金。

⑷生財設備的採購與使用。

⑸食材的採購及貯放。

⑹主要顧客群與消費能力。

⑺服務人員與製備人員專業技能。

⑻管理方式及所需營運資訊。

二、成本分類

醫院團膳之成本，大致可以分爲業務收入、可控成本、部分可控成本、完全不可控成本、醫療折讓可控成本、作業外收入與成本等大項。

㈠業務收入可分爲門診醫療收入、膳食收入、住院體檢收入、住院醫療收入及急診醫療收入。營業收入＝單價×客數。例如：A餐單價爲100元，共售出300份；B餐單價爲150元，共售出200份；C餐單價爲300元，共售出100份。

營業收入＝單價×客數

＝（100元×300份＋150元×200份＋300元×100份）

＝30,000元＋30,000元＋30,000元

＝90,000元

㈡可控成本，又分為用人費用、服務費用、材料及用品費、折舊、折耗及攤銷、稅捐與規費、會費、捐助、補助及其他。用人費用，包括正式員工薪資、臨時人員薪資、超時工作報酬、獎金、退休及卹償金與福利費。服務費用，包括水電費、旅運費、印刷裝訂與廣告費、修理保養及保固費、棧貯、包裝、代理及專業服務費等。材料及用品費，包括用品消耗、商品及醫療用品。折舊，包括房屋折舊、機械及設備折舊、交通及運輸設備折舊，及雜項設備折舊。

㈢部分可控成本，又分為瓦斯、蒸氣、總機房（電話）、資訊處理設備及費用。

㈣完全不可控成本，又分為電及空調、水、消毒清潔、垃圾處理及費用。

㈤醫療折讓，又分為醫療折讓（健保剔退）及醫療優待免費等。

㈥作業外收入，分為場地使用費及權利金、違約罰款收入及其他雜項收入。

㈦作業外成本，分為收廢棄物提撥鼓勵金等。

㈧也有利用成本變動特性，分為固定成本、變動成本及半變動成本者：

1. 固定成本：指成本不會隨銷售量、營業額而變動，如租金及折舊。
2. 變動成本：指成本會隨銷售量、營業額增減而呈比例變動，如材料成本、兼職人員薪資。
3. 半變動成本：指成本會隨銷售量、營業額增減而變動，但非成比例，如電費及燃料費等。

㈨一般大型餐飲團膳之成本，大致分為材料費用、人事費用及雜支費用：

1. 材料費用：常見材料為食材及飲料。

⑴食材成本：一般中式餐廳的食材成本，約占營業收入的35%，西式餐廳的食材成本，約為30%～40%之間。

⑵飲料成本：一般以喜宴服務為主的中式餐廳，飲料成本約35%～40%之間，一般中、西式餐廳飲料成本，約20%～30%。

2. 人事費用

⑴薪資及福利：人事成本，包括全職與兼職人員的薪資及福利。員工福利，如年終獎金、員工旅遊、勞保、餐點費及退休金等，一般員工福

利，約占員工薪資的25%。

(2)人事成本：在餐飲成本比重中，僅次於材料成本，也是相當重要的支出。一般餐飲業人事成本，約占營業收入的20%～30%之間，若超過35%時，即很難獲利。人事與材料成本占餐飲支出相當高的比例，合稱爲「餐飲主要成本」，在營運正常餐廳裡，應控制在50%～60%內，勿超過60%。

3.雜支費用：其他的餐飲支出，統稱營業費用，例如：水電費、燃料瓦斯費及管理費等。總營業費用，爲上述各項營業費用之加總。

三、醫院團膳一年總損益

表9-1　醫院團膳營收成本會計分類一覽表

	本期金額	去年同期金額	與去年同期成長率（%）
業務收入	47,354,929	47,846,810	－1.03
可控成本	59,027,574	63,113,069	－6.47
部分可控成本	4,029,321	5,105,886	－21.08
完全不可控成本	7,379,085	8,931,202	－17.38
醫療折讓	2,818,894	24,698	11,313.45
作業外收入	10,447,609	1,454,222	618.43
作業外成本	19,752	25,542	－17.38
總損益	－15,472,088	－27,899,365	44.54

四、醫院團膳成本分類

(一)業務收入（表9-2）

	本期金額	去年同期金額	與去年同期成長率（%）
門診醫療收入	579,520	613,476	－5.54
膳食收入	45,610,640	46,236,344	－1.35
住院體檢收入	486,594	345,950	40.65
住院醫療收入	678,150	651,010	4.17
急診醫療收入	25	30	－16.67
業務收入合計	47,354,929	47,846,810	－1.03

㈡可控成本（表9-3）

	本期金額	去年同期金額	與去年同期成長率（%）
用人費用	37,580,494	41,356,473	−9.13
服務費用	1,088,966	1,110,640	−1.95
材料及用品費	18,338,166	18,797,952	−2.45
折舊、折耗及攤銷	1,960,086	1,800,613	8.86
稅捐與規費	1,437	13,441	−89.31
會費、捐助、補助	13,500	13,500	0
其他費用	0	1,500	−100
可控分攤成本	44,925	18,950	137.07
可控成本合計	59,027,574	63,113,069	−6.47

㈢部分可控成本（表9-4）

	本期金額	去年同期金額	與去年同期成長率（%）
瓦斯	304,265	374,624	−18.78
蒸氣	2,945,023	3,416,598	−13.8
總機房	68,338	84,884	−19.49
資訊處理設備	53,642	47,002	14.13
網路設施	234,179	286,851	−18.36
洗衣工場	423,874	895,927	−52.69
部分可控成本合計	4,029,321	5,105,886	−21.08

㈣完全不可控成本（表9-5）

	本期金額	去年同期金額	與去年同期成長率（%）
電及空調	1,926,010	2,931,231	−34.29
水	1,107,569	1,222,876	−9.43
消毒清潔	526,745	598,041	−11.92
垃圾處理	34,807	48,066	−27.58
行政管理——依人數	2,085,350	2,190,944	−4.82
行政管理——依收入	585,856	698,539	−16.13
補給室	45,127	85,546	−47.25
工務室	807,747	869,214	−7.07
社工室	259,874	286,745	−9.37
完全不可控成本合計	7,379,085	8,931,202	−17.38

(五)醫療折讓（表9-6）

	本期金額	去年同期金額	與去年同期成長率（%）
醫療折讓（健保剔退）	2,784,332	0	0
醫療優待免費	34,562	24,698	39.94
醫療折讓合計	2,818,894	24,698	11,313.45

(六)作業外收入（表9-7）

	本期金額	去年同期金額	與去年同期成長率（%）
場地使用費及權利金	8,613,441	1,299,892	562.63
違約罰款收入	82.8,000	52,000	負84.62（－84.62）
雜項收入	1,826,168	102,330	1684.59
作業外收入合計	10,447,609	1,454,222	618.43

(七)作業外成本（表9-8）

	本期金額	去年同期金額	與去年同期成長率（%）
雜項費用（收廢棄物提撥鼓勵金）	19,752	25,542	負22.67（－22.67）

五、其他分類

餐飲成本其他分類方式，可由管理及營業支出角度，區分爲：

(一)管理角度

1. 可控制成本（Controllable costs）：可控制成本，多爲變動成本及半變動成本，占營業支出的大部分，直接影響經營利潤與成效，是餐飲成本控制必須控管的一環。其中三個最重要，也最可控制的比率爲：食物銷售成本比（食物銷售成本÷食物銷售額）、飲料銷售成本比（飲料銷售成本÷飲料銷售額），及人事成本比（人事成本÷總收入）。
2. 不可控制成本（Uncontrollable costs）：無法變動的成本，多爲固定成本，如利息及折舊費用等。

(二)營業支出角度

1. 直接成本（Direct costs）：在餐飲成品中具體的成本，通常爲最主要的支出，能直接產生營業收入，如食材成本（產生餐食收入）、飲料成本

（產生飲料收入）。

2.間接成本（Indirect costs）：在生產餐飲成品及操作過程中，所引發的相關費用，如人事成本、燃料及設備維修等相關營業費用。

第二節　成本的內容與控制

一、內容

㈠用人費用（表9-9）

	本期金額	去年同期金額	與去年同期成長率（%）
正式員工薪資	23,418,580	24,316,155	－3.69
臨時人員薪資	0	317,977	－100
超時工作報酬	315,585	567,605	－44.4
獎金	10,256,895	11,444,325	－10.38
退休及卹償金	2,567,825	3,682,754	－30.27
福利費	1,021,609	1,027,657	－0.59
用人費用合計	37,580,494	41,356,473	－10.05

㈡服務費用（表9-10）

	本期金額	去年同期金額	與去年同期成長率（%）
水電費	－25,539	－196,800	87.02
旅運費	267,521	300,037	－10.84
印刷裝訂與廣告費	1,105	0	0
修理保養及保固費	702,900	705,308	－0.34
棧貯、包裝、代理	142,679	299,395	－52.34
專業服務費	300	2,700	－88.89
服務費用合計	1,088,966	1,110,640	－1.99

㈢材料及用品（表9-11）

	本期金額	去年同期金額	與去年同期成長率（%）
用品消耗	18,310,710	18,790,903	－2.56
商品及醫療用品	27,456	7,049	289.5
材料及用品合計	18,338,166	18,797,952	－2.51

(四)折舊(表9-12)

	本期金額	去年同期金額	與去年同期成長率(%)
房屋折舊	1,685,977	1,538,901	9.56
機械及設備折舊	145,966	141,196	3.38
交通及運輸設備折舊	0	186	－100
雜項設備折舊	128,143	120,330	6.49
折舊合計	1,960,086	1,800,613	8.14

(五)稅捐(表9-13)

	本期金額	去年同期金額	與去年同期成長率(%)
消費與行為稅	0	12,538	－100
規費	1,437	903	59.14
稅捐合計	1,437	13,4491	－835.35

(六)公會會費(表9-14)

	本期金額	去年同期金額	與去年同期成長率(%)
公會會費	13,500	13,500	0

(七)可控制分攤成本(表9-15)

	本期金額	去年同期金額	與去年同期成長率(%)
多媒體使用費	1,200	1,200	0
調度室	975	0	0
會議中心	42,750	17,750	140.85
可控制分攤成本合計	44,925	18,950	57.82

(八)門診醫療收入(表9-16)

	本期金額	去年同期金額	與去年同期成長率(%)
門診醫療收入——體檢費	10,620	10,420	1.92
門診醫療收入——衛教費	568,900	460,900	23.43
門診醫療收入合計	579,520	613,476	－5.86

(九)住院醫療收入(表9-17)

	本期金額	去年同期金額	與去年同期成長率(%)
住院醫療收入合計	678,150	651,010	4.00

二、成本控制

成本控制目的是物有所值、收支平衡和保持支出，不超出認可的預算範圍。成本控制原則：

㈠建立整體的成本目標。

㈡查核是否有偏差

1.如人事成本

⑴基本薪資是否計算正確。

⑵超時工作時數、紀錄及計算是否正確。

⑶加強鼓勵員工士氣，以保持工作效能及生產力，並避免非必要之加班。

⑷遴選適合及適職的員工，予以適當培訓以降低離職率。

⑸維持人事成本於一定範圍內。

⑹定期評估人事成本與生產效能，降低人力浪費。

2.營業費用方面

⑴採購合宜價格、適合使用、符合安全標準的生財設備及器皿等。

⑵訓練員工正確設備操作及維護方法。

⑶定期維修設備，以避免故障，延長使用壽命。

⑷加強安全控制，防止竊盜，及蓄意破壞引起損失。

⑸建立撥款程序，確實申報費用。

⑹使用省能源裝置的設備。

⑺維持營業費用於一定範圍內。

⑻定期評估營業費用與生產效能，檢討改進缺失。

3.存貨檢討

⑴維持生產量與確保生產進度順利。

⑵因應淡季與旺季需求之不同。

⑶訂購達經濟量之採購，讓成本降低。

⑷獲取數量折扣利益。

⑸預測錯誤或預防預測錯誤，將會增加存貨或安全存量。

⑹投機也會增加存貨。

⑺採購前置時間所需存貨。

⑻其他加工製造過程發生的存貨。

4.呆廢料（經過一段時間沒有使用的材料）之預防與處理：自行加工、調撥、拼修、出售或交換、拆卸利用、讓給、銷毀 。

㈢如發生虧損，需立即作出補救行動。包括過去的成本分析、成本計畫和估計、不同飲食的成本研究，在招標採購階段進行成本調節，及驗收過程進行成本監察等，以期降低成本、增加營收。對於營利團膳，當然是獲利愈高愈好，但是也得顧慮永續經營，否則消費者光顧一次，就不再來時，獲利再高也是惘然。非營利團體，則要求至少損益平衡，但是所謂的損益平衡又分爲：

1.實質的損益平衡：即全部實際的收入與支出對扣後趨向平衡。

2.帳面的損益平衡：只要帳面的收入與支出對扣後，趨向損益平衡即可。例如：學校午餐與員工餐廳等，由於屬於福利或服務性質，因此折舊、人事或水電空調，可以依照政策調整，一般只要食材與一些基本支出和收入對扣後，趨向損益平衡即可。此類的食材占收入比率較高，有些高達80%以上，而正常營利團膳，卻只占30%以下，之間的差距頗大。

第三節　成本計算與分析

一、大型餐飲團膳

表9-18　李四庭園咖啡館損益表（2014.3）

營業收入（元）650,000	
銷貨成本	
期初庫存	126,000
本期採購	125,060
轉出材料	6,000
轉進材料	4,000
員工用餐	8,000
期末庫存	35,500
總銷貨成本	205,560
營業毛利	444,440

營業費用	
管理人員薪資	52,000
時薪人員薪資	95,000
員工用餐（伙食費）	8,000
租金	75,000
水電瓦斯費	9,000
保險費	4,000
維護費	6,000
消毒清潔	6,000
廣告費	15,000
折舊攤銷	12,000
合計營業費用	282,000
稅前營業淨利162,440	

㈠平均消費額＝營業收入÷消費人數（或是來客數）

平均消費額，爲每位顧客消費的平均金額。一般而言，早餐之平均消費額，爲三餐中最低，而晚餐通常爲最高，因此在分析平均消費額時，可依用餐時段，來計算更爲準確。例如：

李四庭園咖啡館，一個月午餐來客數爲1,000 人，午餐收入爲250,000 元；晚餐來客數爲2,000人，晚餐收入爲400,000元；總來客數共3,000人（1,000人＋2,000人），營業收入爲650,000元（250,000元＋400,000元）。

午餐平均消費額＝營業收入（250,000元）÷消費人數（1,000人）≒250元／人

晚餐平均消費額＝營業收入（400,000元）÷消費人數（2,000人）≒200元／人

平均消費額＝營業收入（650,000元）÷消費人數（3,000人）≒217元／人

㈡直接成本（銷貨成本）計算

銷貨成本＝期初庫存＋本期採購進貨＋轉進材料－轉出材料－可沖銷費用（如員工用餐）－期末庫存

銷貨成本比＝銷貨成本÷營業收入（%）

總銷貨成本＝126,000元＋125,060元＋4,000元－6,000元－8,000元－35,500元＝205,560元

㈢間接成本（營業費用）計算

人事成本比＝管理人員薪資＋時薪人員薪資（時薪×總工作時數）＋員工福利

人事成本＝管理人員薪資（52,000元）＋時薪人員薪資（95,000元）＋員工用餐（8,000元）＝155,000元

租金成本比＝店租成本（75,000元）÷營業收入（650,000元）＝11.54%

水電瓦斯成本比＝水電瓦斯成本（9,000元）÷營業收入（650,000元）＝1.38%

保險成本比＝保險成本（4,000元）÷營業收入（650,000元）＝0.62%

維護成本比＝修繕成本（6,000元）÷營業收入（650,000元）＝0.92%

消毒清潔成本比＝消毒打蠟成本（6000元）÷營業收入（650,000元）＝0.92%

廣告成本比＝廣告成本（15,000元）÷營業收入（650,000元）＝2.31%

折舊攤銷成本比＝折舊攤銷成本（12,350元）÷營業收入（650,000元）＝1.85%

營業費用成本比＝營業費用（283,023元）÷營業收入（650,000元）＝43.38%

營業毛利＝營業收入（650,000元）－銷貨成本（205,525元）＝444,500元

營業毛利比＝營業毛利（444,165元）÷營業收入（650,000元）＝68.38%

稅前淨利＝營業收入－銷貨成本－營業費用＝650,000元－205,560元－282,000元＝162,440元

稅前淨利比＝稅前淨利（162,440元）÷營業收入（650,000元）＝25.00%

二、醫院團膳

(一)消耗品（免洗餐具等）及非消耗品成本分析表（表9-19）

	本期金額	去年同期金額	與去年同期成長率（%）
文具紙張	7,438	2,834	162.46
消耗品	1,388,884	1,063,191	30.63
非消耗品	118,549	127,488	－7.01
圖書期刊	0	1,800	－100
膳食材料	16,795,839	17,591,690	－4.52
雜項購置費	0	3,900	－100
合計	18,310,710	18,790,903	－2.62

(二)衛生用品（口罩等）成本分析（表9-20）

	本期金額	去年同期金額	與去年同期成長率（%）
衛材	27,201	7,049	285.88
內外科器材	255	0	0
合計	27,456	7,049	74.33

㈢建築、器械、交通及雜項設備折舊成本分析（表9-21）

	本期金額	去年同期金額	與去年同期成長率（%）
房屋折舊	1,685,977	1,538,901	9.56
機械及設備折舊	145,966	141,196	3.38
交通及運輸設備折舊	0	186	－100
雜項設備折舊	128,143	120,330	6.49
合計	1,960,086	1,800,613	8.14

㈣瓦斯、蒸氣、電話資訊網路及維護費用成本分析（表9-22）

	本期金額	去年同期金額	與去年同期成長率（%）
瓦斯	304,265	374,624	－18.78
蒸氣	2,945,023	3,416,598	－13.8
總機房	68,338	84,884	－19.49
資訊處理設備	53,642	47,002	14.13
網路設施	234,179	286,851	－18.36
洗衣工場	423,874	895,927	－52.69
合計	4,029,321	5,105,886	－26.72

㈤稅捐與規費成本分析（表9-23）

	本期金額	去年同期金額	與去年同期成長率（%）
消費與行為稅	0	12,538	－100
規費	1,437	903	59.14
合計	1,437	13,441	－835.35

㈥水、電及空調、清潔消毒及行政管理費用成本分析（表9-24）

	本期金額	去年同期金額	與去年同期成長率（%）
電及空調	1,926,010	2,931,231	－34.29
水	1,107,569	1,222,876	－9.43
消毒清潔	526,745	598,041	－11.92
垃圾處理	34,807	48,066	－27.58
行政管理——依人數	2,085,350	2,190,944	－4.82
行政管理——依收入	585,856	698,539	－16.13
補給室	45,127	85,546	－47.25
工務室	807,747	869,214	－7.07
社工室	259,874	286,745	－9.37
合計	7,379,085	8,931,202	－21.03

(七)其他雜項成本分析（表9-25）

	本期金額	去年同期金額	與去年同期成長率（%）
多媒體使用費	1,200	1,200	0
調度室	975	0	0
會議中心	42,750	17,750	140.85
合計	44,925	18,950	57.82

(八)總損益（表9-26）

	本期金額	去年同期金額	與去年同期成長率（%）
業務收入	47,354,929	47,846,810	－1.03
可控成本	59,027,574	63,113,069	－6.47
部分可控成本	4,029,321	5,105,886	－21.08
完全不可控成本	7,379,085	8,931,202	－17.38
醫療折讓	2,818,894	24,698	11,313.45
作業外收入	10,447,609	1,454,222	618.43
作業外成本	19,752	25,542	－22.67
總損益	－15,472,088	－27,899,365	44.54

重點摘要

一家臺灣著名的電腦公司老闆，小時候因為家裡窮，媽媽於是去借高利貸做生意，而此時可以選擇兩種生意。第一是賣鹹鴨蛋，零售價3塊錢一斤，毛利率10%，也就是說賣一斤鹹鴨蛋可以賺3毛，但是鹹鴨蛋容易破、容易爛、容易壞、不容易運輸及貯存。而另外第二個生意，則是賣筆記本，不需要吃草、也不吃飼料、還不會壞，毛利率更是高達50%；到底應該選擇那一個生意？結果他媽媽選擇賣鹹鴨蛋，為什麼？因為賣鹹鴨蛋是屬於現金生意，在市場上沒有什麼比現金生意更好的；第二個原因，則是周轉速率快，因為兩天就可以賣一次；而筆記本雖然條件很好，但是半年卻只能賣一本，借貸的高利率，不但會將利潤吃個精光還會倒賠。好似把一隻青蛙，放在盛滿涼水的容器中慢慢加熱，控制以每兩天升溫一度地緩慢進行加熱。那麼，即使水溫高到90°C——青蛙幾乎已然煮熟狀況下，青蛙仍不會主動從容器跳出來。並非因為青蛙感覺遲鈍；若將青蛙突然扔進熱水中，青蛙當然會馬上一躍而起，逃離危險，但是身處於緩慢變化的環境中，則往往會失去戒心；所以即使當環境已經惡劣到會將青蛙煮熟時，青蛙仍不會主動跳出逃離。一般人對於眼前危險可以看得一清二楚，但對於還沒到來的危機，卻因為沒有立即的感覺，而往往會置之不理。

團膳的競爭環境，也是漸熱式的， 如果管理者與員工，對環境之變化沒有疼痛的感覺，團膳很可能會像這隻青蛙一樣，被煮熟、淘汰了，仍不知道。人事成本，對於新企業而言，每一年員工增加年資之加薪，將使得成本隨之增加，必須相對採取增加生產效率等相關措施，才能避免虧損。

團膳企業供應固定成本，假設一個月成本30萬元，變動成本占售價75%，此時營業額需要達到多少才能獲得10萬元的利潤？

營業額=（固定成本+利潤）÷（1－變動成本率）

=（300,000+100,000）÷（1－0.75）

= 400,000÷0.25

= 1,600,000

即需要營業額達到160萬元，才能獲得10萬元的利潤。

問題與討論

一、成本管理重要性中，菜單與成本控制的關係是什麼？

二、請舉出三種成本分類並加以說明。

三、用人之成本如何控制？

四、成本計算與分析中，直接成本與間接成本有哪些？

五、如何減少成本，增加收入？

學習評量

是非題

1.（　）選用非盛產期的蔬菜，在成本上的花費較合算。

2.（　）進餐的人數愈多，在成本所需負擔的事務費用愈多。

3.（　）為節省經營成本，餐具稍有缺口，經清潔後仍可使用。

4.（　）讓廠商競標無法降低採購成本。

5.（　）假設廚房面積與營業場所面積比太小，則有益減輕成本。

6. (　) 普受歡迎的西式自助餐，其特色是限價不限量，為了節省成本，就應該供應價廉不新鮮的材料。

7. (　) 廚具之材料以符合成本經濟為主，食品衛生法規為輔。

8. (　) 只有五星級大飯店裡的餐廳，才需要採用標準食譜來控制食物成本。

9. (　) 即使沒有使用標準食譜，也能很有效率的控制食物成本。

10. (　) 為節省成本，除馬鈴薯皮、洋蔥皮不可丟掉外，其餘蔬菜的根、葉也可利用作為高湯的佐料。

11. (　) 不管菜餚的銷售情形，只要在材料便宜時大量買進庫存，一定能節省成本。

解答

1.×　2.×　3.×　4.×　5.×　6.×　7.×　8.×　9.×　10.×　11.×

第十章
客訴與危機管理

學習目標

1. 了解抱怨管理與危機處理之重要性
2. 透過顧客抱怨處理減少顧客抱怨
3. 了解PDCA品管技巧與手法

本章大綱

前　言

網路傳說飯後喝一瓶冷飲會罹患腸癌，說很多人習慣吃飽飯後，就來一瓶冷飲，尤其是罐裝茶飲料，號稱去油解膩。喝下去是很爽沒有錯，但接下來會因爲牛排等食物（鹹酥雞及滷味等）都是油膩膩的食物，腸胃消化本來就比較吃力，現在再倒入冰水，結果就像冰箱裡的豬油與牛油，當腸胃裡有一塊塊蠟燭般的凝固油，還去什麼油、解什麼膩呢！如果只是噁心的話就算了，重點是會得腸癌！這些凝固油，碰到胃酸會再度溶解成半液體狀態，然後會比固態食物早一步流進腸道裡。於是那黏黏稠稠、油不油、水不水的物質，就會率先被腸道吸收；但是腸道並沒有辦法完全吸收排除這些詭異的物質，腸壁絨毛會沾滿油脂，就好像冬天清洗煮過牛肉湯的鍋子一樣，怎麼洗都還是覺得油膩膩的。久而久之這種噁心的東西，就會附著在腸道壁上，由於不能往腸子裡倒沙拉脫，所以經年累月的堆積和質變，這些東西輕則導致息肉，重則病變成腸癌！所以要民衆趕快改掉要命的壞習慣，飯後不要馬上灌冷飲，最好是喝點熱湯或溫開水。然後平常沒事，多喝優酪乳，因爲優酪乳可以讓腸道裡多點好菌、趕走壞菌，幫你的腸子來個大掃除，讓腸道更乾淨。再告訴你一件更噁心的事，得了腸癌，要在肚子上裝人工肛門，才能大便耶！如果不想要有這種遭遇，快轉寄給你所關心的人，別讓他們裝人工肛門啊！

衛生福利部認爲上述之情形，屬於不實網路傳言，不用擔心，但冷、熱食一併食用，有時會造成胃腸不適，建議應稍微間隔一段時間再食用。

另外一則不可先在蛋汁中加入鹽巴，以免產生毒物質之網路謠言，說炒蛋或蒸蛋時，不可先在蛋汁中加入鹽巴，因爲鹽與蛋中的乳酸菌，結合會產生有毒的「氯」，所以蒸蛋就只要加醬油，炒蛋起鍋前再加鹽。其實答案是，目前沒有任何證據，顯示蛋加鹽會產生氯。在烹煮時加鹽，反而能讓蛋的組織快速凝結，縮短烹調時間。事實上料理時加鹽，並不會出現有害人體的化學反應。而且蛋在烹煮下會出現綠綠的顏色，主要是因爲蛋白中的「硫」，與蛋黃中的「鐵」混合產生「硫化鐵」所致，這就是便利商店買的茶葉蛋，蛋黃外緣會呈現綠色的原因，甚至自己在蒸蛋、煎蛋時也會出現。而硫化鐵並不會威脅身體健康，消費者大可放心。

至於使用鋁箔包裹食物進行燒烤，是否會產生毒素？食品藥物管理署認爲，直接以火焰燒烤食物，產生之烤焦物質中，成分非常複雜，且有報告顯示，對人體健康有害；唯燒烤方式，係全世界共通之食物加熱方式之一，目前無法以法律禁止，故各國均以宣導方式，請消費者避免烤焦，或以錫箔包住再烤，或將烤焦之部分去除勿食。再者目前並無相關研究報告顯示，以錫箔包裹食物燒烤加熱，會產生有毒物質，唯民衆如發現燒烤時包裹之錫箔，有受酸性調味汁侵蝕現象，爲求愼重起見，建議民衆應在燒烤完成後，再加入食物調味（如酸性調味汁）較爲妥適（即讓錫箔紙先與酸性調味汁接觸，是不妥的方式，因爲可能會將其中金屬物質溶出）。

而逆滲透水與蒸餾水，最不能喝嗎？衛生福利部調查結果，礦物質與維他命一樣，人體無法合成，必須由食物來提供。礦物質的種類很多，人體所需主要礦物質有鈣、磷、銅、鉀、鈉、氟、碘、氯、硫、鎂、錳及鈷等，來源分布於六大類食物（五穀根莖類、奶類、蛋豆魚肉類、蔬菜類、水果類及油脂類）中。一般飲水，雖可提供礦物質，但最多只是輔助來源。不論是礦泉水或者天然湧泉水，其所含的礦物質都很有限。相對地，一般人也不會因爲飲用純水，或者逆滲透水而導致身體缺乏礦物質，身體所吸收的礦物質來源，主要還是食物，因此，只要均衡的飲食，就不會因長期飲用逆滲透水或純水，而造成礦物質缺乏。

網路上的傳言，有時會讓專家學者覺得很扯，不過團膳企業，當接到消費者申訴抱怨（客訴）時，先不要覺得很扯，也不要一味的先爲自己辯護，要先好好學習聆聽消費者申訴內容，然後再複誦一次，之後先表達謝意（即使聽完後覺得都沒有過失），最後請消費者留下聯絡方式，請團膳相關部門調查清楚，查明責任歸屬後，必須由團膳企業管理高層，與消費者聯繫致歉與致謝；即使調查結果，證明不是團膳企業的過失，也必須委婉解說並致謝。爲什麼必須如此好禮款待申訴的消費者呢？因爲一般企業，只能聽到約4%消費者的抱怨，代表著消費者不滿意時，其中的96%是選擇默默離去，而離去之中，高達91%將不再光臨。所以當有1件申訴抱怨時，代表其中隱含著，已經有25名消費者不滿意，並且其中約22個人將不再光臨（如果處理不好的話），而當公司抱怨多時，代表公司管理有問題，必須徹底檢討。另外有一種說法是，當發生1件重大的顧客申訴時，其中代表背後隱藏有29件中程度的問題，與300件小問題隱藏被忽略，這就是著名的1對29對300法則，這是客訴不能輕視之原因。

最好的客訴處理，其實就是以高品質的產品避免產生客訴；但是實務上，因爲消費者之要求標準持續提升，當與產品產生落差時，就會發生客訴案件。而客訴案件之擴大，多半源自第一線工作人員，態度不佳，或處理經驗與技巧不足所導致，因此客訴管理良好與否，將影響團膳之形象很大，管理者不可掉以輕心。

第一節　抱怨管理與危機處理

一、抱怨管理重要性

調查顯示，不滿意服務的顧客，只有4%會向企業表達抱怨，1位不滿意的顧客，會告訴其他11個人，而爭取1位新顧客的成本，是留住1位老顧客成本的5～6倍。這些訊息與數字背後透露著，顧客滿意與忠誠度是企業競爭的重點，因爲利潤來自於忠誠的顧客，在二十一世紀顧客導向的市場競爭中，唯有做到顧客滿意，企業才能存活。顧客滿意度有多少，將宣告企業成長曲線有多高，不斷提供顧客優質的服務，及減少客戶抱怨，已是現代企業永遠不變的使命。招攬1名新顧客，要比留住1名舊顧客，多花5倍的成本。研究結果顯示，每個組織收到1位顧客的抱怨投訴時，就表示還有26位一樣不滿意，但是沒有投訴，而這27位不滿意的客戶，平均每個都會向8至16人，述說自己的遭遇。而其中10%的人，會告訴20名以上的潛在顧客。也就是說，只要有3件投訴事件，就可能會導致超過100名以上的潛在顧客，會聽說這家公司所提供的差勁服務。

翱翔天空的老鷹，和地面的鴨子有很多相似地方。但實際上卻是兩種截然不同的動物。兩種動物都會飛，但是老鷹是在高空盤旋，鴨子只能緊依水面。有1位消費者到大飯店住宿，事先已預訂房間，可是當手上拿著飯店的訂房及確認證明到達大飯店的時候，由於飯店已經客滿，接待處的小姐於是告訴消費者其訂房無效，因爲飯店已經客滿了，也沒有想幫消費者處理的樣子。當消費者要求權利時，小姐卻說：「飯店客滿了，就是客滿了，我也沒辦法變出一個房間給你」，接下來便不再理會消費者。請注意此例中，這位服務人員，顯然就像是「一隻鴨子」。接著消費者要求見上司，小姐很不高興地說：「他也不會說不同的話。」如果是如此，這位小姐的上司，應該也是「一隻鴨子」。後來直到經理出面，他說：「我們這裡眞的客滿了。一定是我們作業有所疏失，爲此我得向您道歉。我會盡快想辦法，解決這個問題。我馬上打電話，幫你找個適合的旅館，到這個旅館的交通費，理所當然由我們來負責。在找到之前，我可以先請您用個晚餐嗎？」你認得出老鷹嗎？這個經理就是「老鷹」！老鷹會做事，鴨子只會嘎嘎叫。鴨子嘎嘎叫的內容，不外是理由、藉口、沒有意義的話和抱怨，總有一天，鴨子會被解雇。如果公司有問題，他們一定是第一批被開刀的，但是接著他們會說：「眞不公平，我想我的老闆對我有成見。」反之，老鷹一定會得到支持。重要的是，我們不應該像鴨子般，不做出個成果，只會嘎嘎地叫。管理者也要避免團膳內、外部門有鴨子的存在。有些人認爲，可以給鴨子一點動力，但你知道結果是什麼嗎？頂多是一隻有動力的鴨子罷了。

臺灣的服務業產值，占整體國民生產毛額超過70%，服務業就業人口比重，也已經高達55%的水準。整體社會經濟型態，可以說不分產業別，已趨向追求高品質的服務。消費者期望得到的服務品質愈高，發生服務疏失所造成的影響也往往愈大。服務疏失所造成的抱怨，對企業整體的利益可能有極大的影響。會產生客戶變節、負面口碑傳播、非預期的失誤成本，及喪失潛在商機等負面結果。當然也有正面啓示的功能，例如：團膳可視其爲檢視作業流程品質與效率的機會，但前提是消費者之抱怨，需獲得適當之處理。因此抱怨管理的重要性，不言而喻。

常常聽說某人，去一家商店購物或消費時，店員對你的表現讓你不舒服，讓你的情緒受到很大的影響，於是斷然不再消費，日後也不願意再光顧。如果是你的好朋友的經驗時，那麼很可能你將會不止一次地，聽他重複的述說相同的情節，爲什麼呢？因爲他覺得沒有受到應有的尊重，所以再也不會去這家店消費，並且向所認識的人述說他的遭遇。又如果你花錢買到一個瑕疵商品，而店家又不願意更換商品或退貨，你可能會認爲這家店是黑店吧！之後你一定會跟你的親朋好友，大肆宣傳說這家店有多麼爛吧（情節應該會比實際情形加油添醋幾分吧）！

顧客是團膳公司的根本，沒有顧客消費團膳還經營的下去嗎？過去有一句話說的很有意思——「顧客永遠是對的」，說明不管顧客多麼難搞、有多扯，管理者都必須先聆聽、先接受顧客的抱怨，並表達感謝；唯有讓消費者滿意、抓住他們的心，才會繼續購買消費，團膳也才能得以生存。另外也只有不斷接受顧客的抱怨，管理者才能從其中發現該改進的地方。所謂的「忠言逆耳」，有時顧客的抱怨雖然有點無理取鬧，但往往也有可能從中發現團膳營運的缺點。

有人說二十一世紀，讓顧客獲得滿意是團膳企業經營的終極目標，而滿意的員工與滿意的服務，才能讓顧客滿意，讓顧客獲得滿意，是團膳企業建立價值的起點。

二、危機處理重要性

危機管理是指當發生突發緊急重大災害或事故，危及大量民衆生命與安全，社會經濟秩序受到嚴重的打擊時，政府採取超越通常業務型態的緊急對策，期望能夠因此將各種損害降到最低，讓社會經濟運作迅速恢復秩序。過去日本發生「阪神大地震」，屬於日本戰後的重大天然災害，不僅造成大量民衆傷亡，甚至摧毀日本國民長久以來，一直引以爲傲的生活安全神話，進而促使日本政府開始重視「危機管理」。一般水域遊憩地區活動，已知潛藏著許多不可預知的危險因子與常見安全問題。遊客從事水域休閒活動，常因本身疏忽，或是因為遊憩經營管理單位缺乏危機意識，沒有擬定有效的危機管理機制，包括偵測辨識危險因子、擬定應變計劃、危機處理能力、評估危機處置、學習危險因子與修正應變計劃、復原管理工作的循環系統，而因此事後發生造成無法彌補的憾事。而針對水域遊憩危機管理的目的，是要如何防範意外事件的發生，或在意外事故產生時，如何進行有系統化的因應，以期將傷害降至最低。而醫院的急診醫師，一直身處於各式各樣與一層接一層壓力環繞之環境，壓力來源包括，與其他科同事不同上班時間，日夜不規則輪班，暴露傳染病感染危險，與家庭生活及家人隔離，直接面對受難家屬、病患抱怨，與直接面對生死邊緣等。而其中讓急診醫師最無福消受的，應屬來至於不合情理，不明究理抱怨、糾紛，甚至是法律壓力。透過許多節目及媒體報導，急診室的忙碌是屬於有目共睹，急診醫師所承受壓力也是眾所皆知的。忙碌工作往往讓人無法按照標準程序來執行，過重壓力提供不必按部就班藉口，甚至亡羊補牢的工作沒有做，往往也有拖延理由。但是任何的上述理由或藉口，都不足以事後讓法官認定可以脫罪，唯有瞭解可能的危機所在，才能加強危機意識；唯有所有危機狀況事先做好預防措施，才可能對於未來訴訟防患於未然。而調查急診室一般常見事後挨告的異常案例，包括：不完整病歷記載、未告知病患事後追蹤事宜、未給予病患須知的討論來探討，因此唯一事先瞭解並採取必要的危機管理措施後，才能避免不必要事後醫療法律的紛擾。

嬌生公司之危機：1982年9月，發生7名美國芝加哥地區民眾，服用被添加致命毒物氰化物的泰諾膠囊止痛劑（市場占有率35.3%）而死亡，造成消費者恐慌，嬌生公司面臨重大危機考驗，由於專業認定是人為下毒（調查後發現，兩起造成中毒的產品批號，來自不同生產工廠，因此推斷問題不出在製造上，且中毒地區只在芝加哥，因同時間在兩個廠作案，是不可能的，所以研判是在通路中發生，美國FDA也判斷是，有對嬌生公司不滿的人，在商店購買加入氰化物後，再還回商店造成死亡事件），認為沒有必要全面回收產品，如果要回收，其代價是必須承受1億美金以上的損失，及「泰諾膠囊止痛劑」可能會永遠消失。後來公司討論後卻決定，立即提供正確、即時的資訊給媒體，防止消費者恐慌，及主動發出聲明呼籲消費者停止使用泰諾膠囊止痛劑。發出約50萬封電報，給醫生、醫院、經銷商及媒體——主動告知調查過程，免費更換藥品改爲錠劑，並設立免費諮詢專線，提供10萬美金緝捕嫌犯，結果公司統計，在有形金錢方面損失超過1億美金，包括全面回收、銷毀藥品費用、日後藥品責任官司訴訟費用；無形的商譽方面，則是無價。當時透過市場調查，公司了解到94%受訪者，知道泰諾膠囊止痛劑被下毒；87%受訪者，認爲藥品下毒事件，不應歸咎於嬌生公司；61%受訪者認爲以後可能不再購買泰諾膠囊止痛劑；50%受訪者認爲不會再使用膠囊包裝，或新錠劑設計的泰諾膠囊止痛劑；49%受訪者認爲最終還是會使用泰諾膠囊止痛劑。而嬌生公司認爲，市調只是反應消費者態度，而非行爲。因此嬌生公司決定讓消費者以實際購買行爲，來決定藥品的存續與否，嬌生認爲公司的經營，是在協助人的健康，現在因爲被人下毒，而使得有人致死，雖然責任不在公司，但畢竟消費者是服用公司所製造的藥品，這就違反公司減輕病痛的初衷，所以有責任回收所有的產品，於是決定採取以下措施：傳遞公衆訊息——公司願意全力贏回消費者的信任，重新設計藥品包裝，改爲錠劑設計、防破壞包裝及封口安全性警語，不惜增加成本，以增加安全性，免費更換舊藥品改爲新錠劑，提供給消費者，高達7,600萬份價值2.5美金的優惠卷，提供經銷商7.5折優惠進貨價，動員超過2,000人的業務代表，促使醫生、藥商推薦泰諾錠劑予病人使用，嬌生公司事後自回收品中檢查發現，尚有70多顆含氰酸鉀藥品，代表公司之決定間接挽救70多人的寶貴生命。後來嬌生公司在半年內成功恢復35%市場占有率，獲得消費者正面肯定與支持，認同嬌生公司是負責任、誠實及可被信賴的。前美國總統雷根並公開讚揚嬌生公司的作爲。後來在1986年2月，又有1名紐約州婦女，再次死於遭受氰化物污染的泰諾膠囊止痛劑，於是嬌生公司全面回收泰諾膠囊止痛劑，日後不再製造泰諾膠囊止痛劑類藥品，採用新設計包裝爲錠劑，總計增加成本15,000萬，但是消費者卻因此認爲嬌生公司，是非常可信賴與負責任的公司，所以願意盡全力支持。

另外一個案例是日本雪印乳品：該公司發生乳品加工槽因連續22天未清洗，導致引發乳品中毒，當時公司針對媒體詢問之態度是被動、消極，及盡力掩飾事實；而所採取的行動是事件後第八天才公布消息，並下命回收乳品，結果因此至少造成1,200人中毒。之後消費者認爲公司欺瞞、惡劣，導致後來被勒令二十一家工廠無限期停工，及賠償金20億日圓，而使得日本雪印乳品，從此在日本市場除名。由此兩件危機處理方式與結果之不同，可知危機處理得當與否，確實關係著團膳之生存。

第二節　抱怨處理

顧客的抱怨，到底該不該重視？顧客的抱怨，其實是團膳獲知市場反應最直接的來源，如何把抱怨的顧客，轉變成爲滿意的顧客，才是團膳努力之道。根據筆者多年第一線處理經驗，消費者之要求雖高，但是只要用眞誠及誠實的態度，盡力處理並隨時告知處理狀況，多半可以獲得消費者諒解與支持。要提供高品質的服務，最重要的是，愈快處理愈好，並且服務態度必須眞誠可靠。如果團膳所提供的服務具有可靠度，那麼顧客就會滿意，當然就沒有抱怨行爲。因此團膳具有良好的品質與可靠的服務，才是防止顧客抱怨管理的最佳政策。

一、制定規定

應建立客訴處理制度與規定，對顧客提出之抱怨與建議，品質管制部門之負責人（必要時，應協調其他有關部門）應即追查原因，妥善改善，同時派人向抱怨者或建議者，說明原因（或道歉）與致意。顧客提出之書面、或口頭抱怨與建議，均應作成紀錄，並註明產品名稱、批號、數量、理由、處理日期及最終處置方式。該紀錄必須定期統計檢討，並在之後分送有關單位參考改進。

二、為什麼消費者會抱怨

㈠第一線的工作人員，服務態度不好：讓消費者感覺到無禮、不受重視、不受理睬、語氣用詞不好、肢體語言不友善、電話態度不好，與消費者爭執等等。

㈡公司答應的服務無法提供，或提供的太慢、太晚，及提供的服務不正確、不完整。

㈢產品品質不好。

㈣額外要求不被接受，並受到言語刺激。

㈤希望得到一些經濟損失的補償。

㈥反應之意見，感覺沒有被尊重與處理。

㈦服務人員當場表明無法解決。

㈧重建消費者個人的自尊。

三、顧客抱怨的方式

㈠直接向提供服務的員工抱怨。

㈡要求向更高階的主管投訴。

㈢找上消基會，或縣市政府的消保官。

㈣找民意代表召開記者會。

㈤告知親朋好友這家公司很爛。

㈥告訴自己以後不要來。

㈦算了，不抱怨了。

四、為何有些顧客不滿意卻不會抱怨

㈠顧客覺得不值得花時間或心力去抱怨。

㈡顧客覺得根本沒人在乎他們的問題，或願意幫他們解決。

㈢顧客不知向誰投訴。

五、抱怨處理期限

愈短愈好，建議如下：

㈠收案單位：4小時內。

㈡行政副院長：8小時。

㈢主任祕書、營養室、企管品管室：8小時。

㈣改善作業：8小時。

六、哪些顧客比較會抱怨

㈠高所得、年紀較輕者。

㈡較了解服務內容及程序的人。

㈢文化與民族性差異。

七、抱怨管理

㈠消費者抱怨調查處理、追蹤改善、成品退換貨、處理期限及未即時處理控管等資料及紀錄。

㈡針對品質異常所造成之抱怨、非品質異常所造成之抱怨及其他，進行分析與追蹤改善。

㈢醫院團膳之抱怨處理單位與分工（範例）：搭配PDCA。

1.收案：營養室、社工室、政風室或其他（病房等）。

2.調查：營養室、醫務企管室。

3.責任歸屬判定：行政副院長。

4.收回產品檢驗：檢驗部。

5.提出改善計畫書：營養室、企管品管室。

6.改善工作擬定（P）：主任祕書。

7.改善工作執行（D）：相關單位。

8.改善工作督導（C）：行政副院長。

9.改善工作確認（A）：營養室、企管品管室。

10.標準化作業：營養室、企管品管室。

八、對抱怨消費者之處理

㈠更換新產品或其他產品。

㈡折現。

㈢賠償。

㈣道歉。

九、紀錄：收案者（營養室、社工室、政風室或其他）

㈠抱怨受理單位之基本資料（依照人、事、時、地、物方式描述）

1.人：紀錄人員。

2.事：抱怨編號。

3.時：日期時間。

4.地：紀錄單位。

5.物：抱怨填寫表。

㈡抱怨內容：針對消費者資料

1.人：消費者資料。

2.事：抱怨內容。

3.時：發生日期、時間。

4.地：消費者地址。

5.物：產品處理。

㈢責任歸屬判定。

㈣產品檢驗分析結果。

㈤改善計畫書。

㈥要因分析及改善工作擬定。

㈦行政副院長裁示。

㈧損失金額。

十、改善服務失敗方法

㈠團膳應設定以零缺點爲目標。

㈡應該歡迎和鼓勵顧客抱怨（訂定鼓勵措施，但是僅限於內部處理員工知道有鼓勵措施，避免消費者爲獲得抱怨鼓勵而抱怨）。

㈢團膳必須以最快的速度，處理顧客抱怨（愈快處理，代表愈有誠意，其效果愈好）。

㈣以友善、感謝的態度，公平地對待每一位抱怨顧客。

㈤以研究的態度，看待顧客抱怨。

㈥從流失的顧客身上，學習服務失敗的原因。

十一、逆向思考——客戶管理技巧

等候是現今社會中，消費者難免會碰到的課題。可是因爲工商社會的快節奏，讓很多顧客不耐煩或不願意等候。因此，團膳如何善用等候處理技巧，讓顧客安心地等，並體會到團膳服務的熱忱與品質，就變成致勝的重要關鍵，此即爲逆向思考應用之一。

第三節　行動小組（問題解決方法）

PDCA是解決問題之標準作業程序規範，其中P是計畫（Plan）、D是執行

（Do）、C是檢查（Check）、A是反應（Action）。而實施要訣，是要了解改善目的及熟悉方法，然後調整團膳體制及文化，達成共識。標準化管理流程則是採取SDCA，S是制定標準（Standardize）、D是落實標準（Do）、C是檢討標準（Check）、A是修正行動（Action）。以下是PDCA過程案例，也是所謂品管作業行動小組之程序。

PDCA環（循環）或稱爲戴明環，是由P（Plan，計畫）、D（Do，執行）、C（Check，檢查）與A（Action，反應）所組成。該循環最早在1920年發展，之後在1980年代由戴明博士發表而著名。PDCA指出無論是任何專業事務、生活事物；正式、非正式、有意識或無意識等任何一切活動，都會在這個永不停止的循環下運作。換句話說，一旦PDCA循環能夠落實到團膳的每一個程序中，那麼團膳將能以類似正向循環般，滾動前進，最終能夠達到最佳的狀態；即獲取前述的正面蝴蝶效應。在戴明博士提出相關概念後，PDCA環被用在企業經營的許多環節中，因此團膳如果持續執行PDCA，也將可落實各個環節之管理工作。

一、擬定改善計畫（Plan）——找出問題

問題的描述方式爲：異常現象、品質特性與趨勢，例如：配膳錯誤率（次數）太高（多）。配膳錯誤是異常現象，次數是品質特性，多是趨勢。

(一)找出問題的方法

以工具表清點所有問題。例如：使用查檢表，將配膳已發生過的人員素質問題、材料品質問題及設備素質問題等，全部加以網羅列出。

1. 以特性要因圖（魚骨圖）整理重要問題。較爲理想的方式是根據以往的經驗，將經常發生的配膳問題，整理分類，以大骨、中骨、小骨分別代表大問題、中問題和小問題。
2. 以腦力激盪發掘問題。實施腦力激盪術有四個原則：禁止批評、自由聯想、相互啓發及大量構想。

(二)以親和圖釐清複雜性或模糊性問題。

(三)注意不要把對策當成問題

例如：餐盤回收問題，其實談的是如何回收，這是對策或任務，屬課題而非問題。先發掘自己的問題，再找別人的問題。自己對自身的工作應該最

了解，問題出在哪裡也最清楚，該如何解決也大致心裡有數，所以最好先解決自己的問題。如果每個人，都能把自己的問題解決，自然不會影響到下游單位。萬一別人造成的問題，影響到自己，就要迅速反映給製造問題的單位，要求改善。

二、決定主題

㈠列出重要問題約三至五項。

㈡使用查檢表或矩陣圖，評估問題被解決的優先順序，評估基準例如：與經營方向的關聯性、是否屬於上級指示事項、是否嚴重影響團膳及本身是否有能力解決。

㈢依序決定當前主題，如有需要亦可同時進行解決副題。一般是使用柏拉圖（80—20原則）設定優先解決之主題。

三、擬定改善計畫

㈠依據管理循環規劃，改善活動步驟。管理循環包括四個階段：計畫（P）、執行（D）、檢查（C）、反應（A）。

㈡使用5W1H（What, When, Where, Who, Why, How）決定活動進度及分派任務。5W1H也被稱爲六何，即何人、何時、何處、何事、爲何、如何。如果只是個人改善活動，仍然需要擬定計畫，否則無法有效控制改善的進度和成果。

㈢使用箭線圖等擬定活動計畫表，必要時取得上級核准。在改善過程中，可以視實際需要，修訂原計畫內容。

四、訂定改善目標

㈠現狀分析

1. 選題時，若已掌握問題有關數據，可進行數據的統計分析，繪製長條圖、直方圖、柏拉圖等，掌握異常現象的發展及特性。
2. 選題時，若尚未蒐集有關數據，則先運用查檢表進行數據蒐集，再運用層別法分析數據，繪製長條圖、直方圖、柏拉圖等，掌握異常現象的發展及特性。

㈡設定目標

計算現狀值。現狀值必須能代表問題的特性和趨勢，而且也應該分析數據的變異情形，選擇適當的表達方式。

㈢訂定目標值

訂定原則爲：

1. 必要性：契約要求、法規要求、作業程序或工作標準要求。
2. 可行性：改善意願、專業技術、改善技巧、時效限制及可用資源等限制條件，都是影響目標達成的因素。
3. 挑戰性：以追求卓越、學習標竿的態度，在訂定目標時，可考慮增加一些挑戰值，要做的比可行程度更好。如果隨隨便便就可以達成，就不必大費周章，成立PDCA行動小組來解決。

㈣如有實際需要，除訂定總目標外，可增訂分項目標，使目標達成的水準更爲具體。

1. 訂定目標達成期限：達到目標值的日期，指第一次達到目標值的日期。
2. 維持期間：維持目標值的時間長度。此與目標值的訂定有密切關係，例如：目標值訂定是以年爲時間單位，則目標值維持期間就必須在一年以上（即執行後仍必須要有追蹤期）。
3. 使用長條圖、柏拉圖等，比較現狀值與目標值的差距。

五、要因分析（製作魚骨圖或關聯圖）

㈠列出所有可能原因

1. 清查造成問題的所有原因（參考下列方法）
   ⑴從過去的紀錄。
   ⑵從現場、現物及實況進行了解。
   ⑶衆人以腦力激盪方式進行。
2. 運用5Why（連問5次爲什麼）反覆深入探討，直到找到根本原因。
3. 用特性要因圖（魚骨圖）（大魚骨、中魚骨及小魚骨）或關聯圖（一次原因、二次原因、三次原因……）整理各層次原因。如果要因間彼此沒有關聯時，可用魚骨圖整理；如果有關聯時，就要用關聯圖整理。

4.挑出要因：依據經驗、常識或既有技術等判斷的方式，挑出三至五個重要原因。使用查檢表或矩陣圖做要因評估，經常使用的評估基準有重要性、影響度、發生頻率及可以解決之程度等。

5.驗證眞因：調查法、觀察法、實驗法與模擬法等。

六、解決問題對策

(一)擬定對策

建議方法有如下：

1.應用腦力激盪術。

2.應用5W1H。

3.應用4 M（人、機器、材料及方法）。

4.應用改善十二要點（剔除、正向與反向、變數與定數、正常與例外、合併與分離、集中與分散、擴大與縮小、附加與消除、調換順序、平行與直列、共通與差異，及替代與滿足）。

5.應用特性要因圖（魚骨圖）、關聯圖及系統圖等工具，整理各層次對策（一次對策、二次對策、三次對策……），將對策內容做有層次的展開，愈到末端，愈需要具體明確。

(二)評估對策

1.應用查檢表或矩陣圖，實施對策評估。

2.整合評估後之對策，組成具體完整的改善方案。

3.擬定每個改善方案的實施時間，擬定實施時間除需要考慮改善方案之重要性外（對達成目標的貢獻度），也要考慮如何確認效果。

4.分析潛在問題。

5.擬定潛在問題的預防措施。

(三)擬定對策實施計畫

1.列出對策實施工作項目及時間。

2.使用5W1H決定實施進度，及分派任務（人、事、時、地、物）。

(四)實施對策

1.貫徹對策實施計畫，掌握改善進度。

2.定期檢討對策實施計畫，必要時修訂之。

3.將實施對策與提案改善制度結合，可達相輔相成的改善效果。

4.保存對策實施紀錄，提供有關人員參閱。

七、效果確認

(一)確認每一項對策之效果，要比較改善前、改善中，及改善後之品質特性水準的差異。並與選題理由和現狀分析內容比較，確認改善過程的一貫性。

(二)使用下列工具方法，確認目標達成狀況。未達成時則檢討無法達成的原因，修訂對策繼續進行改善。

1.長條圖（會顯示一段時間後的資料變更，以及例舉各項目的比較）。

	改善前平均住院日數	改善後平均住院日數
甲醫師	6	5.5
乙醫師	4.8	4.3
丙醫師	4.3	3.8
丁醫師	4.1	3.6
戊醫師	4.1	3.6
己醫師	4	3.5

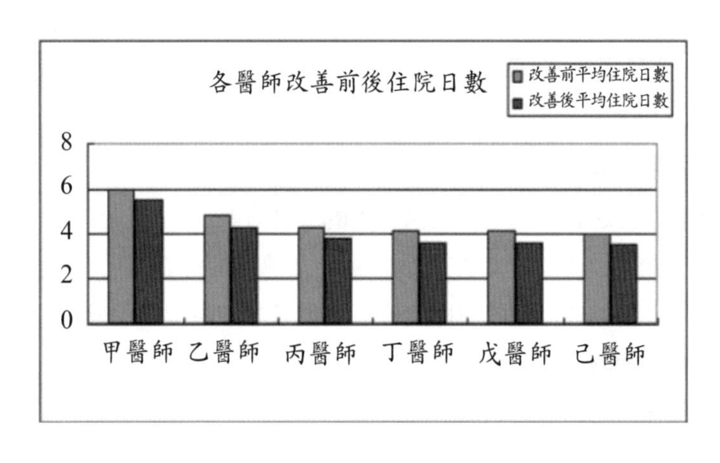

2.雷達圖（可以比較多個資料數列的加總值）。

	改善前平均住院日數	改善後平均住院日數
甲醫師	6	5.5
乙醫師	4.8	4.3
丙醫師	4.3	3.8
丁醫師	4.1	3.6
戊醫師	4.1	3.6
己醫師	4	3.5

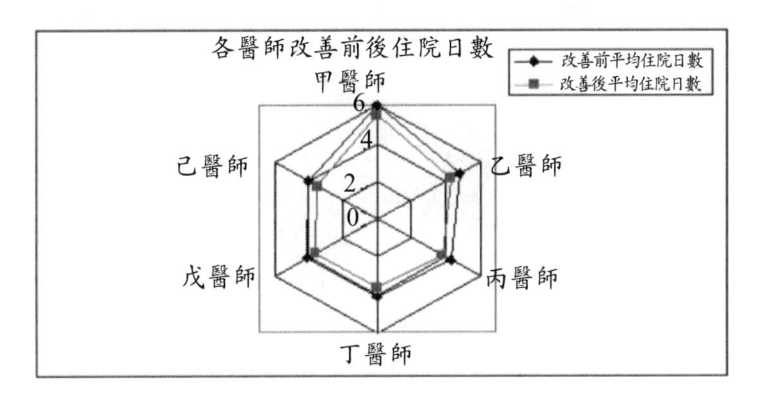

3.折線圖（折線圖會顯示相等間隔內資料的趨勢）。

	改善前平均住院日數	改善後平均住院日數
甲醫師	6	5.5
乙醫師	4.8	4.3
丙醫師	4.3	3.8
丁醫師	4.1	3.6
戊醫師	4.1	3.6
己醫師	4	3.5

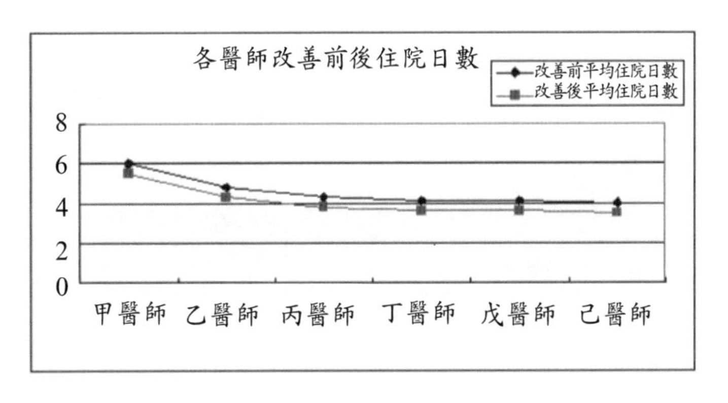

4.圓形圖（可顯示組成資料數列的項目大小，以占項目總計的比例表示）。

	改善前平均住院日數	改善後平均住院日數
甲醫師	6	5.5
乙醫師	4.8	4.3
丙醫師	4.3	3.8
丁醫師	4.1	3.6
戊醫師	4.1	3.6
己醫師	4	3.5

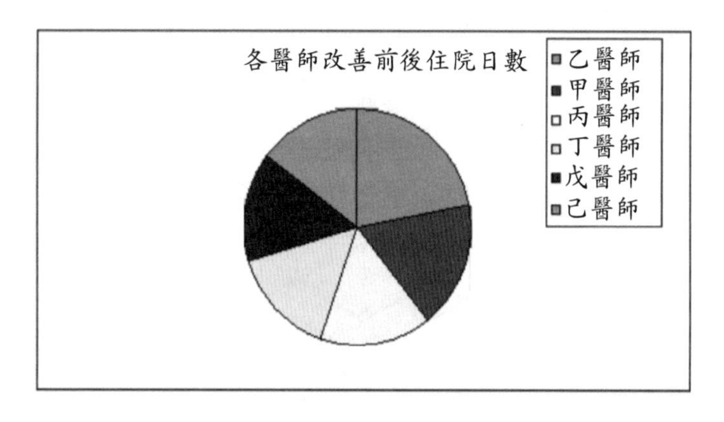

5.區域圖（可強調不同時間的變動程度）。

	改善前平均住院日數	改善後平均住院日數
甲醫師	6	5.5
乙醫師	4.8	4.3
丙醫師	4.3	3.8
丁醫師	4.1	3.6
戊醫師	4.1	3.6
己醫師	4	3.5

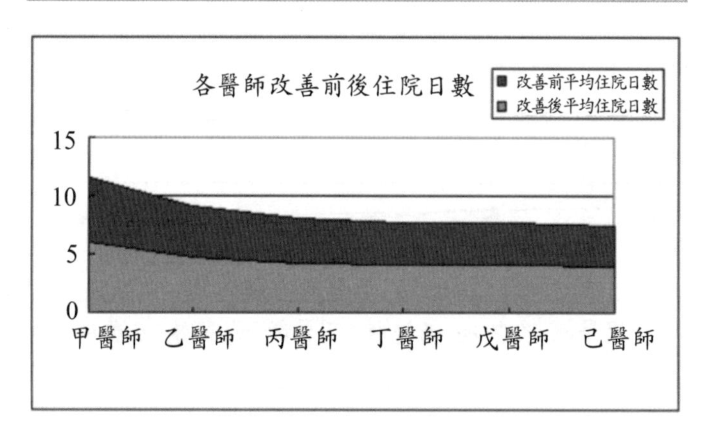

6.環圈圖（可顯示局部和整體的關係，但是它可以包含一個以上資料數列）。

	改善前平均住院日數	改善後平均住院日數
甲醫師	6	5.5
乙醫師	4.8	4.3
丙醫師	4.3	3.8
丁醫師	4.1	3.6
戊醫師	4.1	3.6
己醫師	4	3.5

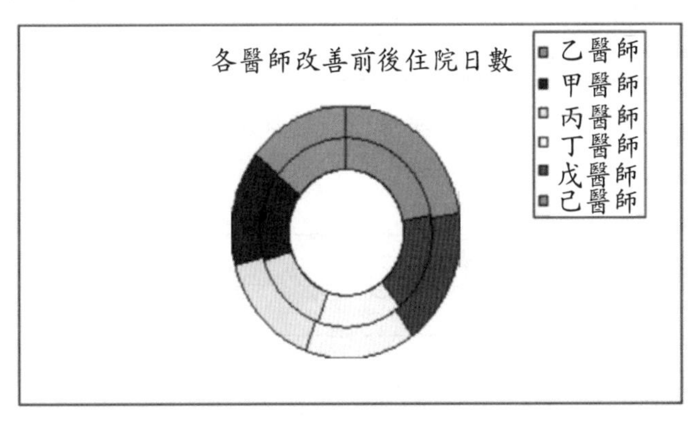

7.曲面圖（當希望在兩組資料間找出最佳組合時，曲面圖將會很有用）。

	改善前平均住院日數	改善後平均住院日數
甲醫師	6	5.5
乙醫師	4.8	4.3
丙醫師	4.3	3.8
丁醫師	4.1	3.6
戊醫師	4.1	3.6
己醫師	4	3.5

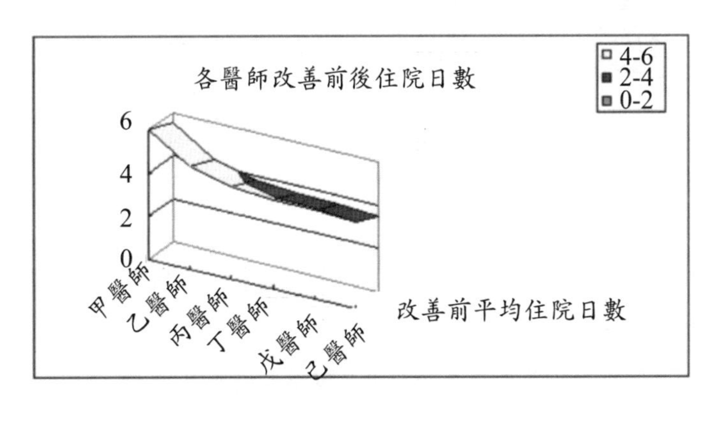

8.泡泡圖（是一種 XY（散布）圖。它可以比較一組三個值，可使用 3D 視覺效果）。

	改善前平均住院日數	改善後平均住院日數
甲醫師	6	5.5
乙醫師	4.8	4.3
丙醫師	4.3	3.8
丁醫師	4.1	3.6
戊醫師	4.1	3.6
己醫師	4	3.5

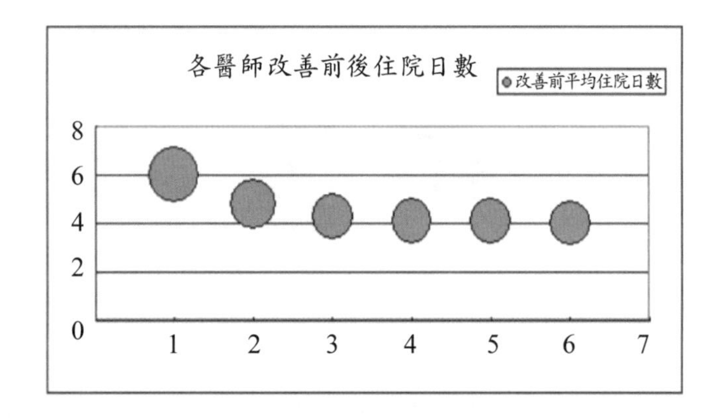

9.股票圖（此圖表類型最常使用於股價資料，但是也可以使用於科學性資料，例如：用來指示溫度變化）等。

	改善前平均住院日數	改善後平均住院日數
甲醫師	6	5.5
乙醫師	4.8	4.3
丙醫師	4.3	3.8
丁醫師	4.1	3.6
戊醫師	4.1	3.6
己醫師	4	3.5

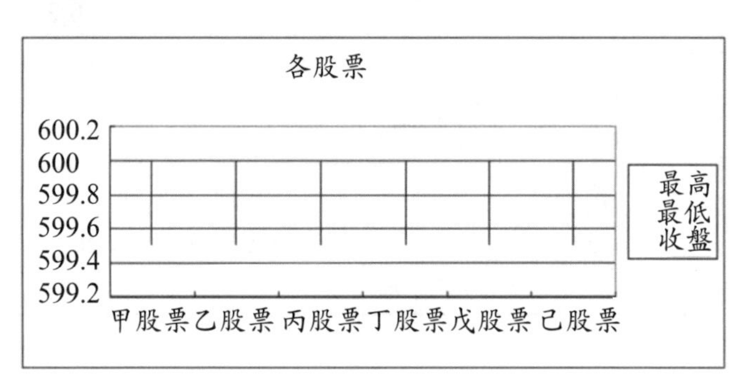

10.柏拉圖。

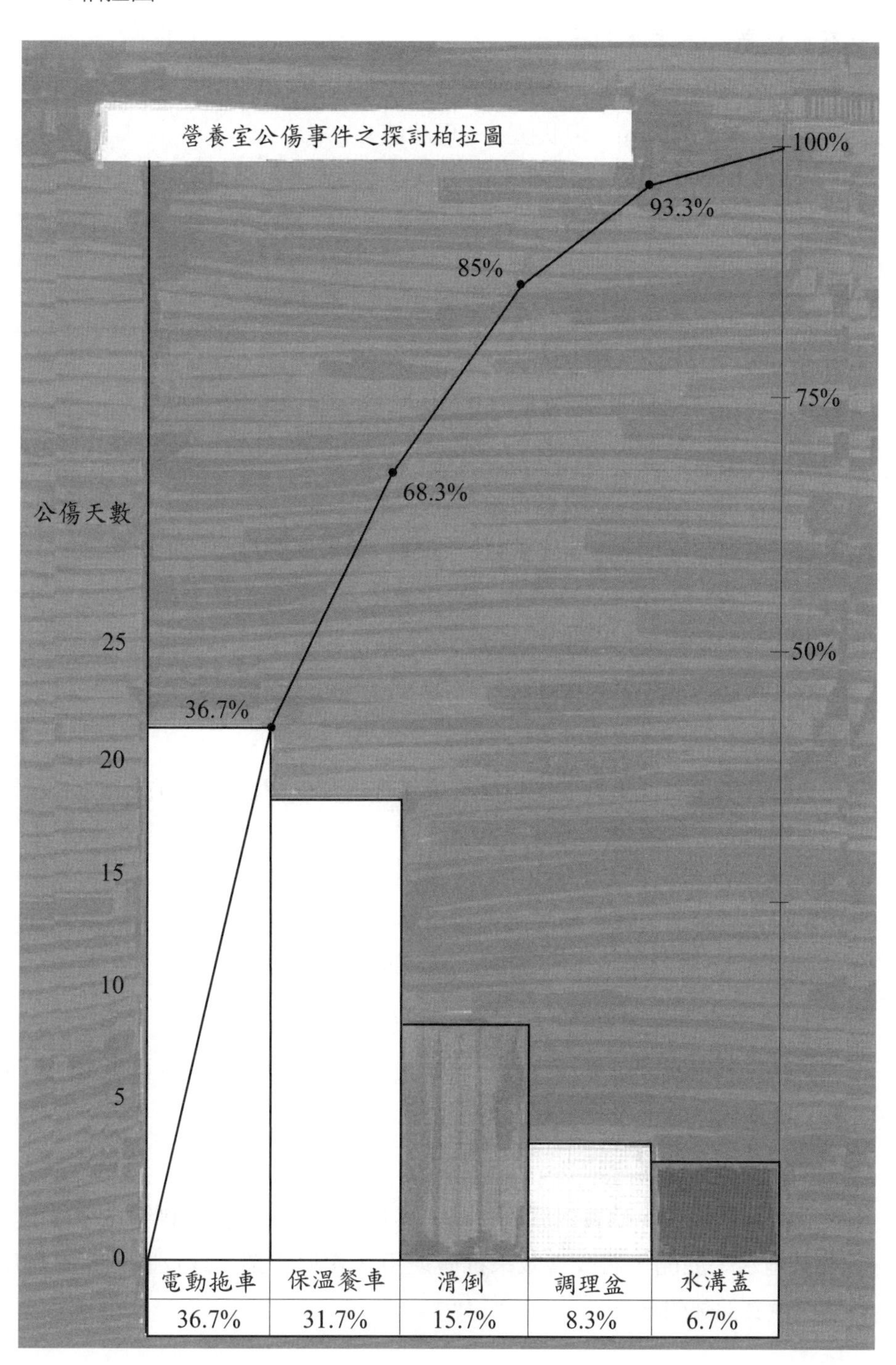
營養室公傷事件之探討柏拉圖
100%
93.3%
85%
75%
68.3%
公傷天數
25
50%
36.7%
20
15
10
5
0
電動拖車
保溫餐車
滑倒
調理盆
水溝蓋
36.7%
31.7%
15.7%
8.3%
6.7%

㈢檢討有形及無形成果。

㈣有形成果（參考下列方法）

1. 目標達成率＝（實績值－現狀值）÷（目標值－現狀值）。
2. 進步率＝（實績值－現狀值）÷現狀值。
3. 品質方面效益。
4. 成本方面效益。
5. 進度方面效益。
6. 總效益－改善費用＝淨效益。

㈤無形成果（參考下列方法）

1. 安全方面。
2. 環境（環保）方面。
3. 士氣（人際關係、組織形象及企業文化）方面。
4. 其他方面成果（可應用雷達圖呈現）。

八、標準化

㈠將有效對策列入作業程序或工作標準（參考下列方法）

1. 整理出有效之改善對策。
2. 依文件管理辦法進行作業程序，或工作標準之增訂、修訂或廢止（均需要有相關之紀錄）。
3. 使用查檢表及作業流程圖，辦理增訂、修訂之作業程序，或工作標準之說明或訓練。
4. 實施日常管理，確保員工按照作業程序執行。

㈡確認能否維持效果

若無法維持效果，則先檢討執行面問題。如有必要，則依文件管理辦法，修訂作業程序或工作標準內容。

㈢執行作業程序

當執行作業程序，確實對於改善缺失具有成效時，應訂為標準作業程序，並實施水平展開，將改善效果推廣運用在類似作業，或反映到組織制度中，供其他部門參考。

團膳企業要永續經營，必須自己建立一套有效的管理制度，及落實制度的方法，並且要合理化與標準化。合理化是改善的動力，可以促使企業成長，及避免組織僵化；標準化則可鞏固企業根基，維持企業成長。實施要訣是不做假（言行如一）、不增加與績效無關的工作、檢討改進不合理的標準，及不製造應付檢核資料。以下即為數個使用PDCA，訂定標準作業程序規範之範例。

㈠保溫餐車

P：曾發生有員工在病房將餐車用拉的方式，因看不到前方而撞傷人，另外員工不願意用拉的方式，經分析共有1.保溫餐車太重。2.員工認為用拉的方式是保護別人，而傷害自己（餐車重）。因此藉召集員工溝通方式，研商解決之道。

D：經召集相關人員，由小組長主持，並邀請勞安室等單位，進行為何會規定餐車推拉方式之雙向溝通會議，透過討論後會中達成共識，基於過去保溫餐車之肇事率實在太高，為了安全、降低餐車之肇事率，因此規定用拉的方式，屬於不得已之做法，會後將再加強宣導，日後如有再違反因而肇事時將加重處分。另外會中也進行實地操作餐車後發現，當推餐車時，如以手握有插頭端把手方向，推送方式比較省力，而拉餐車如先熱身時，則可以避免日後之肌肉傷害。

C：自從規定保溫餐車，改用拉的方式後，至今未再發生事故。

A：保溫餐車改用拉的方式，修訂納入保溫餐車標準作業程序——標準作業程序規範001（表10-1）；提醒以手握有插頭端把手方向，推送方式比較省力。而拉餐車如先熱身時，則可以避免日後之肌肉傷害。由所有的幹部配合每週定期之清潔檢查，與每月不定期之幹部稽查工作，進行檢查並做成紀錄，以作為持續之辦理與追蹤依據。

表10-1　標準作業程序規範001：廚房設備（保溫餐車）標準操作程序

標準操作程序		注意事項
一	行駛檢查： 觀察車輛前方及有無人員或障礙物。	1.嚴禁用力放手推出等類似危險動作。 2.行進時需確定前方無人員，不確定時應停止並察看確定（在病房推餐車時，需用拉的方式，以免因用推的方式，易因看不到前方而撞傷人）。
二	開啓車門： 注意四周人員。	注意並防止自己及他人手指在開啓車門時遭夾傷。
三	保溫餐車插電及拔插頭： 手部及接觸電線部位需保持乾燥，以免觸電。	1.不插電時，應將電線纏繞妥當。 2.如插頭損壞，立即報備請修。
四	清潔： 每天定期清潔。	1.清潔後維持乾淨。 2.外部定期打光，防止水漬存留。
五	消毒： 分批定期消毒。	1.消毒後密閉數天後才使用。 2.使用前需以清水清洗乾淨。 3.消毒時需預留足夠餐車使用。

㈡切菜機

P：運作不穩定時，其輸送帶不順暢，導致會有停頓之現象，此時如有人用手推菜很危險，而依據本院營養室原訂定之標準作業程序中規定，當切菜機有任何問題時，一律需先拔插頭後，才能處理。因此用手推是違反標準作業程序的動作，基於過去已有2名員工，因爲切菜機操作不當，而導致手指被切掉，所以如何落實標準作業程序中規定，是防止再度發生之關鍵。

D：經重新修訂標準作業程序，改採一對一教學並實地操作，員工操作切菜機前，務必操作熟練並經確認後，員工於標準作業程序表結尾處，簽章後始得開始操作。

C：自從採取相關防止措施後，至今未再發生事故，員工也因而去除工作時之畏懼心理。

A：將修訂之切菜機標準作業程序規範002（表10-2），列爲標準作業程序規範；後續之持續稽查工作，則配合每週定期之清潔檢查，與每月不定期之幹部稽查工作辦理。

表10-2　標準作業程序規範002：廚房設備（切菜機）標準操作程序

標準操作程序		注意事項
一	㈠掛放適用之刀具並卡緊。 ㈡關妥刀具室安全門並扣緊扣環。	1.注意刀具之刀刃面避免被割傷。 2.檢查刀具是否鎖緊，方向是否正確。 3.測試安全開關功能是否正常。
二	檢視切菜機上及輸送帶內狀況，並掛妥安全護蓋加以鎖緊。	1.切菜機上有雜物必須清除之。 2.若有異狀先停止使用，並立即向上級反應。 3.安全護蓋是否全程掛妥、鎖緊，切勿私自取下。
三	手指握住插頭前端塑膠部位，插入相同規格電流之插座。	1.確認插頭本身沒有變形、破損、潮溼，以策安全。 2.身體離開切菜機，不可碰觸或依靠切菜機體，避免發生危險。 3.手部必須保持乾燥，且手指勿接觸插頭前端鐵質部位，以防觸電。 4.不可將不同機器插入相同插座。 5.發現跳電或其他異狀、氣味、聲響時，應先停止使用，拔掉插頭並向上級反應。
四	電源燈（紅色）亮後，開啓主控制開關。	1.注意勿同時碰觸兩台機器，以策安全。 2.發現電源燈（紅色）不亮時先暫停使用，關掉開關、拔掉插頭，並立即向上級反應。
五	選擇適當速度後，加以調整輸送帶控制鈕。	1.以微調方式進行，並注意其情況是否正常，有無異聲。 2.輸送帶鬆緊要適中並平整，不可扭曲或變形。
六	選擇適當轉速後，加以調整刀具轉速。	1.以微調方式進行，並注意其情況是否正常，有無異聲。 2.需更換刀具時，刀具、輸送帶鈕歸零，關掉主控制開關，最後將插頭拔離插座，電源線盤整於主控制箱，配戴安全防護手套進行之。
七	將適量蔬菜平放於輸送帶上，自動傳入刀具室切成段。	1.輸送帶會自動將蔬菜傳入刀具室切成段，不需加以推擠，蔬菜量一次不可太多，稍微整理並排一致，以不超過輸送帶寬度為限。 2.操作中絕對禁止將手伸入刀具室及上段輔助輸送帶與主輸送帶之夾角內，防止意外發生。 3.根莖類切菜機則將蔬菜投入漏斗槽內，不需推擠，絕對禁止將手伸入槽內，以防止意外發生。

七		4.操作中發現異狀或聲響，或因蔬菜過量發生卡住現象，應立即停止使用並向上級反應，且關掉主控制開關、拔掉插頭，方可進行排除工作。 5.禁止操作中沖水，以防意外發生。
八	更換盛菜欄框，先將欄框拉離刀具室出菜口，再整理。	1.盛裝蔬菜以不超過欄框圍邊之最上端為原則，避免盛裝過高回堵刀具室，絕對禁止手指伸入刀具室內撥取蔬菜，以免發生危險。 2.中途若需換切不同種類蔬菜，應先將刀具鈕、輸送帶鈕歸零，關掉主控制開關，再將插頭拔離插座，電源線盤整於主控制箱，再依照最後步驟進行之。
九	操作完畢時先將㈠刀具鈕歸零；㈡輸送帶歸零；㈢再關掉主控制開關；㈣最後將插頭拔離插座，使電源燈（紅色）完全熄滅。	1.關閉之步驟不可顛倒或省略，避免造成危險。 2.旋轉或切開關動作，手部必須保持乾燥以防止觸電。 3.拔掉電源線整理整齊，盤繞於主控制箱。
十	打開刀具室安全門，配戴防護手套，以刷子刷洗刀片及刀具室，其餘部位均以擦拭方式清潔之，最後將刀具室安全門關閉。	1.沖洗之水量不可太大，並防止沖水濺及其他機件部位，造成危害。 2.刀具取下或掛放，均需配戴防護手套以防止割傷。

以上標準操作程序業經營養室切菜機講師現場教導，並已學會實際操作後請簽章。

簽署人：

日　期：

㈢電動拖車超拖保溫餐車

P：由於員工為節省工作時間，一次拖拉七、八輛餐車，以減少往返時間，但是卻因此增加電動拖車於轉彎時之危險，也易發生行駛途中，發生車門打開，而駕駛不自覺之危險狀況。然而規定至多只能拖拉五台，如依原作業流程，因需增加往返一趟之時間，勢必減少員工休息時間，因此需改變工作流程，否則不易遵行，因此由病膳營養師進行工作之協調，增加由外場人員支援，以減少原工作人員之負擔，進而提高遵照規定之可行性。

D：經與員工溝通，告知超拖餐車之危險性，並改變工作流程，由營養師協調外場人員支援後，因仍偶有查獲超拖之狀況，因此再強制規定，並宣布日後再違規超拖者，一經查獲將從嚴處罰，之後已未再查獲超載情形。

C：自從採取以上措施後，至今未再發生有關電動拖車事故。

A：將禁止超拖餐車規定，納入原電動拖車標準作業程序中，並列爲標準作業程序規範003（表10-3）。後續之持續稽查工作，則請全院共同稽查，並配合每月不定期之幹部稽查工作辦理。

表10-3　標準作業程序規範003：廚房設備（電動拖車）標準操作程序

	標準操作程序	注意事項
一	行駛前檢查： ㈠停車四周有無障礙物。 ㈡輪胎氣壓是否充足（28PSI）。 ㈢煞車情況是否正常、煞車油量是否足夠。 ㈣電壓表指示是否在正常範圍。	1.非經審核考照通過人員，不得使用電動拖車。 2.四周及車子底下是否有障礙物。 3.煞車油量是否在安全量範圍。 4.DC電壓表如為綠色代表電壓充足，如為紅色需立即充電，白色或黑色表示充電中。 5.若有異常現象時，禁止使用並向上級反應。
二	行駛程序： ㈠自電源插座拔下電源線，並放入線盒內（或繞於線架上）。 ㈡將鑰匙插入電源開關內，向右轉至「ON」位置。 ㈢前進時，進退排檔桿扳至「前進」檔位置；等待時，進退排檔桿扳至「空檔」位置；後退時，進退排檔桿扳至「後退」檔位置。 ㈣鬆開手煞車（或腳固定煞車）。 ㈤右腳緩慢踩電門踏板，即可行駛。	1.人員上車需由左側向右進入駕駛座。 2.開電門前先試踩煞車，並將右腳放置於腳煞車板上做好意外煞車應變措施。 3.手煞車鬆開動作：以右手拇指按下煞車桿前端按鈕，稍向上提起，再完成放鬆到最低位置（或以右腳踩腳煞車踏板，向前壓下，鬆開後踏板自動向上彈起）即可行駛。 4.右腳若不踩電門踏板，應即放置煞車踏板上，不可閒置旁處，以免意外發生時應變不及。 5.車輛行進當中以及上、下車時，手腳不得超越車寬度。

三	拖拉保溫餐車： ㈠連結保溫餐車掛妥後，前後檢查詳細，再上車行駛。 ㈡保溫餐車運送飯、菜、送餐行駛路線，由「清潔餐具存放間」走廊→「榮電辦公室」走廊→左轉入「福利社」後門走廊→在「供應品電梯室」走廊停車，抽出插銷與電動車頭分離，以人力將保溫餐車一台一台推入電梯室等待進入電梯內，回程則向前開，右轉入「安全梯口」走廊→右轉入「福利社」前門走廊→右轉入沿著原來路線回營養室。 ㈢保溫餐車回收行駛路線：在「福利社」前門走廊之「供應品電梯室」門口將保溫餐車掛妥後→右轉入「榮電辦公室」走廊→在營養室洗碗間門口停車，再將保溫餐車以人力一台一台推入洗碗間等候清洗。	1.未經上級同意，禁止載運保溫餐車以外人員及物品。 2.行駛中確實保持保溫餐車車門之關閉，若有開啓，應立即停車，將排檔桿（鈕）扳至「空檔」位置，拉起手煞車（或固定腳煞車）。待確實停穩後，再由左側緩慢下車，其餘中途停車亦應按此操作，以確保安全。 3.避免在斜坡或不平坦之地面停車，以免車身傾斜或滑行，而造成意外之發生。 4.保溫餐車以拉五台為最上限，嚴禁超載。 5.電動車不得駛入電梯室及洗碗間，以走廊為主要行駛路線。 6.行進中以低檔緩慢行駛，轉彎時更需減速慢行，注意兩側及後方，避免碰撞牆角或因轉彎角度太小而翻車，造成意外之發生。 7.倒車行駛時，需特別留意後方安全。 8.沿途靠右行駛，小心行人，並禮讓行人優先，不超速、超載。
四	燈光控制： ㈠燈光開關向前扳時，需前、後燈亮起，向後扳時，需後燈亮起。 ㈡踩煞車踏板時，需後煞車燈自動亮起。	照明不足或停電時，需開啓大燈。
五	喇叭使用： 壓下方向盤中間之喇叭開關（或腳踩左下方喇叭鈕）時，喇叭立即響起。	不得任意亂鳴喇叭，以維護安寧。
六	停車程序： ㈠欲停止行駛時，必須先鬆開「電門踏板」，再踩「煞車踏板」，直到完全靜止下來。 ㈡進退排檔桿（鈕）扳至中間「空檔」位置。	人員離開電動車，隨時將鑰匙取下，並妥善保管。

六	㈢拉起手煞車（或以右腳跟在煞車踏板向下踩到最低，會卡住在最低處）。 ㈣鑰匙開關左轉至「OFF」位置。 ㈤兩腳完全離開各踏板，再由左側下車。	
七	充電： ㈠停車後，從線盒內（收線架）取出電源線，插入普通110V交流電源插座內。 ㈡或將充電接頭結合，充電器開關鈕轉至「充電」位置。 ㈢充電時DC電流表應指示15A左右。	1.注意應先確定為110V電源，防止意外發生。 2.耗電過量於補充時，產生大電流而損壞充電裝置。 3.充電器若有異狀或故障時，即刻停止使用並向上級反應。 4.使用完畢將鑰匙歸還原處，並將詳細情形記錄於「電動車使用簿」內，若有異常或故障時，立即向上級反應。

㈣油鍋起火

P：過去廚師爲爭取工作時間，經常同時使用兩個鍋子，有時因事離開而忘記關閉爐火，有時則因照顧某一鍋，而疏忽另一鍋，進而導致發生起火狀況，嚴重危及供膳安全。然而會1人使用兩個鍋子，是廚師怕時間來不及而搶、趕，事實上經深入再分析檢討工作流程結果，實際之時間是夠用，完全是廚師之錯誤觀念所導致。其他因素尚有爲改善菜色之新菜單，製作極耗時間，如低蛋白飲食菜單中，需要親自做麵條、蛋捲與粿仔條等特殊菜色，以致時間緊湊。

D：請病膳營養師重新評估菜單、工作內容與流程，務必將時間緊湊之時段，進行菜單調整。由主任及組長與廚房當面溝通，並分析嚴重性後強制規定油鍋只能1人一鍋，使用油鍋中，絕對不可以離開，並加強稽查，一旦發現即列入考核，年度考績不得甲等，如因而導致事故，則加重處分。

C：過去常有爐火打開中，廚師卻離開爐灶之情形；規定初期仍偶有查獲，經加強稽查及並對於違規員工進行處罰，並列入平時考核紀錄且宣導後，目前已未再查獲，也未再發生爐灶起火事故。

A：新訂大灶之標準作業程序，並列爲標準作業程序規範004（表10-4）；後續之持續稽查工作，則配合每月不定期之幹部稽查工作辦理。

表10-4　標準作業程序規範004：廚房設備（大灶）標準操作程序

1	點火時應蹲下去點火並確定點著，如果第一次點火未點著時，應俟瓦斯散去後再行點火，以免造成轟響。
2	需先點母火，再點大火。
3	點火時必須先確定母火已點燃後，始能繼續下一動作。
4	油鍋1人一鍋，使用中絕對不可以離開。
5	每一餐當師傅離開不用爐灶欲休息時，即應熄滅母火，不得以下一位即將使用而搪塞不關，如果接續者欲接續使用，除非現場交接並互相確定母火點燃，否則仍需由下一位重新開火，以釐清責任之歸屬。
6	應減少油脂殘留地面，以免滑倒。

㈤瓦斯開關明明有關，為何仍有瓦斯味道滲出

P：過去曾發生欣高瓦斯進行檢測時，發現高空瓦斯管線有漏氣之現象，因此提醒平時瓦斯管線檢測之重要性。平時之檢測方式，係由使用瓦斯之廚師，每週定期使用肥皂水，塗刷瓦斯管線與開關處，當塗刷後有泡泡產生時，代表有漏氣之狀況；然而檢查過程中，有發生沒有異狀，卻仍有聞到瓦斯味道溢出之情形，經再使用瓦斯測漏器檢查，測漏始予以排除。

D：由於執行初期，要求廚師定期檢測時發生反彈，除認為會增加工作外，也心裡畏懼日後之責任問題；經溝通並說明此項工作，係協助院方防止瓦斯漏氣，如已確實檢查，日後仍發生有瓦斯漏氣時，主管會負責，不會由負責檢查之廚師當代罪羔羊。為簡化並落實檢查，首先設計瓦斯檢查表時，將每一位廚師負責檢查區域之管線與瓦斯開關處，顯著用圖示方式，劃出於各區域之瓦斯檢查表中，由使用瓦斯之廚師，每週定期檢查後簽章，並張貼於顯著區域。營養室則增購瓦斯測漏器，不定期進行檢測；再定期請欣高瓦斯公司，進行正式檢測。

C：經執行以上措施後，已不再有反應瓦斯漏氣之狀況。

A：新訂瓦斯檢查之標準作業程序，並列為標準作業程序規範005（表10-5），每週檢查，並配合每月不定期之幹部稽查工作，查察辦理情形，初期偶有因假日替班，因代班而忘記檢查之情形，經再規定由正班負責檢查，以免疏漏後已改善漏檢之情形。

表10-5　標準作業程序規範005：廚房設備（瓦斯檢查）標準操作程序

1	瓦斯管線外觀是否有生鏽、彎曲、變形或破裂。
2	塑膠管線是否有破損、裂痕或老化、變形現象。
3	螺絲是否鎖緊，各接頭、彎頭部位是否有鬆動或斷裂。
4	各開關功能是否還正常。
5	有無瓦斯氣味、聲響。
6	火嘴是否有鬆動、脫落或阻塞現象，燃燒情形有無異常火光或氣味。
7	檢查結果記號——○：正常　×：異常　△：其他（請註明）。
8	檢查頻率及日期：每週至少檢查乙次，檢查後簽章，日期暫訂星期日（或五）執行檢查。
9	隔月月初，請將檢查表交瓦斯檢查管理人員彙整後陳核。

㈥老鼠與蟑螂

P：過去消毒後，屢屢感覺消毒效果不彰，老鼠與蟑螂太多，除會咬斷電線，造成配電盤失火之危險外，也導致機器設備故障，危及供膳安全。唯向消毒公司反應之結果，卻經常以本室垃圾未清理，或死角太多，因而造成老鼠與蟑螂多之理由來搪塞，當營養室改善垃圾與死角問題後，卻仍發現老鼠與蟑螂消毒不彰，與消毒公司往往各執一詞，沒有交集。經另訪尋請教，坊間消毒成效有口碑之業者，發現可以改用科學化之方法，即蟑螂捕蟲係數與鼠跡入侵率調查，來認定消毒後之效果。所謂之蟑螂補蟲係數，即是指平均每週每盒捕獲蟑螂之百分比數；鼠跡入侵率調查，爲平均出現老鼠蹤跡百分比數，當連續兩次未達規定時，應訂定罰則處罰；若連續三次以上未達規定時，則無條件解約，並沒入履約保證金。

D：經採用蟑螂捕蟲係數與鼠跡入侵率調查後，於消毒公司消毒後立即調查，一週後發現二十八個捕蟑螂屋，總共捕獲1,932隻；老鼠則於十五個場所中，發現十二個有入侵蹤跡，即蟑螂之捕蟲係數爲69，老鼠之鼠跡入侵率爲80%，顯然消毒與滅鼠成效不彰，因此據此要求消毒公司改善。

C：經營養室與負責消毒外包公司管理之總務室協調結果，規定如再經一個月之觀察期，仍未改善，則處罰廠商或辦理解約；經半個月後辦理調查結果：蟑螂之捕蟲係數爲48.97，一個月之後降至21.46，三個月後再降至19.14；鼠跡入侵率，則一個月後降低至20%，獲得顯著之改善。

A：由於蟑螂捕蟲係數與鼠跡入侵率調查，執行後確實排除雙方對於消毒效果不彰，又無證據佐證之困擾，因此持續採用，並已建議總務室納入契約內容之中，以爲規範消毒外包公司。

重點摘要

經營團膳企業時，要注意四隻猴子的寓言。科學家將四隻猴子，關在密閉房間，每天餵食很少食物，讓猴子餓得吱吱叫。幾天後，實驗者在房間上面的小洞，放下一串香蕉，一隻餓得頭昏眼花的大猴子，一個箭步衝向前，可是還沒拿到香蕉時，就被預設機關所潑出的滾燙熱水，燙得全身是傷，當後面三隻猴子，依次爬上去拿香蕉時，一樣被熱水燙傷，於是衆猴只好望「蕉」興嘆。

幾天後，實驗者換進一隻新猴子進入，當新猴子肚子餓得也想嘗試爬上去吃香蕉時，立刻被其他三隻老猴子制止，並告知有危險，千萬不可嘗試。實驗者再換一隻猴子，當這隻新猴子想吃香蕉時，有趣的事情發生了，這次不只剩下的二隻老猴子制止牠，連沒被燙過的半新猴子，也極力阻止牠。實驗繼續，當所有猴子都已換新之後，沒有一隻猴子曾經被燙過，上頭的熱水機關也已經取消，香蕉變的唾手可得，卻沒有猴子敢前去享用。傳統之禁忌經常世代相傳，雖然事過境遷、環境改變，大多數的團膳組織，如果仍然被前人失敗經驗困擾，將平白錯失大好機會。

問題如下（請先不要看第395頁的答案）：

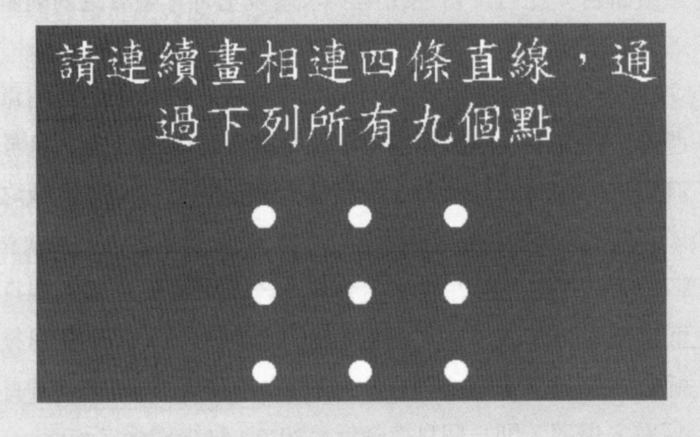

上題多數人回答不出答案之原因，主要是我們很容易被既有之觀念給困住，而自己被本身的舊有習慣與思維所限制住而導致。因此打開自己的心，是團膳管理上面很重要的學習功課。

有2個人在同一家公司上班，年齡相當，工作時間也差不多，工作都很賣力，但是一個不久就得到總經理賞識，一再被提升，從基層一直升到部門經理，而另外一個像被人遺忘般一直在基層。

有一天，被遺忘的員工，實在忍無可忍，於是向總經理提出辭呈，並大膽的指出，總經理沒有眼光，對於辛勤工作的人不提拔，偏愛熱衷吹牛拍馬屁的人，總經理聽完，他知道員工工作辛苦，但能力不足，如果直說肯定不服，於是總經理想出了一個辦法。他說：「也許是我的眼睛真的渾了，不過我要證實一下，你現在到市集上，去看看有什麼賣的。」員工很快回來，回答道：「剛才市集上有1位老農民拉了車在賣土豆」。「一車大約多少斤？」總經理問。員工立即返回去，過了一會兒回來說：「車上有四十多袋土豆，每袋約20斤。」「多少錢1斤呢？」總經理又問。員工又要跑回去，但被總經理一把拉住並對他說：「請休息一會兒吧！看看被提升的員工怎樣做。」他派人把被提升的員工叫來，對他說：「請你馬上到市集上，去看看今天有什麼賣的。」不一會兒回來，向總經理回報說：「市集上只有一個老農民在賣土豆，有四十多袋，共800多斤，價格適中，質量很好。」他已經帶回幾個，讓總經理過目；並說這位農民，今天下午還要拉一車紅柿上市，據說價格還可以，他準備和這位農民，下午再聯繫一下。被遺忘的員工，一直在旁邊看著，他的臉漸漸紅了，他請求總經理把辭職報告還給他，現在他終於知道自己的問題所在了。一個成功者之所以能成功，其實並沒有多少祕訣，有時他們只不過比平常人多想幾步罷了。在團膳經營中，多想幾步是很重要的。

行政院衛生署，1993～2002年國民營養健康狀況變遷調查，蒐集具有國人代表性的膳食攝取與血液體檢資料，發現臺灣民眾從小學生到老年人，缺乏多種保護性的維生素與礦物質營養素，諸如B_1、B_2、B_6、葉酸、B_{12}、鉀、鈣及鎂等，攝取不足或營養欠缺。

顯然其中以缺乏水溶性維生素B群居多，依據筆者親身經驗，每天補充一顆維生素B群，確實有助於身體健康，只是其中一個很重要的原則是，不要迷信「貴」才好，因為購買藥品級的維生素B群（Vitamin B Complex）一顆約5毛錢，一天一顆即可（老年人更應該補充，因為多半飲食不均衡，缺乏狀況更嚴重）；而如果迷信「貴」才有效，那麼一顆可能要20～30元，但是實際上效果，可能反而沒有藥品級的維生素B群好，因為賣貴的「商品」反而經常是「食品」。消費者只要詳細比較，有關維生素E食品級及藥品級之差異，即可獲得證明（比較其毫克數與價格即可知道）。

現代所謂之e世代，是「知識經濟」時代，前述臺灣近十年來，雖然生活富裕，但實際上飲食營養知識，卻遠遜於相同國民所得的國家，所以發生很多人花大錢購買對身體無益，甚至於有害的所謂健康食品。而其原因是，國家不重視國民營養教育，民眾營養知識的取得，多半是從媒體獲得，片段而不完整，並產生許多似是而非的觀念，造成飲食觀念偏差、體重過重、過輕及減肥不當等情況，嚴重影響國人健康。建立正確飲食觀念，有助於疾病之預防，更可以減少損失。

因此筆者建議團膳企業，供餐後主動提供一顆維生素B群（需適當包裝，以印有團膳企業名稱包裝，並註明「××團膳關心您的健康」，餐後可以與飯後水果及甜點一併贈送），並進行衛生教育，除了有益消費者健康，多花個5毛錢，將為團膳企業帶來良好之形象與無形之利益。

問題與討論

一、抱怨管理有什麼重要性？

二、簡述嬌生公司危機處理之優缺點。

三、消費者為什麼會抱怨？

四、PDCA是什麼？

五、控制老鼠與蟑螂等病媒數量如何PDCA？

學習評量

是非題

1.（　）勞工安全衛生法不適用於管理餐旅業。

2.（　）飲食為人類每日不可或缺，若不注意即易因飲食而導致生病中毒，甚至喪生，即所謂病從口入，因此食品業者不必注意衛生。

3.（　）餐具係指經洗滌及有效殺菌後，供消費者使用之器具容器，但不包含不再經洗滌之免洗餐具。

4.（　）改善個人衛生習慣與食品中毒無關。

5.（　）工作完畢，不必檢查水電及瓦斯。

6.（　）加壓二重釜較低成本之熱源為瓦斯。

7.（　）使用瓦斯時，為求快速，應立即打開。

8.（　）如發現瓦斯漏氣，應開啓抽風機或電扇抽風。

9.（　）當鼓風爐火燄呈藍色時，表示瓦斯量不夠或燃燒不完全。

10.（　）壓力油炸機比開放式油炸機較不易清理，需藉助刷子或刮板來做清潔工作。

11.（　）瓦斯爐灶加熱速度較慢，且溫度較不易保持於恆溫。

解答

1.×　2.×　3.×　4.×　5.×　6.×　7.×　8.×　9.×　10.×　11.×

第392頁的答案爲：

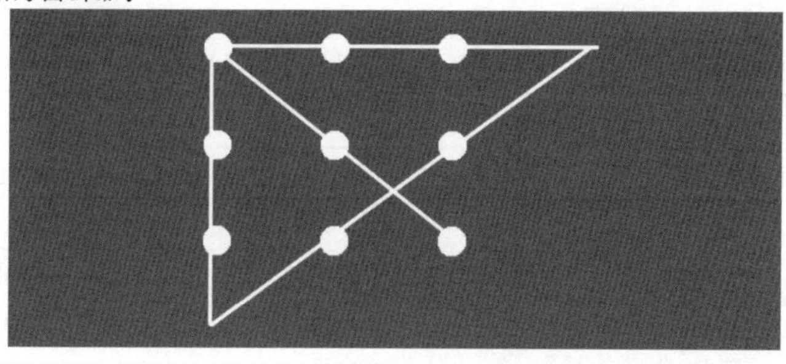

附錄一　食物代換表（資料來源：衛生署。2006。《臨床營養工作手冊》）

品　名	蛋白質	脂　肪	碳水化合物	熱　量
奶類（全脂）	8	8	12	150
（低脂）	8	4	12	120
（脫脂）	8	＋	12	80
肉、魚、（低脂）	7	3	＋	55
蛋、豆類（中脂）	7	5	＋	75
（高脂）	7	10	＋	120
主食類	2	＋	15	70
蔬菜類	1		5	25
水果類	＋		15	60
油　脂		5		45

＋：表微量

稱量換算表：

1杯＝16湯匙	1公斤＝2.2磅
1湯匙＝3茶匙＝15毫升	1磅＝16盎司
1公斤＝1,000公克	1磅＝454公克
1台斤（斤）＝600公克	1盎司＝30公克
1市斤＝500公克	1杯＝240毫升（公克）

類別	種類	名稱	份量	計量
奶類	全脂奶	每份含蛋白質8公克，脂肪8公克，碳水化合物12公克，熱量150大卡		
		名　稱	份　量	計　量
		全脂奶	1杯	240毫升
		全脂奶粉	4湯匙	30公克
		蒸發奶	1/2杯	120毫升
	低脂奶	每份含蛋白質8公克，脂肪4公克，碳水化合物12公克，熱量120大卡		
		名　稱	份　量	計　量
		低脂奶	1杯	240毫升
		低脂奶粉	3湯匙	25公克
	脫脂奶	每份含蛋白質8公克，碳水化合物12公克，熱量80大卡		
		名　稱	份　量	計　量
		脫脂奶	1杯	240毫升
		脫脂奶粉	3湯匙	25公克

五穀根莖類	每份含蛋白質2公克，碳水化合物15公克，熱量70大卡					
	名稱	份量	可食重量（公克）	名稱	份量	可食重量（公克）
	米類					
	米、小米、糯米……等	1/8杯(米杯)	20	蘇打餅乾	3片	20
	飯	1/4碗	50	△燒餅（+1/2茶匙油）	1/4個	20
	粥（稠）	半碗	125	△油條（+1/2茶匙油）	1/3根	15
	白年糕		30	甜不辣		35
	芋頭糕		60			
	蘿蔔糕6×8×1.5公分	1塊	50	根莖類		
	豬血糕		35	馬鈴薯（3個／斤）	半個（中）	90
	小湯圓（無餡）	約10粒	30	番薯（4個／斤）	半個（小）	55
				山藥	1塊	100
	麥類			芋頭	滾刀塊3～4塊或1/5個（中）	55
	大麥、小麥、蕎麥、燕麥……等		20	荸薺		85
	麥粉	4湯匙	20	蓮藕	7粒	100
	麥片	3湯匙	20			
	麵粉	3湯匙	20	其他		
	麵條（乾）		20	玉米或玉米粒	1/3根或半杯	65
	麵條（濕）		30	爆米花（不加奶油）	1杯	15
	麵條（熟）	半碗	60	◎薏仁		20
	拉麵		25	◎蓮子（乾）	1.5湯匙	20
	油麵	半碗	45	栗子	32粒	40
	鍋燒麵		60	菱角	6粒（大）	50
	◎通心粉（乾）	1/3杯	20	南瓜	7粒	110

	食物名稱	份量	重量	食物名稱	份量	重量
	麵線（乾）		25	◎紅豆、綠豆、蠶豆、刀豆	1湯匙（生）	20
	餃子皮	3張	30			
	餛飩皮	3～7張	30	◎花豆（乾）		20
	春捲皮	1.5張	30	◎豌豆仁		45
				◎皇帝豆		65
	饅頭	1/3個（中）	30	*冬粉	半把	20
	山東饅頭	1/6個	30	*藕粉	2湯匙	20
	土司	1/2~1/3片	25	*西谷米（粉圓）	2湯匙	20
	餐包	1個（小）	25	*米苔目(濕)		60
				*米粉（乾）		20
	漢堡麵包	半個	25	*米粉（濕）	半碗	30～50
	△菠蘿麵包	1/3個（小）	20			
	△奶酥麵包	1/3個（小）	20			

（註）1.*蛋白質含量較其他主食為低，飲食需限制蛋白時可多利用。

2.*每份蛋白質含量（公克）：冬粉0.02、藕粉0.02、西谷米0.02、米苔目0.3、米粉0.1。

3.◎每份蛋白質含量（公克）：薏仁2.8、蓮子4.8、花豆4.7、通心粉2.5、紅豆4.5、綠豆4.7、刀豆4.9、豌豆仁5.4、蠶豆2.7，較其他主食為高。

4.△菠蘿麵包、奶酥麵包、燒餅、油條等油脂含量較高。

肉、魚、蛋類	每份含蛋白質7公克，脂肪5公克，熱量75大卡			
	項　目	食物名稱	可食部分生重（公克）	可食部分熟重（公克）
	水　產	虱目魚、烏魚、肉鯽、鹹鰮魚、鮭魚	35	30
		*魚肉鬆（+10公克碳水化合物）	25	
		鱈魚	50	
		*虱目魚丸、花枝丸（+7公克碳水化合物）	50	
		*旗魚丸、魚丸（包肉）（+7公克碳水化合物）	60	
	家　畜	豬大排、豬小排、羊肉、豬腳、豬前／後腿肉	35	30
		*豬肉鬆（+5公克碳水化合物）、肉脯	20	
	家　禽	雞翅、雞排	40	

	雞爪	30	
	鴨賞	20	
◎內　臟	豬舌	40	
	豬肚	50	
	◎◎豬小腸	55	
	◎◎豬腦	60	
蛋	◎◎雞蛋	55	
每份含蛋白質7公克，脂肪10公克，熱量120大卡			
水　產	秋刀魚	35	
家　畜	牛條肉	40	
	＊豬肉酥（+5公克碳水化合物）	20	
◎內　臟	雞　心	50	
每份含蛋白質7公克，脂肪10公克，熱量135大卡以上，應避免使用			
家　畜	豬蹄膀	40	
	梅花肉、牛腩	45	
	豬大腸	100	
加工製品	◎◎香腸、蒜味香腸、五花臘肉	40	
	熱狗、五花肉	50	

（註）1.＊含醣類成分，熱量較其他食物為高。

2.◎含膽固醇，每份50～99毫克；◎◎含膽固醇，每份≥100毫克。

肉、魚、蛋類				
	每份含蛋白質7公克，脂肪3公克，熱量55大卡			
	項　目	食物名稱	可食部分生重（公克）	可食部分熟重（公克）
	水　產	◎蝦米、小魚乾	10	
		◎蝦皮、牡蠣乾	20	
		◎魚脯	30	
		一般魚類	35	30
		草蝦	30	
		◎◎小卷（鹹）	35	

	◎花枝	40	30
	◎◎章魚	55	
	*魚丸（不包肉） （＋10公克碳水化合物）	55	55
	牡蠣	65	35
	文蛤	60	
	白海參	100	
家　畜	豬大里肌（瘦豬後腿肉） （瘦豬前腿肉）	35	30
	牛腱	35	
	*牛肉乾（＋10公克碳水化合物）	20	
	*豬肉乾（＋10公克碳水化合物）	25	
	*火腿（＋5公克碳水化合物）	45	
家　禽	雞里肉、雞胸肉	30	
	雞腿	40	
◎內　臟	牛肚	35	
	◎雞肫	40	
	豬心	45	
	◎豬肝	30	20
	◎◎雞肝	40	30
蛋	◎膽肝	20	
	◎◎豬腎	65	
	◎◎豬血	225	
	雞蛋白	70	

（註）1.*含醣類成分，熱量較其他食物為高。

2.◎含膽固醇，每份50～99毫克；◎◎含膽固醇，每份≥100毫克。

3.本欄精算油脂時，水產脂肪量以1公克以下計算。

豆類及其製品	每份含蛋白質7公克，脂肪3公克，熱量55大卡		
	食物名稱	可食部分生重（公克）	可食部分熟重（公克）
	黃豆（+5公克碳水化合物）	20	
	毛豆（+5公克碳水化合物）	50	
	豆皮	15	
	豆腐皮（濕）	30	
	豆腐乳	30	
	臭豆腐	50	
	豆漿	260毫升	
	麵腸	40	
	麵丸	40	
	*烤麩	35	
	每份含蛋白質7公克，脂肪5公克，熱量75大卡		
	食物名稱	可食部分生重（公克）	可食部分熟重（公克）
	豆枝（+5公克油脂+30公克碳水化合物）	60	
	干絲、百頁、百頁結	35	
	油豆腐	55	
	豆豉	35	
	五香豆乾	35	
	小方豆乾	40	
	*素雞	40	
	黃豆乾	70	
	傳統豆腐	80	
	嫩豆腐	140（1/2盒）	
	每份含蛋白質7公克，脂肪10公克，熱量120大卡		
	食物名稱	可食部分生重（公克）	可食部分熟重（公克）
	麵筋泡	20	

*資料來源：中國預防醫學科學院營養與食品衛生研究所編註之食物成分表。

蔬菜類	每份100公克（可食部分）含蛋白質1公克，碳水化合物5公克，熱量25大卡			
	食物名稱#			
	*黃豆芽	胡瓜	葫蘆瓜	蒲瓜（扁蒲）
	木耳	茭白筍	*綠豆芽	洋蔥

蔬菜類				
	甘藍	高麗菜	山東白菜	包心白菜
	翠玉白菜	芥菜	萵苣	冬瓜
	玉米筍	小黃瓜	苦瓜	甜椒（青椒）
	澎湖絲瓜	芥蘭菜嬰	胡蘿蔔	鮮雪裡紅
	蘿蔔	球莖甘藍	麻竹筍	綠蘆筍
	小白菜	韭黃	芥蘭	油菜
	空心菜	*油菜花	青江菜	美國芹菜
	紅鳳菜	*皇冠菜	紫甘藍	萵苣葉
	*龍鬚菜	花椰菜	韭菜花	金針菜
	高麗菜芽	茄子	黃秋葵	番茄（大）
	*香菇	牛蒡	竹筍	半天筍
	*苜宿芽	鵝菜心	韭菜	*地瓜菜（番薯葉）
	芹菜	茼蒿	*紅莧菜	
	*荷蘭豆菜心	鵝仔白菜	*青江菜	白鳳菜
	*柳松菇	*洋菇	猴頭菇	*黑甜菜
	芋莖	金針菇	*小芹菜	莧菜
	野苦瓜	紅梗珍珠菜	川七	
	角菜	菠菜	*草菇	

（註）#本表依蔬菜鉀離子含量排列由上而下漸增，下欄之鉀離子含量最高，因此血鉀高的患者應避免食用。

*表示該蔬菜之蛋白質含量較高。

水果類		每份含碳水化合物15公克，熱量60大卡			
		食物名稱	購買量（公克）	可食量（公克）	份量
	柑橘類	椪柑（3個／斤）	190	150	1個
		桶柑（海梨）（4個／斤）	190	155	1個
		柳丁（4個／斤）	170	130	1個
		香吉士	135	105	1個
		油柑（金棗）（30個／斤）	120	120	6個
		*白柚	270	165	2片
		葡萄柚	250	190	3/4個
	蘋果類	五爪蘋果	140	125	小1個
		青龍蘋果	130	115	小1個
		富士蘋果	145	130	小1個
	瓜類	黃西瓜	320	195	1/3個
		*木瓜（1個／斤）	190	120	1/3個
		*紅西瓜	365	250	1片

水果類	瓜類	＊＊香瓜（美濃）	245	165	2/3個
		＊＊太陽瓜	240	215	2/3個
		＊＊哈密瓜	225	195	1/4個
		＊＊新疆哈密瓜	290	245	2/5個
	芒果類	金煌芒果	140	105	1片
		愛文芒果	225	150	1 1/2片
	芭樂類	＊土芭樂	—	155	1個
		＊泰國芭樂（1個1斤）	—	160	1/3個
		＊葫蘆芭樂	—	155	1個
	梨類	西洋梨	165	105	1個
		水梨	200	150	3/4個
		粗梨	140	120	小1個
	桃類	水蜜桃（4個1斤）	150	145	小1個
		＊＊桃子	250	220	1個
		仙桃	75	50	1個
		＊玫瑰桃	125	120	1個
	李類	加州李（4個1斤）	110	100	1個
		李子（14個1斤）	155	145	4個
	棗類	黑棗梅	30	25	3個
		紅棗	30	25	10個
		黑棗	30	25	9個
		＊綠棗子（8個1斤）	140	130	2個
	柿類	紅柿（6個1斤）	75	70	3/4個
		柿餅	35	33	3/4個

（註）＊每份水果含鉀量200～399毫克。

＊＊每份水果含鉀量≧400毫克。

水果類	每份含碳水化合物15公克，熱量60大卡			
	食物名稱	購買量（公克）	可食量（公克）	份量
其他	葡萄	130	105	13個
	＊聖女番茄	175	175	23個
	荔枝（30個1斤）	185	100	9個
	＊龍眼	130	90	13個
	＊草莓	170	160	小16個
	櫻桃	85	80	9個
	枇杷	190	125	
	香蕉（3根1斤）	95	70	大1/2根、小1根
	蓮霧（6個1斤）	180	170	2個
	楊桃（2個1斤）	180	170	3/4個
	鳳梨（4斤／個）	205	130	1/10片
	＊奇異果（6個1斤）	125	115	1 1/2個
	百香果（6個1斤）	190	95	2個

水果類	其他	*釋迦（3個1斤）	105	60	2個
		山竹（7個1斤）	420	84	1/2個
		火龍果		130	5個
		紅毛丹	150	80	
		榴槤（去殼）	35		1/4瓣
	果汁類	葡萄汁、楊桃汁		135	
		鳳梨汁、蘋果汁、芒果汁		140	
		柳橙汁		120	
		葡萄柚汁		160	
		水蜜桃汁		135	
		*芭樂汁		145	
		**番茄汁		285	
	水果製品	芒果乾		18	2片
		芒果青		30	5片
		葡萄乾		20	33個
		*龍眼乾		22	
		鳳梨蜜餞		60	1圓片
		醃漬鳳梨		57	
		鳳梨罐頭		80	2圓片
		菠蘿蜜罐頭		65	
		水蜜桃罐頭		90	1 1/2半圓片
		柑橘罐頭		122	
		荔枝罐頭		113	
		粗梨罐頭		200	
		櫻桃罐頭		35	
		**番茄罐頭		180	
		葡萄果醬		23	
		草莓果醬		22	

（註）*每份水果含鉀量200～399毫克。

**每份水果含鉀量≧400毫克。

油脂類	每份含脂肪5公克，熱量45大卡			
	食物名稱	購買重量（公克）	可食量分量（公克）	可食分量
	植物油			
	大豆油	5	5	1茶匙
	玉米油	5	5	1茶匙
	花生油	5	5	1茶匙
	紅花子油	5	5	1茶匙
	葵花子油	5	5	1茶匙
	麻油	5	5	1茶匙
	椰子油	5	5	1茶匙
	棕櫚油	5	5	1湯匙
	橄欖油	5	5	1茶匙

油脂類	芥花油	5	5	1茶匙
	動物油			
	牛油	5	5	1茶匙
	豬油	5	5	1茶匙
	雞油	5	10	1茶匙
	*培根	10	10	1片（25×3.5×0.1公分）
	*奶油乳酪（Cream Cheese）	12	12	2茶匙
	堅果類			
	*瓜子	20 （約50粒）	7	1湯匙
	*南瓜子、葵花子	12 （約30粒）	8	1湯匙
	各式花生仁	8	8	10粒
	花生粉	8	8	1湯匙
	*黑（白）芝麻	8	8	2茶匙
	*杏仁果	7	7	5粒
	*腰果	8	8	5粒
	*開心果	14	7	10粒
	*核桃仁	7	7	2粒
	其他			
	瑪琪琳、酥油	5	5	1茶匙
	蛋黃醬	5	5	1茶匙
	沙拉醬（法國式、義大利式）	10	10	2茶匙
	*花生醬	8	8	1茶匙
	鮮奶油	15	15	1湯匙
	#加州酪梨（1斤2～3個） （另含碳水化合物2公克）	40	30	2湯匙（1/6個）

（註）*熱量主要來自脂肪，但亦含有少許蛋白質（≧1公克）。

#資料來源：Mahan L K and Escott-Stump S (2000) Food, Nutrition and diet therapy 10th ed.

附錄二 國人膳食營養素參考攝取量修訂第七版

（Dietary Reference Intakes, DRIs）

行政院衛生署　　　　中華民國100年修訂

營養素	身高	體重	熱量(2)(3)	蛋白質(4)	維生素A(6)	維生素D(7)	維生素E(8)	維生素K	維生素C	維生素B_1	維生素B_2	菸鹼素(9)	維生素B_6	維生素B_{12}	葉酸	膽素	生物素	泛酸	鈣	磷	鎂	鐵(5)	鋅	碘	硒	氟
						AI	AI	AI								AI	AI	AI	AI	AI			AI			AI
單位 年齡(1)	公分 (cm)	公斤 (kg)	大卡 (kcal)	公克 (g)	微克 (μg RE)	微克 (μg)	毫克 (mg α-TE)	微克 (μg)	毫克 (mg)	毫克 (mg)	毫克 (mg)	毫克 (mg NE)	毫克 (mg)	微克 (μg)	微克 (μg)	毫克 (mg)	微克 (μg)	毫克 (mg)	毫克 (mg)	毫克 (mg)	毫克 (mg)	毫克 (mg)	毫克 (mg)	微克 (μg)	微克 (μg)	毫克 (mg)
0-6月	男 女 61 60	男 女 6 6	100/公斤	2.3/公斤	AI=400	10	3	2.0	AI=40	AI=0.3	AI=0.3	AI=2	AI=0.1	AI=0.4	AI=70	140	5.0	1.7	300	200	AI=25	7	5	AI=110	AI=15	0.1
7-12月	72 70	9 8	90/公斤 男 女	2.1/公斤	AI=400	10	4	2.5	AI=50	AI=0.3	AI=0.4	AI=4	AI=0.3	AI=0.6	AI=85	160	6.5	1.8	400	300	AI=70	10	5	AI=130	AI=20	0.4
1-3歲 (稍低) (適度)	92 91	13 13	1150 1150 1350 1350	20	400	5	5	30	40	0.6	0.7	9	0.5	0.9	170	180	9.0	2.0	500	400	80	10	5	65	20	0.7
4-6歲 (稍低) (適度)	113 112	20 19	 1550 1400 1800 1650	30	400	5	6	55	50	男 女 0.9 0.8	男 女 1 0.9	男 女 12 11	0.6	1.2	200	220	12.0	2.5	600	500	120	10	5	90	25	1.0
7-9歲 (稍低) (適度)	130 130	28 27	 1800 1650 2100 1900	40	400	5	8	55	60	1.0 0.9	1.2 1.0	14 12	0.8	1.5	250	280	16.0	3.0	800	600	170	10	8	100	30	1.5
10-12歲 (稍低) (適度)	147 148	38 39	 2050 1950 2350 2250	55 50	男 女 500 500	5	10	60	80	1.1 1.1	1.3 1.2	15 15	1.3	男 女 2.0 2.2	300	350 350	20.0	4.0	1000	800	男 女 230 230	15	10	110	40	2.0
13-15歲 (稍低) (適度)	168 158	55 49	 2400 2050 2800 2350	70 60	600 500	5	12	75	100	1.3 1.1	1.5 1.3	18 15	男 女 1.4 1.3	2.4	400	男 女 460 380	25.0	4.5	1200	1000	350 320	15	男 女 15 12	120	50	3.0
16-18歲 (低) (稍低) (適度) (高)	172 160	62 51	 2150 1650 2500 1900 2900 2250 3350 2550	75 55	700 500	5	13	75	100	1.4 1.1	1.6 1.2	18 15	1.5 1.3	2.4	400	500 370	27.0	5.0	1200	1000	390 330	15	15 12	130	55	3.0
19-30歲 (低) (稍低) (適度) (高)	171 159	64 52	 1850 1450 2150 1650 2400 1900 2700 2100	60 50	600 500	5	12	男 女 120 90	100	1.2 0.9	1.3 1.0	16 14	1.5 1.5	2.4	400	450 390	30.0	5.0	1000	800	380 320	男 女 10 15	15 12	140	55	3.0

營養素	身高	體重	熱量(2)(3)	蛋白質(4)	維生素 $A_{(6)}$	維生素 $D_{(7)}$	維生素 $E_{(8)}$	維生素K	維生素C	維生素 B_1	維生素 B_2	菸鹼素(9)	維生素 B_6	維生素 B_{12}	葉酸	膽素	生物素	泛酸	鈣	磷	鎂	鐵(5)	鋅	碘	硒	氟
單位 年齡(1)	公分 (cm)	公斤 (kg)	大卡 (kcal)	公克 (g)	微克 (μg RE)	微克 (μg)	毫克 (mg α-TE)	微克 (μg)	毫克 (mg)	毫克 (mg)	毫克 (mg)	毫克 (mg NE)	毫克 (mg)	微克 (μg)	微克 (μg)	毫克 (mg)	微克 (μg)	毫克 (mg)	毫克 (mg)	毫克 (mg)	毫克 (mg)	毫克 (mg)	毫克 (mg)	微克 (μg)	微克 (μg)	毫克 (mg)
31-50歲	170 157	64 54		60 50	600 500	5	12	120 90	100	1.2 0.9	1.3 1.0	16 14	1.5 1.5	2.4	400	450 390	30.0	5.0	1000	800	380 320	10 15	15 12	140	55	3.0
(低)			1800 1450																							
(稍低)			2100 1650																							
(適度)			2400 1900																							
(高)			2650 2100																							
51-70歲	165 153	60 52		55 50	600 500	10	12	120 90	100	1.2 0.9	1.3 1.0	16 14	1.6 1.6	2.4	400	450 390	30.0	5.0	1000	800	360 310	10	15 12	140	55	3.0
(低)			1700 1400																							
(稍低)			1950 1600																							
(適度)			2250 1800																							
(高)			2500 2000																							
71歲-	163 150	58 50		60 50	600 500	10	12	120 90	100	1.2 0.9	1.3 1.0	16 14	1.6 1.6	2.4	400	450 390	30.0	5.0	1000	800	350 300	10	15 12	140	55	3.0
(低)			1650 1300																							
(稍低)			1900 1500																							
(適度)			2150 1700																							
懷孕 第一期			+0	+10	+0	+5	+2	+0	+10	+0	+0	+0	+0.4	+0.2	+200	+20	+0	+1.0	+0	+0	+35	+0	+3	+60	+5	+0
懷孕 第二期			+300	+10	+0	+5	+2	+0	+10	+0.2	+0.2	+2	+0.4	+0.2	+200	+20	+0	+1.0	+0	+0	+35	+0	+3	+60	+5	+0
懷孕 第三期			+300	+10	+100	+5	+2	+0	+10	+0.2	+0.2	+2	+0.4	+0.2	+200	+20	+0	+1.0	+0	+0	+35	+30	+3	+60	+5	+0
哺乳期			+500	+15	+400	+5	+3	+0	+40	+0.3	+0.4	+4	+0.4	+0.4	+100	+140	+5.0	+2.0	+0	+0	+0	+30	+3	+110	+15	+0

*表中未標明AI（足夠攝取量Adequate Intakes）值者，即為RDA（建議量 Recommended Dietary allowance）值

(註) (1)年齡係以足歲計算。

(2)1大卡（Cal：kcal）=4.184仟焦耳 (kj)

(3)「低、稍低、適度、高」表示生活活動強度之程度。

(4)動物性蛋白在總蛋白質中的比例，1歲以下的嬰兒以佔2/3以上為宜。

(5)日常國人膳食中之鐵質攝取量，不足以彌補婦女懷孕、分娩失血及泌乳時之損失，建議自懷孕第三期至分娩後兩個月內每日另以鐵鹽供給30毫克之鐵質。

*表中未標明AI（足夠攝取量Adequate Intakes）值者，即為RDA（建議量 Recommended Dietary allowance）值

(註) (6)R.E.（Retinol Equivalent）即視網醇當量。

1μg R.E.=1μg視網醇（Retinol）=6μg β-胡蘿蔔素（β-Carotene）

(7)維生素D係以維生素D_3（Cholecalciferol）為計量標準。

1μg=40 I.U.維生素D_3

(8) α-T.E.（α-Tocopherol Equivalent）即α-生育醇當量。

1mg α-T.E.=1mg α-Tocopherol

(9)N.E.（Niacin Equivalent）即菸鹼素當量。菸鹼素包括菸鹼酸及菸鹼醯胺，以菸鹼素當量表示之。

上限攝取量（Tolerable Upper Levels, UL）

營養素		鈣	磷	鎂	碘	鐵	硒	氟	維生素A	維生素C	維生素D	維生素E	維生素 B_6	葉酸	膽素	菸鹼素
單位		毫克 (mg)	毫克 (mg)	毫克 (mg)	微克 (μg)	毫克 (mg)	微克 (μg)	毫克 (mg)	微克 (mg RE)	毫克 (mg)	微克 (μg)	毫克 (mg a-TE)	毫克 (mg)	微克 (μg)	公克 (g)	毫克 (mg NE)
年齡																
0 月～							35	0.7								
3 月～						35	50		600		25					
6 月～							60	0.9								
9 月～							65									
1 歲～				145	200		90	1.3	600	400		200	30	300	1	10
4 歲～			3000	230	300	35	135	2	900	650		300	40	400	1	15
7 歲～				275	400		185	3						500	1	20
10 歲～				580	600		280		1700	1200		600	60	700	2	25
13 歲～		2500			800		360		2800	1800	50	800		800	2	30
16 歲～			4000											900	3	
19 歲～				700		40		10								
31 歲～					1000		400		3000	2000		1000	80	1000	3.5	35
51 歲～																
71 歲～			3000													
懷孕	第一期															
	第二期	2500	4000	700	1000	40	400	10	3000	2000	50	1000	80	1000	3.5	35
	第三期															
哺乳期		2500	4000	700	1000	40	400	10	3000	2000	50	1000	80	1000	3.5	35

參考書目

1. Ali SH. Sugar: other 'toxic' factors play a part. Nature 2012; 482(7386): 471.
2. Ananthakrishnan AN, Khalili H, Konijeti GG, et al. A Prospective Study of Long-term Intake of Dietary Fiber and Risk of Crohn's Disease and Ulcerative Colitis. Gastroenterology 2013.
3. Bernaud FS, Rodrigues TC. [Dietary fiber: adequate intake and effects on metabolism health]. Arq Bras Endocrinol Metabol 2013; 57(6): 397-405.
4. Brotherton CS, Taylor AG. Dietary fiber information for individuals with crohn disease: reports of gastrointestinal effects. Gastroenterol Nurs 2013; 36(5): 320-7.
5. Carvalho FS, Pimazoni Netto A, Zach P, Sachs A, Zanella MT. [Importance of nutritional counseling and dietary fiber content on glycemic control in type 2 diabetic patients under intensive educational intervention]. Arq Bras Endocrinol Metabol 2012; 56(2).
6. Casiglia E, Tikhonoff V, Caffi S, et al. High dietary fiber intake prevents stroke at a population level. Clin Nutr 2013; 32(5): 811-8.
7. Chen GC, Lv DB, Pang Z, Dong JY, Liu QF. Dietary fiber intake and stroke risk: a meta-analysis of prospective cohort studies. Eur J Clin Nutr 2013; 67(1): 96-100.
8. Fedirko V, Lukanova A, Bamia C, et al. Glycemic index, glycemic load, dietary carbohydrate, and dietary fiber intake and risk of liver and biliary tract cancers in Western Europeans. Ann Oncol 2013; 24(2): 543-53.
9. Galas A, Augustyniak M, Sochacka-Tatara E. Does dietary calcium interact with dietary fiber against colorectal cancer? A case--control study in Central Europe. Nutr J 2013; 12(1): 134.
10. Henry CJ, Ranawana V. Sugar: a problem of developed countries. Nature 2012; 482(7386): 471.
11. Horvath A, Szajewska H. Probiotics, prebiotics, and dietary fiber in the management of functional gastrointestinal disorders. World Rev Nutr Diet 2013;

108: 40-8.

12. Jiang J, Qiu H, Zhao G, et al. Dietary fiber intake is associated with HbA1c level among prevalent patients with type 2 diabetes in Pudong New Area of Shanghai, China. PLoS One 2012; 7(10): e46552.

13. Joob B, Wiwanitkit V. Magnesium, dietary fiber, and diabetes. J Formos Med Assoc 2013; 112(3): 173.

14. Kaczmarczyk MM, Miller MJ, Freund GG. The health benefits of dietary fiber: beyond the usual suspects of type 2 diabetes mellitus, cardiovascular disease and colon cancer. Metabolism 2012; 61(8): 1058-66.

15. Lustig RH, Schmidt LA, Brindis CD. Public health: The toxic truth about sugar. Nature 2012; 482(7383): 27-9.

16. Overby NC, Sonestedt E, Laaksonen DE, Birgisdottir BE. Dietary fiber and the glycemic index: a background paper for the Nordic Nutrition Recommendations 2012. Food Nutr Res 2013; 57.

17. Robertson MD, Wright JW, Loizon E, et al. Insulin-sensitizing effects on muscle and adipose tissue after dietary fiber intake in men and women with metabolic syndrome. J Clin Endocrinol Metab 2012; 97(9): 3326-32.

18. Satija A, Hu FB. Cardiovascular benefits of dietary fiber. Curr Atheroscler Rep 2012; 14(6): 505-14.

19. Stewart ML, Schroeder NM. Dietary treatments for childhood constipation: efficacy of dietary fiber and whole grains. Nutr Rev 2013; 71(2): 98-109.

20. Threapleton DE, Greenwood DC, Evans CE, et al. Dietary fiber intake and risk of first stroke: a systematic review and meta-analysis. Stroke 2013; 44(5): 1360-8.

21. Tikhonoff V, Palatini P, Casiglia E. Letter by Tikhonoff et al regarding article, "dietary fiber intake and risk of first stroke: a systematic review and meta-analysis". Stroke 2013; 44(9): e109.

22. Yang J, Wang HP, Zhou L, Xu CF. Effect of dietary fiber on constipation: a meta analysis. World J Gastroenterol 2012; 18(48): 7378-83.

23.Zhang Z, Xu G, Ma M, Yang J, Liu X. Dietary fiber intake reduces risk for gastric cancer: a meta-analysis. Gastroenterology 2013; 145(1): 113-20 e3.

24.王文靜。他賣奇異果 賣到比執行長收入高 水果狀元MBA專長，在行銷農產上發光。商業週刊。2005-06-13；916期：92-94。

25.王秀伯。少鹽預防心臟病的效果和戒菸一樣好。健康世界。2010(291): 14-14。

26.王秀伯。吃草莓可以預防食道癌。健康世界 2011(305): 20-20。

27.王秀伯。多吃抗氧化食物可降低胰臟癌風險？健康世界 2012(321)。

28.王秀伯。多吃櫻桃減少痛風發作。健康世界 2010(300): 17-17。

29.王秀伯。每日1杯軟性飲料罹攝護腺癌率高4成。健康世界 2013(325): 14-14。

30.王靜修, Yang T-H, Tsai Y-C, Chen C-T. 秋季中醫養生之探討。北市中醫會刊 2009; 15(4): 37-53。

31.加拿大出口協會臺灣辦事處. 加拿大牛肉介紹。Available from URL: http://www.canadabeef.com.tw/ec99/canadabeef/index_01A.asp [accessed 08-23.

32.江逸之。管理・行銷・設計新顯學 向古人學習。遠見雜誌 2007-03-01; 2007-03-01（249期）。

33.行政主計總處。首頁 > 政府統計 > 主計總處統計專區 > 就業、失業統計 > 統計表. Available from URL: http://www.dgbas.gov.tw/ct.asp?xItem=30304&ctNode=3246&mp=1 [accessed 11-06, 2013].

34.亨利・明茲伯格。策略規劃的五個角色。哈佛商業評論 2012; 72: 108-17。

35.兵逸儂，鄭惠美。北市士林區高中學生每日五蔬果教育介入成效研究。健康促進與衛生教育學報 2010(33): 21-46.

36.吳元暉。多吃櫻桃可以減少痛風復發的風險。健康世界 2013(326): 14-14。

37.吳元暉。喝啤酒和烈酒容易導致痛風發作。健康世界 2004(230): 6-6。

38.吳友欽，周妙錦，楊馥蓮。餐飲業後場動線對於執行HACCP系統之幫助。品質月刊 2010; 46(1): 22-25。

39.吳秋蘭。管理者對國際連鎖休閒餐廳消費休閒動機認知研究。餐旅管理研究所：高雄餐旅大學，2012:1-77。

40.吳美蓉，季瑋珠，林東明。咖啡與胰臟癌。當代醫學 1982(110): 1071-73。
41.吳美慧。焦點新聞小心你24小時都在吃毒澱粉。商業週刊 2013-05-27; 1331期：P.078。
42.吳珮麒。影響品牌忠誠度因素模型之研究—以餐飲業為例。中興大學行銷學系所學位論文：中興大學，2012:1-69。
43.吳淑禎，周琛薇，謝辰昕，劉俊億。餐飲外場從業人員的社會支持、情緒勞務與工作表現之研究。人類發展與家庭學報 2010(12): 1-30。
44.呂姿儀。烹調從業人員之食品衛生知識、食品衛生態度、食品衛生行為之關聯研究。臺灣大學公共衛生碩士學位學程學位論文：臺灣大學，2013。
45.宋丕錕。癌症的預防與篩檢。聲洋防癌之聲 2006(112): 8-11。
46.李盈穎。抹布顏色、芳香劑味道都要照規定 摩斯漢堡以上百項清潔細節打造餐飲環境。商業週刊 2006-10-23；987期：152-54。
47.李淳。國際綠色政府採購趨勢與WTO的關連性。經濟前瞻 2011(138): 102-08。
48.李義川。團體膳食管理。新北市：華立圖書股份有限公司，2013。
49.李義川。餐飲食品安全與衛生。新北市：華立圖書股份有限公司，2014。
50.李義川。餐飲營養學。新北市：華立圖書股份有限公司，2014。
51.李義川。餐飲法規。新北市：揚智文化事業股份有限公司，2014。
52.李蕙蓉。飲食與癌症。聲洋防癌之聲 2008(123): 7-9。
53.李鴻典。毒澱粉好怕 北市衛生局 順丁烯二酸急毒性低 無致癌性。Available from URL: www.nownews.com/2013/05/27/327-2943541.htm#ixzz2UUurz1SM [accessed 05-27, 2013].
54.李鴻典。毒澱粉驚！林傑樑：一支黑輪就超標，四撇步解毒。Available from URL: http://www.nownews.com/2013/05/27/327-2943702.htm [accessed 05-27, 2013].
55.周妤羚，黃志傑，蘇韋如，劉定萍。2007-2009年台灣肉毒桿菌中毒案件相關探討。疫情報導 2010; 26(11): 165-70。
56.周佳蓉，陳國勝。民眾對食品添加物的認知、知覺風險及風險減輕策略研究。休閒保健期刊 2010(3): 115-26。
57.林乃麒。令人擔心的食品添加物。消費者報導 2012; 377: 14-17。
58.林仁混。亞硝酸監與癌症。臺灣營養學會雜誌 1979; 4(1): 4-4。
59.林孝義。櫻桃可以預防痛風。健康世界 2013(325): 12-12。
60.林志轅。台灣連鎖服務業智慧資本建構之研究—以王品餐飲集團為例。政治大學科技管理研究所學位論文：政治大學，2007:1-154。
61.林河名、王昭月、藍凱誠。高雄大寮 驚爆戴奧辛鴨 撲殺9000隻。聯合報，2009-11-12。
62.林惠儀。觀光旅館餐飲從業人員對實施HACCP系統之認知、意願與困難度之研究。高雄餐旅學院餐飲管理研究所在職專班學位論文 2013年；碩士班。
63.邱曉玲。多氯聯苯／多氯夫喃中毒者對健康相關生活品質之影響。臺灣大學職業醫學與工業衛生研究所學位論文：臺灣大學，2010:1-83。
64.金琳。年終大掃除專題系列之三認識清潔劑。健康世界 2005(229): 51-52。
65.段振離。快樂食品～香蕉。健康世界 2006(244): 61-63。
66.洪榮勳。汞、汞污泥與健康。健康世界 2002(200): 43-50。
67.研究・吳和懋文黃。成功者沒告訴你的好習慣 一個小改變能給我們完全陌生的驚喜！商業週刊 2011-09-19; 1243期: P.102。
68.美國肉類出口協會。美國牛肉零售切割指南。Available from URL: http://www.usmef.org.tw/trade/sell_data/cut00.asp [accessed 08-23.
69.食品藥物消費者知識服務網。食品採購蔬果選購及清洗原則。Available from URL: http://consumer.fda.gov.tw/Pages/Detail.aspx?nodeID=104&pid=5050 [accessed 08-23.
70.孫安迪。吃出免疫力　防癌抗老很容易。聲洋防癌之聲 2010(131): 6-9。
71.孫璐西。飲食與癌症。聲洋防癌之聲 2000(91): 19-24。
72.祝年豐。從日常生活飲食談防癌。聲洋防癌之聲 2012(137): 12-14。
73.秦少珍，鐘麗萍，李美雄。汞中毒與疼痛的關係。職業與健康 2010; 26(5): 502-03。

74.翁泓文。「黃帝內經」與「夏至」的食療關係。育達科大學報 2013(34): 173-91。

75.高文彬。連鎖餐飲業師徒制教學與領導之研究。台灣勞動評論 2012; 4(2): 183-219。

76.高宜凡。從四書五經中提出動態競爭理論。遠見雜誌 2011-03-01；297期。

77.康照洲等。食品中毒發生與防治。臺北市：行政院衛生署食品藥物管理局，2012年10月。

78.康照洲等。認識組織胺中毒。行政院衛生署藥物食品安全週報 2009: 208。

79.張嘉芳。吃虎河魨藍紋章魚 3漁郎中毒。Upaper, 2010-12-27.

80.張麗麗，張文超。我國食品安全問題與對策探析。現代管理科學 2011; 2011(3): 105-07。

81.曹敏吉。工業鹽充食鹽 8萬包吃下肚。聯合報，2010-07-03。

82.許玉娟。聯勤食物中毒 廚師手傷惹禍。聯合報。澎湖，2011-12-14。

83.許俊偉、段鴻裕、呂筱蟬。量販店也出包 九成豇豆農藥超標 超市淪陷。聯合報。臺北報導，2013-07-06。

84.郭永斌。食品衛生安全事件再起 談「瘦肉精」爭議。健康世界 2012(316): 55-60。

85.郭建伸。油安連環爆 傳統麻油店夯。聯合報。瑞芳報導，2013-11-06。

86.陳俐君。節氣／雨水 春養肝早睡早起 少酸多甘。聯合報，2012-02-18。

87.陳俐君。節氣／春分 早睡早起戒酸多甜健脾。聯合報，2012-03-20。

88.陳俐君。節氣清明 乍暖還寒養生重護肝。聯合報，2012-04-04。

89.陳靜宜、羅建怡。飲食禁忌大解密 豆漿不能沖雞蛋？吃肉最好避免配茶喝？培根、醃肉別配優酪乳？蘿蔔、水果別同吃？網路上出現據稱「12種有毒的家常菜」，如雞蛋、蔥花、豆腐、鮮乳各種常見的飲食若隨意混搭，恐隱含危機，果真如此嗎？看專家提出正解，為消費者解迷津。Upaper, 2010-03-25.

90.陸煥文。新天地4張桌起家 兩岸展食力 從梧棲的小海產店到台灣的辦桌大王 走過67個年頭他的下一步要成為餐飲巨擘。經濟日報，2012-07-23。

91.黃文彥、陳乃綾。衛福部擬修法 罰鍰增至三千萬。聯合報。臺北報導，2013-10-26。

92.黃文彥、陳瑄喻、廖珮妤。政府拉高層級 康照洲：食安已成詐欺問題。聯合報。臺北報導，2013-10-24。

93.黃宥寧。二五% 人事成本的天花板 草根問診 高雄鳳山「super的店」。商業週刊 2007-10-08；1037期：92-94。

94.黃宥寧。善用吃虧學 小餐廳打敗大飯店 台南包辦宴會新霸主—李日東的以小搏大術。商業週刊 2008-02-25；1057期：76-78。

95.黃宥寧。善用採購重兵 轉戰餐飲界異軍突起 千葉火鍋今年前十月營收直逼十億元。商業週刊 2008-11-24；1096期：102。

96.黃秋菊、黃登福。麻痺性貝毒的分佈及來源。科學發展月刊 2007; 419(34-37)。

97.劉明佩。肉品食材大釋疑，消費者輕鬆採購好安心！健康世界 2004(217): 61-63。

98.衛生署疾病管制局專業版。美國—肉毒桿菌（2013-01-22）。Available from URL: http://www.cdc.gov.tw/professional/epidemicinfo.aspx?treeid=BEAC9C103DF952C4&nowtreeid=3493B2FFC9D6B6D6&tid=0994973FCB51BB77&showtype= [accessed 03-27, 2013].

99.衛生福利部食品藥物管理署。食品藥物消費者知識服務網詢答系統。Available from URL: https://faq.fda.gov.tw/index.aspx [accessed 12-10, 2013].

100.澳洲牛肉。關於澳洲牛肉。Available from URL: http://www.loveaustralianbeef-andlamb.com/consumer/Traditional-Chinese/About-Australian-Meat [accessed 08-23.

國家圖書館出版品預行編目資料

團體膳食規劃與實務／李義川著.
--三版.--臺北市：五南，2014.09
面； 公分
ISBN 978-957-11-7724-3（平裝）
1.餐飲業管理
483.8 103014132

1L34 餐旅書系

團體膳食規劃與實務

作　者 — 李義川(81.4)
發 行 人 — 楊榮川
總 編 輯 — 王翠華
主　編 — 黃惠娟
責任編輯 — 盧羿珊　陳俐君
封面設計 — 童安安
出 版 者 — 五南圖書出版股份有限公司
地　址：106台北市大安區和平東路二段339號4樓
電　話：(02)2705-5066　傳　真：(02)2706-6100
網　址：http://www.wunan.com.tw
電子郵件：wunan@wunan.com.tw
劃撥帳號：01068953
戶　名：五南圖書出版股份有限公司
台中市駐區辦公室/台中市中區中山路6號
電　話：(04)2223-0891　傳　真：(04)2223-3549
高雄市駐區辦公室/高雄市新興區中山一路290號
電　話：(07)2358-702　傳　真：(07)2350-236
法律顧問　林勝安律師事務所　林勝安律師
出版日期　2007年7月初版一刷
2013年9月二版一刷
2014年9月三版一刷
2015年2月三版二刷
定　價　新臺幣480元

凝煉知識品味閱讀